中国海洋工程年鉴

（2016版）

中国船舶信息中心
中国海洋工程网 编

上海交通大学出版社

内容提要

本书是全面反映我国海洋工程行业发展的史料文献，翔实记载我国2015年度海洋工程领域的行业政策规划、海洋油气产业、海洋工程产业、海洋工程装备分类、主要海洋工程装备制造和科研设计企业、重大项目完工及国际合作交流等整体发展状况。

读者对象：国内外海洋工程装备制造企业、各大造船厂、中海油系统、海洋工程施工企业、海洋工程设计院所、船舶与海洋工程类高校及国内海工相关企业中的工程技术人员、高级管理者、经营者、科研工作者及行业主管部门的决策者。

图书在版编目（CIP）数据

中国海洋工程年鉴：2016版 / 中国船舶信息中心，中国海洋工程网编．—上海：上海交通大学出版社，2016

ISBN 978-7-313-16038-6

Ⅰ.①中… Ⅱ.①中… ②中… Ⅲ.①海洋工程－中国－2016－年鉴 Ⅳ.① P75-54

中国版本图书馆CIP数据核字(2016)第257729号

中国海洋工程年鉴（2016版）

编　　者：中国船舶信息中心
　　　　　中国海洋工程网

出版发行：	上海交通大学出版社	地　　址：	上海市番禺路951号
邮政编码：	200030	电　　话：	021-64071208
出 版 人：	韩建民		
印　　制：	上海普顺印刷包装有限公司宝山分公司	经　　销：	全国新华书店
开　　本：	889mm × 1194mm 1/16	印　　张：	16.75
字　　数：	353千字	插　　页：	24
版　　次：	2016年10月第1版	印　　次：	2016年10月第1次印刷
书　　号：	ISBN 978-7-313-16038-6/P		
定　　价：	500.00元		

中国海洋工程年鉴编辑委员会

汪小勇　国家海洋技术中心主任
叶银灿　国家海洋局第二海洋研究所总工程师
陈　刚　中国船舶及海洋工程设计研究院副院长
胡劲涛　上海船舶研究设计院院长
安斌峰　中国船舶重工集团公司第七一四研究所副所长
刘　楠　天海融合防务装备技术股份有限公司董事长
刘生法　广州船舶及海洋工程设计研究院副院长
童小川　上海船舶设备研究所所长
袁鹏斌　海隆石油工业集团总工程师
颜东升　中国船舶重工集团公司第七二三研究所检测中心主任
胡　震　中国船舶重工集团公司第七〇二研究所主任
张广浩　DNV·GL大中国区海工副总经理
李　威　华中科技大学教授
崔维成　上海海洋大学深渊科学与技术研究中心主任
王世明　上海海洋大学工程学院院长
吴雄斌　武汉大学电子信息学院教授
刘平礼　西南石油大学副教授
李海森　哈尔滨工程大学教授
李少香　青岛科技大学环境与安全工程学院副院长
刘顺安　吉林大学机械科学与工程学院教授
毕卫红　燕山大学信息学院教授
桂洪斌　哈尔滨工业大学（威海）船舶与海洋工程学院副院长
王军成　山东省科学院学术委员会主任
杜林秀　东北大学轧制技术及连轧自动化国家重点实验室教授
张　苓　北京中天油石油天然气科技有限公司总经理
陈少忠　江阴中南重工股份有限公司董事长
李东林　株洲中车时代电气股份有限公司执行董事兼总经理

李茂林　长沙矿冶研究院有限责任公司副总经理
韩浩平　江苏神龙海洋工程有限公司工程管理部经理
徐林业　武汉港迪电气有限公司副总裁
胡道平　洛帝牢紧固系统（上海）有限公司中国区总经理
赵淑洲　广东敬海律师事务所高级合伙人
段裘佳　广州鸿海海洋专用设备有限公司董事总经理
周东荣　交通运输部上海打捞局工程船队总经理
曲　杰　中海油能源发展装备技术有限公司海管技术服务中心总工程师
唐立志　中国石油天然气管道局第六工程公司总工程师
孟庆义　河北恒安泰油管有限公司董事长
许人东　江苏亨通海洋光网系统有限公司总经理
王冬海　中电科海洋信息技术研究院有限公司首席专家
刘连河　青岛海洋新材料科技有限公司董事长
魏育成　中科九度(北京)空间信息技术有限责任公司总裁

委　　员（以下排名不分先后）

张晓灵　中海油（天津）管道工程技术有限公司总工程师
刘锦昆　胜利油田胜利勘察设计研究院有限公司首席技术官
文世鹏　中石化胜利油田海洋采油厂副厂长
田海庆　中石化胜利石油管理局钻井院海洋研究所所长
金　余　上海船厂船舶有限公司副总经理
温剑波　重庆齿轮箱有限责任公司董事长、总经理
汤　敏　武汉船用机械有限责任公司总经理
罗为民　中国船舶重工国际贸易有限公司副总经理
蔡连财　中远航运股份有限公司技术总经理
奚崇德　上海佳豪企业发展集团有限公司副总工程师
施　炜　中远船务工程集团有限公司海工经营部总经理

朱晓环　海洋石油工程股份有限公司科技信息部总经理

罗　超　海洋石油工程股份有限公司科技信息部高级主管

李东亮　中国海洋石油总公司集团采办部战略采办处高级主管

宋士林　国家海洋局北海海洋技术保障中心总工程师

薛　萍　中国电子科技集团公司第二十三研究所研究员

胡安康　中集船舶海洋工程设计研究院有限公司总经理

庄建国　中船第九设计研究院工程有限公司副总经理

叶天源　重庆前卫海洋石油工程设备有限责任公司副总工程师

白　勇　杭州欧佩亚海洋工程有限公司总裁

戚　涛　上海利策科技股份有限公司董事长

吴敏华　中国船级社实业公司总经理

李红涛　中国船级社天津分社副主任

江华涛　法国船级社海洋工程部总经理

张　戟　中港疏浚有限公司总工程师

唐立志　中国石油天然气管道局第六工程公司总工程师

李　泽　江苏龙源振华海洋工程有限公司总经理

王宏志　大连海事大学油液检测中心主任

邓　露　湖南大学教授

周世良　重庆交通大学河海学院副院长

姚立纲　福州大学机械工程及自动化学院院长

王　林　江苏科技大学船舶与建筑工程学院院长

张永康　东南大学教授

王东坡　天津大学材料科学与工程学院副院长

孙元政　渤海船舶职业学院教授

石永华　华南理工大学机械与汽车工程学院教授

蒋志勇　江苏科技大学海洋装备研究院院长

于利民　山东交通学院船舶与海洋工程学院院长

张　洁　上海交通大学智能制造与信息工程研究所副所长
舒小平　淮海工学院副校长
陈振纬　浙江大学海洋学院讲师
阳　宁　中国科学院三亚深海科学与工程研究所深海工程技术部主任
周长江　上海研途船舶海事技术有限公司董事长 / 总经理
周良军　常州天常管道系统有限公司总经理
章繁荣　无锡市海鹰加科海洋技术有限责任公司总工程师
冯正永　江苏海马通信科技有限公司总经理
吴枝远　江苏省特种设备安全监督检验研究院无锡分院国家桥门式起重机械产品质量监督检验中心主任
吴赉华　江苏铁锚玻璃股份有限公司总经理
关新宇　洋联（上海）设备工程技术有限公司总经理
贾栓孝　宝鸡钛业股份有限公司董事总经理
陈利昌　简阳宝兴动力机械有限公司总经理
张成碧　上海华润大东船务工程有限公司副总经理
崔国平　中船重工七五〇试验场总经理
汝学斌　太原重工股份有限公司齿轮传动分公司书记
徐明晓　烟台市北海海洋工程技术有限公司总经理
陈俊发　广新海事重工股份有限公司董事长

封面图片来源　渤海船舶重工有限责任公司

中国海洋工程年鉴编辑出版工作人员

总 编 辑 李彦庆

主　　编 安斌峰

副 主 编 李　响

执行主编 王　婧　战玉萍

责任编辑 周长江　刘　免

编写人员 李　响　王　婧　战玉萍　唐晓丹　季　宇　王　静　周长江　栗超群
刘祯祺　张广浩　梁文川

审校人员 吴显沪　刘　免　杨怀丽　刘祯祺　栗超群　高　旗

图文设计 蒋水霞　高　旗

地　　址 北京市朝阳区科荟路 55 号院（邮编：100012）
上海市城银路 555 弄绿地领海 13 号楼 9F（邮编：200444）

编 辑 部 电话 010-53255318　021-36586025

发 行 部 电话 021-36586023　传真 021-66740223

E-mail offshore601@163.com

www.csic.org.cn　　www.chinaoffshore.com.cn

编辑说明

在“提高海洋资源开发能力，发展海洋经济，保护海洋生态环境，坚决维护国家海洋权益，建设海洋强国”的号召下，中国的海洋工程产业迎来了战略性的巨大发展机遇。因为要提高海洋资源开发能力，发展海洋经济，保护海洋生态环境，维护国家海洋权益，建设海洋强国，最根本的就是要依靠海洋工程产业技术装备的高端发展和应用，要依赖过硬的技术装备，尤其是深海装备技术研发与应用。

在海洋油气装备建造的国际市场格局方面，近年来中国整个产业链企业奋起直追，不断挑战、冲击韩国、新加坡和欧美占据优势地位的领域，令世界刮目相看。在海洋工程产业链中设计、研发、建造、配套、材料、总成、总包和服务的多方面深入发展，开始逐步向高端市场进军。中国许多船厂和海洋工程企业纷纷以欧美的技术质量、中国的成本价格和世界级的性价比这样一个简单明了的发展定位，逐步确立和增强国际竞争力。

另一方面，世界海洋工程界也同样深切地感受来自中国海洋工程行业发展的机会。基于中国在海洋工程行业的井喷式发展，越来越多的国际公司纷纷与中国公司广泛合作，在中国建点布局，视全球海洋工程建造转移中国的发展趋势为黄金机遇。

2016 版《中国海洋工程年鉴》翔实记载我国 2015–2016 海洋工程领域的行业政策规划、海洋油气产业、海洋工程产业、海洋工程装备分类、主要海洋工程产业聚集区、主要海洋工程装备制造和科研设计企业、重大项目完工及国际合作交流等整体发展状况。《年鉴》汇总国内海洋工程技术和装备的制造商和供应商，创建一个海洋工程装备制造商与油气终端用户的交流平台，发挥合力，辅助开发、试制、设计、建造、运营等相关企业协力抢抓历史机遇、强化品牌意识、拓展市场空间，推广优质产品、业绩和成功经验，重点展示和推荐给相关政府部门、海洋油气公司、船东、投资机构、施工单位、国际知名海洋工程承包商及国内外海洋工程建设项目招标机构，为我国海洋工程事业发展助力。

2016 版《中国海洋工程年鉴》编辑工作由中国海洋工程年鉴编辑委员会、中国船舶信息中心和中国海洋工程网共同负责，在编辑过程中广泛征求了国家相关部委、主管部门、行业协会、工程学会、生产企业等各界领导、专家、学者的意见和建议。在此向关心和支持年鉴编辑工作的行业同仁一并表示感谢！

本年鉴收录的文字、数据、图表等信息量多，对书中存在的疏漏和错误，恳请读者给予指正。我们力争使之成为一部具有权威性、史料性、参考性的连续性出版物。

中国海洋工程年鉴编辑委员会

2016年8月

目 录

第一章 世界海洋工程装备产业总体情况

第二章 中国海洋油气产业发展情况

第三章 2015 年中国海洋工程行业发展总体情况

第四章 2015 年中国主要海洋工程装备发展情况

第五章 2015 年中国海洋工程装备技术发展情况

第六章 2015 年主要省市海洋工程装备产业发展情况

第七章 2015 年中国海洋工程装备主要建造企业发展情况

第八章　2015 年中国主要海洋工程装备研发设计单位发展情况

第九章　2015 年中国海洋工程装备产业主要政策

第十章　国际合作与交流

第十一章　2015-2016 年全球海洋工程装备产业数据

第十二章　2015年中国海洋工程发展大事记

图表索引

主要产品包括

海上油田安防系统、水下声纳、深水船位仪、智能仪表、水下电视（灯）等，水下探测与观测设备、水下机械手、潜水控制仪等水下作业装备研发，ROV、远航程AUV、海底管线巡检机器人等专用检测装备及水下安全检测、救捞等技术服务，自动化测试、水利及烟草自动化、智能设备和工业降噪、环境治理设备等。

保持着在水声、测试、试验技术等方面一流的水平，在水下观察探测设备、水下作业设备、水下安防、水下防救装备的研发也处于领先的地位，是集科研、试验、生产、使用、供销、服务一体化的具有完整产业链的水下装备科研、试验和生产单位。

围绕提升海洋工程深水设备水下试验和检测能力的迫切需求，建设深水设备试验检测技术研发平台，支撑开展基于湖泊型人工海底的水下设备湖海等效性测试试验、国产海洋勘探采油探矿等首套样机（或关重件）功能性能试验检测、水下设备深水模拟安装与流程验证、实际工况模拟运行及湖海通用测试等检测试验技术、方法、工艺和装备的研发、系统集成和工程化。

精益求精、锐意创新

keeping improving keen on innovation

专业内舾装及铝合金结构的制作商

在国际石油和天然气领域
为客户提供：

- 单元舱室(Unit Cabin)；
- 集装箱舱室模块 (Container Modular)；
- 内舾装EPC总包工程(Accommodation Turnkey Project)；
- 铝合金甲板及结构 (Aluminium Helideck and structure)。

鸟瞰图

淮海工学院

淮海工学院是江苏省委、省政府为响应国家进一步加快沿海地区改革开放，于1985年创办的一所省属本科院校。学校位于“一带一路”重要节点城市连云港市。拥有海洋科学、机械工程、化学工程与技术3个硕士学位授权学科和农业推广、测绘工程2个专业硕士学位授权点，建有江苏省优势学科“海洋科学与技术”、 省重点培育学科“机械工程”、“化学工程与技术”、省重点建设学科“控制科学与工程”、“计算机科学与技术”、“测绘科学与技术”和“生物工程”。拥有江苏省海洋资源开发研究院、江苏省海洋药物活性分子筛选重点实验室、江苏省海洋生物技术重点实验室、江苏省海洋生物产业协同创新中心培育点、江苏省海洋经济研究中心、江苏省海洋文化产业研究院、江苏省高校技术转移中心、大学科技园等一批省级科研和产业孵化平台。

www.hhit.edu.cn

2016年3月，依托淮海工学院建设江苏海洋大学正式列入《江苏省国民经济和社会发展第十三个五年规划纲要》。当前，全校师生正全力贯彻落实省委省政府决策部署，切实提高办学质量，努力提升办学层次，为早日建成江苏海洋大学，办党和人民满意教育而努力奋斗。

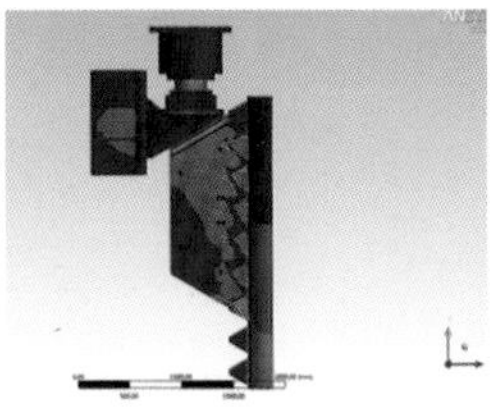

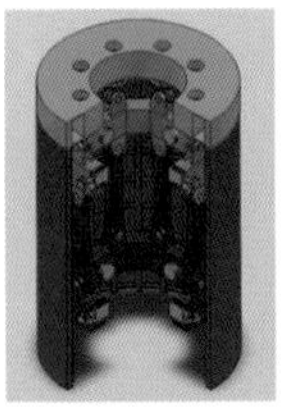

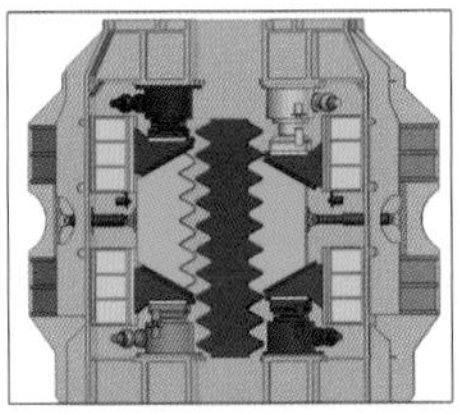

中科九度（北京）空间信息技术有限责任公司

中科九度（北京）空间信息技术有限责任公司是中国科学院电子学研究所唯一的产业化公司，主要负责电子所高新技术的转移再创新及转化产品化工作。中科九度船载无人机海洋观测系统主要是面向特定区域海洋观测的实际需求，以海洋环境观测、海上目标监测、海岛地物分布等为目标，研制的基于船载无人直升机平台的多传感器观测系统工程样机。

本系统通过对小型化低功耗全极化SAR系统、小型相干多普勒激光雷达系统、微型海洋环境传感器技术和无人机平台传感器适装与配平集成等一系列关键技术的攻关，解决多传感器数据实时处理与融合、系统远程测控与通讯、船载无人机自主起降与飞行等问题，面向海洋监测的典型应用，建立了船载无人直升机海洋观测系统，为构建海洋观测实际业务系统奠定基础。

微型SAR

激光雷达

温湿度传感器

应用领域

观测海岛地物：　实现海岛地物观测、海岛植被分类观测、海岛植被分布观测，海岛地物目标识别，满足海岛调查的需求。

监测海岛周边船只：全天候、全天时的监测海岛附近往来船只等海上目标，满足海上调查和取证需求。

监测海面溢油：对海上溢油种类、面积进行监测，评估溢油对环境的影响。

观测海岛区域的海气边界层：多传感器协同观测，实现海岛区域的海浪、海流等海洋动力环境观测、海岛区域的海气边界层气溶胶分布、大气风场测量及大气温湿度廓线的综合观测。

船载无人机海洋观测系统

地址：北京市海淀区中关村北一条9号
科电大厦二层
邮编：100190
电话：13910974151
传真：010-58887209

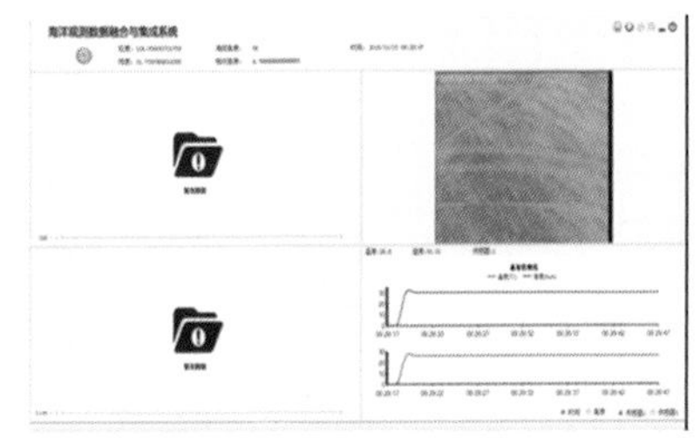

船载无人机平台

监控和数据处理系统

第一章　世界海洋工程装备产业总体情况

海洋工程装备产业范畴

海洋工程装备是海洋资源开发、相关产业发展的必要基础设施，属于高投入、高产出、高风险、高附加值的技术导向型产业，其产业关联效应突出，特别是对钢铁、机械、有色、造船、石化、轻纺等工业的带动作用尤为显著。根据国家发展改革委员会、科技部、工业和信息化部、国家能源局组织编制的《海洋工程装备产业创新发展战略（2011-2020）》的定义，海洋工程装备是指为海洋资源（特别是海洋油气资源）勘探、开采、加工、储运、管理、后勤服务等方面的大型工程装备和辅助装备。

海洋工程装备的狭义概念是指海洋油气资源开发装备，包括：海洋油气钻井装备、海洋油气生产装备、海洋工程船舶，以及这些装备的配套设备和系统。随着海洋资源开发范围的拓展，海洋工程装备的范畴将进一步扩大。本年鉴研究的范围即为狭义概念的海洋工程装备。

（一）勘探与开发装备

勘探与开发装备是在海洋油气资源调查、勘察和钻井过程中使用的装备，主要包括：物探船，工程勘察船，自升式钻修井/作业平台，座底式钻台，半潜式自航工程船，钻井船，起重铺管船，铺缆船，半潜自航工程船，全球综合资源调查船等。

钻井装备是其中的主要装备类型，数量多，价值量大。自升式钻井平台受桩腿结构限制，主要用于水深150米以下的海域，市场价格一般在2亿美元左右；当代先进的半潜式钻井平台和钻井船，最大工作水深均能达到3 000米以上，市场价格约为5~7亿美元。钻井系统是钻井装备的核心设备，价格昂贵，通常在几千万至上亿美元不等。

（二）生产与加工装备

生产与加工装备用于海洋油气资源的生产阶段，可分为固定式生产平台和浮式生产平台。

固定式生产平台主要包括：导管架平台、混凝土平台等。混凝土平台对地基要求很高，使用受到限制。导管架平台使用水深一般小于300米。

浮式生产装备主要包括：浮式生产储卸油装置（FPSO）、半潜式生产平台（Semi-FPS）、张力腿式平台（TLP）、深吃水立柱式平台（Spar）、浮式液化天然气生产储卸装置（LNG-FPSO或FLNG）、浮式液化石油气生产储卸装置（LPG-FPSO）、浮式钻井生产储卸装置（FDPSO）等。

浮式生产储卸油装置（FPSO）——其尺度、处理能力和成本等变化很大。小型FPSO日处理原油3~5万桶，超大型FPSO可日处理原油20万桶以上。具有储油能力，可用在没有输油管道或铺设管道成本高昂的油田，基本不受工作水深限制，也能适应各种海况。甲板面积大，上部油气处理设施的布置相对容易，可经油轮改装，也可重新改装、布置。

半潜式生产平台（Semi-FPS）——原油日处理能力从2～25万桶不等，甲板宽大，可支持数量较多的立管，水动力性能较好，适用于水下井口多且分散的油田，基本不受工作水深限制，能适应各种海况。

张力腿式平台（TLP）——其张力钢索始终处于张紧状态，生产作业时几乎没有升沉运动和平移运动，可使用干式采油树，非常适用于重油或石蜡含量高的油田。但其工作水深受到张力索重量的限制。

深吃水立柱式平台（Spar）——可使用干式采油树，减少油井维护成本，基本不受工作水深限制，甲板可变载荷也比较大。但建造过程中浮体和上部模块的总装比较困难，成本高。

浮式钻井生产储卸油装置(FDPSO，floating drilling production storage and offloading)是一种新型的可在深水油田应用的钻井、生产、储卸油一体的浮式装置。FDPSO是在FPSO的基础上发展起来的——即在FPSO上扩展增加钻井功能。

（三）储存与运输装备

储存与运输装备是海洋油气开发过程中用于油气储存和运输的装备，主要为储运船舶和管道，包括浮式储卸装置（FSO）、穿梭油船、穿梭LNG船、浮式液化天然气储存及再气化装置（LNG-FSRU）、海底管道等。

浮式储卸油装置（FSO）则为FPSO变种，本身不具备油气生产加工能力，主要功能是储存和卸油，通常与半潜式生产平台、张力腿式平台、深吃水立柱式平台等装备配合使用。

穿梭油船指专门用于海上油田向陆地运送石油的油船。由于海上石油转运技术要求较高，该型船大多配备一系列复杂的装卸油系统，同时船舶大多配备动力定位系统、直升机平台设施，造价远远高于同等吨位的油船。

穿梭LNG船是往返于海上油气田和岸上接收站或浮式液化天然气储存及再气化装置（LNG-FSRU）之间的重要装备，具备特殊系泊等功能，是海上边际油气田开发链中重要的一环。

浮式液化天然气储存及再气化装置（LNG-FSRU）既可作为LNG运输船具有运输LNG的功能，又有替代陆上LNG储罐储存LNG的功能。现有的LNG-FSRU主要包括锚泊系统、卸货系统、船壳及货物围护系统、再气化系统、蒸发气处理系统等五大系统。

海底管道是通过密闭的管道在海底连续地输送大量油（气）的管道，是海上油（气）田开发生产系统的主要组成部分，也是目前最快捷、最安全和经济可靠的海上油气运输方式。

（四）作业与辅助服务装备

作业与辅助服务装备是在海洋油气资源开发的各个阶段用于工程作业和辅助服务的各类船舶，主要有：起重船/浮吊，三用工作船和多用途工作船，平台供应船，压裂船，潜水作业支持船，半潜运载船（驳），生活支持平台（船），修井平台（船），平台守护船，环保/救援船，ROV支持船，多功能动力定位船等。

起重船、半潜运载船（驳）、潜水支持船、ROV支持船等主要用在海洋油气田的海上建设阶段；多用途工作船、平台供应船、守护应急船等主要用于配合钻井平台和生产平台开展工作。

（五）水下系统和作业装备

水下系统和作业装备指在海洋油气开发中处于水面以下的作业系统和装备，主要有：水下基盘、水下管汇和井口头、水下采油树、水下防喷器、水下成橇化生产装置、水下抽油设备、水下集输管汇系统、水下压缩机、水下分离器、水下增压泵、水下

控制系统、水下脐带缆系统、水下设施测试装置及系统、管道铺设张紧器、海底电缆、水下设施应急维修设备、应急减灾和消防设备、ROV/AUV和多功能水下机械手、载人深潜器、海底管线切割/焊接设备、海底挖沟机、海底管线检测和维修设备等。

（六）配套设备和系统

配套设备和系统是海洋工程装备不可或缺的、通常总装企业不能制造、由专业供应商提供的设备和系统。主要有：地震勘探系统、锚泊系统、动力定位系统、海洋平台甲板机械、海洋平台控制系统、海洋平台电站、海上发电用内燃机/双燃料燃气轮机/天然气压缩机、分油机、压载泵、钻机、自升式平台钻井系统、钻井/生产隔水管、自升式平台升降系统/锁紧系统/滑移系统、FPSO单点系泊系统、海上钻井/修井/固井/井下作业系统、油气加工处理系统、水下铺管系统、海洋物探专业设备等。

配套系统和设备技术含量、复杂性、价值量也比较大。例如，一套包括井口、采油树、BOP、管汇在内的水下系统的价格通常在1亿美元以上。

海洋工程装备产业特点

海洋工程装备是海洋经济发展的前提和基础，处于海洋产业价值链的核心环节，是战略性新兴产业的重要组成部分，也是高端装备制造业的重要方向，具有知识技术密集、物资资源消耗少、成长潜力大、综合效益好等特点，是发展海洋经济的先导性产业。

（一）多学科交叉

海洋工程装备是海上油气资源开发的前提条件，涉及油气资源勘探开发、矿产资源勘探开发、船舶及海洋结构物设计、海洋环境保护、海洋探测等多个技术门类，集信息、新材料、新能源等新兴技术于一体。

（二）产业链长

海洋工程装备是平台结构、钻采系统、生产模块、处理系统、生活模块、系泊及定位系统、动力系统、海事设备系统、通信导航系统等众多系统的集成，需要使用造船、冶金、机电、纺织、化工、能源、采掘、新材料等多个产业的产品。

（三）专业化程度高

海洋工程装备面向海洋油气开发的调查、勘探、开发、生产、储存和运输、拆卸等阶段，各阶段都会使用不同装备，而且在同一阶段内根据不同的海洋环境条件、作业要求，也会使用不同的装备，使海洋工程装备呈现出多品种、小批量的特征。例如，钻井装备主要在勘探阶段使用，自升式钻井平台主要面向150米以内的浅水海域，半潜式钻井平台主要面向深水且海况恶劣的区域，钻井船主要面向深水且海况较好的区域。而在欧洲北海、挪威海以及北冰洋海域，还要使用特殊定制的钻井装备。

（四）高风险、高投入、高可靠性

海洋环境复杂恶劣，海上作业的难度和风险比陆上明显增加，使海洋工程装备尤其是深水油气开发装备的造价很高，资金投入量巨大，动辄数亿、十几亿美元。同时，海洋工程装备也具有技术集成度高、设计制造周期长、过程控制复杂、可靠性和安全性要求高的特点。

海洋工程装备产业发展情况

（一）主要指标下滑明显

据克拉克松数据，从新接订单、手持订单、交付订单三大指标来看，2015年国际海洋工程装备产业市场形势依然严峻。

新接订单：根据英国Clarksons初步统计，2015年全球海工装备成交金额为142亿美元（最后确认金额范围可能小幅增加），和2014年的426亿美元相比下降超过60%。其中，钻井装备订单规模严重萎缩，建造支持装备份额升至首位。

手持订单：截至2015年末，全球海工手持订单规模为1 157艘/1 499亿美元，同比分别下降26%和19%。其中，钻井装备手持订单规模下降幅度最大，减少50座/229亿美元。三用工作船和平台供应船的手持订单数量也出现较大下滑。

交付订单：2015年全球共交付海工装备502艘/339亿美元，同比分别下降20%和34%。生产装备交付速度明显下滑，全年仅完工3艘FPSO、1座TLP平台、1座Spar平台、1座自升式生产平台。

（二）亚洲占据市场主导份额

从地区来看，2015年，亚洲依然是主要的海工建造区域，获得了79%的订单。其中，中国企业新接订单总金额为59亿美元，同比减少66%，市场份额连续三年位居世界第一。韩国和新加坡分别获得16亿美元和29亿美元订单。以阿联酋为代表的中东地区和以挪威为代表的欧洲地区份额占比分别为2%和17%（见图1）。

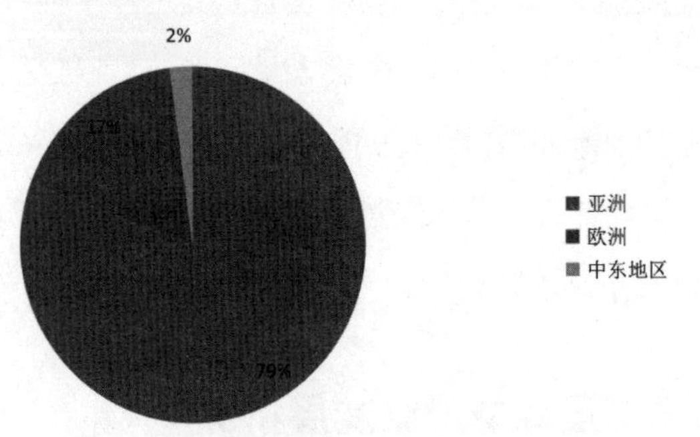

图1　新接订单金额占比

（三）从业企业致力降低成本

装备运营商努力降低经营成本。数据显示钻井装备的闲置数量已经达到了2008年7月以来的最高水平。众多运营商通过采取“热转冷（热停转冷停）”（变Warmstack为Cold-stack，闲置成本降低近2/3）、集中闲置地点共享船员、采用“智能型”闲置方案、精简维修体系（包括完善预防性维修）、拆解、转售等多种方式压缩船队开支，确保现金留存和偿债能力。全球排名前10的运营商基本都通过闲置/相对老旧平台等方式缩减了船队规模（下降6.38%），规模排名11～20的运营商船队规模也微幅下降（下降0.6%）。通过淘汰老旧平台，运营商船队船龄迅速下降，规模靠前的运营商船队船龄下降尤为明显，Transocean公司平均船龄由22降至18.8，Noble公司平均船龄由27.7降至15。但有一点需要注意，平台闲置成本的降低会放缓钻井平台拆解速度，导致运营市场需要更长时间恢复平衡，进而推迟市场复苏。

建造订单延迟交付/撤单现象频发。据统计，全球在建自升式钻井平台中有94%没有租约，在建的浮式钻井平台有54%没有租约，面临着交付即闲置的窘境，运营商唯有选择延迟甚至取消已订造装备订单。据统计2015年全球共有44%（数量）的海洋工程装备延期交付或取消订单。新加坡吉宝岸外海事为巴西建造的3座半潜式钻井平台基本确定延期交付，三星重工建造的超深水钻井船“Pacific Zonda”号和现代重工在建的“Bollsta Dolphin”号半潜式钻井平台也被撤单。2015年中国有34%的订单延迟交付，25%的订单取消。

同业者重视技术创新和产业结构调整优化。韩国企业通过推进标准化和推广新技术实现竞争力提升。韩国三星重工、现代重工、大宇造船海洋三巨头通过合作来推进海工装备材料、设计和工作程序的标准化，从而控制成本和项目进度。韩国自主联合研发的KC-1型LNG货物围护系统经过长期产业化推进后终于在2015年实现了商业化应用。新加坡吉宝岸外海事在2015年开始转向非钻井装备市场，包括浮式生产解决方案、FLNG类装备、浮式再气化装置、海底施工船等，意图减轻钻井装备市场低迷的冲击。同时，吉宝收购了Cameron公司的钻井平台业务，不仅拥有了LeTourneau Super 116E型、Workhorse型、Super Gorilla XL型和Jaguar型钻井平台的专利，扩大了自升式钻井平台设计范围，还同时通过扩大售后服务管理增强对客户的服务能力，加强用户黏性。

油服企业合作降低项目成本。油服公司之间、油服公司和工程总包商合作建立技术合作或战略联盟，降低油气开发成本。FMC和Technip成立合资公司，通过彻底检查/审视水下油气田操作（流程），提高生产效率；Onesubsea和Subsea 7联合优化深水水下项目，提高油气田产量；Baker Hughs与Aker合作研究提高油气田产量的生产方案，以提高油田采收率；GE联合Mcdermott设计项目阶段方案，实现流程优化。在原材料价格降低的基础上，大规模的技术优化合作效果显著，若干项目的开发成本和运营效率明显提升：BP公司Mad Dog项目开发成本由初始的220亿美元降至100亿美元，Shell公司Appomatox项目减少了20%的预定开支。

2015 年中国海洋工程装备产业发展情况

“十二五”期间，全球海工市场整体发展形势向好，年均成交金额为535亿美元，同比“十一五”期间增长13%。但进入2014年下半年后，受油价暴跌影响，海工市场进入深度调整阶段，2015年中国企业新接订单总金额为59亿美元，同比减少66%，市场份额连续三年位居世界第一。

2015年，中国海工企业产品亮点频频。南通中远船务交付的“高德”1号/“高德”2号半潜式海洋生活平台可同时为990人提供生活居住服务，是全球可居住人数最多的半潜式海洋生活平台。中集来福士在建的第七代半潜式钻井平台D90荣获“最佳钻井科技”殊荣，先前交付的“创新”号半潜式钻井平台在北海钻井作业时，两度被评为挪威北海“月度最佳平台”，并在2015年10月获得挪威国家石油公司有史以来授予钻井承包商的首个“完美井”（Perfect Well）作业荣誉称号，充分彰显了中国海工企业的产品品质。

（一）钻井装备市场

在2012–2016年，累计有285座平台投入运营市场，占现役船队总数的28%。钻井装备市场仍将继续深度低位调整，难以再现2012年、2013年的订单爆发。

下游租赁市场处于严重供需失衡状态。在大量新造平台迅速投放市场、油价下跌压缩海洋钻井需求的供求两端打压下，装备租赁市场不断恶化。全球运营平台需求量由最高456座跌至352座，供给量却上升至492座，过剩率达40%。各类型钻井装备特别是深水、超深水装备日租金只相当于之前的一半。其中，超深水钻井船平均日租金由2013年的56万美元/天降至25万美元/天。

大量手持或在建的投机性订单成为沉重负担。海工热潮中出现的大量投机性订单已成为投机者和船厂的“达摩克利斯之剑”。目前，全球在建平台中94%的自升式平台和54%的浮式平台没有租约在身，面临“交付即闲置”的困境。投机者受制于租赁市场低迷和海工领域融资难度加大，只能选择要求延迟交付甚至弃单，对船厂造成严重伤害。特别是中国船厂，恶性竞争带来的大量低首付甚至零首付订单，一旦无法按时交付会迅速引爆财务危机。

短期内船队结构性更新难以迅速拉动新造船需求。现役船队中有相当数量产生于上一轮建造高峰期。目前，整个船队平均船龄为21年，“老龄化”现象严重，其中，船龄超过20年的老旧平台占55%，船龄小于5年的仅占20%。自2014年年初以来，主要租赁运营商不断加快老旧平台报废拆解步伐，已累计报废拆解超过60座。但在经营困境下，租赁运营商特别是较大规模运营商，报废淘汰旧平台的目的是缩小船队规模、减少船队维护开支，短期内并无继续推进新平台订造的计划。据统计，除美国ENSCO公司外，全球排名前10的运营商都通过闲置/拆解等方式缩减了船队规模，而规模排名11~20位的运营商船队规模也微幅下降。

技术进步带来的装备新需求也相当有限。钻井装备总体设计和配套设备已发展成熟，装备潜力基本挖掘殆尽。目前，平台的性能提升主要集中在平台钻井系统工作能力加强方面，对于平台结构改进甚小。新型装备可通过进厂模块化更换完成升级换代，不需要一次淘汰整个平台。可以预见，未来钻井平台的技术革新将集中在配套设备领域，对大型装备的整体升级需求提升有限。

（二）生产装备市场

2014–2015年，生产装备订单数量仍保持在13艘/年的水平上。海洋油气产量持续攀升催生装备需求。近年来，海洋油气产量不断上升，截至2015年年底已占全球能源总供给量的18%，当年产量增幅为2.5%，油气田新老交替催生对生产装备的新建和改装需求，同时还伴随产生了对穿梭油船、浮式储油船（FSO）、单点系泊装置等油气储运装备的强力需求。根据现役船队的船龄计算，“十三五”期间，每年有2~7艘的FSO退役。

（三）建造支持/支援类船舶装备市场

“十二五”期间，建造支持/支援类船舶装备市场小幅反弹后趋于平稳，但难以达到2000年以后的历史平均水平。支持类装备的需求主要来自海上施工安装，检查、修理、维护（IMR）工程和深水脐带、立管和输油管（SURF）工程。尽管油气开发活动受到低油价抑制，但不断增加的生产装备数量和日趋严格的安全环保要求不断加大了对IMR工程操作的需求。同时，水下生产系统应用越发广泛，SURF工程需求也保持旺盛。

目前，全球船龄大于25年的海工支持船（OSV）数量为1 535艘，占船队数量的28.3%。2014–2015年低迷的运营市场对老旧船拆解起到推波助澜的作用。2014年共有31艘船龄大于25年的OSV被拆解，2015年共有22艘OSV被拆解，“十三五”期间预计将继续保持着每年25艘左右的退役速度。

（编写：王　静　战玉萍　　审校：吴显沪　刘　免）

第二章　中国海洋油气产业发展情况

2014年以来，全球石油供需失衡日益严重，油气资源的价格在全球范围下跌。尽管如此，对于中国而言，现状仍然是油气产量的增加远不能满足油气消费量的上升，油气净进口量和油气对外依存度的持续攀升还带来极大的能源安全风险。

作为全球能源消费大国，要从容地摆脱资源制约，防止油气对外依存度过高对能源安全产生的冲击，就必须采用多途径、多手段、多元化的方法解决能源问题，有效破解各种能源隐患及困境。除了调整能源结构，提高能源利用效率，以及加快石油战略储备等行动，增加油气资源产量也是极其重要的方向。长久来看，在陆地油气资源储藏量有限的情况下，随着海洋油气开发技术的不断提升，开发海洋油气资源具有极其重要的意义。

海洋油气资源开发利用情况及趋势

（一）海洋油气资源储量丰富

覆盖地球71%面积的海洋拥有丰富的油气资源。海洋油气的储量占全球总资源量的34%，目前探明率为30%，尚处于勘探早期阶段。丰富的资源现状让全世界再次将目光瞄准了海洋这座宝库。

中国海洋油气资源储量十分丰富。按照2008年公布的第三次全国石油资源评价结果，中国海洋石油资源量为246亿吨，占全国石油资源总量的23%；海洋天然气资源量为16万亿立方米，占总量的30%。而中国海洋油气探明程度远低于世界平均水平。总的来说，中国海洋油气开发利用尚处于储量发现的高峰期和开发的初期，中国海洋油气具有极大的开采潜力。

（二）海洋油气资源开发进展迅速

近年来全球新增的油气发现量主要来自于海上，尤其是深水和超深水。随着作业水深的不断加大，天气和环境对作业人员和装备的挑战更为严峻，加之高温高压、含硫等给作业带来的难题、对技术和装备创新提出了更高要求。未来十年，随着技术的创新突破，传统的勘探开发方式将被颠覆，深水油气勘探开发的成本和风险将大幅降低。

根据 BP 的统计，1990 年以后全球陆上的油气产量进入稳定期，全球油气产量增长主要来自海洋。2009年后海上石油对石油产量增长贡献率超过50%，2012年海洋石油产量已经占世界石油总产量的31%，预计到2020年这个比例将会提高到40%。

从成本角度来看，深海石油开采成本明显低于非常规石油、核能、清洁煤、海上风电等新能源，全球用于海洋油气开发尤其是深水区油气项目的投资也相应不断增加，预计海洋油气开发市场将长期处于增长态势。

从中国的能源需求来看，在陆域资源不足和产量增长有限的情况下，开采海洋资源将成为解决中国能源短缺，保障能源安全的重要战略举措。进入新世纪以来，海洋石油产量所占比重逐年增加，2000年产油1 180万吨，天然气42亿立方米。2005年产油2 763万吨，占全国总产量的6.5%；产气50亿立方米，占全国总产量的10.3%。迄今为止，中国已形成松辽油区、东部及南方油区、西部油区、近海四大产油区（见图2）。

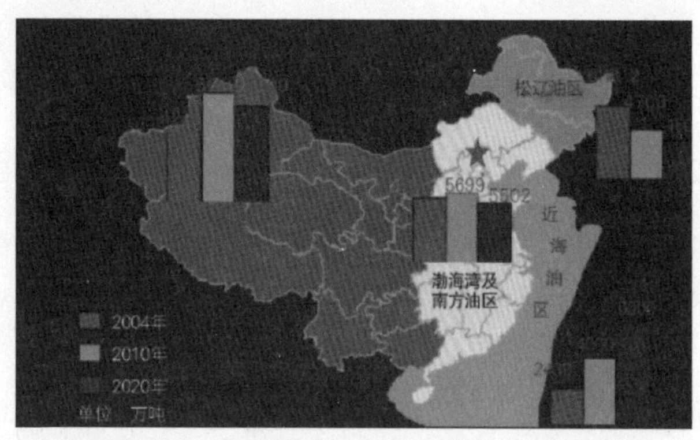

图 2　2010 年后中国形成并崛起的四大产油区

目前，中国海洋油气勘探正由300米以内的浅水区逐渐向深水海域扩展。近几年，在1 500～3 000米海洋石油勘探开发技术方面，中国逐渐取得了一些进展，预示着中国企业可以更多地参与国外海洋石油开发项目。在近海油田的开发中，主要集中在渤海、珠江口、琼东南、莺歌海、北部湾和东海六个含油气盆地，并形成了四个油气开发区：渤海油气开发区、珠江口油气开发区、南海西部油气开发区和东海油气开发区，其中渤海地区是中国近海勘探和开发中相对最成熟的区域，也是中国海上油气的主产区。

（三）国家政策大力支持海洋油气开发

近年来，国家相关部门出台了一系列有力政策鼓励海洋油气资源的勘探开发。《国民经济与社会发展“十二五”规划》要求积极发展海洋油气，海洋工程装备制造等新兴产业。《石油和化学工业“十二五”发展指南》提出要重点开拓海域及主要油气盆地和陆地油气新区，推进深水勘探开发重大装备、深水水下生产设施、深水工程施工作业重大装备及应急维修装备的研制。《全国海洋经济发展“十二五”规划》对中国海洋油气业进行了规划部署：加大海洋油气勘探力度，稳步推进近海油气资源开发，加强勘探开发全过程监管和风险控制。提高渤海、东海、珠江口、北部湾、莺歌海、琼东南等海域现有油气田采收率，加大专属经济区和大陆架油气勘探开发力度。依靠技术进步加快深水区勘探开发步伐，提高深远海油气产量。进一步优化发展沿海石油石化产业，加大对现有化工园区的整合力度，推动产业集聚升级。强化沿海液化天然气接卸能力和油气输配管网建设，提高储备周转与区际调配能力。

国务院办公厅于2014年11月发布的《能源发展战略行动计划（2014–2020年）》提出加快海洋石油开发，按照以近养远、远近结合，自主开发与对外合作并举的方针，加强渤海、东海和南海等海域近海油气勘探开发，加强南海深水油气勘探开发形势跟踪分析，积极推进深海对外招标和合作，尽快突破深海采油技术和装备自主制造能力，大力提升海洋油气产量。

重点企业海上油气开发战略及装备需求

中国海洋石油总公司、中国石油天然气集团公司、中国石油化工集团公司（分别简称“中海油”、“中石油”和“中石化”）三大石油公司承担着中国海洋油气开发的任务。其中，中海油是目前中国海洋油气开发的主要力量，生产了中国境内大部分海洋油气。

（一）中海油海洋油气开发战略、现状及装备需求

中海油自1982年成立到2012年的三十年间，累

计发现地质储量近40亿吨、生产油气5.85亿吨，油气年产量由成立之初的9万吨增加到5 000多万吨，建成了“海上大庆”油田，形成了上中下游一体化的产业格局，初步建立起比较完整的海洋石油工业体系。这三十年的成绩实现了中海油发展历史上的“第一次跨越”。

继“第一次跨越”之后，中海油针对2012年以后的发展提出了“二次跨越”发展纲要，对其未来发展做出了总体部署：第一步到2020年，公司的油气总产量比2010年翻一番，专业技术服务领域的国际竞争力基本达到国际一流；第二步到2030年，油气总产量比2010年增长两倍，专业技术服务领域的国际竞争力达到国际一流（见图3）。

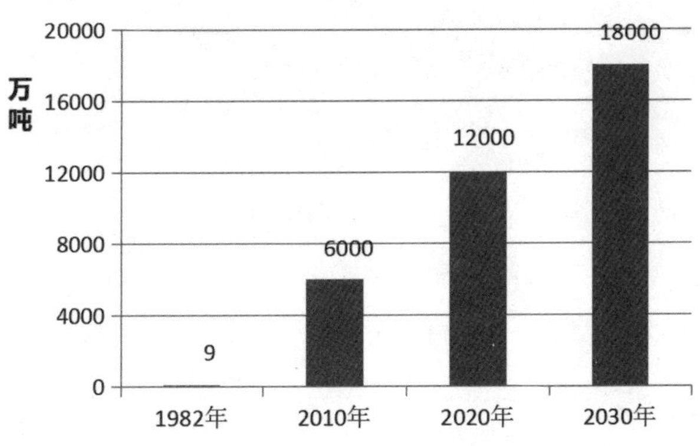

图 3　中海油油气产量增长情况及计划

2015年，中海油国内外油气勘探均获突破，积极保障油气资源的持续供应，油气生产取得历史性突破。

2015年，中海油继续坚持“以寻找大中型油气田为目标”。在中国海域，公司继续实施积极的勘探战略，勘探工作量持续饱满，自营采集二维地震数据1.30万平方公里，自营与合作采集三维地震数据1.65万平方公里；完成探井123口。公司勘探成果丰硕，全年获得14个新发现，成功评价20个含油气构造，在中国海域的自营探井勘探成功率达45% ~ 67%。在海外勘探中，公司继续实施“突出重点领域、优化投资组合”战略，坚持走可持续发展之路。海外取得的新发现包括阿尔及利亚的REZ和尼日利亚的Ukot South。此外，公司还成功评价了3个含油气构造，包括阿尔及利亚的MAS、OGB和巴西的Libra。

2015年，公司生产原油7 970万吨、天然气250亿立方米（含煤层气），油气当量首次突破1亿吨大关，国内外油气产量均获突破。截至2015年底，“锦州9–3”油田综合调整、“渤中28/34”油田群综合调整、“垦利10–1”油田、“东方1–1”气田一期调整和“旅大10–1”油田综合调整项目等均于年内陆续投产。此外，“涠洲11–4北”油田二期和“涠洲12–2”油田联合开发项目也已于2016年初投产。

根据中海油在2014年底发布的消息，该公司在国内近海的在生产油气田已突破百个，其中油田93个、气田13个，已有生产平台达200座。2009年公司在生产油气田是71个，5年里增加了近50%。2009年公司海上生产平台有146座，而到了2014年，这一数字已刷新至200座。

根据中海油田服务股份有限公司（以下简称“中海油服”）2015年业绩报告，截至2015年底，中海油服共运营、管理43座钻井平台（包括32座自升式钻井平台和1座半潜式钻井平台），生活平台2座（见图4）；经营和管理中国近海实力最强、规模最大、服务种类最齐全的专业化油田作业船队，包括三用工作船、平台供应船、油田守护船、修井支持船、油轮等共计130余艘（其中自有油田工作船85艘、油轮3艘），能够为海上石油及天然气的勘探、开发、工程建设和油/气田生产提供全面的船舶作业支持和服务，主要业务有起抛锚作业、钻井/工程平台（船）拖航、提油、海上石油及货物运输、油/气田守护、破冰、消防、救助、海上污染处理、修井支持等多种船舶作业服务；在物探和工程勘察方面，拥有6艘拖缆物探船、1支海底电缆队和5艘综合性海洋工程勘察船。

2015年，中海油服“海洋石油981”号首次进入国际市场并完成作业，完钻井深5 030米，创造了亚洲深水半潜式钻井平台作业井深新记录。深水钻井平台“COSL PROSPECTOR”在南海深水区顺利开始首口井作业。在装备管理上，通过处置老旧船只，增加高端、深水船舶进一步调整船队结构。2015 年，“海洋石油691”等16艘深水船舶成功交付，提升了中海油服深水作业支持服务能力。

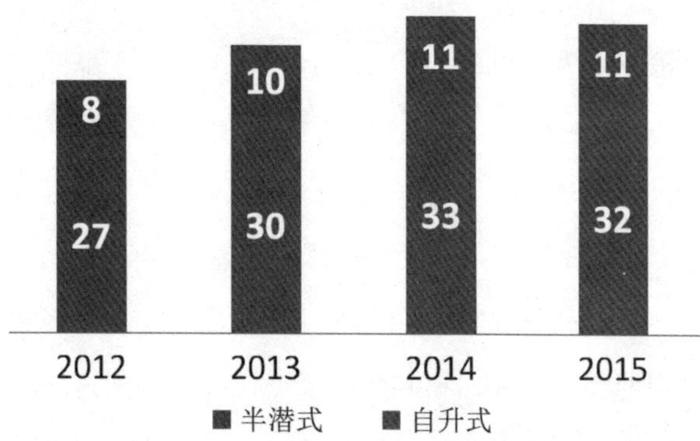

图 4　中海油服海洋平台发展情况

（二）中石油海洋油气开发战略、现状及装备需求

目前，中石油投入勘探开发的海洋油气区块全部在渤海湾滩海，石油资源量为16.08亿吨，探明率为14.9%。经过多年努力，已先后在辽河、大港、冀东海域发现多个工业油气田。至2007年，冀东油田具有探明石油地质储量6.8亿吨，控制储量3.7亿吨，预测储量3.3亿吨。根据中国第三次油气资源评价，大港探区石油资源蕴藏量20.56亿吨，天然气资源蕴藏量3 800亿立方米。辽河滩地区已发现6个含油气区带，累计探明石油地质储量1.267 9亿吨，探明天然气地质储量16.28亿立方米，在笔架岭和海南油田基本形成了年产20万吨的生产能力（见图5）。

中石油还拥有南海油气勘探及开采许可，其南海矿权总面积16.93万平方千米，共22个区块。南海探区水深200～3 000米，平均水深1 212米（见图6）。

图 5　渤海探区勘探形势图

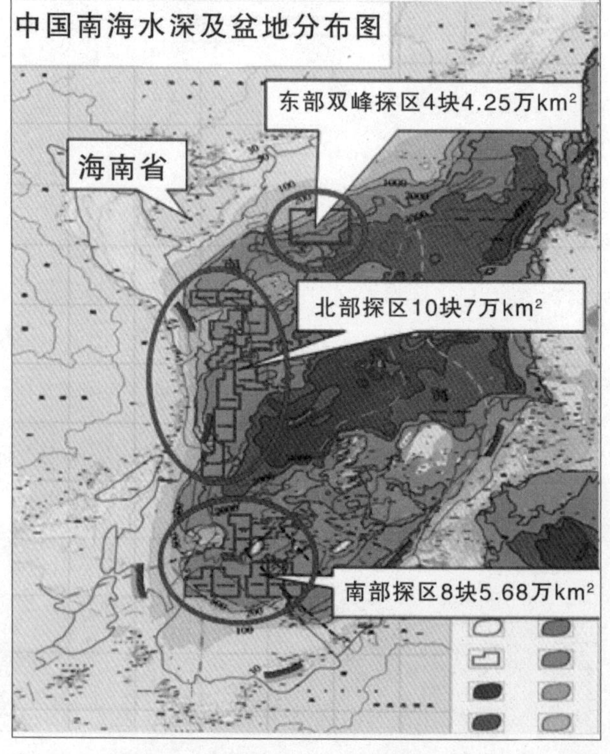

图 6　中国南海水深及盆地分布图

中石油已经有了一定的海洋工程装备基础，拥有移动式平台16座，包括：钻井平台11座、作业平台3座、试采平台2座、座底式平台2座、自升式平台9座，船舶25艘（其中多用途工作船19艘）。今后几年，中石油将不断加强海上业务，作业环境也将从滩浅海逐渐向深海转变，海洋油气勘探开发投资将持续增长、海洋工程技术服务市场需求将日益旺盛，海洋钻采平台、海洋管线等海洋结构物的建造安装将明显增加。

（三）中石化海洋油气开发战略、现状及装备需求

自从20世纪60年代走向海洋以来，中石化在中国渤海湾、东海、南黄海、雷琼、北部湾、琼东南6个盆地登记总面积83 998平方千米（见图7），与中海油联合登记6个区块，中石化海域滩区目前已落实石油储量40 630万吨。

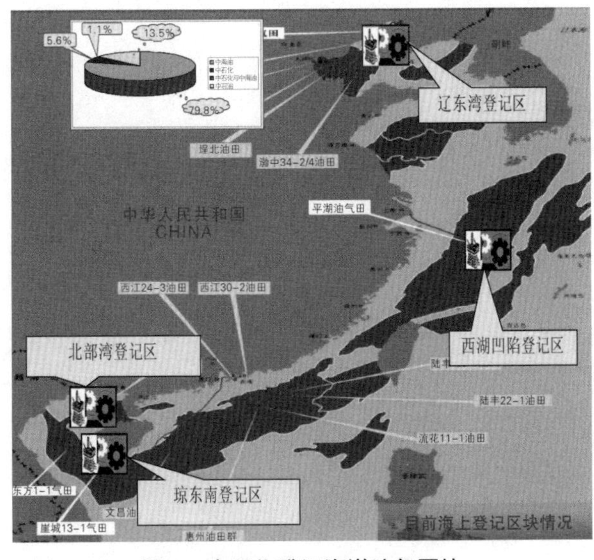

图 7　中石化登记海洋油气区块

中石化经过40年的发展，油气勘探开发装备有了很大进展，已拥有海上钻井平台12座，大型开发平台5座，普通开发平台104座，作业平台5座，工程船舶40艘（见表1）。

表1　中石化现有海洋装备情况

（1）现有钻井装备

名称	型式	作业水深/m	钻井能力/m	建造时间
新胜利1号	自升式	50	7 000	2014年
胜利2号	坐底式	6.8	4 500	1988年
胜利3号	坐底式	9	6 000	1988年
胜利4号	坐底式	5.5	7 000	1982年
胜利6号	自升式	30.5	7 000	1980年
胜利7号	自升式	30	4 000	1980年
胜利8号	自升式	20	5 000	1981年
胜利9号	自升式	35	6 000	1978年
胜利10号	自升式	55	7 000	2010年
勘探2号	自升式	91.4	6 000	1977年
勘探3号	半潜式	200	6 000	1984年
勘探4号	半潜式	600	7 500	
勘探6号	自升式	115	9 144	2010年

（2）现有修井作业装备

名称	型式	作业水深/m	钩载能力/kN	建造时间
胜利作业1号	自升式	15	800	1988年
胜利作业2号	坐底式	7	800	1995年
胜利作业3号	自升式	25	1 000	2002年
胜利作业4号	自升式	18	1 350	2007年
3个修井模块	模块式			2001年

2015年，中石化在胜利油田海洋钻井公司新胜利一号钻井平台的项目胜顺7井顺利开钻，标志着辽宁东地区上元古界潜山及新近系油气勘探正式拉开序幕。“勘探六”号海洋平台于2015年4月正式获得中国国籍证书，并在2015年年底完成首次大修。此外，中石化胜利石油工程有限公司“胜利作业新一号平台”正在建造中。

（编写：唐晓丹　刘祯祺　　审校：杨怀丽　高　旗）

第三章　2015年中国海洋工程行业发展总体情况

行业基本情况

中国海洋工程装备建造企业和科研机构主要分布在东南沿海地区，辽宁、山东、江苏、上海、广东、福建等为中国海洋工程装备大省（市），汇聚了中国大部分研发设计机构、建造企业和一批骨干配套企业。配套企业在湖北、湖南、重庆、陕西和河南等地也有较多分布。

从地区分布看，以环渤海地区、长江三角洲地区和珠江三角洲地区是海洋工程装备的主要聚集区，海工装备制造业三大基地正在形成。

环渤海地区以大连、天津、青岛、烟台等地为主，聚集了大连船舶重工集团有限公司（简称“大船重工”）、大连中远船务、中海油天津塘沽基地、烟台中集来福士海洋工程有限公司（简称“中集来福士”）等基地和企业，产品集中在自升式钻井平台、半潜式钻井平台、钻井船等方面。

长江三角洲地区以南通、上海等地为主，代表企业有上海外高桥造船有限公司（简称“外高桥造船”）、上海船厂船舶有限公司（简称“上海船厂”）、南通中远船务、启东中远船务、上海振华重工（集团）股份有限公司（简称“振华重工”），该地区产品更侧重于高端装备，产品种类除各类移动钻井平台外，还有居住平台、圆筒形FPSO、物探船等。

珠江三角洲地区是中国南部的海工装备基地，以广州地区为主，包括中船澄西船舶（广州）有限公司（简称“中船澄西（广州）”）、中船黄埔文冲船舶有限公司（简称“中船黄埔”）、招商局重工（深圳）有限公司（简称“招商局重工”）、广东粤新海洋工程装备股份有限公司（简称“粤新海工”）、广东广机海事重工有限公司（简称“广机海工”）等海工船建造企业，同时辅以各类平台、FPSO的修理或改装业务。

按照所属行业，中国海洋工程装备建造企业主要由船舶系统企业、石油系统企业和机械制造企业三大类构成如表2所示。

生产经营情况

（一）主要海洋工程产品完工交付情况

2015年，中国企业完工交付自升式钻井平台3座，半潜式海洋生活平台2座，半潜式圆筒型海洋生活平台、半潜式钻井支持平台、四桩腿服务性平台、自升式海上风电安装平台各1座，改造FPSO 2座。其中中集来福士交付自升式钻井平台2座，招商局重工（深圳）有限公司交付自升式钻井平台1座，中船澄

表2　中国海洋工程装备产业格局

企业类型	典型企业	业务类型	主要特点
船舶系统企业	中船重工、中船工业、中远船务、中集来福士等	装备建造（海洋平台及海洋工程船舶+通用配套设备）	建造能力、设施设备、工艺流程和配套产品相近，具备先天优势
石油系统企业	中海油、中石油、中石化等	装备建造（平台+专用配套设备）、海洋工程服务	熟悉海洋油气开发程序，在油气处理模块及相关系统的设计建造、海上安装作业和承接订单方面具备优势
机械制造企业	振华重工等	装备建造（海洋平台及海洋工程船舶）	行业跨度较大，技术上不占优势，但在资本运作、企业管理、市场营销方面实力较强

西船舶（广州）有限公司交付改造FPSO 2座，南通中远船务交付半潜式海洋生活平台2座以及半潜式圆筒型海洋生活平台1座，大船集团海工公司交付半潜式钻井支持平台1座，武汉船用机械有限责任公司交付四桩腿服务性平台1座，上海宏航船舶技术有限公司交付自升式海上风电安装平台1座（见表3）。

中集来福士交付的自升式钻井平台MASTER DRILLER拥有自升式钻井平台桩腿设计和建造的自主知识产权，自主完成全部详细设计和施工设计。中集来福士成功交付的自升式钻井平台“中油海15”号，由美国Friede & Goldman公司提供基础设计，中集来福士自主完成全部详细设计和施工设计，

表3　2015年中国企业交付的主要海洋工程装备产品

类 别	装备名称	企 业
四桩腿服务性平台	“德赛二”号	武汉船用机械有限责任公司
自升式钻井平台	“UMW NAGA 7”	招商局重工（深圳）有限公司
半潜式圆筒型海洋生活平台	“希望7”号	南通中远船务
自升式钻井平台	MASTER DRILLER	中集来福士
自升式钻井平台	“中油海15”号	中集来福士
深水钻井平台	“海洋石油981”	武船集团南通造船基地
半潜式海洋生活平台	“高德1”号	南通中远船务
半潜式海洋生活平台	“高德2”号	南通中远船务
半潜式钻井支持平台	“Atlantica Delta”号	大船集团海工公司
自升式海上风电安装平台		上海宏航船舶技术有限公司
FPSO改造	“萨卡里玛”轮	中船澄西船舶(广州)有限公司
FPSO改造	“玛丽卡”号	中船澄西船舶（广州）有限公司

钻井包、甲板吊等主要设备实现了国产化，拥有平台桩腿设计和建造等23项技术专利。武汉船用机械有限责任公司交付的国内首个四桩腿服务性平台“德赛二”号为该公司自主研制，是国内第一座拥有完全自主知识产权和设备国产化率最高的海工平台。南通中远船务交付的半潜式海洋生活平台“高德1”号和“高德2”号由该公司设计建造，采用荷兰GUSTO MSC公司提供的OCEAN 500船型，最多可为990人同时提供生活居住服务，是全球可居住人数最多的半潜式海洋生活平台，由南通中远船务独立自主完成该平台的详细设计、生产设计，以及所有设备采购建造、设备系统安装调试工作。

在海洋工程船方面，中国企业继续取得较好成绩。服务于我国3 000米深水钻井平台“海洋石油981”的深水三用工作船“海洋石油691”由武船集团成功交付，该船造价超过8亿元，具有对外进行消防、浮油回收功能，支持水下3 000米作业水下机器人功能，代表了我国乃至世界海洋工程装备制造的最高水平，系世界最先进、亚洲拖力最大、功能最齐全的深水三用工作船。武船集团交付的多用途海洋平台工作船“华虎”号为其自主设计建造，是我国自主设计的最大功率海洋平台工作船，多项技术指标跻身全国乃至世界一流。江苏太平洋造船集团旗下浙江造船交付的中型锚作拖带供应船（AHTS）SPA150是SPA150的全球首制船，是太平洋造船集团完全自主设计的首艘中型AHTS，由集团旗下设计公司SDA设计。黄埔文冲交付的50 000吨级半潜打捞工程船“华洋龙”号是中国最大载重吨位的半潜打捞工程船。同方江新造船有限公司交付的国内最大海上溢油回收船“中油应急103”是目前国内最为先进的海上溢油回收和应急救助船。

（二）主要海洋工程产品新订单承接情况

2015年，中国企业新接各类海洋工程平台25座（不包括备选订单）（见表4）。其中中船黄埔文冲船舶有限公司承接自升式钻井平台2座、自升式海工居住平台1座，厦船重工承接海上风电一体化作业移动平台、海洋服务平台Lift boat共7座，招商局工业集

表4　2015年中国新接主要海洋工程装备产品订单

类 别	数 量	企 业
FPSO改造	1	大连中远船务
自航自升式作业平台Lift boat	4	招商局工业集团有限公司
半潜式钻井辅助平台	4	招商局重工（江苏）有限公司
海上风电一体化作业移动平台	1+1	厦船重工
海洋服务平台Lift boat	6	厦船重工
自升式生活平台	2	山海关造船重工有限责任公司
张力腿平台	2	海油工程及其技术合作伙伴Technip
自航自升式多功能服务平台	2	上海佳豪全资子公司上海佳船机械设备进出口有限公司
自升式钻井平台	2	中船黄埔文冲船舶有限公司
自升式海工居住平台	1+2	中船黄埔文冲船舶有限公司

团有限公司承接自航自升式作业平台Lift boat 4座，招商局重工（江苏）有限公司承接半潜式钻井辅助平台4座。

科技开发与技术进步

2015年，中国企业在海洋工程装备研发、设计、建造及海工配套设备科技开发方面取得一系列成果，海洋工程装备研发和建造继续向着系列化、深水化和高端化发展。

（一）海洋工程装备系列化研发

中集来福士为挪威Beacon Pacific Group Ltd. 公司建造的挪威北海半潜式钻井平台Beacon Pacific目前在建，Beacon Pacific采用GM4-D设计，该设计充分汲取已交付的四座GM系列挪威北海半潜式钻井平台设计建造经验，由中集来福士和挪威Global Maritime共同完成基础设计，中集来福士拥有80%自主知识产权，2015年第一季度，中集来福士交付的COSLPROMOTER，在挪威国家石油公司对其在挪威北海作业的钻井平台季度评比中，综合性能排名第一，被评为挪威北海“季度最佳平台”，Beacon Pacific是中集来福士这一系列北海半潜式钻井平台的第七座，也是中集来福士建造的第15座深水半潜式平台，计划于2017年底交付。太平洋造船集团旗下浙江造船为上海打捞局华威公司建造的8 000匹马力SPA85三用工作船已开工建造，这也是华威公司与浙江造船签订的五艘船中的第三艘，SPA85是太平洋船厂自主研发的系列三用工作船，已经为法国波邦公司（Bourbon）建造了十多艘，船型技术成熟，该船以曾入选海工权威媒体《OSJ》杂志（Offshore Support Journal）的2013年度最佳船型的SPA80作为母型，特别针对南海的复杂海况优化了主尺度，型深和干舷相比常规的三用工作船进一步加大，并凸显“锚作、拖带、供应”中的供应功能，甲板面积也更为扩增。扬州大洋造船为法国船东建造的SPP35第11艘海上平台供应船已顺利命名，这是大洋造船为该船东建造的同系列船的第三艘，SPP35海工船是太平洋造船集团拥有完全自主知识产权的全新一代中型PSV，凭借节能环保、功能强大、安全性能高和操纵性能好等优势，入选美国海事权威杂志Marine LOG评选的“2013年世界经典船舶”，而且是其中唯一由中国船厂设计的船型，不仅如此，该系列船在全国范围内首次研制，获国家科技部“国家重点新产品”称号。福建东南船厂为荷兰VROON公司建造的60米ERRV-4号船成功交付，该船是该系列船的第四条，也是最后一条，另外三条均已经顺利交付使用。黄埔文冲船舶有限公司交付了6 000马力深水供应船“海洋石油617”号，这是黄埔文冲为中海油田服务股份有限公司建造的该系列3号船。上海船厂在崇明基地港池内举行OPUS TIGER 4 钻井船（S6033轮）开工仪式，该船是Tiger系列钻井船的第四艘船；此外，上海船厂为中海油服建造的4艘12 000HP深水三用工作船系列船中的最后一艘已完成试航，为中波公司建造的第四艘32 000吨多用途重吊船也已开建。外高桥海工为新加坡光辉公司所承建的四艘PSV系列船舶实现三艘下水、一艘坞内合拢。江苏正屿船舶重工有限公司为欧洲船东Vroon公司建造的ERRV系列船中的第5艘已成功交付，该批船是服务于北海油田的应急搜救船，首次采用亚洲设计，中国船厂制造。

（二）深水海洋工程装备建造

中集来福士为挪威North Sea Rigs Holdings公司建造的“维京龙”深水半潜式钻井平台已建成命名，这是我国建造的首座适合北极海域作业的深水半潜式钻井平台，拥有80%的自主知识产权，实现了“交钥匙”总包建造，该平台最大工作水深500米，可升级到1 200米，最大钻井深度8 000米，汲取了中集来福士交付的四座GM4000D北海半潜式钻井平台经验，共实现11项重大技术突破和114项优化改进。中集来福士为挪威一家公司建造的“福瑞斯泰阿尔法”号超深水半潜式钻井平台已实现合拢，该平台最大作业水深3 658米、最大钻井深度15 240米，为全球最大作业水深和最大钻井深度。服务于我国3 000米深水钻井平台“海洋石油981”的深水三用工作船“海洋石油691”在武船集团成功交付，该船由罗尔斯·罗伊斯设计公司与武船集团联合设计，造价超过8亿元，具有对外进行消防、浮油回收功能，支持水下3 000米作业水下机器人功能，代表了我国乃至世界海洋工程装备制造的最高水平，该船系世界最先进、亚洲拖力最大、功能最齐全的深水三用工作船。中船黄埔文冲船舶有限公司为海油发展安全环保公司建造的“海洋石油257”已顺利交付并投入使用，其姊妹船“海洋石油258”也已交付，该系列船是国内首制深水环保船，与以往建造的环保船相比，深水环保船针对深水恶劣的海况进行了多项技术改进设计，负责东海海域的油田值守、溢油处置、消防、救生等服务作业，是真正意义上适合深水作业的多功能环保船。大连中远船务为中海油服建造的第二艘9 000马力深水供应三用工作船“海洋石油661”号已顺利交付，其系列1号船“海洋石油660”号已交付并离港，该船总长85.4米，型宽20米，型深8.6米，最大运力5 044吨，拥有先进的DP-2定位系统、FMEA失效控制、PMS电力控制系统等多个功能化系统模块，是目前亚洲最先进的多功能深水供应船。

（三）海洋工程装备高端化研制

我国设计建造的世界首座半潜式圆筒型海洋生活平台“希望7”号已交付并投入使用，该船是南通中远船务在建圆筒型系列海洋生活平台的第一座，能在3 000米的深海站稳脚跟，平台主甲板直径66米，主船体直径60米，可供490人生活，被誉为漂浮的“海上五星级酒店”，为圆筒式海上浮式储油平台“SEVAN 300”改装而成。广船国际为全球最大半潜船运营商荷兰Dock Wise公司建造的72 000吨半潜船已命名交付，这艘船是世界第二大半潜船，也是目前国内建成的最大吨位的半潜船。该船船长216米，宽63米，甲板长197米，装货甲板面积达到12 400平方米。由武汉船用机械有限责任公司自主研制的国内首个四桩腿服务性平台“德赛二”号成功交付。“德赛二”号总重约5 000吨，最大作业水深60米，用于海上油田服务，也可提供海上修井和海洋工程施工服务。平台甲板面积1 600平方米，可满足150人生活需要，是国内第一座拥有完全自主知识产权和设备国产化率最高的海工平台，平台设计总体功能强、配置高。同方江新船厂建造的“中油应急103”船顺利下水，“中油应急103”是目前国内最大的集拖带、消防和溢油回收功能于一体的海上应急船，该船长约80米，自重达2 000余吨。振华重工自主设计、研发建造的起重能力达到12 000吨的世界第一起重船“振华30”轮正在建造，该船具有自航、锚泊和动力定位能力，集高技术、高难度、高附加值于一身，主要用于深海大件、模块、导管架起重吊运及吊装；振华重工自2006年进军起重船市场以来，先后研制了亚洲第一的4 000吨“华天龙”号全回转起重船、世界单机起重量最大的7 500吨“蓝鲸”号自航全回转起重船、世界最大的8 000吨韩国“SAMSUNG5”固定双臂架起重船，屡次刷新了起重船行业的世界纪录。

（四）海洋工程配套设备研发与建造

在动力系统和海洋工程用新材料等方面有一系列进展：中国南车株洲所自主研制的船舶电力推进变频驱动系统成功应用在被誉为“海上叉车大力神”的5万吨半潜船上，且顺利地完成了一系列的高难度考核，通过了ABS美国船级社的认证和船东船厂的验收，这是中国自主品牌在大吨位级海洋工程船舶上的首次应用，成功打破了国外公司对该领域的垄断。

武汉船用电子推进装置研究所在国内首次成功完成了10兆瓦等级大功率船用电力推进系统及关键设备的产品研制，在10兆瓦级及以上多项船用电力推进系统关键技术上实现突破，填补了我国大功率船用电力推进系统领域的空白；并且在海洋工程船舶电力推进系统的实船应用领域打破了国外垄断，开启了“批量接单”模式。

洛阳船舶材料研究所钛合金油井管开发项目与某配套单位签订首批供货合同两千余万元，并达成第二批供货合同意向，钛合金油井管批量供货在国内属首次；另外，该所制造的我国首个国产4 500米潜深载人潜水器耐压壳已制成出厂。

由海油工程青岛公司承揽的蓬莱19-9WHPJ导管架项目飞溅区的涂装工作全部完成并通过业主检验认可。该项目采用的涂料为“JOTACOTE UHB超强环氧厚浆漆”，此种类型的防腐蚀涂层系统的应用填补了国内海洋工程建造领域使用此种涂层系统的空白。由于钛合金焊接工艺难度极高，俄罗斯在这方面居世界领先地位，此前只有俄罗斯曾制造钛合金耐压壳的核潜艇。

武汉船用机械有限责任公司研制的软管绞车顺利通过国家发展与改革委员会验收，该项目是国内首次自主研发，完成了18.5万吨FPSO配套货油综合系统和外输软管系统关键设备的样机研制及试验验证，打破了国外厂家的长期垄断，填补了国内空白。海油发展工程技术公司自主研发并获专利的耐高温井下安全阀，成功通过350℃高温试验，这种耐温等级的井下安全阀在国内外尚属首例，应用于海上稠油热采井和高温气井，将有效保障作业安全。

主要海洋工程建设项目

（一）湖北海洋工程装备研究院成立并开建

2015年5月，湖北海洋工程装备研究院正式成立。2015年6月28日，湖北海洋工程装备研究院在武汉未来科技城开建，并举办首届湖北国际海工装备技术论坛。

湖北海洋工程装备研究院由中船重工武船集团、武汉船机、七一九所和中石化石油工程机械有限公司、谢克斯特（天津）海洋船舶工程有限公司等企业联合建设，占地400余亩，总投资20亿元，分两期建设，一期计划于2017年底完工。主要开展世界顶级水平的大型海洋工程装备、海洋工程高技术船舶、海洋油气勘探开发工程装备及海工通用配套设备等海工产品研发，为各股东单位及国内外海工制造基地提供研发、设计和项目管理的工程总包管理服务。全面建成后，将形成1 500人以上的设计研发团队，支撑总量100亿元以上的产业集群，是建设国家级海洋工程装备研发创新基地，带动国内海工产业协同发展的重点工程。

（二）无锡中国船舶海洋探测技术产业园奠基开工

2015年12月30日，中国船舶工业集团公司与无锡市政府在无锡（太湖）国际科技园区举行中国船舶海洋探测技术产业园奠基开工仪式。

中国船舶海洋探测技术产业园以中船电子科技有限公司为平台，由中船电科所属海鹰企业集团有限责任公司、中国船舶工业系统工程研究院水下系统研究所、水声对抗国防重点实验室“三位一体”整体规划统一建设，构建海洋装备发展的“五大中心”，即科技创新研发中心、系统集成中心、国际合作交流中心、产品生产及装配中心、产品试验验证中心，形成技术研发、生产制造、施工、运营服务全周期一体化产业链发展能力，努力打造国家级海洋探测技术产业园，成为引领国内海洋探测装备产业的翘楚。该产业园将以涵盖“海洋防务、海洋运输、海洋开发、海洋科考”四大领域的水下装备为主体，发展壮大现有产业，着力培育新兴产业，建设8大产业集群，打造16条产品线。

据了解，2015年1月8日，中船集团与无锡市签署战略合作协议，中国船舶海洋探测技术产业园正式落户无锡。该产业园总规划面积565亩，其中工业用地约528亩，科研用地约37亩。4月8日，“中船海洋探测技术研究院有限公司”经国家工商总局名称核准，正式在无锡新区注册。6月29日，该产业园完成一期征地。9月10日，该产业园一期建设可行性研究正式获得中船集团批复。近日，该产业园建设施工单位招标工作已完成。

（三）全国最大船舶涂料生产基地在青岛高新区全面投产

全国最大的高端船舶涂料生产基地日前在青岛高新区全面投产，该基地由中远佐敦船舶涂料（青岛）有限公司投建，设计年产高端涂料5 000万升。

据悉，中远佐敦公司由中远国际控股有限公司和国际涂料领域领先的制造商挪威佐敦集团共同投资组建，双方各持有50%股份，经过10年的发展，目前已成为中国船舶涂料行业的最大供应商，产品市场占有率达30%以上。

（编写：唐晓丹　栗超群　　审校：刘　免　杨怀丽）

第四章 2015年中国主要海洋工程装备发展情况

钻井装备

2015年1月12日，中集来福士为挪威NORTH SEARIGS公司设计建造的North Dragon半潜式钻井平台上船体在烟台建造基地完成下水。North Dragon采用GM4D设计，中集来福士拥有此设计80%知识产权。平台下船体已经于2014年10月30日完成下水工作。

2015年1月16日，上海外高桥造船有限公司为挪威POD公司建造的一座JU2000E型自升式钻井平台在2号船坞内顺利完成平台坞内升降试验，实现了该公司坞内升降试验零的突破。

2015年1月19日上午，中石化重点投资项目——由胜利油建平台公司建造的胜利作业六号自升式钻井平台，正式交付胜利油田井下作业公司管理运行。胜利作业六号平台为三桩腿电动齿轮齿条升降式平台。平台总长72.58米，总宽46.6米，最大作业水深45米，最大作业井深6 500米，一次就位最多可进行30口井的修井、侧钻及辅助试油施工，是胜利石油工程公司目前建造尺寸最大、配套最先进的海上作业平台。

2015年1月19日，中集来福士为挪威North Sea Rigs As公司建造的北海半潜式钻井平台“维京龙”上下船体在烟台基地成功合拢。“维京龙”是我国建造的第一座可在北极海域作业的半潜式钻井平台。该平台工作水深500米，可升级到1 200米，最大钻井深度8 000米，配置DP-3动力定位和8点系泊系统，采用NOV钻井系统，钻井设备引入1.5个井架设计概念，可以在钻井同时完成3根钻杆或套管连接，引入平行自动排管技术，钻井作业效率提升15%。4月9日，“维京龙”完成钻井模块吊装，整个模块重达2 300吨。平台的主体结构已基本完成。10月2日，“维京龙”开始试航，同月16日完成试航任务。

2015年1月27日，招商局工业集团下属的招商局重工（深圳）有限公司建造的“UMW NAGA 7”自升式钻井平台在深圳招商局孖洲岛海工基地成功交付给马来西亚油服公司UMW Oil & Gas Corporation Berhad。该平台采用Gusto MSC CJ46-X100-D船型设计，是一艘用于海上石油和天然气勘探、开采工程作业的钻井装置，适合于世界范围内15米～91米水深以内各种海域环境条件下的钻井作业，最大钻井深度可达9 144米。

2015年3月13日上午，为新加坡ESSM海洋工程投资有限公司建造的首制CJ46-X100-D型自升式钻井平台（H1368）项目的钻台在组立部8号平台顺利吊装到悬臂梁上。17日，H1368钻台总组的焊接按期完成。6月9日上午，H1368完成陆地滑移及拖航下水工程。H1368钻井平台于2014年3月5日开工，总长

65.25米，型宽62米，型深8-7.75米，自重高达9 600多吨，是外高桥造船首次运用平地总组技术建造的第一座自升式钻井平台。

2015年4月2日，由江苏扬子江海工建造的首座自升式钻井平台“YN100”钻井平台在江苏太仓扬子重工码头顺利出坞下水。该自升式钻井平台为Qatar Investment Corporation投资建造，造价近2亿美元，是扬子江船业在2012年底接获的首座自升式钻井平台订单。该钻井平台的详细设计工作由扬子江海工和Explorer 1 Limited合作完成，由美国Cameron公司提供钻井设备，入级美国船级。作业水深350英尺，最大钻深达3万英尺，定员120多人。

2015年4月8日，中集来福士龙口基地建造的第二座JU2000E自升式钻井平台完成下水。该平台采用滑道滑移下水方式，3月24日完成下水滑道铺设，4月4日平台整体从码头滑移至半潜式下水驳船，4月7日平台被拖至龙口港务局深水泊位，开始下潜漂浮作业，4月8日平台整体顺利达到自然漂浮状态。

2015年4月24日上午，中集来福士建造的自升式钻井平台MASTER DRILLER在烟台交付。MASTER DRILLER型长59.745米，型宽55.78米，型深7.62米，工作水深90米，钻井深度9 144米，额定工作人数110人，入级ABS船级社。该平台由美国Friede & Goldman公司提供基础设计，中集来福士自主完成全部详细设计和施工设计，并拥有自升式钻井平台桩腿设计和建造的自主知识产权。MASTER DRILLER自升式钻井平台的主船体在中集来福士海阳基地完成建造，交由烟台基地完成总装调试。2014年在与船东确认修改方案后，2015年1月正式开始改造，并于4月份正式改造完成。

2015年5月5日，招商局重工（江苏）有限公司4座钻井平台顺利下水，其中海恒CJ50自升式石油钻井平台2台，JU2000E型自升式钻井平台2台。其中，海恒CJ50自升式石油钻井平台2台隶属天津海恒船舶海洋工程服务有限公司，合同签订于2013年3月30日，系CJ50-X120-G（400英尺）自升悬臂式钻井平台，每座总造价约1.85亿美元。平台主要用于海上石油和天然气勘探、开采工程作业，作业水深可达400英尺，钻井深度达到10 668米，填补国内在该项海工产品的空白。另外，JU2000E型自升式钻井平台，作业水深400英尺，最大钻井深度35 000英尺，满足北海作业要求，每座造价约为2.2亿美元。

2015年5月16日，由中船黄埔文冲船舶有限公司建造的全球首制R-550D型自升式钻井平台顺利出坞。R-550D型自升式钻井平台是中船黄埔文冲船舶、TSC集团控股有限公司、美国ZENTECH设计公司推出的战略性合作产品。该平台于2013年12月20日开工建造，国产化率达到80%以上。R-550D型自升式钻井平台工作水深达400英尺（约122米），钻井水深达30 000英尺（约9144米）。船体为三角形，船长79.248米，宽79.553米，型深8.23米，甲板面积达3 152平方米，并带有铝质直升机平台。平台有3个三角形桁架桩腿，桩腿全长170.22米；每个桩腿由下端的桩靴支撑；生活楼有5层，可居住150人。

2015年5月21日，中集来福士建造的自升式钻井平台“中油海15”号正式交付。这是中集来福士龙口基地首座独立建造并交付的自升式钻井平台。“中油海15”型长59.745米，型宽55.78米，型深7.62米，工作水深90米，钻井深度9 144米，额定工作人数110人，入级ABS船级社。由美国Friede & Goldman公司提供基础设计，中集来福士自主完成全部详细设计和施工设计，钻井包、甲板吊等主要设备实现了国产化，拥有平台桩腿设计和建造等23项技术专利。

2015年6月4日，中集来福士建造的第一座第七代超深水半潜式钻井平台D90#1上甲板在海阳基地完成下水。甲板重达18 700吨，用“泰山吊”一次性完成上下船体的大合拢。中集来福士这一重大建造工艺创新，实现深水半潜平台上下船体在平地上并行同步建造，大大提高巨型分段的系统完整性。

2015年6月9日，中集来福士为挪威Beacon Pacific Group Ltd.公司建造的挪威北海半潜式钻井平台Beacon Pacific在烟台基地开工。Beacon Pacific采用GM4-D设计，该设计充分汲取已交付的四座GM系列挪威北海半潜式钻井平台设计建造经验，由中集来福士和挪威Global Maritime共同完成基础设计，中集来福士拥有80%自主知识产权。该平台满足最新NORSOK标准和DNV GL最新版规范，具备ICE-T、CLEAN和WINTERIZATION的入级符号，使之达到冰级、环保和严寒作业水平，可在海况恶劣的挪威北海和北极圈内的巴伦支海作业。10月12日10点，中集来福士为挪威NORTH SEA RIGS AS 公司设计建造的第二座GM4-D 半潜式钻井平台Beacon Atlantic下船体在烟台建造基地1#码头开始滑移下水，于2015年10月13日8点顺利平移到泰瑞号半潜驳船。Beacon Atlantic下船体总长为106.75米，宽73.7米，高34米，重11 451吨。

2015年6月25日，中集来福士为挪威Frigstad Deepwater公司建造的第七代超深水半潜式钻井平台Frigstad Deepwater Rig Alfa（D90平台）完成上下船体大合拢，完成了这座世界最深钻井平台主体工程的重大节点。D90平台长117米、宽92.7米、高118米、最大排水量达7万吨，最大作业水深为3 658米，最大钻井深度为15 240米，是目前全球作业水深和钻井深度最深、技术最先进的第七代超深水半潜式钻井平台。

2015年7月16日，中集来福士为中石化胜利石油工程有限公司海洋钻井公司建造的“胜利90米自升式钻井平台”在烟台基地开工。该平台由中石化集团胜利石油管理局钻井工艺研究院自主完成基础设计，中集来福士完成详细设计、生产设计和总装建造。平台最大作业水深90.4米，最大钻井深度9 144米，满足120人居住，可适合于世界范围内7～90.4米水深海域的钻井作业，入级中国船级社。

2015年8月1日，振华重工集团南通振华重型装备制造有限公司为Lovanda Offshore LTD.公司设计建造的“振海5”号400英尺钻井平台顺利实现主船体成型。该平台总长70.4米，型宽76米，型深为9.45米，工作水深为122米。能够适应在全球范围内122米水深内的各种海域，最大钻井深度达到10 668米，零下20摄氏度仍能正常作业。

2015年9月18日上午，由山东海洋工程装备有限公司旗下Northern Offshore Limited公司（NOF）投资建造的第2座CJ50-X120-G平台——H1419平台（Energy Edge）在上海外高桥造船举行切板开工仪式。这是NOF在外高桥造船投资建造的第四座开工的钻井平台，预计2018年3月交付。

11月28日，由烟台中集来福士海洋工程有限公司为挪威建造的“大西洋之光”半潜式钻井平台下部船体被牵引至船坞准备合拢。这也是我国建造的第二座适合北极海域作业的深水半潜式钻井平台。该平台最大工作水深500米，可升级到1 200米，最大钻井深度8 000米;配置了DP-3动力定位系统和8点系泊系统;最低服务温度为零下20摄氏度，满足冰级需求。

2015年11月4日，招商局重工（江苏）有限公司一举签下总价12亿美元的4座半潜式钻井辅助平台建造合同。这四座平台是一家新加坡公司订造，详细设计和生产设计以及施工都将由招商局重工完成。

2015年12月8日，天津海恒船舶海洋工程服务有限公司在招商局重工（深圳）有限公司建造的第四艘CJ46自升式钻井平台“海恒7”号顺利合拢。

“海恒7”号是荷兰Gusto MSC设计公司设计的型号为CJ46-X100-D作业水深375英尺的自升式钻井平台。

2015年12月16日，TAISUN350项目基础设计认可证书颁发仪式在烟台中集海洋工程研究院举行。TAISUN350是中集来福士独立自主设计并取得船级社基础设计认可的自升式钻井平台。TAISUN350工作水深350英尺，钻井深度30 000英尺，定员130人，可到除挪威北海外的全球海域作业。该平台采用先进的绿色设计理念，满足ABS的ENVIRO-OS环保要求和HAB+（MODU）居住舒适性要求，关键区域的噪声控制水平比以往项目可降低约5分贝。

生产装备

2015年4月，上海佳豪船舶工程设计股份有限公司日前接获一座350英尺自升式多功能服务平台设计订单。该项目系武汉船用机械有限责任公司与阿布扎比船东公司Zakher Marine International Inc.此前签订的海工平台建造总承包合同。武汉船机委托上海佳豪船舶工程设计股份有限公司承接该平台的基本、详细设计工作，并签订了SE-350LB海工平台设计技术服务合同书，青岛海西重机有限责任公司将负责海工平台的建造工作。350英尺自升式多功能服务平台是由上海佳豪自主研发设计的一款4桩腿多功能自升式服务平台，适用于无限航区航行，主要用于海上石油生产平台和钻井平台提供设备维修，人员居住，物品供应等。该平台总长82.30米、型宽44.00米、型深6.50米，设计吃水4.05米，全船设有三台全回转的艉部推进器和三台管隧式艏侧推，满足DPS-2，可同时满足250人的日常生活和居住。升降系统采用三角桁架加齿轮齿条抬升形式，桩腿长度为110米，可变载荷为2 000吨，甲板可作业面积达1 400平方米，最大作业水深80米。该平台共分为三型，A型平台在艉部采用两台190吨绕桩吊，B型平台在艉部采用两台300吨绕桩吊，而C型平台艉部采用一台400吨甲板吊。

2015年6月，美国McDermott的中国合资企业青岛武船麦克德莫特（QMW）已获得俄罗斯Yamal LNG项目一份模块制造合同。合同涉及制造、工程设计、采购、施工，包括机械竣工、预调试、称重和吊装。青岛武船麦克德莫特还将为6个陆上LNG分馏预组装装置模块进行装船固定。该合同由青岛武船麦克德莫特在青岛的制造基地进行，工作已经启动。

2015年6月，上海佳豪全资子公司上海佳船机械设备进出口有限公司与美克斯海洋工程设备股份有限公司签署两项船舶制造合同，总金额各为5 800万美元，共计1.16亿美元。合同项目为2座自航自升式多功能服务平台，并将由上海佳豪旗下江苏大津重工有限公司建造。

2015年7月10日，天津海恒船舶海洋工程服务有限公司和招商局工业集团有限公司签订了4艘自航自升式作业平台（型号为Amerin 320-100）合同。该项目将在招商局工业集团海门基地建造，预计在2015年9月份开工，并在2017年9月前全部交付。此平台是由SINGAPORE AMERIN PTE LTD公司提供的基本设计，船体为长方形，带有四个三角形桁架桩腿，桩腿配有电液驱动升降系统。平台艉部装有2个推进装置，艏部装有1个伸缩桨。生活区位于平台艉部，设有宿舍，办公室，餐厅和医院等。铝合金直升机平台位于平台艉部。此平台定员为100人，长度160英尺，宽度104英尺，型深17英尺，是一艘功能齐全的自升自航式多功能服务平台，可在全球南北纬32度内的水域使用。

2015年中期，上海利策科技股份有限公司（Shanghai Richtech Engineering）计划接收一些上部模块，用于国内建造的首座浮式储存再气化装置（FSRU）。这些模块由三家制造商建造，于9月交付给南通太平洋海工，并进行组装。

2015年7月16日，太平洋海工（SOE）与法国道达尔石油公司（TOTAL）和韩国现代重工有限公司（HHI）三方合作，为建造完工的MOHO NORD（MHN）项目模块举行了“吊装仪式”。7月22日，为TOTAL项目建造的MOHO NORD （MHN）项目2台套模块在SOE码头顺利交付发运。

9月16日，厦船重工与中盛国际海洋工程装备有限公司签订6座海洋服务平台（Lift boat）建造合约，这也是全球首单可在80米水深下作业的海洋服务平台合约。此次签约的6座Lift boat将由厦船重工和天津德赛机电设备有限公司及挪威船级社共同开发设计。

2015年9月18日，广东精铟海洋工程股份有限公司和中船黄埔文冲船舶有限公司在中船集团北京总部签订1+1座自升式风电安装平台（KOE-1）建造合同，并宣布联合打造国内风电安装维护装备重要基地。此次签约的自升式风电安装平台由中船集团第七〇八研究所负责完成基本设计和详细设计，总长85.8米，型宽40米，型深7米，结构吃水4.8米，作业水深5～45米，桩腿高80米，自持力为30天，定员80人，配备1台800吨主吊机和2台15吨辅吊机。首座平台预计在2017年上半年交付明阳风电使用。

2015年10月，山海关船舶重工与中国华晨（集团）有限公司签订两座自升式海洋平台建造合同。此次签约的海洋平台主要用于海上修井作业和人员居住，总长84.5米（含直升机甲板），型长64.8米，型宽40.8米，型深6米，设计吃水3.2米。平台将按照美国船级社（ABS）规范设计建造，悬挂巴拿马旗，建造完成后可以满足260人的海上餐饮和住宿需求。

2015年12月30日，新加坡通用海业集团（TYM Group）与招商局工业集团举行了2+2艘NG-1800X多功能自升自航海洋服务平台建造合同签约仪式。根据双方的合作协议，新加坡通用海业集团将从2016年开始陆续在招商局工业集团下属的招商局重工（江苏）有限公司建造4艘（2+2）在NG-1800X多功能自升自航海洋服务平台，其中第一艘平台预计将于2016年7月开始开工建造。

海洋工程船舶

1月8日，武船集团自主设计建造的“华虎”号多用途海洋平台工作船正式交付上海打捞局。该船主机功率为16 000千瓦，是我国自主设计的最大功率海洋平台工作船。“华虎”号未来将主要作为南海海洋石油钻井平台配套船。该船满载排水量10 867吨，在12级大风、10级海浪的恶劣海况下，可正常运转。

2015年1月26日，广新海事重工股份有限公司正式中标中海油田服务股份有限公司4艘8 000HP破冰型三用工作船。该工作船总长72米，B2破冰型，系柱拖力90吨。

2015年初，振华重工中标中海油服6艘6500马力油田守护供应船项目。此次中标的船舶长68.84米、型宽14.8米、型深6.9米，设计吃水4.6米，最大航速为14.5节，最大载重量1 750吨，系柱拉力为80吨。该类船主要为海洋石油和天然气勘探开采平台、工程建筑设施等提供多种作业和服务，以及海洋平台物资供应、协助提油作业等。

2015年初，南通润邦海洋工程装备有限公司从荷兰Royal IHC （IHC）公司接获一份新订单，为卢森堡船东Normalux Maritime SA建造一艘4 000吨自航重吊起重船。这艘起重船总长108米，型宽50.9米；配备两台2 000吨吊车和直升机甲板，采用DP-2动力定位系统。该船的型深为8米，设计吃水4.9米。该船将主要服务于欧洲市场的海上重吊作业和风电场的安装、维护作业，入级英国劳氏船级社。

2015年3月，中航威海船厂有限公司、中航凯新（北京）船舶工业有限公司作为联合卖方与比利时船东杨德诺集团共同签订了2艘6 000吨级海底抛石船项目的建造合同。该船总长96米，型宽22米，型深10米，设计吃水6.5米时，载重量约6 200吨，定员60人，挂欧盟成员国卢森堡旗，入法国船级社。该船设计为电力推进系统，配备DP-2动力定位系统，具有海上精确定位海底挖沟、抛石回填等功能，无限航区，具备在恶劣海况下正常作业的能力。

2015年4月，青岛武船与希腊船东签订的2艘水下机器人支持船（简称RSV）总包合同生效。该型船是具有深海设施安装和维修、海上施工、水下机器人作业、起重功能的海工施工船。船总长97.24米，宽22米，吃水7.2米时可达5 500吨载重吨，配备加强型DP-2动态定位系统，装备一台150吨起重机、一台25吨起重机，并配有两套水下机器人，作业水深达3 000米。该船机舱位于艏部，配备四台主柴油发电机组，采用电力推进方式，其艏部设置一台伸缩推进器及两台艏侧推，艉部有一台艉侧推及两台全回转推进器。

2015年4月，新加坡海工船东UltraDeepSolutions（UDS）在招商局重工（深圳）下单订造了1+2艘多用途潜水施工支援船，其中首艘将于2017年年中交付，备选订单中的2艘将分别于2017年末及2018年年中交付。新船由挪威设计公司Marin Teknikk提供设计，采用MT6023型设计，长111米，宽23米，定员120人，作业水深3 000米；配有两台起重机，一台150吨的海上起重机、作业水深3 000米，一台10吨起重机、水深300米。

2015年4月，Toisa在青岛武船重工下单订造了2艘5 500载重吨多用途海上施工及ROV支持船，新船预计将于2017年年中交付，每艘造价约为6 000万美元。这2艘新船配备DP-2动态定位系统，可容纳100人，总长97.1米、垂线间距87.3米、宽22米、深9.2米、吃水7.2米，工作甲板面积1 100平方米，试验速度15节。新船由Salt Ship Design负责设计，按照Toisa及其船队管理者Sealion Shipping的具体要求而建造。

2015年5月，上海船厂在青岛海洋地质研究所综合物探调查船A船船舶建造项目、广州海洋地质调查局综合物探调查船B船船舶建造项目的竞争中成功中标。

2015年6月8日，振华重工与中交天航局签订世界最先进的超大型自航绞吸挖泥船——5 000千瓦绞刀功率自航绞吸挖泥船建造合同。该船长约140米，宽27.8米，吃水6.5米，最大挖深35米。该船融合了当前世界最新科技，全船动力装置均采用电驱形式，总装机功率达25 680 余千瓦，装备了世界最强大的挖掘系统，绞刀电机功率5 000千瓦，最大功率可达7 500千瓦，标称生产能力约为6 000立方米/小时，航速可达12节。配置通用、黏土、挖岩及重型挖岩共4种不同类型的绞刀，不仅可以疏浚黏土、密实砂质土、砾石、珊瑚礁，还可以开挖抗压强度50兆帕以内的中弱风化岩石。并具有无限航区的航行能力和装驳功能，适用于国内外沿海及深远海港口航道疏浚及围海吹填造地，具有很强的挖岩功能。同时，该船配备多项当前国际最先进的疏浚设备，装配三台变频电机驱动的高效泥泵，泥泵输送功率达到17 000千瓦，为目前世界上最高功率配置，可实现船舶在挖掘淤泥、黏土、密实砂质土等介质的高产量，具有超强的吹填造地能力，最大排泥距离15 000米，泥泵远程输送能力居世界首位。

2015年8月，厦船重工成功签下一艘海上风电一体化作业移动平台（风电安装船）建造合同，合同另外包括一艘备选订单。此次签约的风电安装船，总长108.5米、垂线间长99米、型宽40.8米、型深7.8

米，设计吃水4.6米，作业水深达50米，可携带5兆瓦风机3套或7兆瓦风机2套，是集大型风车构件运输、起重和安装功能于一体的海洋专业工程特种船舶。

2015年8月31日，大船集团实业开发总公司与日本深田海事救捞建设株式会社签订了一艘22 700载重吨半潜驳船建造合同订单。据了解，该船总长141米，型宽36米，型深8.7米,非自航，入日本船级社（NK），最大下潜深度16.7米，主要用于海上大件运输，海洋工程建设。日本今治造船集团为本项目提供技术支持、设备材料供应及监造管理。

2015年7月3日，武船集团在海工船市场获得批量大单，签订6艘大型三用工作船，4艘大型OCV，2艘中型OCV，合同总金额逾10亿美元。此次签订的大型三用工作船是为海上工程和石油平台服务的操锚拖带供应船，无限航区，带无人机舱ACCU，配有DP-2动力定位系统。该船总长78米，型宽18米，型深7.5米，设计吃水6.4米，载重量约2 500吨，甲板货物面积约600平方米，100%推进功率下设计航速15节。大、中型OCV是具有深海设施安装和维修、海上施工、轻型修井作业、水下机器人作业、起重和供应功能的特种船，配备动力定位系统，最大作业水深可达3 000米。同日，武船集团针对大中型OCV，分别与Huisman，GE，Rolls-Royce等设备供应商，签订了1 000吨世界顶级深海补偿吊机、电力系统包、动力系统包等主要设备合同。

2015年第三节度，黄埔文冲与华晨集团签订3座SE-300LB自升式服务平台（Lift Boat）建造合同，其中1#平台已生效。SE-300LB平台是用于海上油田服务的自升式平台，具备自航能力。该平台设有生活区，能够提供150人的就餐、住宿等，可以满足作为修井平台的功能要求。SE-300LB自升式海工平台总长81.3米，型长63.6米，型宽40.4米，型深5.8米，满载吃水3米，作业水深60米，甲板面积1 500平方米，可变载荷2 000吨，入级美国船级社。主吊机最大起重能力190吨，最大工作半径40米，适用于多个海区作业，主要用于油气生产开发支持、油田维护、平台维护、海上风电安装、住人服务等。

2015年9月16日下午，江苏蛟龙重工集团为荷兰船东建造的多功能海洋工程船“GIANT 7”号半潜驳成功下水。“GIANT 7”号半潜驳全长137.00米、型宽36.00 米、型深8.50 米，总造价3 500万美元。在同类船舶中属于形体大，功能最齐全的一种。主要用于海上工程安装、油气田综合服务领域，集打桩、铺管、深潜、安装、维修等多种功能于一体。

2015年12月3日，振华重工成功中标交通运输部上海打捞局4 500吨抢险打捞起重船。根据合同，振华重工将承担整船（包括起重机部分）的设计和制造。该船具有动力定位和锚泊定位功能，总长198.8米，型宽46.6米，型深14.2米，载重吃水8.5米，定员399人，可在无限航区航行。此外，该船预留S-lay铺管线，同时可以拓展J型铺管、R型铺管、深水安装等功能。该船建成后将成为世界上最先进的起重船之一，主要承担海况复杂、工况特殊、大深度的抢险救助打捞、以及海上油气开采服务。

2015年12月，武昌船舶重工有限责任公司接获英国VIGILIN公司一艘400人居住工作船项目总包合同，合同总额达6 080万美元，建造周期25个月。该船是一艘海工居住及施工船，为大型海工项目提供保障，可供400人居住，露天甲板面积约2 000平方米，载重吨为6 500吨，装备了300吨和20吨起重机各一台、两个机舱、六台全回转推进器、八点锚泊定位系统以及先进的45米带波浪补偿Gangway系统，除具有海工作业人员居住、海工装备（管线和井架等）的存储和处理、燃油和淡水供应、巡检、1级对外消防等功能外，还预留了潜水作业及水下机器人作业功能，后期可升级为水下机器人支持船。

2015年12月，新加坡海工船东Ultra Deep Group（UDS）与武昌船舶重工有限责任公司签署1+1艘多用途潜水支援船（DSCV）建造合同。其中，第一艘新船将命名为“Andy Warhol”号，定于2018年年中交付。备选订单船舶将在2016年4月之前确认生效，交付期定于2018年年底。这2艘DSCV的设计工作将由挪威Marin Teknikk完成，采用新开发的MT6023型设计，长103米，宽23米，可以容纳120人以及18位潜水员，配有2台升沉补偿水下起重机，配备DP-2动态定位系统和18人潜水系统，作业水深为800米。

2015年12月，新加坡海工船东Austin Offshore在招商局重工下单订造了2艘9 500载重吨检查、修理、维护（IMR）海工船。这2艘IMR海工船的设计工作将由荷兰Offshore Ship Designers（OSD）的英国子公司OSD-IMT负责，长120米，采用IMT9120型设计，能够配备3台ROV和1台250吨主动升沉补偿起重机，每艘船可容纳140人。

2015年10月，英国公司Petrofac撤销了与振华重工签署的Petrofac JSD 6000型深水多用途铺管船建造合同。

2015年9月24日，中船黄埔文冲船舶有限公司和新加坡JUMEIRAH OFFSHORE PTE. LTD.（卓美亚海工公司）在北京签订了1+1艘ST-246饱和潜水船建造合同。ST-246饱和潜水船是一型具有顶尖作业能力的海洋工程辅助船，建成后，其作业能力将排在全球饱和潜水支持船的前10位。该船的概念设计和部分基本设计由挪威海仕迪船舶设计咨询有限公司（SKIPSTEKNISK）完成，基本设计和详细设计由上海佳豪船舶工程设计股份有限公司完成，生产设计由黄埔文冲完成。这两艘ST-246饱和潜水支持船总长均为124米，型宽24米，型深10.2米，设计吃水6.5米，甲板面积为900平方米，航速约14.5节，自持力45天，定员120人。该船拥有4台3 490千瓦主柴油发电机组、2台艉部全回转推进器、2台艏部伸缩式推进器和2台艏部管道式侧推，并配备具有主动波浪补偿功能（AHC）的电动液压式主吊机（起重能力为250吨，作业水深为3 000米）、DP-3动力定位系统、固定式24人双钟300米水深饱和潜水系统以及空气潜水作业系统等水下作业利器。

海洋工程配套

2015年1月15日，蓬莱巨涛海洋工程重工有限公司获得一份合同，为中国南海海上石油项目建造一座平台导管架，合同价值超过2亿元人民币（约3 230万美元）。

2015年初，由同创双子（北京）信息技术有限公司承建的“星e通”一站式卫星通信服务工程近日已在莺歌海项目中圆满完成交接。“星e通”特点在于，利用卫星通信技术，在不受地理条件影响下，与地面通信系统形成互补，解决应用数据传输、互联网接入、卫星IP电话、卫星视频监控，卫星云视频监控会议等各类信息需求。“星e通”卫星通信服务是由鑫诺卫星提供信道，卫星主站位于中国地球站中心（北京），提供C波段（上行15 850～6 650MHz/下行3 400～4 200MHz）、Ku波段（上行13.75～14.5GHz/下行10.95～12.75MHz）宽带卫星通信服务，传输方式稳定安全，故在地质勘探、无人区救急、抢险应急通信、钻井平台、海上通信等领域具备较强的应用价值。

2015年初，南京理工机械工程学院和南通润邦重机有限公司合作承担的江苏省科技成果转化专项资金项目——“面向海上风电作业的超大型多功能吊装装备的研发及产业化”通过验收。经过3年研发，研发团队掌握了海上风电工程超大型多功能吊装装备的关键技术，生产出一套由桅杆、回转平台、吊臂等部件组成，具有海洋管桩基础施工、风电设备吊装等多种功能的整体装备。该装备吊臂全长118米，工作半径最长可达73.5米，起吊能力最大可达800吨，综合技术水平处于国内领先。

2015年初，厦门科华恒盛股份有限公司成功中标中海石油海上钻井平台项目，为其关键性、重要设备提供高可靠的绿色电源保障。中海油采用了科华恒盛工业级海工类高端大功率FR-UK31DL系列UPS及旁路柜、输出配电柜、电池组、防爆开关箱等相关重要部件组成的电源解决方案。此次科华恒盛提供的高端工业级UPS系通过中国船级社（CCS）型式认可，通过第三方专业震动测试、海洋性盐雾测试等技术标准检测，能够适应客户不同功率段和技术需求的工业级电源。

2015年第一季度，由中国南车株洲所自主研制的船舶电力推进变频驱动系统成功应用在中集来福士建造的一艘5万吨半潜船上，且顺利地完成了一系列的高难度考核，通过了美国船级社（ABS）的认证和船东船厂的验收，打破了国外公司对该领域的垄断。本次装载该套系统的5万吨半潜船总长216米，型宽43.米，型深13.35米，配备有DP-2动力定位系统、无人机舱和全可移尾浮箱，能满足多种海工作业要求，适合全球无限制航区运作。

2015年第一季度，振华重工自主研发的国内首个30吨深海下主动波浪补偿甲板起重机成功申请3项国家专利，填补了国内在该领域的研发空白，打破了国外的技术垄断。该系统采用主动波浪补偿系统，可对30吨重的负载在水下600米以内水深进行精准的位置控制，能够满足吊机对于恶劣海况下作业的高精度需求，可广泛应用于海上补给、海洋钻井、有缆海底机器人安装作业、深海探测等领域。

3月17日下午，南通中远重工有限公司与NOV-BLM正式就船用克令吊样机制作项目在南通签订合作协议。

3月27日，在山东龙口中集来福士海工建造基地，徐工2000吨级履带起重机XGC28000成功将重达220吨的海洋石油钻井平台桩腿吊装到位，成功完成其海洋工程吊装首秀。该台2 000吨级履带起重机由山东海湾吊装工程股份有限公司购买和运营，海湾公司凭借以往丰富的施工经验和精湛的施工技术，获得业主方龙口中集来福士海洋工程有限公司认可，参与此次H1296自升式钻井平台及JU2000E型自升式钻井平台桩腿合拢吊装施工。

2015年4月，大连重工下属港机事业部与以色列IDE技术公司成功签订了海水淡化系统设备及支撑结构供货合同。该合同由以色列IDE技术公司完成初步设计，大连重工负责详细设计及转化、结构件制造、管路系统及辅助设备安装工作。

2015年4月，由润邦重机为广州某船厂倾力打造的“杰马”RHL型海洋起重机日前顺利交付。此次交付的RHL16000-65-16型海洋起重机最大额定起重量65吨，最大工作半径42米，具有起升、变幅及回转三种工作机构，可单独或联动操作。整机具有结构紧凑、自重轻、易于维护、抗风能力强、动作平稳、安全可靠等特点。

2015年4月，由中船重工七一二所提供电力推进系统的一艘平台供应船（PSV）顺利通过中国船级社的各项航行试验。该船首次采用由国内供应商提供的电力推进系统，打破了国外公司在海洋平台供应船电力推进领域的垄断。

5月26日，海油发展工程技术公司研发并获专利的耐高温井下安全阀，成功通过350℃高温试验。这种耐温等级的井下安全阀在国内外尚属首例，应用于海上稠油热采井和高温气井，将有效保障作业安全。

2015年中期，天津瑞灵石油设备股份有限公司与烟台中集来福士海洋工程有限公司签订了电控系统合同，合同总价为1 660万元人民币。根据合同约定，公司将向烟台中集来福士海洋工程有限公司销售400英尺自升式海上钻井平台/钻井深度9 000米钻机模块电控系统一套。

2015年6月19日，由南京高精船用设备有限公司设计制造主推进系统的8 000HP深水三用工作船（“海洋石油641”）成功交船。该主推进系统采用4台中速柴油机驱动双调距桨带导流罩结构，确保该船能更好满足未来执行各项海洋任务的需要。

2015年中期，中船重工七〇四所衡拓公司日前成功签订“碎石桩施工平台插销式液压升降系统”项目合同，系统建成后将用于我国出口到以色列的自升式海洋平台上，标志着七〇四所向高端海工装备技术领域又迈出坚实一步。

2015年中期，北京海兰信数据科技股份有限公司与中海油田服务股份有限公司在智能化船舶通导设备方面展开深度合作，共接获中海油服4艘8 000HP破冰型三用工作船和6艘6 500HP油田守护供应船新造船项目的十套智能化综合导航系统（INS）订单，标志着海兰信智能化航海产品首次在海工领域中海油服系列新造船项目中取得重大突破。

2015年7月，四川宏华石油设备有限公司完成的海洋平台钻井包研制及产业化项目，通过四川省经信委组织的竣工验收。经过试生产，该项目达到计划产能，产品技术参数达到设计要求。其研制成功的TIGER钻井包是中国设计制造的第一个深水浮式钻井包，具有完全自主知识产权，可实现所有类型平台钻井包的全覆盖，技术指标和性能达到国际同类产品的先进水平，打破了国外在该领域的垄断。

2015年9月，润邦股份子公司润邦重机获得了由厦门船舶重工股份有限公司提供的海洋风电安装平台整体解决方案1+1建造合同。1+1建造合同各包含一台1 000吨绕桩式海洋起重机、一台200吨基座式海洋辅助起重机，以及一套4 000吨级液压插销式升降系统。

2015年9月10日，由振华重工为中交三航局1 000吨自升式风电安装船研制的液压式升降系统在石油平台及海上风电项目部成功完成实验，这标志着国内最先进、额定载荷最大的液压式升降系统研制成功，也标志着振华重工掌握了液压式升降系统的核心关键技术。

2015年10月，南通中远重工新承接的德国西伯瀚300吨海洋平台甲板吊机已开始正式生产。300吨海洋平台甲板吊机为电控液压型带基座安装的海洋自动升降平台用起重机，由臂架、人字架、转台、基座四大部件及回转支承、回转驱动、起升绞车、机器房、司机室、电控液压系统等组成，按ABS Guide for Lifting Appliances及API Spec. 2C（美国石油学会）规范设计，入级ABS船级社，主钩最大吨起重量300吨，副钩起重量30吨，整机自重约330吨。南通中远重工厂内部件安装后发太平洋海洋工程（舟山）有限公司总装。臂架钢管为PSL2 X100Q材料，屈服强度≥690MPa。

2015年10月，在中船工业上海船厂造船码头，装配4台潍柴MAN柴油机和两台博杜安柴油发电机组的中海油田服务股份有限公司“海洋石油672”号12 000马力深水三用工作船完成了试航，并顺利返港。“海洋石油672”号采用了四机双桨推进系统：两台潍柴2 720千瓦MAN-8L27/38和两台2 040千瓦MAN-6L27/38，合计输出功率高达12 000马力，为整船提供了可靠的动力保障；两台潍柴博杜安6M26柴油发电机组，可保证船舶和生活用电的合理供应。

2015年10月22日，中船重工第七一二研究所与山东海诺利华海洋工程有限公司就“采用自主品牌电力推进核心设备的200吨海洋工程起重船动力系统总包”项目举行签约仪式，至此我国在海洋工程船舶电力推进系统的实船应用领域打破了国外垄断，开启了“批量接单”模式。本次签约的200吨海洋工程起重船采用七一二所自主品牌电力推进核心设备，包括功率管理系统、移相变压器、变频器、推进电动机等，且所有设备均为通过船级社系列化产品型式认可的标准产品。

2015年10月13日，南通中远船务自动化交付9台“海龙”系列潜水泵软管绞车系统的首批3台绞车。本次交付的潜水泵软管绞车系统是南通中远船务自动化具有自主知识产权的产品。该软管绞车系统是一种新型海水输送系统，软管绞车系统长4.425米，宽2.675米，高3.6米，软管长46米，平台工作气隙25米，防护等级为IP56，流量250立方米/小时，潜水泵选用的是欧洲一线品牌KSB。该设备能满足在各种复杂的海洋环境使用，可以广泛用于各类自升式海工平台、钻井平台及工程辅助船上，提供机器冷却水、消防水、压载水等各种水源，该系统已通过ABS认证，并取得ABS产品认可证书。

2015年10月15日，海油工程建造公司电仪产品项目部完成了新建项目小功率盘柜的集成、测试以及船级社（DNVGC）审查工作。这是海油工程自主设计集成的第一个小功率盘，共计15面盘柜，12个分配电箱。

2015年底，海油工程设计公司自主研发制造的高效T型牺牲阳极产品目前已成功应用于垦利10-1等项目。该产品在保护海洋工程设备、降本增效等方面效果显著，已进入全面推广应用阶段，应用前景十分广阔。

（编写：王　静　战玉萍　　审校：栗超群　高　旗）

第五章 2015年中国海洋工程装备技术发展情况

海洋工程装备技术研发

钻井装备方面，相关装备技术研发取得重要进展。中集来福士建造的“维京龙”深水半潜式钻井平台完工命名，是我国建造的首座适合北极海域作业的深水半潜式钻井平台，拥有80%的自主知识产权，实现了“交钥匙”总包建造，采用GM4-D设计，基础设计由中集来福士和挪威Global Maritime公司共同完成，中集来福士完成全部详细设计和施工设计，并且汲取了中集来福士交付的四座GM4000D北海半潜式钻井平台经验，共实现11项重大技术突破和114项优化改进。由上海船厂总包完整建造的智能化深水钻井船项目的首制钻井船“Opus Tiger-1”号完成试航，该船是由MARIC与上海船厂船舶有限公司联合设计，是国内首个拥有完全自主知识产权的深水钻井船项目。中集来福士自主完成全部详细设计和施工设计，并拥有自升式钻井平台桩腿设计和建造的自主知识产权的自升式钻井平台MASTER DRILLER交付。中集来福士建造的自升式钻井平台“中油海15”号成功交付，该平台由美国Friede & Goldman公司提供基础设计，中集来福士自主完成全部详细设计和施工设计，钻井包、甲板吊等主要设备实现了国产化，拥有平台桩腿设计和建造等23项技术专利。中集来福士建造的挪威北海半潜式钻井平台Beacon Pacific开工，该平台采用GM4-D设计，设计充分汲取已交付的四座GM系列挪威北海半潜式钻井平台设计建造经验，由中集来福士和挪威Global Maritime共同完成基础设计，中集来福士拥有80%自主知识产权。大船集团海工公司为印尼Sunbelt Group Ltd.自主研发设计、大船集团拥有完全自主知识产权的400英尺系列自升式钻井平台的首制产品——DSJ400-1自升式钻井平台已顺利出坞。

生产装备方面，在多类相关装备技术领域有新的进展。青岛海西重机自主研发的两座海上钻井生活平台是国内首次生产的拥有完全自主知识产权的升降平台，设备国产化率达到90%以上，主要用于海上油田服务，也可兼顾近海施工、海上风电安装、桥梁架设、水工作业等工程应用。武汉船用机械有限责任公司自主研制的国内首个四桩腿服务性平台“德赛二号”成功交付，该平台可用于海上油田服务，也可提供海上修井和海洋工程施工服务，是国内第一座拥有完全自主知识产权和设备国产化率最高的海工平台，设计总体功能强、配置高。惠生海工总承包的海上浮式天然气生产存储装置即Caribbean FLNG项目日前正式获得中国科学技术部颁发的“国家重点新产品”称号，该项目为我国自主设计建造的世界首座海上安全环保型浮式天然气液化储存装置，这艘FLNG为非自航浮式LNG液化装置，是集海上油气田天然气前期生产处理、液化、存储功能为一体的高技术、高附加值海洋工程装备，项目取得了多项创新和突破。南通中远船务设计建造的半潜式海洋生活平台“高德2”号已成功交付，该平台采用荷兰GUSTO MSC公司提供的OCEAN 500船型，该平台最多可为990人同时提供生活居住服务，是全球可居住人数最多的半潜式海洋生活平台，由南通中远船务独立自主完成该平台的详细设计、生产设计，以及所有设备采购建造、设备系统安装调试工作。武汉船用机械有限责任公司出口阿联酋的三座多功能电动自升式海工辅助平台正在建造中，该类型平台为国内首次自主研发，其升降系统、起重系统、推进系统以及锚泊定位系统等全部由该公司配套，其中升降系统、推进及动力定位系统等关键核心部套均为国内首创，190吨、300吨海工平台起重机和3 500千瓦全回转舵桨装置等打破国外垄断，填补国内空白，交付后将主要用于海上油气生产开发支持。中集来福士自主设计建造的自升式气体压缩平台AGOSTO-12已建成命名，该平台由中集来福士根据客户需求自主设计，设备国产化率达到60%。

海洋工程船舶方面，武船集团自主设计建造的“华虎”号多用途海洋平台工作船正式交付，该船未来将主要作为南海海洋石油钻井平台配套船，是我国自主设计的最大功率海洋平台工作船，多项技术指标跻身全国乃至世界一流，该船拖力达296吨，在国内同类型船舶中拖力最大、单位能耗最省，可拖动重达几万吨的海洋石油钻井平台等大型海上浮体。武船自主设计的、拥有完全自主知识产权的8 000HP AHTS船型是首次打入国际主流市场，与新加坡船东签订了6艘8 000HP三用工作船、10艘16 000HP三用工作船合同。振华重工建造的世界最大12 000吨全回转自航式起重船正在建造，该项目由振华重工自主研发设计，这是振华重工继建造“蓝鲸”号7 500吨起重船和韩国三星8 000吨起重船之后，再次刷新世界最大起重船纪录。振华重工自主研发的国内首个30吨深海下主动波浪补偿甲板起重机成功申请3项国家专利，填补了国内在该领域的研发空白，打破了国外的技术垄断。江苏太平洋造船集团旗下浙江造船成功交付1艘中型锚作拖带供应（AHTS）SPA150，该船是SPA150的全球首制船，是太平洋造船集团完全自主设计的首型中型AHTS，由集团旗下设计公司SDA（上海斯迪安船舶设计公司）设计。扬州大洋造船为法国船东建造的SPP35 #11海上平台供应船顺利命名，SPP35海工船是太平洋造船集团拥有完全自主知识产权的全新一代中型PSV，凭借节能环保、功能强大、安全性能高和操纵性能好等优势，入选美国海事权威杂志Marine LOG评选的“2013年世界经典船舶”，而且是其中唯一由中国船厂设计的船型，并荣获国家科技部“国家重点新产品”称号。太平洋造船集团全新一代三用工作船 SPA80A成功中标ADNOC及其子公司 ESNAAD 九艘三用工作船的新造船项目，由太平洋造船集团旗下上海斯迪安船舶设计有限公司（SDA）自主设计，SPA80A 是基于 SPA80 升级的全新一代三用工作船。黄埔文冲为中国交通运输部广州打捞局建造的50 000吨级半潜打捞工程船“华洋龙”交付使用，该船是，这是中国最大载重吨位的半潜打捞工程船，具有DP-2全球定位能力，采用电力驱动，由中船集团第七〇八所自主研发设计。

海洋工程配套方面，中国南车株洲自主研制的船舶电力推进变频驱动系统成功应用在被誉为“海上叉车大力神”的5万吨半潜船上，并且通过了ABS美国船级社的认证和船东船厂的验收，这是中国自主品牌在大吨位级海洋工程船舶上的首次应用，成功打破了国外公司对该领域的垄断。中国船舶重工集团公司第七一二研究所承担的船用电力推进系统相关项目成功验收，在国内首次成功完成了10兆瓦等级大功率船用电力推进系统及关键设备的产品研制，在10兆瓦级及以上多项船用电力推进系统关键技术上实现突破，填补了我国大功率船用电力推进系统领域的空白，打破了国外企业在大功率船用电力推进系统领域的垄断局面，该系统目前已实现接单，将应用在200吨海洋工程起重船上。海油发展工程技术公司自主研发并获专利的耐高温井下安全阀，成功通过350℃高温试验，这种耐温等级的井下安全阀在国内外尚属首例，应用于海上稠油热采井和高温气井，将有效保障作业安全。中海油服物探研究院自主研发的“海途”拖缆综合导航系统，在南海某海域进行的二维地震采集作业中成功进行首次试生产，此举标志着中海油服已初步掌握拖缆勘探综合导航技术，此前我国海洋石油勘探领域在用的综合导航系统均依赖进口。武汉船用机械有限责任公司研制的软管绞车顺利通过国家发展与改革委员会验收，该项目为武汉船机公司首次设计制造，同时也是国内首次自主研发，完成了18.5万吨FPSO配套货油综合系统和外输软管系统关键设备的样机研制及试验验证，打破了国外厂家的长期垄断，填补了国内空白。由振华重工为中交三航局1 000吨自升式风电安装船研制的液压式升降系统在石油平台及海上风电项目部成功完成实验，这标志着国内最先进、额定载荷最大的液压式升降系统研制成功，该套液压式升降系统完全由振华重工自主研发、设计，升降能力和压载能力为国内最大，同步性能高，技术指标达到了国际先进水平。重庆清平机械有限责任公司批量交付56台90米自升式海洋平台提升齿轮箱，该型提升齿轮箱是重庆清平机械有限责任公司与武汉船机共享对方核心能力的合作成果，拥有完全自主知识产权，是海洋平台的核心部件。海油工程“蓝疆”号在缅甸的马达班湾，采用代表了海管起始铺设最高水平的“弓弦”技术绑扎起始缆入水，顺利完成ZAWTI-KA项目IP4海管的入水铺设，由我国自主研发的“弓弦”技术打破国外垄断，正式应用于海上工程建设。武汉船机青岛海西重机公司自主研发制造的下水平台成功实现海工平台下水，该下水平台是依据海工平台自身升降特性进行研发设计的新型下水设备，属国内首创。

海洋工程科研项目

（一）国家发改委新兴产业重大工程包

2015年7月，国家发展改革委在《关于实施增强制造业核心竞争力重大工程包的通知》中提出，为加快制造业转型升级，国家发展改革委编制印发了《增强制造业核心竞争力三年行动计划（2015–2017年）》（以下简称《行动计划》）以及轨道交通装备等6个重点领域关键技术产业化实施方案（以下简称实施方案）。为引导社会资本加大投入力度，切实落实《行动计划》以及6个重点领域实施方案，组织实施增强制造业核心竞争力重大工程。

其总体考虑是：充分发挥市场的决定性作用，更好地发挥政府作用，加快推动我国制造业转型升级、由大变强。聚焦国家战略需求，创新组织方式，加大支持力度，强化政策引导，力争用较短时间率先在轨道交通装备、高端船舶和海洋工程装备、工业机器人、新能源（电动）汽车、现代农业机械、高端医疗器械和药品等重点领域，突破一批重大关键技术实现产业化，建立一批具有持续创新发展能力的产业联盟，形成一批具有国际影响力的领军企业，打造一批中国制造的知名品牌，创建一批国际公认的中国标准，使这些领域的核心竞争力得到显著增强，并带动基础材料、基础工艺、基础零部件水平提高和制造业整体素质提升。增强制造业核心

表5　增强制造业核心竞争力重大工程中高端船舶和海洋工程装备关键技术产业化项目列表

类 别	研究内容
(1)重大产品示范应用	加快豪华邮轮、新型液化天然气船、绿色智能船舶等重大产品的国内制造、示范应用，推动自主品牌配套设备装船，培育高端产品设计、系统集成和总承包能力
(2)关键设备和系统产业化	开展新型船用动力系统、通讯导航系统等关键配套系统的攻关，推动自主创新科技成果产业化；加强国际合作，通过联合开发、技术引进、合资经营、海外并购等方式，掌握产业化关键技术，培育关键配套设备和系统自主品牌
(3)智能船厂建设	推动研发设计、集成制造、生产管理、全寿命周期服务的深度融合，建设面向未来的智能船厂，以全面保证产品质量，有效降低生产成本，大幅提高生产效率
(4)重大产品研发和试验检测平台建设	满足未来船舶技术研究和产品开发需要，整合利用现有资源，填补空白和短板，加强产品研发设计、试验检测、检验认证设施和能力建设

竞争力重大工程中高端船舶和海洋工程装备关键技术产业化项目如表5所示。

（二）2016年国家重点研发计划深海关键技术与装备重点专项项目

2016年2月，国家科技部在《关于发布国家重点研发计划深海关键技术与装备等重点专项2016年度项目申报指南的通知》中提出，为贯彻落实国家海洋强国战略部署，按照《关于深化中央财政科技计划（专项、基金等）管理改革的方案》要求，科技部会同发展改革委、教育部、中科院等13个部门及上海市科委等6个省级科技主管部门，共同编制了国家重点研发计划“深海关键技术与装备”重点专项实施方案。专项紧紧围绕海洋高新技术及产业化的需求，将重点突破全海深（最大深度11 000米）潜水器研制，形成1 000～7 000米级潜水器作业应用能力，为走进和认识深海提供装备。研制深远海油气及水合物资源勘探开发装备，促进海洋油气工程装备产业化，推进大洋海底矿产资源勘探及试开采进程，加快“透明海洋”技术体系建设，为我国深海资源开发利用提供科技支撑。

专项执行期从2016年至2020年，2016年第一批支持项目不超过专项总任务的30%。要求以项目为单元组织申报，项目执行期3～5年。鼓励产学研用联合申报，项目承担单位有义务推动研究成果的转化应用。对于企业牵头的应用示范类任务，其他经费（包括地方财政经费、单位出资及社会渠道资金等）与中央财政经费比例不低于1:1。如指南未明确支持项目数，对于同一指南方向下采取不同技术路线的项目，可以择优同时支持1～2项。除有特殊要求外，所有项目均应整体申报，须覆盖全部考核指标。每个项目下设任务（课题）数不超过10个，项目所含单位数不超过20个。深海关键技术与装备专项2016年第一批项目申报指南如表6所示。

表6 深海关键技术与装备专项2016年第一批项目申报指南

类 别	重点方向	研究内容	考核指标	拟支持项目数及有关说明
1. 全海深（最大工作深度11 000米）潜水器研制及深海前沿关键技术攻关	1.1 全海深高能量密度电池	根据全海深载人潜水器设计和建造要求，研制全海深充油耐压锂电池或其他电池组模块，研发电池监测及管理技术系统，完成相关安全性评估及试验，提供适用于全海深载人潜水器的产品	电池组的总容量不小于40kWh，最大工作水深11 000米，配备电压、电流、温度、形变等参数的监测与保护功能，在最大工作深度模拟环境下通过不少于5次的充放电试验验证	拟支持不超过2个项目。要求各项目协同攻关，数据共享
	1.2 全海深声学通信、定位及探测技术	解决全海深潜水器定位及声学通信技术，完成高速水声通信系统、全海深远程超短基线定位系统、测速声纳、地形地貌探测声纳、前视声纳研制	通信作用和定位作用距离不小于12公里，最大工作水深11 000米，具备水声电话、扩频、非相干等通信模式；避碰声纳作用距离不小于100米；总体指标满足全海深潜水器使用要求。通过海上试验验证	
	1.3 全海深机械手及作业工具	研制全海深主从式7功能液压机械手、伺服阀件和控制系统，以及全海深海底气密水样取样器及沉积物取样装置等作业工具，应用于全海深载人潜水器	全海深7功能液压机械手和取样器等作业工具最大工作水深11 000米，通过全海深压力试验和海试验收	针对全海深机械手、全海深取样器，拟分别支持1个项目。要求各项目协同攻关，数据共享
	1.4 全海深载人潜水器总体设计、集成与海试	研制可用于深渊科学考察和作业的全海深载人潜水器，初步形成全海深级载人作业工具系统。开展全海深载人潜水器设计、集成建造、调试、水池试验及全海深海试	潜水器的最大工作深度11 000米；载员不少于2人；海底作业时间4～6小时；载人舱、浮力材料、水声通信等核心部件国产化；重量小于35吨；具备巡航、定点、精细测量、取样、布放回收、摄像等作业能力。进行万米级的载人深潜试验	项目牵头或承担单位应落实海试配套条件
	1.5 全海深无人潜水器研制	研制可用于深渊科学考察和作业的全海深无人潜水器（ARV/AUV），开展全海深无人潜水器设计、集成建造、调试、水池试验及万米海试	最大工作深度11 000米，具有大范围自主航行、定点精细测量等功能，核心部件技术实现国产化，通过全功能和性能海上试验。其中，AUV空气中重量小于2.5吨，海底连续工作时间不少于16小时，最大巡航速度不小于2节；ARV空气中重量小于3.5吨，海底连续作业时间不少于8小时，同时具备取样作业能力，自主探测与遥控作业工作模式可自动切换。通过海上试验验证	拟支持不超过2个项目。要求各项目协同攻关，数据共享 项目牵头或承担单位应落实海试配套条件

（续表）

类 别	重点方向	研究内容	考核指标	拟支持项目数及有关说明
	1.6 全海深潜水器水面支持系统及保障装备研制	开展全海深潜水器水面支持系统设计及装备研制，并进行母船的搭载及海试验证。研制一套超高压压力试验装置，为全海深潜水器载人球壳提供压力试验条件	①水面支持系统：载人潜水器母船A架安全工作负荷不小于50吨；满足全海深载人潜水器布放回收要求，主要系统具有升沉补偿功能，通过海试验证。②超高压试验装置：满足全海深载人舱的压力试验要求，最大工作压力不小于160MPa。最大加卸载系统速率不小于1.5MPa/min，具备自动升降压控制系统，满足全海深载人潜水器耐压测试需求	针对全海深水面支持系统和超高压试验装置，拟分别支持1个项目。要求各项目协同攻关，数据共享
	1.7 长航程水下滑翔机研制	针对组网作业的运用需求，研制具有自主知识产权的水下滑翔机	最大工作深度1 000米；最大航程不小于3 000公里；空气中重量小于100公斤；最大航速不小于1节；最大任务搭载能力不小于5公斤；核心部件实现国产化；通过全功能和性能海上试验验证	拟支持不超过2个项目。要求各项目协同攻关，数据共享
	1.8 基于新原理、新技术的潜水器研发	针对1 000–7 000米级深度科学考察、环境监测、工程实施、应急搜救等需求，突破国内现有潜水器的设计理念、技术限制及运用方式，开展原创性潜水器的基础理论、技术研发及样机研制	完成潜水器概念设计、关键技术研发及原理样机/工程样机研制，通过水池试验/海试验证	拟支持不超过5个项目。要求各项目协同攻关，数据共享
2. 深海通用配套技术及1 000–7 000米级潜水器作业及应用能力示范	2.1 深海观测/探测传感器、设备和系统研制及规范化海试	围绕深海科学研究、海洋工程和资源开发以及科普传播的需求，研制适用于深海运载器平台携带及作业布放的物理、化学、生物原位传感器、探测分析和观察记录等设备及系统。遴选国内国际科学考察船，科学研究和规划航次线路，搭载本专项支持的研究项目进行规范化海上试验、检验和考核	工作深度不小于1 000米，满足潜水器搭载或布放要求，达到国际同类设备装置水平。通过规范化海试，获得运用成果。规范化海试每年度海上有效试验时间不少于50天	拟分别支持物理、化学、生物类传感器各不超过3个项目，规范化海试1个项目。要求各项目协同攻关，数据共享
	2.2 饱和潜水系统关键设备研制	研制饱和潜水系统的自航式高压逃生艇和外循式环控设备，进行系统设计、建造集成及海上试验	自航式高压逃生艇最大工作压力不小于300米，逃生时最大载运人数不小于12人；外循式环控设备最大工作压力不小于500米，最大环控能力符合6人以上需求。完成自航式高压逃生艇海上模拟逃生试验；外循式环控设备完成500米饱和潜水配套模拟试验	

（续表）

类 别	重点方向	研究内容	考核指标	拟支持项目数及有关说明
3. 深海能源、矿产资源勘探开发共性关键技术研发及应用	3.1 大直径随钻测井系统装备研制与示范作业	研制适应12.25英寸井眼规格的具备高速传输和方位测井等技术特征的新一代大直径随钻测井系统，并完成海上实际作业验证	仪器系统适用12.25英寸井眼；高速泥浆遥传速率≥10bps；井下涡轮发电机持续供电；随钻方位电磁波电阻率、随钻方位伽马、随钻补偿中子、随钻方位密度；陆地实钻试验不少于2井次；海上试作业不少于1井次	鼓励企业牵头申报
	3.2 海洋平台工程设计的一体化设计软件平台	扩展FPSO等设施的工程设计、分析和校核模块等系统功能，完善系统软件流程和商业软件开放式通用接口，形成云设计平台分布式网络应用构架和三维交互式图形界面，提高系统的可用性，实现建模、设计和校核三维展示，并在行业代表性用户中实现示范应用	提交一套海洋浮式平台的设计、分析、校核一体化软件，通过第三方审核或认可，在行业代表性用户中示范应用	
	3.3 深水油气勘探开发工程新技术研究	针对深水及复杂油气构造、超深水和极地等环境下油气勘探开发，研究拖曳式电磁勘探、高精度重磁勘探、多缆多分量勘探、高速率大容量信号传输、多用途海洋模块化钻机、极地冰区钻井、新型平台、新一代水下生产系统、新型管/缆、深水油气工程特殊材料等新技术，在该领域储备一批前沿技术	新技术通过水池试验、实验室验证，部分技术结合工程开展试验应用	针对不同新技术，拟支持不超过10个项目。要求各项目协同攻关，数据共享
	3.4 近海底高精度水合物探测技术	针对我国天然气水合物开发的重大需求，研究深拖震源、数字缆、控制和资料处理等技术，形成近海底高分辨率多道地震探测系统；研制近海底原位多参量地球化学测量技术装置，实现CH_4、H_2S、CO_2浓度和碳同位素以及其他痕量气体同步探测	最大工作深度2 000米；深拖高分辨率多道地震探测系统地层穿透深度不小于500米，地层分辨率优于2米；地球化学测量技术溶解气体检出限达ppb级别，碳同位素精度优于3‰。通过海上试验验证	
	3.5 海洋水合物试采技术和工艺	开展大尺度水合物试采模拟技术、海域水合物开采方法适应评价、试采井和监测井设计及储层保护技术、水合物矿体钻完井技术、连续排采和防砂、防堵工艺及装备、试采工艺及配注装备研究，形成海域水合物测试试采总体系统方案	建立30MPa、1 000升三维天然气水合物试采模拟系统；形成井下分离+ESP+电加热组合排采装备、海域水合物试采工艺及配注装备以及海洋水合物钻井液和水泥浆各一套。通过海上试采验证	

（续表）

类 别	重点方向	研究内容	考核指标	拟支持项目数及有关说明
	3.6 多金属结核开采技术及试应用	针对海底多金属结核开发的科技需求，研究1 000~3 000米级试开采技术方案及成套技术装备，建立环境影响评价模型和预测方法，开展试验应用	形成3 000米级海试验证系统，完成不小于1 000米水深的海试验证；系统具有联动作业功能；提交试开采环境影响模型报告。通过海上试验验证	

海洋工程领域专利情况

中国海洋工程装备产业领域的专利申请基本上呈逐年递增趋势。特别是从2007年至今，申请量快速增加。尽管2014年以来，油价下跌导致了海工市场的不景气，但从专利情况来看，海工领域的科技研发仍然活跃。

2014年，中国公开的海洋工程装备领域专利申请总量为802项，比2014年增长30%。从海洋工程装备产业领域国内专利申请的分类号统计中可以看出，海洋平台（即B63B35/44分类号）的专利数为224项，占比超过了1/4，远大于其他领域的申请量。可以看出，海洋平台领域的专利申请仍然十分活跃，属于目前技术研发的重点区域。

（编写：唐晓丹　战玉萍　　审校：栗超群　高　旗）

第六章 2015年主要省市海洋工程装备产业发展情况

辽宁省

(一) 概况

辽宁省拥有船舶及海洋工程装备制造企业200余家，其主要集中在大连市和葫芦岛市，海洋工程装备制造代表企业有5家，分别为大连船舶重工集团有限公司、大连中远船务工程有限公司、渤海装备辽河重工有限公司、渤海船舶重工有限责任公司、葫芦岛华越重工有限公司。另外，大连理工大学位于辽宁省。该校船舶工程学院船舶与海洋工程本科专业是国家级高等学校特色专业建设点。

辽宁省主要海洋工程装备产品包括风电安装船、钻井平台、钻井船、浮式生产储油卸油装置（FPSO）等。

(二) 海洋工程产业园区建设

辽宁省依托自身传统装备制造业的产业优势，推动海洋工程装备制造产业快速发展，重点打造大连、葫芦岛、丹东、盘(锦)营(口)四大海工装备制造基地，推进临港临海装备制造业聚集区建设，支持海工装备制造优势企业转型升级。

葫芦岛龙港海洋工程工业区位于辽宁省葫芦岛半岛北麓，南依丘陵，三面环海，西南距葫芦岛3千米、东北距锦州港10海里，是国家沿海经济带和葫芦岛市“三点一线”重点区域开发开放的重要组成部分。园区规划面积19.6平方千米，深水海岸线6 700米，是葫芦岛市海洋工程装备制造基地和船舶修造基地。截至2015年末，共引进企业20家，其中：建成投产企业11家，在建企业6家。园区内骨干企业有：渤海船舶重工有限公司、葫芦岛华越重工有限公司、辽宁东宝集团船舶制造有限公司、葫芦岛新宇重工钢构有限公司等。

盘锦海洋工程装备制造基地位于辽东湾新区，基地规划区域面积27.6平方千米、内海海域面积11.3平方千米、内海岸线22.4千米、水深可达18~20米、设计地耐力30吨/平方米。基地主要企业有渤海装备辽河重工有限公司、辽宁宏冠船业有限公司、忠旺铝材、合力叉车等企业。主营业务包括船舶设计、制造、维修，船舶钢板、船用舱口盖、精密铸造管件、各类压力容器等船舶配套设备制造，海洋平台及装备、海上作业装备设施研发等海洋工程装备制造。

旅顺经济技术开发区于1992年成立，2013年11月，经国务院批准，晋升为国家级经济技术开发区，定名为旅顺经济技术开发区，实行现行国家级经济技术开发区政策。园区规划面积88平方千米，下辖12个行政村，总人口10万人。开发区的支柱产业包括机车制造业、港口物流业、重大装备制造产业、船舶制造产业等。区内骨干企业包括中远集团、中国北车集团、日本今治株式会社、大连重工起重集团、大连船舶重工集团、大连大显集团等。

天津市

(一) 概况

天津市聚集了博迈科海洋工程股份有限公司、天津鑫正船舶海洋重工有限公司、天津俊昊海洋工程有限公司等海工装备龙头企业，以及天津钢管集团股份有限公司（TPCO）等配套企业及海洋工程总承包等上下游企业；还聚集了国家海洋局海洋技术中心、天津海水淡化与综合利用研究所、中船重工第七〇七研究所、天津修船技术研究所、天津大学等一批高水平研究院所和院校。

天津市在海洋工程装备领域的主要产品和服务包括：海上平台维修、钢结构的设计与建造、生活模块设计与建造、电气模块设计与建造、海上工程施工以及海洋工程装备相关的机械、电气、管线、仪表的设计安装与维修。

(二) 海洋工程产业园区建设

天津市塘沽海洋科技园成立于1992年，地处天津滨海新区核心区域，总体规划面积57.79平方千米，已开发面积25平方千米，已累计注册企业2 200余家，是国务院批准的国家级海洋经济试点海洋科技创新示范基地。园内聚集了以中国海洋石油总公司、中海油田服务股份有限公司、海洋石油工程股份有限公司为代表的涉海企业60多家。

塘沽海洋科技园形成了以海上油田开采服务业、海洋工程装备制造业、海洋工程建筑业、海洋工程船舶工业、海洋化工业、海洋交通运输业等六大海洋产业为支柱的产业格局，集聚发展、上下游产业对接的格局初步形成。

山东省

(一) 概况

山东省主要海洋工程装备制造企业包括青岛北海船舶重工有限公司、烟台中集来福士海洋工程有限公司、海洋石油工程（青岛）有限公司、青岛武船重工有限公司、大宇造船海洋（山东）有限公司、国营青岛造船厂、黄海造船有限公司。另外，山东省坐落着中国海洋大学。中国海洋大学工程学院前身是始建于1980年的海洋工程系，1993年成立工程学院。学院设有海洋工程系及海洋工程山东省重点实验室。

山东省拥有青岛、烟台、威海三大海洋工程装备制造基地，主要海洋工程装备产品包括自升式钻井平台、半潜式钻井平台、FPSO、三用工作船、平台供应船以及水下驳船等。其中，自升式钻井平台涵盖从150英尺、300英尺、375英尺到400英尺、425英尺等不同工作水深的产品序列；半潜式钻井平台拥有COSL系列深水半潜式钻井平台以及Schahin系列深水半潜式钻井平台等品牌产品。

(二) 海洋工程产业园区建设

山东省主要的海洋工程产业园区包括青岛国家高新技术产业开发区、青岛海西湾船舶与海洋工程产业基地等。

青岛国家高新技术产业开发区是1992年经国务院批准设立的国家级高新区，规划面积9.8平方千米。2006年6月，国务院批准在胶州湾北部扩大高新区面积9.95平方公里。2015年2月，青岛市政府对青岛高新区范围进行了调整，将蓝色硅谷核心区、海洋科技创新及成果孵化带和青岛（胶南）新技术产业开发试验区纳入青岛高新区范围。调整后，青岛高新区总开发面积327.8平方千米。

青岛国家高新技术产业开发区由胶州湾北部园区、青岛高科技工业园、市南软件园、青岛科技街、青岛高新技术产业开发试验区以及青岛蓝色硅谷核心区构成，形成了一区多园的发展格局，并形成了科技服务业、软件与信息技术产业、海洋生物医药产业、海工装备研发产业、高端装备制造产业、节能技术与新材料产业“1+5”产业格局。

2015年，青岛国家高新技术产业开发区获批科技部颁发的“青岛国家海洋装备高新技术产业化基地”称号，这是山东半岛蓝色经济区首家以海洋装备产业为特色的国家级高新技术产业化基地，标志着青岛高新区海洋装备产业进入国家战略性新兴产业布局，对推动青岛市蓝色经济产业升级发展，进一步整合区域优势资源、提升产业自主创新能力、发挥产业集聚、辐射和带动作用，全力打造青岛国际海洋装备科技城具有重大意义。

目前，园区引进和集聚了一大批配套紧密、优势突出的海洋装备创新型企业、研究机构和平台70余个，包括中船重工青岛海洋装备科技城、中科院声学所青岛分所、迪玛尔深海装备产业园、蓝湾海洋装备创业园、青岛国家大学科技园等，总投资128亿元。产品涵盖海洋仪器装备、舰船配套设备、海上风电设备、海洋探测设备、海洋可再生资源开发设备及海洋防腐材料等，呈现高附加值、高国产化率、品种多样的“两高一多”的特点，海工装备产业集聚效应初显，海洋装备科技创新体系逐步形成。同时，引进一批高端人才团队，汇聚了包括侯保荣院士、顾国彪院士、千人计划专家张大刚博士、崔洪亮教授、李向阳教授、“泰山学者”高峰、莫文辉博士等多位国内外高层次人才。顾国彪院士担任中科盛创（青岛）电气有限公司首席科学家，研发并制造世界领先的7MW级永磁半直驱蒸发冷却风力发电机，已经投产；千人计划专家张大刚博士，开展悬链锚腿单点系泊系统研发及产业化，并建设国际海工项目产业园，提升了青岛高新区在国际海洋装备产业中的影响力。

江苏省

（一）概况

江苏省从事海洋工程装备制造的主要企业有惠生（南通）重工有限公司、南通中远船务工程有限公司、扬子江船业（控股）有限集团、南通润邦海洋工程装备有限公司、江苏省镇江船厂（集团）有限公司、招商局重工（江苏）有限公司等；另外还拥有江苏科技大学、中船重工第七〇二研究所等科研院所。

江苏省在海洋工程装备制造领域已经具备了一定的技术基础和较强的建造实力，海工装备产品覆盖从近海到深海的所有种类。主要海洋工程装备产品包括自升式钻井平台、半潜式居住平台、FPSO、浮式天然气液化再气化生产存储平台（FLRSU）、LNG再气化装置、钻井包、铺管起重船等。

（二）海洋工程产业园区建设

启东海工船舶工业园成立于2011年11月，位于江苏省启东市东南、长江北支口三条港至连兴港段，距启东市区18公里，距上海市城区60公里，距上海浦东机场80公里。园区规划用地面积35.8平方公里，近期控制规划用地面积约23.8平方千米，预留中远期发展用地11.9平方千米，利用沿江岸线20.8千米，腹地纵深1至2.5千米。主要代表企业有中远船务海洋工程（启东）有限公司、南通太平洋海洋工程有限公司、南通蓝岛海洋工程有限公司、宏华海洋油气装备（江苏）有限公司、江苏京沪重工有限公司、南通润邦海洋工程装备有限公司、启东丰顺船舶重工有限公司、启东胜狮能源装备有限公司、上海振华重工启东海洋工程有限公司等。

上海市

（一）概况

上海市拥有上海外高桥造船有限公司、上海船厂船舶有限公司、上海振华重工（集团）股份有限公司、上海中远船务工程有限公司，中国船舶重工集团公司第七〇四研究所、中国船舶工业公司第七〇八研究所（即中国船舶及海洋工程设计研究院）、上海船舶研究设计院、上海佳豪船舶工程设计股份有限公司、上海交通大学等数量众多的海洋工程装备制造企业及科研院所，在海洋工程装备设计、建造安装、配套、工程管理等方面居于国内首位。

上海市主要海洋工程装备产品包括自升式钻井平台、半潜式钻井平台、深水钻井船、多缆物探船、FPSO上部模块、铺管船、挖泥船、抛石平整船以及风电设备安装船等。

（二）海洋工程产业园区建设

上海长兴海洋装备产业园区成立于2007年4月，位于长兴岛中南和东南地区，位于长兴江南大道以北、兴冠路以东、新潘圆公路以南、兴港路以西的区域。园区规划面积7.13平方千米，可施工面积6.78平方千米。园区以高新技术船舶及海洋工程装备配套产业为中心，是上海六大产业基地之一与九大高新技术领域之一。园区代表企业有：振华重工、综合中远集团以及沪东中华造船集团等。

浙江省

（一）概况

浙江省涉足海工装备制造领域的有舟山中远船务工程有限公司、浙江造船有限公司、浙江半岛船业有限公司和太平洋海洋工程（舟山）有限公司等7家企业；拥有国家海洋局第二海洋研究所、杭州应用声学研究所（中船重工第七一五研究所）和浙江大学等多所国内外知名的涉海科研院所和大专院校，杭州现代船舶设计研究有限公司、舟山欣海船舶研究院有限公司、浙江大学海洋研究所、浙江工业大学海洋研究院及浙江海洋学院，经过近几年的发展，在海洋工程领域也取得了不错的成绩。

浙江省的海工装备制造业经过近几年的发展，海工产品类型已从先前单一的海工平台辅助船，开始进入海工装备主体产品领域。产品包括多用途工作船、三用工作船、平台供应船，海洋工程生活平台、FPSO以及半潜式海洋钻井平台等。

（二）海洋工程产业园区建设

浙江省主要的海洋工程产业园区包括浙江舟山群岛新区海洋产业集聚区、奉化市滨海新区海洋装备产业园、温州市海洋科技创业园等。

浙江舟山群岛新区海洋产业集聚区总体布局为“一城诸岛”，包括中国（舟山）海洋科学城及金塘、六横、衢山等区块，“十二五”期间重点开发面积31.6平方千米。重点打造港口物流与港航服务、船舶与临港装备、临港石化、海洋旅游、现代渔业、水产品精深加工与海洋生物、大宗物资加工和海洋清洁能源等八大产业集群。

浙江省奉化市滨海新区海洋装备产业园位于浙江省奉化市滨海新区西南侧，规划总面积3400亩，结合奉化在临港船舶制造上的产业基础优势，引进海洋工程装备的修理与改装、海上钻井平台、生产平台等海洋工程装备及配套设备、海底资源环境监测、勘探设备、船用配套设施船舶控制与自动化系统、通讯导航、仪器仪表、辅机等）企业，逐步形成了以海洋工程装备产业为主的现代装备制造基地。

温州市海洋科技创业园于2015年12月28日举行了试开园仪式。该园区是促进温州海洋技术产业发展，集科技研发、成果转化、创业服务等功能为一体的海洋科技孵化中心。该园区作为培育海洋科技自主创新企业和企业家的平台，旨在为初创的科技型企业提供场地设施、各类优惠政策和科技创业服务的后勤保障，总占地面积131.5亩，总建筑面积103 340平方米，内设管理服务区、后勤保障区及技术孵化区。

广东省

（一）概况

广东省主要海洋工程制造企业有招商局重工（深圳）有限公司、广州中船黄埔造船有限公司、广州广船国际股份有限公司、中船澄西远航船舶（广州）有限公司、中船澄西船舶修造有限公司、广州广船国际海洋工程有限公司、广东中远船务工程有限公司、广东粤新海洋工程装备股份有限公司、广州航通船业有限公司等，主要海洋工程装备研发设计单位有广州船舶及海洋工程设计研究院、中石化石油工程设计有限公司等。另外，广东省还拥有华南理工大学等在海洋工程装备领域积淀深厚的科研院所。

广东省主要海洋工程装备产品包括钻井平台、移动式多功能修钻井平台、钻井模块，生活模块、海上起重船、大型铺管船、挖泥船、物缆船和钻探船、多用途工作船、全回转顶推轮、三用工作船以及平台供应船等。

（二）海洋工程产业园区建设

广东省致力于将珠江西岸打造为“先进装备制造产业带”，其中就包括了珠海高栏港海洋工程装备制造基地等海洋工程装备产业园区。

珠海高栏港海洋工程装备制造基地位于珠海高栏港经济开发区内。珠海高栏港经济开发区又称“珠海经济技术开发区”，在2013年正式升级为国家级经济技术开发区，是依托华南沿海主枢纽港高栏港而设立的经济功能区，开发总面积380平方千米。高栏港拥有珠江三角洲最大吨位的液体化工品和散货码头泊位，具备建设30万吨石化大码头的良好自然条件，主航道距国际航道（大西水道）–27米等深线11千米。珠海高栏港经济开发区利用岸线资源，规划了近40平方千米的海洋工程装备制造基地，大力发展临港装备制造产业。基地代表企业有：中海油、三一重工、珠江钢管、武桥重工、巨涛海洋工程、海重钢管、杭萧钢构、太阳鸟游艇等。

珠海高栏港海洋工程装备制造基地作为华南地区规模最大、技术最先进、产业集聚度最高的海洋工程装备制造基地，主要对接国家“南海战略”，面向南海深水油气资源开发。园区内重点项目成果包括：

2015年5月，三一海洋重工产业园主基地一期工程正式完工投产，全面达产后年产值300亿元。

海洋石油工程(珠海)有限公司的海工基地二期工程于2015年底完工投产。该项目总共分五期建设，全部达产后，年产值将超过120亿元。

湖北省

（一）概况

湖北省共有船舶和海洋工程装备制造及配套企业近400家，包括武昌船舶重工有限责任公司、武汉船用机械有限责任公司、中国舰船研究设计中心、武汉第二船舶设计研究所、武汉船用电子推进装置研究所等骨干企业；另外有科研设计机构20余家，包括武汉理工大学、华中科技大学、海军工程大学等。

湖北省主要海洋工程产品包括平台供应船、多功能平台供应船、三用工作船等。此外，湖北省还可为海洋工程船和海洋平台提供配套，产品涵盖特种甲板机械、海洋工程起重设备、平台升降系统、推进及动力定位系统、原油装卸系统等。

（二）海洋工程产业园区建设

湖北省主要的海洋工程产业园区包括武汉国家高端船舶与海洋工程装备高新技术产业化基地和武桥重工桥梁与海工装备产业园等。

武汉国家高端船舶与海洋工程装备高新技术

产业化基地是充分发挥湖北、武汉地区技术优势、人才优势、产业优势，整合武船、武汉船用机械有限责任公司、中船重工第七一九研究所、中石化石油工程机械公司、谢克斯特（天津）船舶工程有限公司、华中科技大学等企业和高校优势资源而组建成海洋工程装备“国家队”。该基地建设方案于2012年11月通过国家科技部专家组评审，于2014年3月公布列为2013年度A类国家高新技术产业化基地。

武桥重工桥梁与海工装备产业园位于武汉蔡甸区常福工业园内，占地1 500亩，制造研发海上风电、石油管道、打捞救援和海上钻井平台等高端海工装备。该产业园由中国最大桥梁装备企业武桥重工集团投资建设，总投资50亿元，已于2013年12月开工。

（编写：王　静　周长江　　审校：刘祯祺　栗超群）

第七章　2015年中国海洋工程装备主要建造企业发展情况

烟台中集来福士海洋工程有限公司

（一）企业基本情况

烟台中集来福士海洋工程有限公司（下称“中集来福士”）前身是1977年建成的烟台造船厂。1994年，烟台造船厂与新加坡烟台造船私人有限公司合资成立了烟台普泰造船有限公司，该合资公司于1997年正式更名为烟台莱佛士船业有限公司。1996年烟台普泰造船有限公司与胜利油田实业集团公司，新加坡泰山烟台造船私人有限公司投资成立了烟台泰山造船有限公司，2001年烟台泰山造船有限公司更名为烟台来福士海洋工程有限公司，2010年烟台来福士海洋工程有限公司更名为烟台中集来福士海洋工程有限公司。经过十多年的发展，烟台中集来福士现已成为国际领先的船舶及海工建造企业。

目前中集来福士拥有中集海洋工程研究院和烟台、海阳及龙口三个海工建造基地，员工13 000人（本职员工3 976人），总占地面积约2 000亩。中集来福士利用世界一流的海工建造设施，开创了模块陆地建造、大型驳船下水、2万吨吊机坞内合拢、-18米深水码头水下安装推进器等一系列创新型建造工艺。中集来福士已交付深水半潜式钻井平台七座，在建深水半潜钻井平台占全球21%的市场份额。2014年9月列入由工业和信息化部公布的首批船舶企业“白名单”。

中集来福士是国家工信部确定的五大海洋建造基地之一，拥有国家能源局2010年授牌的国家能源海洋石油钻井平台研发中心，是国家级海洋工程协同创新中心的参与单位。

中集来福士在高端海洋工程装备总包建造方面具有突出优势和显著业绩，具备深水海洋工程装备核心技术自主研发、总装建造和技术服务能力，形成了自主的深水海洋工程装备研发设计和建造体系，具有很强的国际竞争力。同时，在烟台建立中集海洋工程研究院，作为自主研发创新平台，已被纳入山东半岛蓝色经济区发展规划18个重点创新平台之一，由此形成“一院三基地”的建设格局。中集来福士立足于自主研发，拥有多专业的设计团队，可进行海洋工程相关的稳性分析、水动力计算、锚泊定位分析、动力定位分析、振动与噪声预报、管路静态分析和动态分析、结构局部强度和总体强度的校核（包括屈曲强度分析和疲劳强度分析计算）等，实现了基础设计的流程化和程序化，具备了海洋工程装备从概念设计、基础设计到详细设计、生产设计的完整的设计能力， 突破海洋工程装备平台设计关键技术，已经实现自升式钻井平台、半潜式钻井平台、海洋工程辅助船等海洋工程装备自主化，达到了国内领先水平。

中集来福士拥有国内最先进的海工建造设施，

可保证公司能充分发挥设备优势，高效、快速建造业界最大、最复杂的海洋工程装备。其中最具来福士特色的硬件有世界上最大的起重机——“泰山”号2万吨桥式起重机、亚洲最大的2 000吨基座式全回转岸吊、国内最宽的30万吨干船坞、国内唯一的18米水深深水码头等。

近十年来，中集来福士向国内外客户交付了上百艘各类型的特种船及多品种海洋工程项目，在国际船舶海洋工程市场具有相当的知名度和美誉度。自2010年10月至2015年6月，中集海工打破发达国家在高端海洋工程装备产品建造领域的垄断地位，成功交付7座深水半潜式钻井平台、2座完全自主研发设计的深水半潜式起重生活平台，成为国内首个具备批量建造交付深水半潜式钻井平台能力和业绩的海工企业。迄今为止，国内共交付9座半潜式钻井平台，中集海工交付7座，奠定了该领域国内领先地位。

中集来福士拥有3 976人，其中专职研发人员约862人，数字化、信息化、虚拟化建设人员300多人。形成了掌握海洋工程设备制造核心技术的专业化、现代化团队，拥有全英文、国际化研发工作平台。公司同时拥有一支具有40余年海工建造经验的国际化、现代化专业管理团队，是目前国内该领域专业技术人员最多、最集中的专业化设计研发队伍，拥有国家工信部 “十二五”海洋工程专家组专家、新加坡资深海工专家等一大批海工优秀人才，形成了掌握海洋平台核心技术的专业化团队。

中集来福士聘请包括美国工程院院士、国内外知名海工大学教授在内的专家学者作为海工院技术委员会专家或顾问，组成实力强大的技术专家团队。

中集海工积极参与海洋工程装备重大课题研究，先后承担了国家工信部“第七代超深水钻井平台（船）创新专项”“海洋工程装备总装建造技术研究”“自升式钻井平台设计建造信息化管理技术”“高效轻量化吊机设计制造关键技术”等课题；“深水半潜式大型吊装生活平台”获山东省自主创新成果转化重大专项支持；“北海强风暴海况下深水半潜式钻井平台系列关键技术设计与制作技术研究”获2011年国家能源科技进步奖二等奖；“全球最恶劣海况下深水半潜式钻井平台系列关键设计与制造技术”获2012年中国机械工业科学技术二等奖；自主研发设计的半潜式起重生活平台，为世界上第一座非对称无横撑半潜式平台，获2013年国家能源局科技进步一等奖和2013年山东省科学技术进步一等奖等。研究成果已在多项工程中推广应用，产生了重大的经济效益和社会效益。

（二）主要产品

中集来福士主导产业是海洋工程产业，主要产品为海洋石油钻采平台（包括半潜式钻井平台和自升式钻井平台）、浮式生产装置（FPSO/FSO、SPAR、TLP）、特种工程船舶（包括钻井船、起重船、铺管船）以及新型海洋工程产品（LNG-FPSO）等主流海洋工程产品。

中集来福士2015-2016年的主要海工产品：

1. 适用于北极圈内的冰区深水半潜式钻井平台

中集来福士于2012年开始联合挪威知名海工设计公司进行挪威北海及极地海域恶劣海况下钻井平台“维京龙”号核心技术方案的设计工作，维京龙半潜式钻井平台最大工作水深1 200米，最大钻井深度8 000米，满足DNVGC ICE-T冰区入级要求，可以在零下22摄氏度作业，配备有DP-3动力定位系统。其设计依照北海海况，同时兼顾北极圈及巴伦支海况要求，能够抵御北海百年一遇的风暴，该平台满足NMD，NORSOK,NPD等的规范要求，并入级

DNVCL船级社。钻井包采用NOV设备，钻井流程实现了高度自动化。它满足离线操作要求，钻井效率可以提高约15%。中集来福士拥有该平台80%知识产权，这是中国首次进行此类高端平台的核心技术方案的设计。通过此次设计，中集来福不但掌握了有冰级要求的平台结构的设计，而且平台设计的性能良好，其冰带结构的总重量低于公司同样有冰级要求的项目同样位置的结构重量。该平台已完成建造，计划2016年交付。

2.Norshore 多功能钻井船

Norshore Pacific是中集来福士为挪威Norshore公司建造的小型多功能钻井船，采用Marin Teknikk MT 6028设计，能进行无立管钻井作业。该船还可用于油气井的修井完井作业，远程遥控机器人操纵，海底泥浆增压系统的安装，试井，水泥注塞和弃井工作。它具备良好的经济性，并且装备有防冰除雪措施，可以抵御巴伦支海域的冬季严寒。该船最大作业水深3 000米，修井作业时最大钻井深度9 000米，装备有DP-3动力定位系统，定员110人。满足世界上最严格的舒适性标准（Norsok S-002），居住舱室的噪声低于45dB（A）。

3.Frigstad D90 超深水半潜式钻井平台

中集来福士在建的D90项目是全球首座第七代超深水半潜式钻井平台。该平台长117米、宽92.7米、高118米、最大排水量达7万吨，最大工作水深为12 000英尺（3 658米），钻井深度为50 000英尺（15 250米），双顶驱载荷达1 250短吨，配备DP-3动力定位系统，入挪威船级社。该平台拥有宽敞的甲板利用空间及便利的机舱维护保养通道，并首次采用DP-3闭环设计、岩屑舱内处理存储系统、压载水处理系统。该平台采用NOV液压双钻塔设计，在安全基础上大幅提高了生产效率，可以在墨西哥湾、中国南海、澳大利亚、巴西海域、西非、南大西洋等深水海域作业。该平台由Frigstad Engineering公司提供基础设计，中集来福士负责详细设计、施工设计、建造及调试工作，并将独立完成整套钻井系统的安装及调试。

4. 自升式天然气压缩平台

该天然气压缩平台由中集来福士自主设计、建造，它由四条长112米的圆柱形桩腿进行支撑，作业水深55米，设计温度0～45摄氏度。该平台用来处理由生产平台传输过来的酸性天然气，当这些气体经过压缩之后，被注入到海底油层。从而保持油层压力，增加石油开采产量。平台上的气体处理设备完全按照运营区域的特殊要求进行定制，日处理气体能力达到2亿标准立方英尺。

该项目于2015年9月份完成交付。

中集来福士主要科技项目：

2015年中集来福士先后承担了国家工信部“第七代超深水钻井平台（船）创新专项”、“自升式钻井平台品牌工程（II型）”、“3 000米深潜水作业支持船自主研发”、“自升式支持平台”及山东省自主专项等8项课题研制。

（三）生产经营情况

2015年，实现营业收入90.82亿元，年内完成两座5万吨半潜运输船、一座自升式气体压缩平台、一座300尺自升式钻井平台、一座400尺自升式钻井平台、一座中海油“兴旺号”半潜式钻井平台交付。

2015年底手持订单：两座300尺自升式钻井平台、三座400尺自升式钻井平台、一座胜利90米自升式钻井平台、一座中石化边际油田自升平台、五座半潜式钻井平台，共约40亿美金订单。

（四）产品开发与技术进步

2015年11月中集来福士为挪威North Sea Rigs Holdings公司建造的“维京龙”深水半潜式钻井平台在烟台完工命名。这是我国建造的首座适合北极海域作业的深水半潜式钻井平台，中集来福士拥有80%的自主知识产权，实现了“交钥匙”总包建造。

2015年10月12日，中集来福士为North Sea Rigs As建造的第三座深水半潜式钻井平台GM4-D Beacon Pacific项目龙骨铺设仪式在烟台顺利举行。

中集来福士与挪威Global Maritime公司共同完成设计的Beacon Atlantic项目顺利完成主机负荷试验。

2015年5月28日上午，中集来福士独立设计的CR600半潜式生活平台项目开工。该平台设计规范标准符合南海、英国北海、墨西哥湾、巴西等目标海域的基本作业要求，设计理念达到国际水平。

海工产品试验取得的进展：

2015年11月23日12时，H267项目泥浆泵模拟实际钻井试验取得成功。

2015年11月3日，西门子“DP-3闭环数字实验室”在中集海洋工程研究院揭牌，实现了西门子数字化技术与中集来福士集成设计建造的相互融合与联合研发。

2015年10月17日~19日，烟台中集来福士海洋工程有限公司检测中心通过CNAS初审中国合格评定国家认可委员会（CNAS）评审组专家一行四人评审。

2015年9月18日，中集来福士—哈焊所海工装备焊接工程实验室揭牌。

2015年9月9日上午，H270项目顺利完成了逃生滑道的下放打开试验。

2015年5月22日，中集—宝钢材料应用联合实验室揭牌。

大连中远船务工程有限公司

（一）企业基本情况

大连中远船务工程有限公司（以下简称“大连中远船务”）成立于1992年，1997年正式营业。大连中远船务位于环渤海湾港口群的要冲——大连，占地120万平方米，岸线总长3 200米。大连中远船务拥有30万吨级浮船坞、15万吨级浮船坞和8万吨级干船坞各1座，坞容总量达到53万吨；专用修船码头8座，配有3台200吨门式起重机，1台400吨门式起重机等各类配套吊运设施。公司目前拥有员工3 400余人，具有大专（含）以上学历者达85%以上，是中远船务集团的核心企业之一。

（二）主要产品

大连中远船务顺应形势发展，坚持改革创新，实现了从单一修船到修船、造船、海工三业并举的产品转型，目前以船舶与海洋工程产品的修理、改装、制造为主业。公司拥有OBO、PCTC、VLCC、VLOC、FPSO等多种特殊船型的修理和改装实力，先后成功改装完成了“海洋骄傲”、“太阳神松寿”、“卡普”、“柏松”、“旭日东升”等多个FPSO，被业界誉为“中国第一FPSO改装工厂”。大连中远船务还承接了世界最大深水钻井船、系列JACK-UP自升式钻井平台、小型LNG运输船、3万吨教学实习船、PSV、DSV、12 000吨抬浮力打捞工程船、模块运输船、22 000吨成品油轮以及系列30 000吨重吊船、57 000吨散货船、80 000吨散货船、82 000吨散货船、92 500吨散货船等海工和船舶建造项目，并为韩国三星自主设计建造了世界最大的50万吨级浮船坞。

（三）生产经营情况

在订单交付方面，2015年1月2日，大连中远船务为中海油服建造的9 000HP深水供应船（PSV）首制船顺利下水。该船设计总长85.4米，型宽20米，型深8.6米，吃水7米，最大运力4 700吨，生产设计由大连中远船务自主完成。该船除具有为海上作业平台提供淡水、燃油、散料、泥浆和甲醇等物资供应功能外，还可实现伤员救助、对外消防等功能。

2015年1月27日，大连中远船务为中海油服建造的9 000HP深水供应船（PSV）“海洋石油661”顺利下水。该船长85米，宽20米，设计吃水7.1米，甲板面积1 000平方米，最大载重量4 700吨，入级FF1消防，并配置DP-2动力定位系统，适航性与耐波性良好，是目前亚洲最先进的多功能深水供应船。

2015年7月22日，大连中远船务为中海油服建造的首制9 000马力深水供应三用工作船（N601）命名并签字交付。该船设计总长85.4米，型宽20米，型深8.6米，吃水7米，最大运力4 700吨，生产设计由大连中远船务自主完成。该船除具有为海上作业平台提供淡水、燃油、散料、泥浆和甲醇等物资供应功能外，还可实现伤员救助、对外消防等功能。

2015年9月15日，大连中远船务为中海油服建造的第二艘9 000马力深水供应三用工作船（N602）命名并签字交付。该船总长85.4米，型宽20米，型深8.6米，最大运力5 044吨。拥有先进的DP-2定位系统、FMEA失效控制、PMS电力控制系统等多个功能化系统模块。该船除具有为海上作业平台提供淡水、燃油、散料、泥浆和甲醇等物资供应功能外，还可实现伤员救助、对外消防等功能。

在新接订单方面，2015年10月，大连中远船务从新加坡COASTAL LOGISTICS PTE LTD获得1艘22 000吨成品油轮订单。22 000吨成品油轮总长155米，型宽36米，型深12.50米，设计吃水5.80米。双机、双桨，艄艉底部配有全回转喷水推进器，在主机完全瘫痪状态下，也可继续航行。作为宽体、浅吃水船舶，该船具有在港口内和公海上运输成品油和加油的能力，满足新加坡港口规范（MPA）的要求。该船是大连中远船务2015年初交付22 000吨成品油轮的后续船。

（四）产品开发与技术进步

大连中远船务通过引进世界先进、成熟的设计软件和管理系统、产品设计和制造系统，形成了高速、高效的数字化造船模式。经过多年的实践，大连中远船务在不同类型船舶常规修理改装设计、新造船舶生产设计、超大型油船（VLCC）改装FPSO等方面积累了丰富的经验，并将其应用到新建海工装备上。为保证技术创新战略的顺利实施，大连中远船务在努力提升自主设计能力的同时，构建了以技术中心为主体的科技创新研发机构，制定了科研项目申报、跟踪、成果评审、费用等方面的管理文件。同时，其研发投入所占比例逐年提升，2011年研发费用占销售收入的比例为3.2%，2012年为3.5%，2013为3.6%，有力地推进了技术创新工作。

南通中远船务工程有限公司

（一）企业基本情况

南通中远船务工程有限公司（以下简称“南通中远船务”）是中远船务工程集团旗下的核心企业之一。公司主营业务：海洋工程装备制造、改造和船舶修理改装。客户遍布世界40多个国家和地区，已成为世界领先航运公司和海洋石油运营商在中国沿海首选的合作伙伴。

南通中远船务位于长江入海口北岸，拥有优良岸线1 120米，占地40万平方米，总体布局为“一滑道二坞三泊位”，10~15万吨级深水码头3座，15万吨级和8万吨级大型浮船坞各一座，拥有配套完善的水上、陆上设备设施和经验丰富、业务精湛的工程技术设计、项目管理和生产技能工人团队。

南通中远船务拥有海洋工程技术研发中心，是专业从事海洋工程装备技术设计和研发的国家级企业技术中心，集海工产品科研开发、技术设计、总装建造技术、建造工法、质量检测、技术咨询服务为一体，是中国海洋工程装备行业产品研发水平最高、科研设备设施最先进、研究领域覆盖面最广的研发中心。

（二）主要产品

近年来，南通中远船务凭借其技术实力和生产服务能力，在修船、改装的基础上，进入海洋工程装备制造领域，先后设计建造了圆筒型超深水海洋钻探储油平台、圆筒型FPSO、半潜式海洋钻井平台、自升式海洋工作平台、八角型钻井平台，以及海上风电安装船、穿梭油轮、海洋生活服务平台、钻井辅助船等一系列海工产品，多个高端海工产品成功交付，覆盖了从浅海到深海、从油气平台到海洋工程船舶的各种类型，在世界海洋工程装备制造领域打响了品牌，并已成为中国海洋工程装备制造领域的领跑者。

（三）生产经营情况

在订单交付方面，2015年1月5日，中远船务设计建造的半潜式海洋生活平台“高德1”号成功交付。该平台全长91米，型宽67米，型深27.5米，平台总高近60米，设计吃水20米，配备6台主机、6台推进器，最大航速为12节，配备DP-3动态定位系统、AGS电力管理系统、FIFI II对外消防、直升飞机平台、75吨和300吨甲板吊等。在正常情况下，平台可供750名船员生活、娱乐、居住，230个居住房间均有窗户，且预留240人的生活模块安装位置，最多可满足990人的生活居住服务，餐厅可容纳300人同时用餐。该平台由中远船务所属南通中远船务独立自主完成该平台的详细设计、生产设计，以及所有设备采购建造、设备系统安装调试工作。

2015年2月16日，南通中远船务交付世界首座半潜式圆筒型海洋生活平台“希望7”号。“希望7”号由南通中远船务设计建造，是南通中远船务在建的圆筒型系列3座生活平台的第一座，该平台独特的圆筒型设计理念具有技术先进性、安全稳定性和作业可靠性等方面的优势，可适应各种恶劣海域环境下的安全作业。为满足常年海上作业的需要，“希望7”号安装了先进的DP-3动力定位系统和达到星级酒店式的生活设施，能够在3 000米的深海站稳脚跟，可供490人生活起居，被誉为漂浮的“海上五星级酒店”。

2015年9月2日，南通中远船务设计建造的半潜式海洋生活平台“高德2”号成功交付墨西哥Cotemar公司。该平台最多可为990人同时提供生活居住服务，是全球可居住人数最多的半潜式海洋生活平台。“高德2”号入DNV GL船级，全长91米，型宽67米，型深27.5米，平台总高近60米，设计吃水20米，配备6台主机、6台推进器，最大航速为12节，配备DP-3动态定位系统、AGS电力管理系统、FIFI II对外消防、直升飞机平台、75吨和300吨甲板吊等。

2015年10月13日，南通中远船务自动化承接的9台“海龙”系列潜水泵软管绞车系统的首批3台绞车顺利完工交付。本次交付的潜水泵软管绞车系统是南通中远船务自动化具有自主知识产权的产品。该软管绞车系统是一种新型海水输送系统，软管绞车系统长4.425米，宽2.675米，高3.6米，软管长46米，平台工作气隙25米，防护等级为IP56，流量250立方米/小时，潜水泵选用的是欧洲一线品牌KSB。该设备能满足在各种复杂的海洋环境使用，可以广泛用于各类自升式海工平台、钻井平台及工程辅助船上，提供机器冷却水、消防水、压载水等各种水源，该系统已通过ABS认证，并取得ABS产品认可证书。

在新接订单方面，2015年10月，南通中远船务从挪威船东Sealoading获得1艘海洋原油转驳船Cargo Transfer Vessel（ CTV ）订单。CTV是首型设计，将开创全新的海洋油田原油转驳方式。中远船务负责基本设计、详细设计和生产设计。该船入DNV GL船级，生活区可供36人居住，有4台可变速柴油机，配备两台5吨级吊机、2台主推进器，配有全回转伸缩推进器以及艏侧推进器，可提供强大的动力定位能力，便于大型油轮定位在安全作业的海域内，可将FPSO上的原油快速安全地转驳到常规油轮。

（四）产品开发与技术进步

中远船务积极响应各类环保政策，凭借在LNG双燃料船、船舶球鼻艏改装、压载水改装等优秀业绩及技术储备资源，对中国版ECA进行深入研究，抢抓机遇，积极拓展船舶修理改装业务范围，于2015年7月，针对江苏优拿大公司 最新引进的加拿大纳米陶瓷膜废气净化技术，组织人员进行专项研究。经过近半年的反复勘测、讨论、设计，于2015年12月10日，在“NOLHANAVA”号加拿大籍远洋杂货船上成功完成膜技术尾气净化装置的改装。

为了满足装载公铁海联运的53英尺超长集装箱要求，船舶改装过程中对原船No2-5货舱进行重新布置。包括4个大舱改为3个大舱；集装箱箱脚重新布置；舱口围改装及新舱盖制作安装；原船通风系统，CO_2系统及加温系统重新布置。改装工程量大，各专业交叉多。

中海油田服务股份有限公司

（一）企业基本情况

中海油田服务股份有限公司（下称“中海油服”）是中国近海市场最具规模的综合型油田服务供应商。服务贯穿海上石油及天然气勘探，开发及生产的各个阶段。业务分为四大类：物探勘察服务、钻井服务、油田技术服务及船舶服务。

中海油服拥有中国最强大的海上石油服务装备群。截至目前，公司共运营和管理36座钻井平台（包括27座自升式钻井平台、9座半潜式钻井平台）、2座生活平台、4套模块钻机和8台陆地钻机。另外，中海油服还拥有和运营中国最大、功能最齐备的近海工作船队，包括75艘各类工作船和3艘油轮；5艘化学品船；8艘地震船；5艘勘察船及包括FCT （增强型储层特性测试仪）、FET（地层评价测试仪）、LWD（随钻测井仪）、ERSC（钻井式井壁取芯仪）等众多先进的测井、泥浆、定向井、固井和修井等油田技术服务设备。

作为中国海上最大的油田服务上市公司，中海油服既可以为用户提供单一业务的作业服务，也可以为客户提供一体化整装、总承包作业服务。中海油服的服务区域包括中国海域，并延伸至世界其他地区，例如：南美、北美、中东、非洲、欧洲、东南亚和澳大利亚。

（二）主要产品

船舶事业部从事的船舶服务与运输业务板块是中海油田服务股份有限公司四大板块之一。目前拥有或管理着大约111艘各类海洋石油工程支持船舶，能够为海上石油和天然气的勘探、开发、工程建设和油、气田生产提供全面的作业支持和服务，包括各种水深的起抛锚作业、钻井/工程平台（船）拖航、海上运输、油、气田守护、消防、救助、海上污染处理等多种船舶作业服务，以满足客户的不同需要。已与中海石油（中国）有限公司、海洋石油工程股份有限公司、科麦奇中国石油有限公司、阿帕契中国公司、康菲石油中国有限公司、丹文能源中国有限公司、壳牌中国勘探与生产有限公司、德士古-雪佛龙公司、CACT作业者集团等公司建立了良好的业务合作关系。在巩固国内市场的同时也将作业扩展到韩国、泰国湾、印度尼西亚、和波斯湾等区域，为中外用户提供安全、优质、高效、环保的服务，实现“与股东、客户、员工、伙伴共赢”。

（三）生产经营情况

目前国内工作船市场中，中海油田服务股份有限公司船舶事业部一直处于主导地位，控制着国内海上船舶装备65%以上的市场份额，为满足有限公司油田勘探开发生产需求、降低桶油操作成本做出了重要贡献。但后续几年新增需求以及对现船队更新与船舶供给的矛盾逐步显露，船舶装备的投入力度还将继续加强，才能保证在未来的船舶装备市场中占据主动。近年来，由于船队船舶工作量饱满，营运率高，与国际同业同规模船队比较，船舶使用率高于其他公司。

（四）产品开发与技术进步

中海油服船舶事业部拥有的海洋工程辅助船舶是为海洋油气开发提供配套服务的工程船舶总称。主要负责运送人员、物资、设备以及调查、测量、安装、维护等工作，主要包括三用工作船、守护船、常规供应船、平台供应船、交通船、潜水作业船、起抛锚拖船、工作船、救助拖船、物理勘探船、大型近海起重船、导管架下水驳船、铺管船和救护船等。其中，三用工作船(AHTS)和平台供应船(PSV)是主要船型。目前拥有或管理着大约111艘船舶。是国内在该领域的技术领先者和先进技术的拥有者，引领着国内海洋领域的技术发展方向。公司积极与国内知名的企事业单位合作，由中海油服牵头承担了国家重大专项研究课题，积极从事有关海洋支持船与专用设备的开发工作。取得了一系列的技术和关键技术。

海洋石油工程股份有限公司

（一）企业基本情况

海洋石油工程股份有限公司（下称“海油工程”）是中国海洋石油总公司控股的上市公司，是中国唯一集海洋石油、天然气开发工程设计、陆地制造和海上安装、调试、维修以及液化天然气、炼化工程于一体的大型工程总承包公司，也是远东及东南亚地区规模最大、实力最强的海洋石油工程EPCI（设计、采办、建造、安装）总承包商之一，海油工程总部位于天津滨海新区。2002年2月在上海证券交易所上市。

海油工程现有员工8 000余人，形成了全方位、多层次、宽领域的适应工程总承包的专业团队；拥有国际一流的资质水平，建立了与国际接轨的运作程序和管理标准。海油工程的总体设计水平已与世界先进的设计水平接轨；在天津塘沽、山东青岛、广东珠海等地拥有大型海洋工程制造基地，场地总面积近350万平方米，形成了跨越南北、功能互补、覆盖深浅水、面向全世界的场地布局；拥有3 000米级深水铺管起重船——“海洋石油201”、世界第一单吊7 500吨起重船“蓝鲸”号、5万吨半潜式自航船、3 000米级多功能水下工程船、深水多功能安装船、深水挖沟船等20艘船舶组成的多样化海上施工船队，海上安装与铺管能力在亚洲处于领先地位。

经过40多年的建设和发展，海油工程形成了海洋工程设计、海洋工程建造、海洋工程安装、海上油气田维保、水下工程检测与安装、高端橇装产品制造、海洋工程质量检测、海洋工程项目总包管理八大能力，拥有3万吨级超大型海洋平台的设计、建造、安装以及300米水深水下检测与维修、海底管道修复、海上废旧平台拆除等一系列核心技术，具备了1 500米水深条件下的海管铺设能力，先后为中海油、康菲、壳牌、哈斯基、科麦奇、Technip、MODEC、AkerSolutions、FLUOR等众多中外业主提供了优质服务，业务涉足20多个国家和地区。

（二）主要产品

海油工程主要承担海上油汽田开发工程、海底管道、海底电缆、油汽处理陆地终端、压力容器、海洋结构物装船和海上运输与安装的设计、咨询与现场技术服务，具有200米水深海上油汽田开发工程和浮式单点系泊系统以及海上油汽田开发简易设施的设计能力。还可以承揽海上及陆地油气田开发工程建设项目，包括各类导管架、组块、单点系泊及FPSO上部模块等工程的建造、安装以及联接调试，在海底管线和陆地终端建设、制管和钢结构建造物制造、橇块和压力容器及阳极铸造等方面具有雄厚实力。另外，海油工程还具有强大的海上石油平台安装、单点系泊安装及各种海底管道和海底电缆的铺设实力。

（三）生产经营情况

截至2015年底，海油工程的内外部资源和能力得到显著加强，核心竞争力持续提升，建设并运营了一个207万平方米的深水制造基地，打造了一支拥有4艘深水主力工程船的深水船队；拥有3万吨级超大型海洋平台的设计、建造、安装以及300米水深水下检测与维修、1 500米S型海管铺设、海上废旧平台拆除等一系列核心技术；成立了12家境外公司，国际业务足迹已遍布20多个国家和地区，海外市场承揽额占总承揽额的半壁江山，海油工程以全球能源企业合作伙伴的新姿态，以国际化能源工程公司的崭新形象投身于国际能源工程产业界。

为切实把握我国海洋石油工业由浅水向深水跨越的历史机遇，海油工程将深水和水下工程能力建设确立为未来发展的主攻方向，“十二五”期间坚持技术开发、装备升级、人才培养并举，实现了深水与水下作业能力的持续突破。

（1）深水技术：海油工程依托重大科研课题和深水与水下工程项目，形成了较完备的深水与水下技术体系。依托“荔湾 3-1”项目，海管铺设作业最大水深达1 409米，基本具备了15 00米海底管线设计与安装技术能力；依托海油工程在国家重大深水专项课题取得的研究成果和番禺、陆丰、流花等6个水下系统工程项目实际运作，基本掌握了水下连接系统的设计、制造、安装与测试技术；突破水下管道终端、水下终端管汇、深水连接器、深水跨接管等水下产品的设计、制造与安装技术；国产深水水下定位系统研发成功，打破了国外技术垄断；完成了国内最深水下基盘安装，作业水深达到338米；启动了常规FPSO、TLP、FLNG上部模块等浮体产品设计研究，深水平台设计进入实质实施阶段。

（2）深水装备：为切实增强深水与水下作业硬件装备能力，海油工程逐年加大深水船舶及相关装备投资力度，初步形成深水与水下装备系列化布局，建立了一支以“海洋石油201”为旗舰，以“海洋石油289/286/291”为主力，以“海洋石油278、海洋石油698”等为辅助，可适应3 000米水深作业的深水船队。同时与深水船舶配套，新增1套用于水平软铺的

表7　“十二五”产品和服务能力变化情况

时间	产品和服务
2011年初	中小型组块\导管架、FPSO上部模块、模块化工厂、浅水油气田维保、资源外租、钻井船总包等
2015年末	中小型组块\导管架、超大型组块\导管架、FPSO上部模块、大型陆上核心模块建造、浅水油气田维保、300米以下浅水生产设施安装和I.M.R、平台拆除、海管内检测、深水铺管、深水挖沟、LNG储罐总包、高端橇装产品、电仪产品、边际油田开发、资源外租、工程项目总包管理等

卷筒驱动系统和张紧器，ROV数量由原来8台增加至17台，深水装备能力大幅增强。

（3）深水基地：在深水基地建设方面，海油工程形成以珠海基地、青岛基地为主，深圳、塘沽、惠州基地为补充的深水基地布局，充分发挥各自的优势。珠海深水制造基地作为在建项目，一期工程已完成，具备4万吨组块建造能力；2014年初二期工程建设启动，2015年底已接近尾声，建设完成后珠海场地将大幅提升建造产能。

（四）产品开发与技术进步

“十二五”期间，海油工程不断拓展国际版图，完善国际市场布局，新增沙特、澳大利亚、阿布扎比、加拿大、文莱、泰国共6家境外公司，目前境外公司已达12家，覆盖了主要目标市场，初步建成了东南亚、中东、非洲、欧美四大区域网络。“十二五”产品和服务能力变化情况如表7所示。

渤海船舶重工有限责任公司

（一）企业基本情况

渤海船舶重工有限责任公司（下称“渤船重工”）是中国船舶重工集团公司所属骨干企业之一，是集造船、修船、钢结构加工、海洋工程、冶金设备和大型水电设备、核电设备制造为一体的大型现代化企业和国家级重大技术装备研制基地。

渤船重工濒临中国内海渤海湾北岸的葫芦岛港。渤船重工占地面积360万平方米，注册资金16.42亿元，拥有中国最大的七跨式室内造船台、两个30万吨级船坞、20万吨级半坞式斜船台、5万吨级可逆双台阶注水式干船坞等国内外先进的造船设施和一流设备，能够按CCS、DNV GL、BV、ABS、LR、NK等多家船级社规范和各种国际公约自行研发、设计和建造50万吨级以下各类船舶，年造船能力可达400万载重吨。

（二）主要产品

渤船重工海洋工程产品发展重点方向为市场需求量大的海洋油气开发装备，以及海洋油气开发相关服务平台、工程船，主要产品包括完井/修井船、居住平台、服务平台、钻井平台维修、科学考察船和海洋工程部件制造。正在研究的主要产品包括3 000米深水多功能完井/修井船、自升式修井平台、自升式风车安装平台、132米铺管船、5 000吨打捞起重船以及18 500马力三用工作船等。

（三）生产经营情况

2013年，渤船重工与天津德赛机电设备有限公司签订了“德赛”系列自升式作业平台的建造合同。2014年11月17日，该系列平台的首制平台“德赛三”号成功交付船东。“德赛三”号是国内首条成功交付的具有完全自主知识产权且具备动力定位功能的自升式作业平台，其刚性桩腿与柔性齿条装配技术在同行业同类产品施工工艺方面处于领先水平。

2016年初，渤船重工为天津德赛机电设备有限公司建造的“德赛五”号和“德赛七”号平台顺利交付使用，并且与华科五洲(天津)海洋工程公司签订了一型两艘电力推进的自升式服务平台。

（四）产品开发与技术进步

“十二五”计划后半期，渤船重工将继续建设海洋工程专业研发项目团队，充分发挥公司的技术优势，吸引外来智力资源，加快作业平台、服务平台、工程船等海洋工程装备的自主设计研发的步伐。2015年初，渤船重工申报的“3 000米深水多功能完井修井船自主研发”项目获得国家发改委海洋工程装备专项支持。在“十三五”计划期间，渤船重工将继续进行完井修井船、自升式服务平台、修井平台、风电安装船的产品开发，深海勘探、智慧海洋、油田服务等新领域。

渤船重工开展新的海洋工程装备项目，选址

于辽宁省葫芦岛市北港工业区，主要建设船坞1座，水平船台2座，以及舾装码头、联合车间、结构焊接车间、舾装车间、涂装车间等生产车间和设施。一期工程每年生产自升式平台2座、圆筒式平台2座、海工模块8座、钻井船1艘；二期工程每年生产大型FPSO 1艘、钻井船1艘。该建设项目总投资60亿元，年销售收入146亿元，利润16亿元，项目建设预计于2016年完成。

上海外高桥有限公司

（一）企业基本情况

上海外高桥有限公司（下称“外高桥造船”）成立于1999年，地处长江之滨，是中国船舶工业集团公司旗下的上市公司——中国船舶工业股份有限公司的全资子公司。外高桥造船全资拥有上海外高桥造船海洋工程有限公司、控股上海江南长兴重工有限责任公司、上海外高桥海洋工程设计有限公司、上海中船船用锅炉有限公司、中船圣汇装备有限公司，参股上海江南长兴造船有限责任公司。外高桥造船规划占地面积500万平方米，岸线总长度超过4公里，共有4个船舶舾装码头，2座干船坞，配有1台800吨、3台600吨龙门起重机，拥有7个冲砂车间和9个涂装车间。外高桥造船的重点设备有：3米和4.5米两条钢板预处理流水线、15台数控等离子切割机、1台火焰切割机、1台型钢数控等离子切割机、1台1 000吨油压机、21米和12米三辊卷板机各一台。其中，2 200吨21米三辊卷板机，最大加工厚度可达85mm，年生产能力15 000块钢板。

上海外高桥造船海洋工程有限公司成立于2007年，是外高桥造船公司的全资子公司。位于上海临港重装备产业区西港区，拥有1 131米岸线。规划总用地面积103.53公顷，总投资概算30.88亿元，总建筑面积为28.05万平方米，新增建筑面积16.7万平方米。上海外高桥造船海洋工程有限公司以海工工程产品为主要经营目标，可承建海工装备特种船、生活楼模块及海工装备模块、特种钢结构等工程。迄今为止，上海外高桥造船海洋工程有限公司已承接多项海洋工程项目，如JU2000E自升式钻井平台锁紧装置（JACKCASE）、桩腿、PSV海洋平台供应船等项目。

（二）主要产品

公司自成立起就确立了建造世界一流产品的目标，产品类型覆盖散货轮、油轮、超大型集装箱船、海工钻井平台、钻井船、浮式生产储油装置、海工辅助船等。公司自主研制的好望角型绿色环保散货轮已成为国内建造最多、国际市场占有率最大的中国船舶出口“第一品牌”，累计承建并交付的17万吨级和20万吨级散货船占全球好望角型散货轮船船队比重的11.3%。30万吨级超大型油轮VLCC累计交付量占全球VLCC船队8.3%，11万吨级阿芙拉型原油轮获得“中国名牌产品”称号。在海洋工程业务领域，公司先后承建并交付了15万吨级、17万吨级、30万吨级海上浮式生产储油装置（FPSO），标志着我国在FPSO的设计与建造领域已位居世界先进行列。3 000米深水半潜式钻井平台是世界上最先进的第6代深水半潜式钻井平台，作业水深3 000米，钻井深度达10 000米，被列入国家“863”计划项目。公司于2011年圆满完成了“海洋石油981”项目的建造、调试任务及其相关的国家“863”计划和上海市重大科技专项的结题工作，填补了我国在深水特大型海洋工程装备制造领域的空白。正在建造的海洋工程产品有JU2000E型和CJ46型自升式钻井平台。标志着公司在自升式钻井平台领域已经形成系列化生产能力。

（三）生产经营情况

在订单交付方面，2015年6月9日上午，公司为新加坡ESSM海洋工程投资有限公司建造的首制CJ46型自升式钻井平台H1368安全航行抵达公司码头，圆满完成了此次平台陆地滑移及拖航下水工程，拿到了钻井平台平地建造核心技术的“筹码”。平地建造技术的成功运用减少了对公司船坞核心资源的占用，彰显了公司海工“智造”的雄厚能力，对公司向创建世界一流海工装备公司的战略又迈出了具有里程碑意义的一步。

2015年6月29日下午，“长兴重工”建造的8.3万立方米VLGC系列H1074船签字仪式在船东楼举行，标志着“长兴重工”为FRONTLINE公司建造的第4艘超大型液化气船正式交付使用。H1074船于4月中旬成功试航，并于5月17日进舟山船坞进行轴系相关工作，其间积极消除船东意见，并为交船做最后冲刺。

2015年10月19日，“长兴重工” 为Frontline公司建造的8.3万立方米 VLGC系列第8艘H1078船顺利交付，标志着由“长兴重工”批量建造的VLGC完美收官。

2015年10月29日上午10时，公司为新加坡Gener8 Maritime Subsidiary Inc建造的首制30万吨超大型油轮（VLCC）H1384船举行签字交船仪式。

2015年12月4日上午，由“长兴重工”为中国船舶（香港）航运租赁有限公司建造、法国达飞海运集团承租、中国进出口银行融资支持的世界第七代18 000箱集装箱船（H6003）命名仪式隆重举行。这是继“达飞·瓦斯科·达伽马”号和“达飞·郑和”号之后完工交付的又一艘超大型集装箱船，充分显示了公司连续建造交付世界超大型集装箱船的强劲实力。

（四）产品开发与技术进步

2015年6月9日上午，公司为新加坡ESSM海洋工程投资有限公司建造的首制CJ46-X100-D型自升式钻井平台H1368安全航行抵达公司码头，圆满完成了此次平台陆地滑移及拖航下水工程，拿到了钻井平台平地建造核心技术的“筹码”。平地建造技术的成功运用减少了对公司船坞核心资源的占用，彰显了公司海工“智造”的雄厚能力，对公司向创建世界一流海工装备公司的战略又迈出了具有里程碑意义的一步。

上海船厂船舶有限公司

（一）企业基本情况

上海船厂船舶有限公司（下称“上海船厂”）创建于1862年，历经了多次的迁移、组合、兼并，并于1954年由英商经营的“英联船厂”和原官僚资本企业“招商局机器修造厂”最终合并而成。在历经上海船舶修造厂(1954–1985)、上海船厂(1985–2004)、上船澄西船舶有限公司(2004–2006)三个阶段的发展后，现已成为中国船舶工业集团公司旗下的五大造修船基地之一，是一家以造船、修船为主体，兼有大型钢结构及海洋工程等综合生产能力的国有大型骨干企业。目前，上海船厂以船舶及海洋结构物建造、船舶修理与改装、钢结构三大业务板块为主，兼有压力容器、机电产品等综合生产能力，科研能力突出，拥有国家级企业技术中心，是中国船舶工业集团公司出口船的重要基地之一，也是中国船舶工业集团公司旗下的三大海工生产基地之一。

上海船厂主要生产区域分布在上海市黄浦江西岸及长江口崇明岛南岸，占地总面积170余万平方米，码头岸线总长约4 350米。主要造船设施有浦西厂区8万吨级干船坞、3.5万吨级干船坞各一座，5.3万平方米船体加工车间和钢板预处理流水线，另一座6.4万平方米的分段制造车间已有3.2万平方米完工投入使用，崇明厂区海洋工程110米×270米港池一座、7万吨级船台一座，600吨龙门起重机1台，2 500吨浮吊一台，3 600匹以上拖轮4艘，100~200吨门座式起重机10台，各种加工设备300余台/套。主要修船设施有10万吨级浮船坞、4万吨级浮船坞各一座。具备了年造船100万吨、海工平台2座，年修船产值4亿元的生产能力。

（二）主要产品

上海船厂的特色产品有海洋工程装备建造和船舶建造，其中在海洋工程装备建造方面的产品有：12缆深水物探船（工作水深达3 000米，可在5级海况和3节海流情况下采集地震数据）、多功能钻塔式钻井船（工作水深为5 000英尺，钻井深度为30 000英尺，具有自航能力，8点锚泊定位，可容纳150人）。而在船舶建造方面，上海船厂的主打产品有：3 500TEU集装箱船（面向德国航运界、批量最大中型快速集装箱船）、11.45万吨散货船（后巴拿马型散货船，具有突出的竞争力）、30 000吨重吊船（自身具备320吨克令吊四座，单次可吊起小于640吨货物）等。另外，上海船厂还有扩展以海洋工程船、钻井船等海洋结构物为主要产品的海洋工程业务板块及以中型集装箱、重吊船等高附加值船为主要产品的高附加值“中小型船舶”业务板块的产品业务需求。

（三）生产经营情况

在订单交付方面，2015年3月19日，上海船厂船舶有限公司建造的4 800TEU集装箱船成功交付德国汉堡南美公司，该船是上船公司2015年交付的首艘新船。

6月12日上午，上海船厂为中海油服建造的12 000马力深水三用工作船“海洋石油670”号在崇明基地造船1号码头命名交付。“海洋石油670”号是上海船厂为中海油服建造的4艘系列船的首制船。该船由瓦锡兰（挪威）船舶设计公司承担基本设计、上海船舶研究设计院承担详细设计，是一艘具备拖带、起抛锚、ROV作业支持、潜水作业支持、对外消防、协助提油、救生、守护功能的深水三用工作船。

2015年12月8日上午，上海船厂崇明基地举行为中波轮船建造32 000吨重吊船首制船“太平洋”轮命名首航仪式。“太平洋”轮是中波轮船股份公司新一轮造船计划32 000吨重吊船首制船，总计4艘，与同类船舶相比其特点是单船最大700吨的起重能力和52米长的大舱，可以轻松实现对超长、超高、超重件的吊装海运任务，如40米左右的风车叶片设备可以实现装舱运输，不用再挤舱盖板的“硬座”了。在节能环保方面，该组船舶也继续使用节能主机，并采用先进的空气密封尾轴技术，降低对环境的影响。

2015年12月16日，上海船厂船舶有限公司为中海油田服务股份有限公司建造的深水二维物探船“海洋石油760”号命名交付。该船总长84.6米，型宽18.4米，设计吃水5.6米，于2014年3月30日签订合同，9月28日开工建造，2015年1月28日入坞铺底，6月10日下水，该船交付后将成为中海油服重要的物探装备。

在项目建造方面，2015年上海船厂为中海油服建造的第二艘12 000HP三用工作船于7月中旬交付，首制船已于6月13日交付。12 000HP深水三用工作船用于为深水区域的海上石油平台进行抛起锚、拖带服务。除满足供应散货、液货以及钻井钢管等物资外，该船还具有营救、守护和一级对外消防灭火作业能力，能在除大块固定冰以外的漂流浮冰海域航行，为在中国北方冬季沿海作业提供了保障。该船配备DP-2动力定位系统，满足CCS DP-2和IMO class 2的要求，主要设备均具有冗余功能。

（四）产品开发与技术进步

现代高性能物探船由于科技含量高、建造难度大，一直被世界发达国家所垄断，是海洋工程装备建造的专业化“高精尖”产品。上海船厂励精图治，精心“铸剑”，经过多年艰苦努力，目前已成为中国唯一现代物探船研发和生产基地，批量建造的多型物探船在世界频频亮相。上海船厂在成功交付“海洋石油718、719、720、721”和“发现六”号等系列三维深水多缆物探船基础上，依靠技术创新、管理创新，形成了批量物探船设计研发团队和专业管理施工队伍，设计经验丰富，制造能力首屈一指，为国家海洋资源开发，发展海洋经济作出贡献。

福建东南造船有限公司

（一）企业基本情况

福建东南造船有限公司（下称“东南造船”）组建于1956年，是福建省船舶工业集团公司骨干企业之一，原名为“福建省东南造船厂”，于2014年11月20日更名为“福建东南造船有限公司”。工厂坐拥于闻名海内外的马尾天然深水良港，占地面积约21万平方米，在职员工1 300人，外包工1 800余人，从事船舶设计和建造的高素质专业技术人员计300余人，工程师50余人。

东南造船通过ISO 9001和OHSA518001体系认证，获得英国UKAS质量管理体系证书，拥有一系列现代化造、修船舶设施，现有1座2万吨级斜船台，配有300吨级吊机，可供2万吨级船舶下水。2座总面积3 960平方米的现代化室内船台、5座总面积14 000平方米的露天船台、1.1万平方米的船体车间、6 000平方米的分段建造平台、8 000平方米的重组装焊平台、可供总长100米、5 000吨级各类船舶使用的横向平移式船舶上下排设施，并有钢料预处理流水线一条，此外还有舾装、固定码头各1个和浮动码头3个、200吨拖力试验桩1个等。

（二）主要产品

东南造船开发、设计、建造符合ABS、DNV GL、LR、CCS、NK、BV、IRS等国际船级社规范的多用途海洋工程船、平台供应船、应急救助船、海底支持维护船、成品油轮、渔轮、集装箱船、旅游船、客货船、登陆船、渔政船等。其中，59米系列多用途海洋工作船以其多变的设计和丰富的功能在全球市场上享有盛誉，承接订单超过150艘，成功交付使用已逾140艘。65米6 000BHP操锚供应船拖力为82吨，配有约435平方米的甲板面，可承载约600吨的货物，可在海洋平台与海岸边之间运送各种甲板货物及人员。75m×6 000BHP平台供应船，配有甲醇舱，利用双舵浆和两个独立的横向艏侧推来完成，有极好的机动性能。78m×12 000BHP海洋操锚供应船为大功率海洋工程船，拖力达150t，双机双可调桨推进，可24小时连续工作，续航力最少为35天。85m×6 000BHP海底支持维护船，设有月池，配有100t×10m甲板吊，具有四点锚泊定位和船舶调节横倾平衡系统，设有可供一架“Sikorsky S61”直升机降落的直升机平台。

（三）生产经营情况

2015年，东南造船实现交付出口船25艘，销售收入30亿元、利润总额1.5亿元、出口创汇2.76亿美元。

在订单交付方面，2015年1月6日，由东南造船分厂负责承造的DN60M（ERRV）-1# 应急救助船（首制船）顺利交船，启航离开码头开往使用国。1月15日，78米-9#平台供应船顺利交付。 1月27日，东南造船为马来西亚船东建造的一艘61米应急救助船SK86顺利离厂交付。2月4日由东南造船分厂负责承建的DN60M（ERRV）-2正式交船。2月14日，东南造船建造的一艘61米应急救助船SK85顺利离厂交付，该船船名“CYGNUS SENTINEL”，入级ABS。4月23

日，由东南造船分厂负责承建的DN60M（ERRV）-3正式交船。4月24日，东南造船为马来西亚船东承建的60米AHTS-8号船顺利交船。4月29日，东南造船为新加坡船东承建的65米-5号船顺利交船。6月10日，由东南造船分厂承造的DN60M（ERRV）-4应急救助船顺利交船，启航开往使用国。7月9日，东南造船为马来西亚船东承建的65米SK507顺利交船开往使用国。8月13日，东南造船为马来西亚船东承建的一艘61米应急救助船SK87证书签署交接船协议，该船船名“Lundy Sentinel”，入级ABS，是为马来西亚船东建造的系列船中的第三艘。8月26日，东南造船为马来西亚船东承建的61米应急救助船SK87顺利交船。9月16日，东南造船为马来西亚船东承建的2艘60米工作拖船系列交付，入级ABS。11月28日，东南造船为马来西亚船东承建的78米NC708顺利交船。

（四）产品开发与技术进步

2015年8月，东南造船收到国家知识产权局授予的五项实用新型专利证书，分别是：①一种船用风机安装结构（发明人：邱正凤）；②一种船用内开式防火风雨密门（发明人：王鑫）；③一种船用内开式气密门（发明人：王鑫）；④一种通过DP进行的液位修正系统（发明人：郑雪莲）；⑤一种船舶电话广播系统（发明人：朱文斌）。目前，东南造船共拥有专利23项，其中发明专利2项，实用新型专利21项。这些专利的取得将有利于公司发挥主导产品的自主知识产权优势，形成持续创新的机制。

2015年6月，东南造船75米平台供应船喜获“2014年度福建名牌产品”称号，这是继2011年59米操锚供应拖船首获“福建名牌产品”后，取得的又一殊荣。75米平台供应船继获得“2014年度福州市科学技术进步奖二等奖”、“2014年度福建省科学技术进步奖二等奖”等荣誉，该船型再次获得福建名牌产品称号，这是对东南造船在创建名牌工作上的极大肯定。

东南造船为“VROON”公司建造的60m ERRV“VOS GLAMOUR”和“VOS GLORY”获得世界知名海工杂志《WORK BOAT WORLD》“2015年度最佳海工船” 称号。

沪东中华造船（集团）有限公司

（一）企业基本情况

沪东中华造船（集团）有限公司（下称“沪东中华”）由原沪东造船厂与原中华造船厂于2001年4月合并重组成立，是中国船舶工业集团公司旗下的核心企业，具有80多年深厚历史积淀。沪东中华年造船能力超过220万吨，年销售总额超过130亿元人民币。

沪东中华主厂区分布在上海黄浦江下游两岸，占地100万平方米，码头岸线2 600米，拥有360米×92米干船坞一座，配备二台700吨龙门吊；沪东中华还拥有12万吨级和8万吨级船台各1座，2万吨级船台2座，以及平面分段流水线、大型数控激光切割机、大型数控铣边机、LNG船绝缘箱流水线等一大批先进造船装备。此外，沪东中华还拥有上海长兴、崇明两大分段制造基地，以及下属20多家投资企业，业务涵盖船舶修理和改装，各类船用下水件、管件、舾装件、阀门、电站、钢结构工程产品生产制造，以及围绕造船生产提供各种相关社会化配套服务，是中国造船产业链最完整的企业之一。

（二）主要产品

沪东中华建造产品涵盖多型军用舰船、超大型液化天然气船、超大型集装箱船、成品油船、原油船、散货船、特种船等上百种船型，以及海洋工程产品、超大型钢结构工程等产品，建造船型种类丰富、实力雄厚，是中国综合竞争能力最强造船企业之一。

沪东中华的民用船舶产品有五大系列近40种船型，是目前中国唯一有能力并成功建造大型液化天然气船的企业，也是中国建造大型集装箱船的行业领军企业。此外，沪东中华在特种船舶建造领域拥有世界一流的竞争力。20 000吨重吊船、17 300吨多用途船、10 000立方米LPG船、2 500米车线滚装船、5 000立方米挖泥船等均是特种船舶中的高端产品。

（三）生产经营情况

2015年2月9日，沪东中华造船承建的新型20 000吨重吊船举行签字交船仪式。该型船较之前建造的同类型船，结构上有较大变动，总长170.93米，两柱间长160.48米，型宽25.20米，型深13.85米，设计吃水8.1米，结构吃水9.5米。

2015年5月15日，公司承建的82 000吨散货轮首制船圆满完成试验航行项目，停靠长兴造船码头。8月中旬，公司承建的H1682A船举行签字交船仪式。

2015年8月26日，沪东中华为东方海外货柜航运有限公司建造的8 888TEU集装箱船"东方热那亚"号命名仪式举行。27日，该船顺利交付船东使用。该船是沪东中华为东方海外建造的8艘8 888TEU集装箱船中的第七艘。"东方热那亚"号总长335米，型宽42.8米，型深24.8米，设计航速22.8节，入级DNV GL。该船于2014年3月19日正式开工建造，历时1年零5个月。与之前交付的同类型船相比，该船球鼻艏线型得到进一步优化，油耗更低，将在节约能源的同时有效降低船东的运营支出。

2015年10月8日，公司承建的埃克森美孚/商船三井LNG第四艘船完成各项进坞工作，顺利出坞。

2015年10月27日，由沪东中华设计建造的全球首艘G4型45 000吨集装箱滚装船"大西洋之星"号在长兴造船基地建成交付，这是目前全球最大、最新、最先进的集滚船。"大西洋之星"号是沪东中华为ACL公司建造的总计5艘集滚船中的首制船，该船船长296米，型宽37.6米，型深22.95米，设计吃水10.25米，设计航速18节，共有7层汽车滚装甲板。其中汽车装载面积达28 900平方米，最大搭载集装箱数为3 800个标准箱。

（四）产品开发与技术进步

近年来，沪东中华高度重视科研工作，承担了一大批国家有关部委及上海市的重大科研项目，取得了十分显著的科研成果，为沪东中华的可持续发展奠定了强大的技术基础。

（1）承担了多项有关LNG船的重大科研项目，如大型液化天然气船工程开发、16万立方米级薄膜型LNG船（电力推进）船型开发等，为公司研制国内首制LNG船的成功奠定了坚实的技术基础，填补了国内空白，并成功推出了具有自主知识产权的17.2万立方米低速柴油机+再液化装置LNG船、16万立方米级、17.5万立方米级电力推进和22万立方米级LNG船等系列产品；依托国家能源LNG海上储运装备重点实验室开展了多项LNG产业相关重大科研项目，为国家能源战略的实施提供重大技术装备支撑。

（2）承担了超大型集装箱船的重大科研项目，如集装箱船系列优化研究、8 000TEU~10 000TEU超大型集装箱船开发关键技术研究等，并成功研制了具有完全自主知识产权的8 530TEU超大型集装箱船。通过不断科技攻关，公司在集装箱船领域自主设计能力行业领先，开发出了极具市场竞争力的8 888TEU、10 000TEU等多型具有自主知识产权的高技术高附加值集装箱船船型储备，并在12 500TEU、13 000TEU等万箱级集装箱船开发上也取得重大突破。

（3）"十一五"至今，公司共有40项各类科技成果获得国家有关部委、上海市及中船集团公司科技进步奖项。其中，147 210m^{3}大型液化天然气（LNG）运输船国产化荣获国家能源局科技进步一等奖；147 210m^{3}大型薄膜型液化天然气（LNG）船建造技术荣获上海市科技进步一等奖；8530TEU超大型集装箱船技术分别获得上海市科技进步一等奖和中船集团公司科技进步一等奖。

（4）公司在引进、吸收、消化国外先进造船设计软件的同时，结合国内造船行业的特点，研发了拥有自主知识产权的“造船设计软件（SPD）”和“造船ERP系统”，大幅缩短了船舶设计周期，提高了产品建造质量，并为企业后续的信息化集成管理打下了坚实的基础。目前，中船集团公司已将SPD软件作为造船设计软件在集团内部试点推广应用。此外，SPD系统已在国内200多家船舶企业、科研院所和大专院校使用，深受客户欢迎。“造船设计软件SPD”和“自主产权SPD系统的应用实施”分别被评为“第三届上海市企业信息化十佳优秀解决方案”和“第三届上海市企业信息化十佳成功案例”。公司先后被上海市和国家列为“863高科技CIMS示范企业”。

招商局重工（江苏）有限公司

（一）企业基本情况

招商局重工（江苏）有限公司（下称“江苏招商局重工）是招商局集团的全资子公司，位于江苏省南通市国家级海门经济技术开发区内，公司于2013年3月以资产并购的方式，收购江苏海新船务工程有限公司的资产并进行整合而设立，公司主要从事海洋石油钻井平台、移动式多功能修钻井平台、钻井模块、生活模块、海上起重船、大型铺管船等特种工程船舶的设计、制造和修理，现已承担包括CJ46、CJ50、JU2000E、NG2500X、NG1800X等20多个海洋工程项目订单，是中国华东地区发展最快、最具潜力的特种工程船舶和海洋工程装备建造企业之一。

江苏招商局重工注册资金2亿美元，占地2 036亩，岸线长2 500米。大型干船坞、船台多座，船体和分段车间面积达20万平方米，拥有各类造船、海工专用配套设备。预计年生产能力达20个海工项目，年钢材消耗量30万吨。

江苏招商局重工成立至今，共取得国家发明专利30项，其中授权8项；36项国家实用新型专利申请，其中授权16项等发明专利成果。

（二）主要产品

江苏招商局重工主要研发生产自升式石油钻井平台 、半潜式石油钻井平台、起重铺管船、钻井船等海工装备。

（三）生产经营情况

江苏招商局重工于2013年成立至今，已生产完工交付或即将交付包括CJ46、CJ50、JU2000E等钻井平台及3 000t起重船、38 000t半潜驳等工程船共计十余艘，目前手持订单包括半潜式钻井辅助平台、自升式钻井平台及LNG、VLOC运输船等项目，即将陆续开工建造。

公司2015年资产总额达82亿元，其中流动资产47亿元，固定资产26亿元，在2015年海工行业持续低迷的情况下，招商重工迎难而上，顺利交付了中海油COSL-CJ50，实现总产值60亿元，净利润达2亿元。

（四）产品开发与技术进步

江苏招商局重工积极推进自主研发项目，CM-L150-B自升自航式平台已获得ABS原则性认可。CM-L150-B自升自航式平台为长方形船体,带有4个桩腿,每个桩腿由下端桩靴支撑，适用于作业水深150英尺以下，主要用于油田服务，生活支持以及风电安装等；通过积极消化吸收平台设计理念、国外设备技术要求，以及和国内大型配套设备生产商合作，在自升自航式平台NG2500X系列的第二艘船型上一举推动了国产吊机、国产推进包的应用，并尝试在自主研发的CM-L150-B自升自航式平台上应用国产升降装置。

江苏招商局重工拥有独立的设计研发团队和生产设计团队，并与国内外先进船舶设计院开展广泛的技术交流与合作，具备船舶详细设计和生产设计能力，2014年6月公司技术中心被江苏省经信委认定为“省级企业技术中心”。设立了“江苏省研究生工作站”、“船舶与海洋工程专业卓越工程师教育培养实践基地”，且公司理化实验室通过了国家认可委员会（CNAS）的评定，并获得“实验室认可证书”。2015年公司在海工产品的建造过程中，深入研究技术难点，攻克各类技术难题，取得了显著的技术进步，共申报国家发明专利12项，实用新型专利9项。

上海振华重工（集团）股份有限公司

（一）企业基本情况

上海振华重工(集团)股份有限公司（下称“振华重工”）是重型装备制造行业的知名企业，为国有控股上市公司，控股方为中国交通建设股份有限公司。公司总部设在上海，并在上海本地及南通、江阴等地设有8个生产基地，占地总面积1万亩，总岸线10千米，特别是长江口的长兴基地有深水岸线5千米，承重码头3.7千米，是全国也是世界上最大的重型装备制造商。公司拥有26艘6~10万吨级整机运输船，可将大型产品跨海越洋运往全世界。所属南通基地定位于专业的海工装备生产基地，将打造成国内一流、国际先进的海洋工程装备生产基地。

（二）主要产品

振华重工具有强大的海工设备研发制造能力，公司主要以浮吊产品为切入点进入海洋工程领域，产品主要为大型起重船、铺管船、挖泥船、钻井平台、自升式抛石整平平台船、风电设备安装平台、风电设备安装船、大型船厂龙门吊以及动力定位装置和齿条提升装置等。其中以起重船、起重铺管船和挖泥船等产品业绩最为优秀。

振华重工在海工配套设备方面，目前主要有锚绞机、平台的抬升系统、锁紧系统、滑移系统，以及电控系统的开发研究，还包括船用吊机、行车、铺管设备、动力定位设备、波浪补偿系统等。特别是重型锚绞机产品，振华重工掌握核心技术，具有自主知识产权，拥有完整的设计、施工和调试团队，并备有国内最大的500吨高塔试验台。

（三）生产经营情况

在订单交付方面，2015年4月17日，振华重工为荷兰鹿特丹ECT码头建造的3台3E级轻型岸桥顺利发运。该批岸桥前伸距72.5米，起升高度50米，每台机的实际重量为1 503吨，能够接卸世界上超长、超宽、超高（3E 型）的18 000箱集装箱船，与常规岸桥相比，每台成功减重约16.7%，属于世界最轻3E级岸桥。

2015年12月4日，中海油服15 000HP深水三用工作船“海洋石油684”在振华重工长兴分公司码头成功交付。“海洋石油684”号是振华重工为中海油服建造的2艘系列船的首制船。该船是一艘具备拖带、起抛锚、DP-2定位能力、对外消防、救生、守护功能的深水三用工作船，最大系柱拉力190吨，配备DP-2，代表了国际三用工作船建造的最高水平。

2015年12月25日，公司为中国华晨集团建造的“东方华晨2”平台交通船在长兴分公司交付。该船是公司为中国华晨集团建造的3艘系列船中的首制船。该船全长64.8米，配备艏艉侧推，是一艘设施先进功能齐全的平台交通船。

在新接订单方面，2015年12月3日，振华重工实现海工市场逆势飞扬：成功中标交通运输部上海打捞局4 500吨抢险打捞起重船项目。根据合同，振华重工将承担整船（包括起重机部分）的设计和制造。该船具有动力定位和锚泊定位功能，总长198.8米，型宽46.6米，型深14.2米，载重吃水8.5米，定员399人，可在无限航区航行。此外，该船预留S-lay铺管线，同时可以拓展J型铺管、R型铺管、深水安装等功能。

2015年11月30日，振华重工正式中标莫桑比克马普托大桥钢结构项目。这是在非洲承接的首座大型桥梁，同时，除在振华重工厂区制造钢桥梁外，现场总拼施工也交由振华重工，振华重工在海外将首次实现由“造桥者”向“筑桥者”的角色转变。

（四）产品开发与技术进步

2015年7月21日，振华重工召开上海振华海洋工程集团有限公司（简称海工集团）成立大会。海工集团的成立是振华重工转型升级、改革创新，落实振华重工“24字方针”和“四制改革”，实现振华重工顶层设计、发展战略的重要目标和关键路径；是振华重工适应现代工业企业“专业化、规模化”管理要求的必然选择和重要举措；是振华重工实现产业链、价值链、管理链、责任链“四链”统一和完善的重大决策和迫切需求；是振华重工创造价值、提高效率，为员工提供机会的更大平台和重要部署。

海工集团的发展围绕五大业务进行定位。一是，高端海工产品，要抓住机会，积蓄力量，实现钻井平台、钻井船、半潜船等产品的新飞跃；二是，各种船舶产品，要对工程类、服务类、综合类船舶进行标准化和系列化分类管理；三是，“大、重、特”型钢结构产品，要把握好质量、工期、成本、风险等，使其成为公司的利润新增长点；四是，海工的核心配套件产品，要打造成为中国交建技术含量、信息化水平最高的“名片”；五是，海上能源类服务，要与海服集团协调、错位，共同发展。

江苏龙源振华海洋工程有限公司

（一）企业基本情况

江苏龙源振华海洋工程有限公司（下称“龙源振华”）于2010年6月在南通经济技术开发区成立。公司由上海振华重工（集团）股份有限公司与龙源电力集团有限公司各出资50%合资成立，注册资本2.6亿元人民币。

公司拥有25万平方米的钢结构加工车间，车间内配有400吨、200吨、150吨等各类行车100余台，可在车间进行大型构件的吊装、翻身作业，还拥有115万平方米的存放场地，配有1 200吨龙门吊2台，40~500吨门机20余台。

（二）主要产品

龙源振华主要经营钢结构制作、安装；海上风电设施基础施工（特别是海上风力发电管桩制作、施工，风机安装、调试、维修）；海底电缆系统工程施工、维护；海洋工程施工、设备安装维修以及安装设备租赁。

（三）生产经营情况

2015年9月30日，在上海振华重工启东海洋工程股份有限公司码头顺利完成“龙源振华5”号交付仪式。公司于2014年2月28日与振华签订合同，7月21日在振华启东公司开始动工，2015年2月11日上船台合拢，6月9日下水，8月29日顺利完成试航。“龙源振华5”号在安装完工装后将开往福建投入莆田平海湾50MW海上风电项目中去。

（四）产品开发与技术进步

龙源振华获得了“海上潮间带风电施工设备”、“钢管桩打桩施工设备”、“钢管桩沉桩施工工艺”等多项国家专利。“龙源振华5”号是专门为满足我国近海海上特大型风电项目而定制的，既能运输又能辅助海上风电施工的特种工程船。该船型长110.4米、型宽36米、型深6.5米、设计吃水3.8米，载重量10 300吨，航速8节，配有6台60t大型定位锚机，甲板装载区域所有设备均布置于甲板下，单航次可运输3台单桩基础和3台套风机设备。

江苏太平洋造船集团股份有限公司

（一）企业基本情况

江苏太平洋造船集团股份有限公司（下称“太平洋造船集团”）是一家集船舶设计、建造及贸易于一体的船舶企业。主要产品包括散货船、海洋工程辅助船等。太平洋造船集团目前拥有18型自主设计产品。截至2013年底，太平洋造船共完成交船347艘。太平洋造船集团旗下拥有扬州大洋造船有限公司（简称“大洋基地”）和浙江造船有限公司（简称“浙船基地”）两大生产基地，均拥有经验丰富的管理团队，现代化的硬件设施、先进的生产流程，取得ISO 14001和OHSAS-18001等多项国际认证。

其中扬州大洋造船有限公司当前主打产品为建造自主设计的CROWN58000DWT、CROWN63000DWT、CROWN118000DWT散货船及液化石油气船、集装箱船等。浙江造船有限公司有三条海洋工程船舶产品专项生产线，其中两条为280m×72m的室内船台生产线，并配有一个万吨级浮船坞，专门建造世界高端海工产品，另一条室外船台为生产系列化海工产品的生产线。目前公司年海洋工程辅助船交船能力达24~30艘。截至2015年底，累计交付船舶产品189艘，其中OSV产品143艘，OSV产品比重达75.66%，自主研发OSV有48艘，占OSV总数的33.57%。

（二）主要产品

太平洋造船海洋工程装备产品主要集中在海洋工程辅助船领域，如三用工作船、平台供应船等，可建造高端的海洋工程辅助船，如具有世界先进水平的PX105，SX130，GPA696等型号的海洋工程辅助船。

为满足海洋油气开发市场最新需求，顺应日益严格的节能环保要求，太平洋造船自主开发SP系列海洋工程辅助船（OSV）。SP系列船的设计紧紧围绕绿色主题，在满足客户个性化定制和最新规范要求的同时，通过在经济性、可靠性、人性化及可维修性等诸多方面追求最优解决方案。目前该产品系列已涵盖1 500MT至6 500MT载重吨全系列平台供应船（SPP系列）及65MT至150MT拖力中小型锚作拖带供应船（SPA系列）。SP品牌进一步确立太平洋造船集团作为OSV细分市场领导者的地位。

（三）生产经营情况

在订单交付方面，2015年4月28日，太平洋造船集团在其下属浙江造船基地向俄罗斯海运公司——FEMCO集团成功交付1艘中型锚作拖带供应船（AHTS）SPA150。该船是SPA150的全球首制船，也是太平洋造船集团为FEMCO集团订制的同系列4艘船舶中率先交付的首艘。系柱拖力150吨、装机功率12 000马力的SPA150，是太平洋造船集团完全自主设计的首艘中型AHTS，由集团旗下设计公司SDA设计。该型船船长72米，型宽17.2米，具备锚作、拖带、对外消防及污油回收等功能，可装载液货及干货，拥有强度为10吨每平米、面积为515平米的货物甲板，满足动力定位DP-2要求，可胜任各种离岸海洋工程支持工作。

2015年5月6-7日，太平洋造船集团在其下属浙江造船基地，分别为两艘平台供应船（PSV）SPP17A举办了下水仪式。这两艘新船是太平洋造船集团为墨西哥航运公司Naviera Petrolera Integral订制的同系列三艘船舶中的前两艘。SPPA17A则是太平洋造船集团针对终端用户需求度身定制的新型平台供应船，2014年签下的这三艘订单，也是集团完全自主设计的SP品牌海洋工程支持船（OSV）首次进入墨西哥市场。

2015年10月8日，在太平洋造船集团下属浙江造船基地，E169抛石船全球首制船正式上船台。E169抛石船是应全球四大疏浚公司之一荷兰凡诺德（Van Nord）要求定制，是太平洋造船集团承接的第一艘中高端特种船。它由荷兰USOS公司基本设计，采用了多重冗余的3级动力定位系统（DP-3）——高于国际海事组织（IMO）界定的最高动力定位级别，精度最准、抗风险能力最强的船舶定位系统，被誉为“定海神针”。此外，按高规格设计的这艘船，对人员安全和环境保护均设定了相当严苛的标准，配置的装备机械化程度高，其舒适度也将符合国际高标准的COMF NOISE 1和COMF VIB 1。

2015年12月中旬，太平洋造船集团在其下属浙江造船基地，向船东墨西哥航运公司NPI成功交付3艘平台供应船（PSV）SPP17A。这三艘SPP17A签约于2014年7月，是太平洋造船集团自主设计的SP品牌系列海洋工程支持船（OSV）。得益于全周期的自主设计能力和400多艘船只的建造交付经验，太平洋造船集团不仅能根据NPI要求，为其度身定制能够服务于墨西哥最大的国有石油公司（PEMEX）的墨西哥湾油气开发项目的新型平台供应船，而且能够协同设计与建造资源，在保证船舶品质的前提下，完全按照合同周期要求，建造交付这三艘船。

在新接订单方面，2015年7月，太平洋造船集团成功中标阿布扎比国家石油公司（ADNOC）及其子公司ESNAAD九艘三用工作船（AHTS）的新造船项目。ADNOC早于2013年启动该项目招标，后转由其下属全资子公司——ESNAAD具体运作。相关合约已由双方于阿联酋阿布扎比正式签署，所有九艘新船拟于2017年第二季度起至年底期间陆续完成交付。本次中标船型为采用全电力推进系统的全新一代三用工作船SPA80A，系柱拖力80吨，SPA80A专为ADNOC度身定制，严格按照同类船型最高标准进行设计，在波斯湾浅水、高盐、高温，高湿的环境及恶劣海况下能可靠地、高效地工作。

广东粤新海洋工程装备股份有限公司

（一）企业基本情况

广东粤新海洋工程装备股份有限公司（下称“粤新海工”）的前身是2000年成立的广州市番禺粤新造船有限公司，2012年变更为广东粤新海洋工程装备股份有限公司。粤新海工多年来深耕于海洋工程装备建造，已经形成了以自动化控制系统集成、电力设备集成、海工船配套设备制造、海工船整体设计、建造、销售服务为核心的完善的业务链，下属广州市美柯船舶电气设备有限公司、广东粤新海工科技有限公司、广州市伟平船舶配套设备有限公司、广州亚旗船舶设计有限公司。当前，粤新海工在海洋工程作业船以及其他高技术含量的船舶的开发和设计领域已得到世界各地船东的广泛认可。成立以来公司累计交付海洋工程船舶逾180艘。

南沙建造基地位于广州南沙国家级经济开发区，拥有国际领先的船舶制造硬件实力。基地总占地面积10万平方米，拥有先进的各类生产设备和检测设备，其中，总装平台长120米，最大起吊能力为150吨，通过精心布局，单位产值处于同行业领先水平。

广东粤新海工科技有限公司创建于2011年，位于国家高新技术园区——中山市火炬开发区，是广东粤新海洋工程装备股份有限公司的全资子公司。致力于研制能够适应各种恶劣海况与服务要求的大型海洋工程辅助船和油气开发服务装备以及特种高技术船舶。

基地主要为海洋工程船舶产品专项生产线，特别适合建造大型高端海工产品。其中总装车间内设室内平台4个，长220.4m×宽69m×高46m，150吨+50吨吊机2台，20吨吊机4台，可同时建造90米长海工船4艘。码头及驳岸岸线长513.5米，含舾装泊位3个、室内总装平台驳岸及一个露天总装平台各一座。

（二）主要产品

主要产品是各种海洋工程装备，包括海洋平台三用工作船（AHTS）、海洋平台供应船（PSV）和海洋拖轮（TUG）等在内的海洋工程作业船以及其他高技术含量的船舶。

（三）生产经营情况

2015年，公司销售收入 83 227.57万元，工业产值 83 227.57 万元，利税总额 9 756.78 万元，净利润 6 647.49 万元，出口创汇10 246.95万美元。

（四）产品开发与技术进步

（1）拥有一支专业功底扎实、经验丰富的研发团队。现有专业研发人员数十名，占工程技术人员比例为23.30%。研发队伍专业覆盖海洋工程装备制造过程中的总装设计、功能模块技术开发、多类型装备整合技术在内的各个环节。

（2）与行业内技术专家和国内知名高等院校建立了密切联系，并积极开拓产、学、研合作模式。

（3）是国家高新技术企业，拥有省级企业技术中心，累计承担65个研发项目，拥有知识产权43项，开发海工船舶新产品22个系列，年研发经费投入占企业收入比例超过3%。

（4）通过消化和吸收国内外先进技术和自主研发创新相结合的方式，研发并积累了丰富的技术经验，在海洋工程装备总装集成、动力分配技术、动力推进技术等关键技术应用领域取得突破，奠定了公司在行业的技术优势地位。

（5）依托长期以来逾180艘海工辅助船的大量成功案例，公司形成了面向不同技术架构海洋工程平台、不同海域海文环境的功能集成解决方案数据库，并成功将部分工程服务功能整合模块化，具备了首制船的设计和生产能力，成立至今已研发建造首制船30多艘。

（6）公司是高新技术企业，公司的技术研发中心被认定为广东省级企业技术中心，是广东省首家符合国家工信部《船舶行业规范条件》企业，广东省信息化与工业化融合试点企业。

宏华海洋油气装备（江苏）有限公司

（一）企业基本情况

宏华海洋油气装备（江苏）有限公司（下称“宏华海洋”）是一家集研发、设计、采购、建造、项目管理、安装、调试以及售后为一体的能够总包承建各类海工和陆地装备、各式船舶、大型模块和LNG项目的综合性企业。公司成立于2009年，是陆地钻井制造商宏华集团的全资子公司。宏华海洋建造基地位于长江入海口的启东市船舶工业园，占地面积约140万平方米，拥有1 770米海岸线，地理位置优越。

（二）主要产品

宏华海洋主要产品包括自升式平台、半潜平台、各类驳船、海洋工程船以及LNG项目等。建造基地拥有现代化先进的装备和设施，目前具备年产自升式钻井平台5座、半潜式钻井平台3座、固定钻采平台10座、钻井模块10套的加工制造能力，以及20套陆地钻机的组装能力。

（三）生产经营情况

宏华海洋已生产多项平台类、内河油驳类产品，世界最大起重能力的移动式龙门吊机“宏海”号，额定提升重量达到22 000吨，2个鹰嘴吊每个起重能力600吨，能够吊装105米宽的负载；65米的吊钩提升高度，可满足客户多样化的需求。配合110米宽13米深的港池，宏海吊能够实现海工产品陆地造。同时通过坚持不懈的科研和实践，结合宏海吊针对自升式钻井平台、半潜钻井平台等多类海工产品创立了独特的建造工艺。

2015年宏华海洋及时微调市场部署，在继续关注海工市场，配合海洋发展的前提条件下，将部分视线转移到了国际新风向。公司抓住先机，先后签订了绿动LNG动力散货船200条，以清洁能源为优势的1 400吨印度油驳项目以及台湾风电安装平台项目，正式宣告进入LNG和风电领域。2015年产值2254.7万美元，销售收入3.83亿，固定资产11亿元。

（四）产品开发与技术进步

公司重视研发力量，近三年累计投入研发经费高达到2 000多万元，共递交专利112项，获授权专利69项，其中发明25项，实用新型12项，以其低成本高效益得到了国内外客户的认可。

近三年研发和设计的主要成果有：

（1）FSP-LNG围护系统技术是宏华海洋引进美国通用动力（NASSCO）授权的新型专利技术，并与LNG领域国际知名公司Braemar、Jamstown、Entx等合作共同开发的，具有容积利用率高，在容积范围内任意装载、不受晃荡影响，可在船体外独立建造等优点。FSP-LNG围护系统技术适用于多种尺度和类型的LNG 船型，如小尺度的LNG 运输船、采用LNG燃料的船、LNG-FPSO、LNG-FSRU、LNG-FSU、驳船，以及陆上液罐，对于全球LNG 运输和储存的发展将起到重要作用。

（2）目前国际上对于岛礁的建设基本上都是采用人工岛的方式，公司借助自升式平台的概念，开发出一艘自升式多功能服务平台，以配合中国海监对我国所管辖海域实施巡航监视，查处侵犯海洋权益、违法使用海域、损害海洋环境与资源、破坏海上设施、扰乱海上秩序等违法违规行为进行执法工作，并且为岛礁周围渔业的发展提供一个基地和庇护。这在国际和国内都是首例。

（3）HFS6500锁紧系统参考国内外相关的结构，优化了锁紧齿块与齿条的啮合及松开，通过了美国船级社ABS的设计和样机认证，标志着公司在锁紧装置方面完全具备自主设计能力，打破国外技术垄断，达到行业领先水平。

（4）公司设计的多功能大型PSV达到国际先进技术水平，同时填补了国内该项技术空白。该PSV是集普通的PSV和增产船两者功能的深远海多功能工程船，可以同时满足钻井平台对辅助船舶的多种需求，有利于节省航行时间和运输成本，而且这种船舶的体积比较庞大，相对于小型船舶来说更有利于远洋作业。

（5）公司设计的自升式平台主要是采用3个桁架式桩腿和桩靴结构，能适合多种钻井水深，主要有300尺、350尺和400尺等，其中400英尺Jackup的基本设计已经获得ABS船级社的认证，其技术水平达到世界同等平台先进行列。

（6）连续油管修井驳平台项目是研究设计具有修井功能的海洋工作平台。考虑了多工况且复杂修井作业功能下，具有全回转推进及自抛锚系统的平台的合理布置、性能分析、合理设计等。设计完成后，成为我国设计的第一艘全回转推进及自抛锚系统的移动式连续油管修井平台。

（7）宏华海洋利用宏海吊研究对Jackup进行整体吊装下水，降低了下水的复杂性，减少了海上操作的时间，从而可以极大缩短建造时间和建造成本。利用“宏海吊”的能力和特点，技术中心研究出了Jackup桩腿一次性安装方法，属于行业的首例。

TSC 集团控股有限公司

(一) 企业基本情况

TSC集团控股有限公司(下称“TSC集团”)是一家为全球海洋、陆地及页岩气钻探行业提供产品和服务的供应商。TSC集团是国内领先的海上钻井平台整体解决方案及钻井全套设备交钥匙供应商,也是全球能够提供海上钻井平台整体解决方案的为数不多的几家公司之一。同时,TSC集团也是目前世界上少数几家具有深水海上平台成套设备设计、制造、集成供货和技术服务的高技术装备制造企业。

(二) 主要产品

TSC集团的主要业务为:陆地和海洋石油钻探单体大型设备及钻机整包的设计、制造、系统集成;钻井消耗件的制造和全球网络销售,以及海洋石油钻井平台设备维修服务;页岩油气钻探开发的关键设备和消耗件的制造和供应。

(三) 生产经营情况

在承接订单方面,2015年6月30日,TSC集团与中石化上海海洋油气分公司(“中石化”)签订2台吊机合同。该2台吊机为Model 162-200VE型将军柱式吊机,获得ABS和CCS认证,将用于替代中石化的“勘探3”号半潜式钻井平台上的老型号吊机,预计2016年9月20日交货。

2015年8月21日,TSC集团全资子公司Alliance Offshore Drilling (“AOD”)获得中船黄埔文冲船舶有限公司(“中船黄埔”)第二座R-550D自升式钻井平台综合钻井设备包合同,包括钻井设备包、电控包和三台甲板吊机三份合同,预计全部2017年初交付。这是中船黄埔和AOD今年6月底签订的第二和第三座R-550D平台建造合同之后的第一个里程碑式进展,也是TSC集团正在安装调试的第一条R-550D平台之后和中船黄埔的再次牵手。

2015年10月26日,TSC集团与委内瑞拉两家油气公司签订了价值六千万美金的六份顶驱及MRO配件订单合同。TSC集团赢得此次合同,不仅巩固了委内瑞拉两大油气行业运营商的业务关系,而且显示了TSC集团在顶驱及MRO配件方面的实力。

(四) 产品开发与技术进步

2015年10月21日,TSC集团全资子公司Alliance Offshore Drilling (“AOD”)建造的R-550D AOD1在黄埔船厂成功站桩。这是由美国ZENTECH设计公司、船东AOD、核心设备总包供应商TSC集团和中船黄埔文冲船厂(“黄埔船厂”)多方通力合作之下的第一条适用在400英尺深水的自升式钻井平台。R-550D AOD1是中国船厂迄今为止建造的上百条自升式钻井平台中第一条也是唯一一条核心装备本地国产化率超过90%的自升式钻井平台。TSC集团为这座“海上雄狮”提供整体解决方案包括钻井包、电控系统、升降系统、排管系统、吊机及泥浆系统等高端设备包。

该R-550D 级平台是高规格的经ABS 认证的移动式海洋自升式钻井平台,适用于世界各大主要油气区作业。平台和大多数现有的靴印坑兼容,拥有更大的桩靴,完美解决在松软的泥质环境下的击穿现象。整个平台还配有54 套1 000 kips升降装置系统,保证平台高效、安全运转。平台拥有更大的悬臂梁、零排放、高性能钻井系统及优势,优化整个平台的安全和效率指标。此外,R-550D AOD1 配备了150 万磅钻井系统和3 500 kips 最大悬臂组合负载,最大钻井可变载荷达11 000 kips,和同类高规格自升式平台相比具有得天独厚的优势。随着站桩成功,TSC集团将和黄埔船厂、AOD和ZENTECH战略联盟继续建造第二和第三条同系统自升式钻井平台，为市场提供最具成本效益和高技术水平的钻井平台。

山海关船舶重工有限责任公司

（一）企业基本情况

山海关船舶重工有限责任公司（下称“山船重工”）前身为山海关船厂，是中国船舶重工集团公司所属的国有大型一类企业。1972年开始兴建，1986年正式投产，2007年转股改制为山海关船舶重工有限责任公司。

山船重工厂区面积311.6万平方米，其中陆地面积208.8万平方米，港池水域面积102.8万平方米。造船坞2座，主尺度分别为240m×28m×9.8m和440m×100m×12m；修船坞4座，主尺度分别为240m×39m×11.4m、340m×64m×12.8m、320m×56m×13.3m和260m×50m×13m。码头19个，总长5 641.6米。公司现有钢材综合加工厂房、管系铁舾加工厂房、船体联合工场、分段装焊工场、四喷九涂厂房等主要生产设施；600吨龙门吊、拖轮、1 250吨油压机、大型剪板机、大型刨边机、钢材预处理线、板料校平机、弯管机、10米车床、埋弧自动焊接机、CO_2气体保护焊机、数控切割机、等离子切割机等各类设备6 000多台套。公司正式职工2 700余人，其中高级技术工人、专业管理人才、工程技术人员1 000余人；派遣工1 400余人；外协工12 000余人。

（二）主要产品

山船重工主要经营船舶修理、制造、改装、拆解，海洋工程建造、维修，港口机械及钢结构制造，船舶备件供应，热浸镀锌，工程项目建筑施工，码头装卸及仓储等。山船重工通过了ISO 9001-2000质量体系认证，1995年获得对外贸易进出口经营权，2001年获得独立的港埠经营权和指泊权。

山船重工年承修大中型船舶200余艘，可以按照中外船级社规范、国际公约对VLCC等油轮、钻（修）井平台、散装船、杂货船、滚装船、集装箱船、冷藏船、矿砂船、起重船、救捞船、供给船、港作船、化学品船、特种运输船等各类船舶和海洋工程产品进行改装和专业修理。公司年造船能力140万载重吨，曾成功完成世界首艘海洋风车安装船、70 000吨举力浮船坞、35 000吨半潜式驳船、30 000吨散货船、35 000吨散货船、93 000吨散货船等船舶的建造工程。现与韩国、希腊、新加坡、印度、丹麦、美国、香港、台湾等30多个国家和地区的航运公司保持着良好的业务关系。

（三）生产经营情况

山船重工2015年平台建造完成产值151 897万元，修理改装方面完成产值4 852万元，目前手持4座CJ-50自升式钻井平台订单。2015年山船重工年完成改装船“黑海”（阿芙拉油轮改装为FSO）的交付。另外公司与广州华晨公司签订了1+1的SE300合同。

陕西柴油机重工有限公司

（一）企业基本情况

陕西柴油机重工有限公司（下称“陕柴”）始建于1953年3月，隶属中国船舶重工集团公司，是国内规模最大的中、高速大功率船用柴油机专业制造和柴油发电机组成套企业。公司位于陕西省兴平市，占地面积123万平方米，建筑面积32万平方米，具有年产600台套约250万马力中速大功率柴油机及柴油发电机组的生产能力。

（二）主要产品

陕柴的主导产品为引进法国热机协会PA6、PA6B、 PC2-5/6和PC2-6B系列，日本大发公司DS-22、DL-22、DL-26、DK-20、DK-28、DK36系列，德国MTU公司MTU956系列和MAN公司

L16/24、L21/31、27/38、32/40系列柴油机。缸径为160～400mm、转速390～1 500转/分、单机功率550～9 000kW的十六个系列船用、陆用柴油机和440～9 000kW船用、陆用柴油发电机组等产品。产品广泛应用于船舶主机、船舶电站、陆用电站、海洋工程以及核电站应急发电机组等领域。

（三）生产经营情况

目前，陕柴占据国内民船中速机主机市场40%以上的份额，居行业领先地位，是国内首家进入海洋工程主电站市场的制造企业。其自主品牌SXD40/50、SXD210、SXD280产品应用于分布式电站和长江航运领域，SXD 6L40/46G燃气机应用于燃气机发电市场。截止目前，陕柴共出产民船主机1 146台/2896 892kW，辅机706台/649 650kW，核电应急机组27台/189 050kW，陆用电站115台/423 280kW。

（四）产品开发与技术进步

2010年10月，陕柴与中海油深圳分公司签订2套用于LH11-1项目的5 500kW原油发电机组。2011年11月交付业主，2012年5月正式投入运营。该项目是中海油在海上石油钻井平台上首次采用国内生产的主发电设备，打破了国外设备的长期垄断。通过流花项目的成功实施，陕柴重工已将海洋工程装备作为公司未来发展的重点。

2012年3月，陕柴重工向国家发改委申请《FPSO大功率平台主电站技术研发及产业化》专项，通过该科研项目的开展，进一步实现原油发电机组100%国产化，熟悉ABS等船级社海洋平台规范，更加贴近海工平台电站的实际需求，以及适应海工装备的未来发展趋势（双燃料、三代排放）。

2012年6月，国家发改委确定陕柴重工作为国内唯一的大功率平台主电站研发及产业化科研单位，并拨款1.8亿元作为专项支持。

2012年9月，陕柴重工又向国家工信部申请了《大功率平台电力模块研发及产业化》专项，陕柴重工作为国家重点扶持和发展的海工电站制造企业，将承担国家关于海工电站的所有科研项目。

（编写：季　宇　栗超群　　审校：吴显沪　高　旗）

第八章 2015年中国主要海洋工程装备研发设计单位发展情况

中国船舶及海洋工程设计研究院

（一）基本情况

中国船舶及海洋工程设计研究院，创建于1950年11月，是中国船舶行业成立早、规模大、成果多的研究开发机构，是船舶设计技术国家工程研究中心的依托单位，是国际拖曳水池会议（ITTC）、国际船舶结构会议（ISSC）的成员单位，是流体力学和船舶与海洋结构物设计与制造的硕士、博士研究生培养单位。建所60多年来，主要业务领域不断拓展，自主开发出多种具有世界先进水平的各类船舶、海洋工程装备和船用装备，为中国船舶工业、海洋事业的发展和国民经济建设做出了重大贡献。作为中国最早涉足海洋平台的研发单位，该院在20世纪70年代设计了中国第一艘双体钻井船，以后又开发设计了中国第一艘自升式钻井平台，第一艘坐底式钻井平台，第一艘半潜式钻井平台，第一艘浮式生产储油船（FPSO），第一艘耙吸挖泥船和第一艘绞吸挖泥船。近几年，中国船舶及海洋工程设计研究院在海洋工程研发领域不断拓展，由中小型向大型化、浅水向深水领域发展。

（二）主要方向和重点领域

中国船舶及海洋工程设计研究院从20世纪60年代开始进行海洋工程设计，积累了较多的海洋工程设计经验。主要完成了渤海一号自升式钻井平台，勘探三号半潜式钻井平台，胜利三号坐底式钻井平台。先后为中海油研制多型FPSO，并开发设计了30万吨级超大型FPSO。“十一五”期间，开展了新型多功能半潜式钻井平台研究，取得了开拓性成果。近年来完成第六代深海半潜式钻井平台“海洋石油981”的详细设计。

（三）产品开发与技术进步

1. FPSO（浮式生产储油船）项目

在1989年4月，中国船舶及海洋工程设计研究院海工部为JCODC（中日石油株式会社）设计了中国第一艘FPSO“渤海友谊”号，是我国FPSO研制零的突破。截至2014年末已研制设计了10艘各种类型的FPSO，如表8所示。其中“南海奋进”号和“海洋石油111”号FPSO是15万吨级在强台风海域服务，永不解脱、内转塔式的FPSO。中国海洋石油总公司与美国Conocophillips石油公司共同合作开发蓬莱19-3油田，已投产的超大型30万吨级的FPSO-渤海蓬勃号是当今世界最大的FPSO之一。

2. 海洋平台项目

（1）深水半潜式钻井，当今世界最先进的第六代半潜平台，作业水深可达3 000米，钻井深度达

表8　中国船舶及海洋工程设计研究院设计的10艘各种类型的FPSO

船 名	作业地区	系泊系统	载重吨
“渤海友谊”号	渤中28-1油田	软钢臂式（单点）	52 000
“渤海长青”号	渤中34-2油田	软钢臂式（单点）	52 000
“渤海明珠”号	绥中36-1油田	软钢臂式（单点）	58 000
“渤海世纪”号	秦皇岛32-6油田	软钢臂式（单点）	160 000
“南海奋进”号	文昌13-1/13-2油田	内转塔式（单点）	150 000
“海洋石油111”号	番禺4-2/5-1油田	内转塔式（单点）	150 000
“海洋石油112”号	曹妃甸11-1/2油田	软钢臂式（单点）	160 000
“海洋石油113”号	渤中25-1油田	软钢臂式（单点）	170 000
“海洋石油115”号	新文昌油田	内转塔式（单点）	100 000
“海洋石油117”号	蓬莱19-3油田	软钢臂式（单点）	300 000
“海洋石油118”号			150 000

10 000米，采用DP-3级动力定位系统。

（2）“勘探三”号，是国内最早自行设计建造的半潜平台。

（3）“胜利三”号，“中油海-62”，“中油海-5”，“中油海-33”，“中油海-1”。

（4）春晓生活模块。

（5）新一代半潜式转载平台。

（6）“港海一”号自升式钻井平台。

（7）“5万吨半潜打捞工程船设计项目”。该船是一艘具有二级动力定位能力、采用电力驱动的自航式半潜打捞工程船，可在无限航区航行及作业，主要用途包括大型船舶的应急抢险打捞、破损船舶的装载与调遣。

（8）由中国船舶工业集团公司旗下上海船厂船舶有限公司总承包，与中国船舶及海洋工程设计研究院联合设计，独立建造的“Tiger”号钻井船下水。该钻井船是中国首批自主研发、设计、建造的海洋工程项目之一，而且是全球首制船。

表9　MARIC Jet 喷水推进装置在低速重负荷特种工程船上的应用

项 目	装置型号	功率（kW）	装船年份
胜利油田2 000 HP超浅吃水多用途供应船（“胜利221”号）	ZH1350	735×2	1987
胜利油田1 000 HP超浅吃水多用途供应船（“胜利211”号）	ZH1140	368×2	1988
中油集团海洋工程公司2 000 HP浅吃水多用途工作船	ZH1455	1 000×2	2006
中油集团海洋工程公司2 000 HP浅吃水多用途工作船	ZH1455	1 000×2	2008-2009
中石油多用途工程船	ZH1455	1 650×2	2008
胜利油田胜勘测量船	ZH1455	1 000×2	2010

3. 喷水推进装置

MARIC Jet 喷水推进装置在低速重负荷特种工程船上的应用情况如表9所示。

上海船舶研究设计院

(一) 基本情况

上海船舶研究设计院(SDARI)成立于1964年,隶属于中国船舶工业集团公司(CSSC),是目前我国民船设计领域规模最大、船型最丰富、市场占有率最高、人才队伍最稳定的研究设计单位之一。SDARI现有员工600余人,各专业人才齐全,拥有先进的三维设计平台和专业设计软件。SDARI提供船舶设计咨询、方案论证、报价设计、详细设计和生产设计等各阶段技术服务。设计产品主要包括散货船、集装箱船、液货船、矿砂船、滚装/客滚船、多用途船、特种工程船、海洋工程辅助船、海洋工程作业船、海洋平台等。

船型开发取得显著成效,自主开发一大批高技术高附加值的绿色环保新船型,2015年交船233艘,合同额超过5亿元。出色完成国家重大科技攻关项目和重大技术装备攻关研制任务,累计开发新船型1 000型。

主要方向和重点领域:

(1) 3万方LNG运输船。

(2) 综合勘察船“海洋石油707”。

(3) 深水综合勘察船“海洋石油701”。

(4) R550D自升式钻井平台。

(5) 6 000HP 深水供应船。

(6) 8 000HP深水三用工作船。

(7) 12 000HP深水三用工作船。

(8) 深水环保工作船。

(9) 1 700TEU集装箱船改装半潜船。

(10) 8 000kW海洋救助船。

(二) 产品开发与技术进步

SDARI自主开发一大批高技术高附加值的绿色环保新船型,累计开发新船型1 000型;出色完成国家重大科技攻关项目和重大技术装备攻关研制任务,截至2015年底,共获得国家、省部级和学会科技成果301项。

1. 3万方 LNG 运输船

3万方LNG运输船由SDARI进行基本设计和详细设计。该船总长184.7米,型宽28.1米,设计航速16.5节,采用双燃料主机电力推进系统,总吨位达25 014吨,入级中国船级社(CCS),并取得了Green Ship Ⅰ船级符号,是国内第一艘拥有全部知识产权的LNG支线运输船。其建造成功,填补了我国在该领域的技术空白。

该型船主推进系统选用了DFDE (双燃料电力推进)系统,以运输过程产生的自然蒸发气(BOG)作为主燃料,相比柴油机常规推进系统,DFDE系统每年可节省燃料成本近三成。同时,采用该系统的“海洋石油301”号不仅能满足国际海事组织(IMO)关于氮氧化物排放的Tier Ⅲ标准,还实现了运输过程中货损的完全利用。

该船在著名的荷兰水池MARIN进行了船模试验,MARIN 对该船型给出了“非常优秀”的评价。考虑到未来业务发展需要,“海洋石油301”还专门配备具有良好操作性能的全回转推进器和艏侧推装置,具备自力靠离泊的能力,在法规允许的前提下,可独立操作安全靠港,省去拖轮作业费用。

该型船对今后其他船厂和设计院所建造类似船型起到标杆和规范化的示范作用。借助于该型船的设计和建造,CCS建立起了一整套审图的原则和标准。同时,为业内对采用双燃料电力推进系统船舶的船舶能效设计指数(EEDI)的计算提供了实船计算的经验,并有望提交国际海事组织,作为国际通行的计算方法。

2. 综合勘察船"海洋石油707"

"海洋石油707"是一艘电力推进，可航行于无限航区的综合勘察船，SDARI进行基本设计和详细设计，是国内首艘具有完全自主知识产权的综合勘察船。其船长80.3米，型宽17.8米，吃水5.85米，能在250米水深处钻孔深度达到200米，能够广泛运用于海洋工程地质调查、海洋工程物探调查、海洋环境调查和水质调查，作业范围广，实用性强。

该船取得CLEAN环保附加标志，符合国际环保要求。该船配套设备的国产化率创下了同类海工产品的新高，标志着我国在综合勘察船领域的研发及配套技术已趋成熟。

3. 深水综合勘察船"海洋石油701"

深水综合勘察船"海洋石油701"船长约125.4米，型宽25米，型深10.8米，设计吃水7米。该船配备有DP-3动力定位系统，可完成各类海上施工作业，最大作业水深3 000米，抵抗蒲氏12级台风，航行于无限航区，可完成下列作业：水下井口维护、完井修井和压井支持、水下弃井作业、路由调查、水下结构物/管线/电缆检测，维护和维修、ROV作业、饱和潜水支持。

该船采用中国船级社(CCS)和挪威船级社（DNV）现行的规范和规则进行设计、建造，并受之检验，取得CCS和DNV GL双船级（Double Class）证书，其采用无人值班机舱、一人桥楼设置，配备DP-3动力定位系统和船舶自动化管理系统，双机舱设置，每个机舱配备3台发电机组，采用电力推进。

该船主要作业海域为南海深水海域，兼顾北海、墨西哥湾、巴西、西非等海域。

4. R550D自升式钻井平台

R550D自升式钻井平台由SDARI进行详细设计和生产设计，在广州中船黄埔造船有限公司建造。该船体为三角形，总长260英尺，宽241英尺，型深27英尺，工作水深400英尺，桩腿采用三角形桁架式桩腿，总长558.45英尺。基于环保理念，该平台采用零排放的标准设计，完全符合相关作业区国家海洋法规要求。其所有钻井设备均符合CDS2012 要求，安全等级更高。在328英尺水深最大可抵御72英尺/15sec的海况，在400英尺水深最大可抵御60英尺/15sec的海况，能够在墨西哥湾极恶劣环境下安全工作。整个平台配有54套1 000 kips升降装置系统，有效保证平台高效、安全运转。同时该平台还采用了大功率（4 600马力）绞车设计，3台泵压和排量达到钻井最高要求的2 200马力泥浆泵，能有效提高钻井效率。此外，R550D配备了150万磅钻井系统和3 500 kips最大悬臂组合负载，最大钻井可变载荷达11 000 kips，这些技术参数均使得该平台与同类型自升式钻井平台相比，具有作业能力强、重量轻、易于建造和造价低等优良特点，是一款具备独特竞争优势的自升式钻井平台。

上海佳豪船舶工程设计有限公司

（一）基本情况

上海佳豪船舶工程设计股份有限公司（BESTWAY）创立于2001年10月29日，是一家专业从事船舶和海洋工程装备及产品研发设计的高新技术企业，主营业务为各类运输船舶和海洋工程装备的设计、船舶与海洋工程产品的研制开发以及船舶与海洋工程设备的监理咨询服务等。获得国家级的高新技术企业认证，于2009年在深圳证券交易所上市（300008），为船舶科技类首家上市企业。

根据上海佳豪的战略规划，船舶与海洋工程设计仍是该公司的核心业务，并致力于将向"高、精、新"的方向转型发展，为其开拓其他业务领域提供强有力的技术和人才支撑；科技发展公司和进出口公司是总承包业务的承接平台；佳船监理公司是工程监理和咨询的业务主体；沃金天然气公司将全力构建清洁能源增值服务链；绿色动力公司将是清洁航运的示范平台；大津重工是高新船舶和海工装备的总装基地。

（二）主要方向和重点领域

2015–2016年，BESTWAY从事研发设计的主要海工产品有四类：一是饱和潜水支持船，如ST–246饱和潜水支持船和新型深潜水工作母船；二是自升式工作平台，如美克斯海工OM103–4 Lift boat和自升式碎石桩海洋施工平台；三是深层搅拌船,如深层DCM搅拌船；第四类为浮船坞和半潜驳，如22 000吨举力浮船坞和8 000吨半潜驳船舶。这些海工船舶的船东和船厂包括中海油、上海振华重工（集团）股份有限公司、上海打捞局和上海华润大东船务工程有限公司、武昌船舶重工有限责任公司、青岛武船重工有限公司、中交集团和上海宏华海洋油气装备有限公司等知名企业。

2015年BESTWAY从事研发设计的主要科技项目有：发改委的5 000吨起重铺管船研制、5 000吨起重铺管船动力系统与自动化系统集成科研课题项目、万吨级多功能溢油回收船设计建造技术研发及产业化，工信部高技术船舶科研项目自升式作业支持平台品牌工程等；自主研发的500米深水饱和潜水支持船开发、半潜式双8 000吨吊机起重船关键技术研究和超大功率深水锚作应船设计及关键技术研究等多种科研项目。

（三）产品开发与技术进步

上海佳豪船舶工程设计股份有限公司自主研发了饱和潜水支持船船型，并先后承接了300米潜水支持船和500米潜水支持船两种重要海洋开发利器。在自升式工作平台设计和建造领域，继续承接了两条自升式作业平台，掌握了该船型设计和制造的关键技术。并参与工信部科研项目自升式作业支持平台品牌工程。

广州船舶及海洋工程设计研究院

（一）基本情况

广州船舶及海洋工程设计研究院，创建于1974年，隶属于中国船舶工业集团公司(CSSC)，专业配套齐全，现有专业技术人员205人，中高级技术人占46%。

该院拥有国家主管机关颁发的各类设计和工程资质证书，包括“海洋行业（离岸工程）专业甲级资质证书”、“渔船设计甲级资格证书”等，并取得中国新时代质量体系认证中心军品和民品质量体系认证。

该院科研设计技术先进，建有基于万兆主干，千兆到桌面的综合布线系统。引进了船型设计软件Autoship、NAPA，结构分析软件ANSYS、NASTRAN，系泊分析软件TermsimII，计算流体力学软件Shipflow，大型海洋工程水动力分析软件AQWA–Offshore、BV HydroStar、BV Ariane3D，海洋工程立管分析软件Orcina OrcaFlex、水动力计算软件Orcaflex、海底管线设计软件PLUSONE、管道流动计算软件Fluidflow、管道应力分析软件CAESARII，海管铺管分析软件DMS Offpipe以及大量用于船舶及海洋工程设计与研究的应用软件；引进了船舶专用三维设计系统、船型设计、结构分析、流体力学和水动力分析等大型工程应用软件。

（二）主要方向和重点领域

广州船舶及海洋工程设计研究院从20世纪80年代初拓展海洋工程业务。与国内外的专业公司、科研机构和院校开展了广泛的合作，引进先进技术，并通过吸收和创新，形成该院的海洋工程技术专长，在浮式生产储卸系统（FPSO）、半潜平台、海洋平台模块和人工岛设计与研究方面拥有丰富的经验，在海洋工程单点系泊、多点系泊和输油终端技术研究方面处于国内领先地位。1991年该院攻克了单点系泊系统核心设备“SS800型输油旋转接头”的设计技术，2006年研发了“SS1200多通道流体旋转接头”。1984年以来，该院为我国南海油田、渤海油田、沿海石油化工厂以及国外客户完成海洋工程科研和设计项目五十余项。

（三）产品开发与技术进步

广州船舶及海洋工程设计研究院在海洋工程平台模块、浮式生产装置、海上结构物系泊工程、输油终端工程的设计研究领域拥有丰富的技术积累。尤其在海洋工程单点系泊、多点系泊和输油终端设计方面，拥有多项技术成果和专利，保持国内领先的优势。

建院以来，广州船舶及海洋工程设计研究院为我国南海油田、渤海油田、沿海石油化工厂以及国外客户完成海洋工程科研和设计项目四十余项，包括：国家经委重点攻关项目“南海东部油田早期浮式生产系统概念设计项目”（获部级奖）；渤海SZ36—1油田80 000吨浮式生产储油装置的基本设计，这是国内最早的FPSO设计项目之一。还包括：渤海JZ9—3油田人工岛基本设计、SZ36—1油田生活动力平台、北部湾W11—4油田生活平台设计、以及挪威Statoil石油公司15万吨浮式生产储油轮结构与管系部份的详细设计及生产设计；新加坡远东船厂的“SANA1500半潜式钻井平台结构生产设计”；新加坡GSI公司“印尼G163原油工艺流程处理撬块的结构、配管基本设计和详细设计工作”等项目等。1999年承接的明思克航母改装和系泊系统工程设计项目，采用了广船院的“扇形风标多点配重系泊系统”专利技术，解决航母在停泊区能抵抗25年一遇的台风袭击不滑移的技术难题。2002年5月曾抵御了11级台风吹袭而安然无恙。2002年度，“‘明思克’航母系泊工程”和“‘明思克’航母改装设计”两个项目，分别获得中国船舶工业集团公司第二届优秀工程设计一等奖和二等奖。为了攻克悬链式单点系泊装置核心设计和建造技术，研制出具有自主知识产权的悬链式单点系泊装置，实现装置国产化，打破国外公司在该领域的垄断地位，2012年该院承担了工信部高技术船舶科研计划项目“悬链式单点系泊装置研制”。

中船重工船舶设计研究中心有限公司

（一）基本情况

中船重工船舶设计研究中心有限公司（下称“民船中心”）创建于2003年12月8日，隶属于中国船舶重工集团公司。民船中心拥有一支专业功底深厚、具有创新精神的技术人才队伍，现有员工近两百人，特聘院士2人、“百千万人才工程国家级人选”1人、享受国务院政府津贴4人；内部设有总师办、船型开发部、技术开发部、设计部、海工部等7个部门，先后成立大连分公司、天津分中心和上海中船重工船舶科技有限公司。

民船中心主要业务板块为船舶及海洋工程装备研究与开发；船舶及海洋工程装备设计：概念设计、报价设计、合同设计、基本设计、详细设计、生产设计等；船舶及海洋工程装备技术咨询、服务、转让；船舶及海洋工程装备系统集成等。民船中心是国家级重点科研任务承担单位，是国家能源海洋工程研发（实验）中心，是北京市高新技术企业，是中船重工集团公司民船及海工装备科技创新的主导力量。成立以来，牵头或参与国家重点科研项目61项，已经完成48项，获18项科技成果奖，20项专利和3项软件著作权。

（二）主要方向和重点领域

民船中心海洋工程主要方向和重点领域包括：近海工程（自升式平台、自升式生产储卸油平台、半潜式平台等）、深海工程（新型的深水SPAR平台、深水TLP平台、深水FPSO、深水半潜式平台、钻井船等）、南海海上结构物（适合于南海的海上浮岛、平台等研发）、海洋工程船（海上风电安装船、平台支持船、物探船等）、海洋装备设备等。

民船中心通过已完成的海洋工程类设计和科研项目积累了海洋工程设计经验，并与国外船级社和国外知名海洋工程设计单位建立了良好的协作关系。在以下几个方向形成了完整的设计体系。

1. 静稳性分析

引进NAPA软件，开展海洋工程项目的静水力计算及稳性分析，包括完整稳性分析、破损稳性分析、舱容计算等。

2. 水动力分析

引进SESAM软件、HARP等软件，开展海洋工程项目的水动力计算与分析，包括响应谱分析、运动及气隙分析、系泊计算、动力定位系统分析等。

3. 总体结构计算及疲劳分析

采用PATRAN/NASTRAN、SESAM等结构强度分析软件，开展海洋工程项目的总体结构强度和疲劳强度计算。

4. 三维详细设计

民船中心海工产品的详细设计涵盖三维设计，专业涉及结构、电气、管路、设备、舾装、HVAC等专业，以三维设计为基础，生成结构、电气、管路、设备、舾装、HVAC等专业的二维施工设计图纸，缩短设计周期，保证施工图纸下发的同步性，提高建造舾装率。

（三）产品开发与技术进步

民船中心以国家能源局海洋工程装备研发中心为平台，完善海工装备三维设计与仿真试验等详细设计能力，优化设计开发与基础建设平台，建立海工研发设计产业基地，推进开展海洋工程装备研发、全过程设计。主要开发的产品涵盖自升式钻井平台、半潜式钻井平台及多功能海洋工程船等领域。

民船中心承接的设计及自主研发项目有：海洋石油931自升式钻井平台升级改造基本设计；海洋石油981半潜钻井平台基本设计；Schahin Millenium SA半潜钻井平台详细设计；Super M2自升式钻井平台钻井模块详细设计；中远深潜水工作船DSV详细设计；CJ50自升式钻井平台详细设计服务；“海洋石油922”平台悬梁改造详细设计；40米水深钻爆船升降系统设计与分析；150米自升式钻井储油装备开发；新型深水SPAR/TLP平台概念设计；适用流花油田500米水深级TLP平台开发设计；7MW风电安装船设计建造。

民船中心已承接多项国家海洋工程科研课题。包括自SPAR平台、TLP张力腿平台、半潜式钻井平台,自升式平台及海洋工程船等。在科研成果的基础上，独立开发了多个海洋工程产品。公司牵头和参加的海洋工程领域的科研项目主要有：新型深水SPAR平台、TLP平台概念设计与关键技术；深海半潜式钻井平台工程开发 ；150米自升式钻井、生产及储油成套装备关键技术研究；立柱式生产平台（SPAR）关键设计技术研究；大型海洋工程装备深水定位系泊系统研制；多功能海上风电工程船联合开发；海洋浮式平台工程设计分析校核一体化软件系统开发；中深水大陆架油气开采张力腿（TLP）式平台研发设计；30万吨深水浮式生产储卸装置（FPSO）设计建造技术研发及产业化；30万吨深水FPSO改装设计建造技术研发及示范应用；3 000米水深多功能水下作业支持船设计建造技术研发及产业化；深海半潜式支持平台研发；自主知识产权系列化自升式钻井平台设计建造技术研发及产业化；3 000米深水钻井船设计建造技术研发及产业化；深远海多功能工程船设计建造技术研发及产业化；多缆物探船自主设计建造技术研发及示范应用；南海综合补给基地工程化研究；岛礁基础设施构建技术装备研究。

杭州欧佩亚海洋工程有限公司

（一）基本情况

杭州欧佩亚海洋工程有限公司（下称“欧佩亚”）是一家专业为海洋油气田开发工程提供全产业链服务与产品的海洋工程公司，业务领域包括海管与立管、水下工程、海工装备与船舶。

欧佩亚于2006年在美国休斯顿创立，2010年将总部设于杭州，在休斯顿、上海、哈尔滨、天津、南京、深圳等地均设有分支机构，项目业绩已覆盖中国、东南亚、欧洲、南美、中东、北海、墨西哥湾等国家和地区。

欧佩亚以海外技术团队为核心，吸引60多名国内外专业技术人才，并联合国际知名高校、科研机构组成技术联盟，为全球客户提供专业海洋工程服务与产品。欧佩亚积极参与科技部、工信部、发改委以及国内外大型石油公司的重点项目，承担40多项海工科研项目，在海管与立管、水下工程、完整性管理、海工装备等领域取得关键性的科技成果，出版7本国际理论专著，拥有20多项国家专利，发表100多篇国际论文。

（二）主要方向和重点领域

在海底管道和立管方面，欧佩亚具有国际领先的技术理论储备与丰富的项目实施经验，掌握了海洋管道和立管的核心技术，以白勇教授为领军人物，聚集了三十余名海底管道和立管研发和项目实施的国内外专业人才，可为客户提供设计与咨询、实验测试、采购制造、海上施工安装、检测与维修、完整性管理、软件开发、工程总承包的全方位服务和产品，业务领域涵盖增强热塑型复合管（RTP）、内衬管、深海柔性管、隔水立管、脐带缆、钢管等。

在海洋工程装备方面，欧佩亚可提供设计咨询、采购服务，业务领域囊括自升式钻井平台设计，海上风机安装平台，自升平台升降系统，海工吊机、管子自动化处理系统、防喷器与采油树处理系统、隔水管处理系统、海洋工程船。

在水下生产系统方面，欧佩亚可提供设计咨询、采购服务，业务领域涉及水下钢结构、水下井口、水下采油树系统、水下管汇和PLET/PLEM、水下跨接管、水下连接器的设计以及水下生产系统仿真及试验等。

欧佩亚立足于海洋工程设计咨询，在宁波建立了制造基地，已经完成管业制造和海洋工程装备制造产业化布局，2016年底，可达陆地与海洋各类柔性复合管年产600公里的产能，积极向海洋总承包商发展，提供全价值链、一体式服务的海洋工程服务和产品。

（三）产品开发与技术进步

（1）2012年，通过国家级的高新技术企业认证。

（2）拥有几十项国家技术专利，多项海洋工程核心专利。

（3）2012年被列入杭州市“雏鹰企业” 。

（4）2012年，通过ISO 9001：2008认证。

（5）2013年，获得“浙江省工商企业信用AA级守合同重信用单位”称号。

（6）2014年，获得浙江省科技厅颁发的“浙江省科技型中小企业”证书。

（7）2014年，通过HSE体系认证，取得ISO 14001环境管理体系认证证书、OHSAS 18001职业健康安全管理体系认证证书及中石化和中石油的HSE

管理体系评价证书。

（8）2015年，浙江省科技厅，浙江省发展和改革委员会和浙江省经济和信息化委员会正式认定欧佩亚的“浙江省海洋石油水下生产系统研究院”为省级企业研究院。

上海交通大学

（一）基本情况

上海交通大学船舶海洋与建筑工程学院下设船舶与海洋工程系、工程力学系、土木工程系、建筑学系、国际航运系和港口航道与海岸工程系，涵盖了六个一级学科。目前有5个本科专业、6个硕士点和5个工程硕士点，具有船舶与海洋工程、力学、土木工程3个一级学科博士学位授予权，建有船舶与海洋工程、力学、土木工程3个博士后流动站；拥有海洋工程国家重点实验室，船舶与海洋结构物设计制造、工程力学2个国家重点学科以及流体力学、岩土工程2个上海市重点学科。全院共有教职工315人，多名教授分别在国际船模试验池会议（ITTC）、国际船舶与海洋工程结构力学会议（ISSC）、海洋技术委员会（M.T.S）、世界工程组织联合会（WFEO）等国际学术组织和中国造船工程学会、中国海洋学会、中国力学学会、中国土木工程学会等国内学术组织担任重要职务。

拥有海洋工程国家重点实验室（包括：海洋工程水池、船模试验水池、空泡水筒实验室、水下工程实验室、CAD/CAM实验室、结构力学实验室）、工程力学实验中心、土木与建筑实验中心和计算机辅助设计计算中心等科研基地。同时设有一系列建于学科基础上的研究所，主要包括：船舶与海洋工程设计研究所、水下工程研究所、结构力学研究所、港口与水利工程研究所、动力装置及自动化研究所、新型船舶与海洋结构物开发研究所、水下技术工程研究中心、工程力学研究所、土木建筑工程研究所、岩土力学与工程研究所、安全与防灾工程研究所、空间结构研究中心、飞行器设计研究所、航天器动力学与控制研究所、流体力学与工程仿真研究所、固体力学与工程结构强度研究所、结构工程研究所、建筑设计与景观环境研究所、工程管理研究所、建设工程质量检测站、上海安地建筑设计有限公司和上海建通工程建设有限公司。

船舶与海洋工程系成立于1943年，是我国船舶与海洋工业科技研发和人才培养的策源地。拥有一个国家一级重点学科（船舶与海洋工程）及三个二级学科（船舶与海洋结构物设计制造、轮机工程和水声工程），涵盖船舶与海洋工程理论研究、工程技术和设计开发等诸多领域，在历次全国船舶与海洋工程一级学科评估中排名第一。半个多世纪以来，为我国船舶工业、国防建设、海洋资源开发、交通运输等行业和部门培养了大批专业技术和管理人才，是国内领先、国际知名的船舶与海洋工程人才培养高地。现有研究重点主要集中在新船型与新概念海洋工程结构物研发设计、各种海洋工程开发技术与装备研发、数字化造船等先进造船技术研究、流体力学与结构力学等船舶与海洋工程基础理论、船舶与海洋工程先进试验、海洋资源开发水下技术与装备、水声探测与对抗、船舶内燃机性能、船舶动力装置及自动化等方向。该系师资力量雄厚，有中国科学院院士杨槱教授为代表的一批国内外知名教授。该系除了船舶与海洋工程本科专业以外，还拥有船舶与海洋工程结构物设计制造学科的硕士点和博士点及一个博士后流动站。此外，近期还新增了海洋工程博士点。

（二）主要方向和重点领域

海洋工程深水技术、计算流体力学、船舶流体力学、波浪理论、高性能数值计算、计算力学和仿生力学、仿生潜水器和飞行器、船舶智能设计、船舶虚拟制造、深水平台设计、海洋工程水动力学、结构可靠性、推进节能装置、特种推进器、海洋波浪的理论与数值计算、海洋科学（河口海岸学）、水利科学（河流及海岸动力学）、船舶与海洋工程结构安全性评估理论及应用、结构冲击动力分析、海洋可再生能源、数值水池及流体力学高性能计算、船舶与海洋工程计算结构力学、结构动力学、海洋深水平台结构设计和建造技术研究、水波动力学、河口海岸动力学、深水浮式平台系统水动力学、海洋波浪能、船舶推进CFD研究、螺旋桨优化设计、船舶结构优化设计、深海平台及其定位系统研究、新船型开发暨波浪中船舶性能及优化研究、船舶可靠性工程与质量工程、分层流内波水动力学、流动主动控制、港口与海岸工程、泥沙输移与水环境保护、水动力噪声与流致振动、船舶与海洋工程结构强度和设计；结构抗爆设计和仿真；船舶与海洋工程水动力学；船舶与海洋工程结构物运动响应与载荷预报；船舶及其他海洋运载器操纵与控制；数值船池技术及其在船舶与海洋结构物设计中的应用；船舶与海洋工程水动力学；水波与结构物相互作用。

（三）产品开发与技术进步

2013年，上海交通大学科技成果和奖励保持全国前列，各类奖项不断涌现。四项成果获2013年国家科学技术奖；三十项成果获上海市科学技术奖，获奖数及一等奖数均居上海地区首位；十五项成果获教育部高等学校科学研究优秀成果奖，获奖总数居全国高校第一；八项成果获行业奖；三人荣获“上海科技精英”称号（含提名）；生命科学技术学院张大兵教授荣获上海市自然科学牡丹奖。论文质量和数量双双名列前茅。国内科技论文数、被引次数，继续保持全国高校第一；SCI论文居全国高校第二；Medline 论文居全国高校第一；EI居全国高校第四。国际被引论文跃升全国高校第二。知识产权管理改革稳步推进。发明专利申请突破一千件。国家自然科学基金项目再创佳绩，共获得873项资助，总经费6.5亿元，获资助项目总数连续4年全国排名第一，面上项目连续4年全国第一，青年基金项目连续5年全国第一；基金委国家重大科学仪器专项获得了突破，单项合同经费达到8 500万元。973重大科学研究计划创历史最好成绩，共获得八项资助，并列全国第二。上海市各类人才资助项目继续保持全市第一。各类项目验收通过（结题）率100%。新增校企联合研究中心21家等。2013年度，上海交通大学共推进和启动了14项科研专项工作。2014年，上海交通大学科研工作将围绕四个方面的常规基础工作和三个方面的重点拓展工作有序开展，努力构建“大科研”管理和服务工作体系。

承担的部分科研项目如表10所示。

表10　上海交通大学承担的部分科研项目

序号	项目名称	项目类别/所获奖项
1	海洋内波环境中深海平台安全性分析评估技术	国家高技术研究发展计划863计划
2	高速磁浮交通系统集成技术测试验证系统研制和综合试验基地建设	国家自然科学基金
3	变拓扑柔性多体系统动力学若干关键问题的理论与实验研究	国家自然科学基金

（续表）

序号	项目名称	项目类别/所获奖项
4	深埋圆形地下结构土压力分布模式研究	国家自然科学基金
5	松散堆积体坡的降雨入渗耦合作用和多场信息融合稳定性评价	国家自然科学基金
6	波流-海床—结构物相互作用及海床失稳机理研究	国家自然科学基金
7	复杂受力条件下含水层砂土的屈服变形机理和过大变形的发生机制研究	国家自然科学基金
8	气肋式膜结构分析理论与方法研究	国家自然科学基金
9	干湿循环和腐蚀环境下混凝土桥墩抗侧向冲击性能研究	国家自然科学基金
10	复合受力钢筋混凝土构件承载力统一计算模型研究	国家自然科学基金
11	疲劳荷载和环境耦合作用下服役配环氧涂层钢筋混凝土构件耐久性性能	国家自然科学基金
12	既有工程桩性状测试的旁孔透射波法原理研究	国家自然科学基金
13	浮帘促淤系统安装设计参数与施工工艺的研究	国家自然科学基金
14	船舶多类型电源集成管理及最优控制策略研究	国家自然科学基金
15	锚泊辅助动力定位系统研究	国家自然科学基金
16	岩石疏浚切削机理研究与实验	国家自然科学基金
17	河流生态系统中柔性淹没植物对水流垂向结构和底床泥沙沉积的影响机理实验研究	国家自然科学基金
18	船舶结构声传递的理论分析及阻波技术的研究	国家自然科学基金
19	重水潜器多学科设计优化理论与方法研究	国家自然科学基金
20	含夹杂压电材料的蠕变特性与夹杂的演化	国家自然科学基金
21	裂纹尖端塑性区对金属材料疲劳行为的影响	国家自然科学基金
22	岩石细观断裂机理与多尺度本构模型研究	国家自然科学基金
23	典型钝体结构流致效应和机理分析与计算方法研究	国家自然科学基金
24	硬质泡沫夹层复合材料疲劳损伤演化及影响机制	国家自然科学基金

（续表）

序号	项目名称	项目类别/所获奖项
25	基于泡群动力学的混合欧拉-拉格朗日型云雾空泡数值模拟方法	国家自然科学基金
26	可渗透细胞膜的力学建模及在血管中运动的流固耦合问题研究	国家自然科学基金
27	波浪、洋流场中水下航行体带空泡出水过程流动特性研究	国家自然科学基金
28	楔形海域典型目标的声散射特性研究	国家自然科学基金
29	深海细菌耐压的生理与遗传机制研究	国家自然科学基金
30	畸形波的动力学机理及其对深海平台强非线性作用的研究	国家自然科学基金
31	压电功能梯度材料断裂力学行为研究	国家自然科学基金
32	柔性多体系统主动控制	国家自然科学基金
33	薄膜涂层材料的界面强度与寿命	国家自然科学基金
34	液滴（气泡）之间的相互作用及其它们的热毛细迁移	国家自然科学基金
35	考虑热效应的柔性多体系统动力学建模理论和实验研究	国家自然科学基金
36	刚柔耦合动力系统的主动控制研究	国家自然科学基金
37	多晶与单晶金属材料复杂加载下循环蠕变的微观变形机理与本构关系研究	国家自然科学基金
38	鱼类附鳍运动的力学机理和非定常流动控制研究	国家自然科学基金
39	复杂大规模生物神经网络系统的混沌动力学研究	国家自然科学基金
40	柔性多体系统耦合动力学建模理论及仿真技术研究	青岛市科技发展计划
41	高低温下复合材料层压结构自由边缘分层与分层屈曲研究	国家自然科学基金
42	光栅应变化及其在复合材料残余应力测试中的应用	国家自然科学基金
43	不对称速度分布对颈动脉分叉壁面切应力的影响	国家自然科学基金
44	船载计算机及减摇水舱业务委托	国际合作项目
45	Basic Engineering Studies for Malikai Deepwater Project–Malikai TLP/TADSystem Model Test	国际合作项目

（续表）

序号	项目名称	项目类别/所获奖项
46	WAVE BASIN TEST-FOR THE CAFB WELL INTERVENTION	国际合作项目
47	BIG FOOT PROJECT-HULL DRY TRANSPORT MODEL TESTS	国际合作项目
48	Easy 技术支持协议	国际合作项目
49	FABRIC TENSIONED ROOF-GSG project, Palembang	国际合作项目
50	近岸及邻近海域海底实时长期观测网关键技术研发及应用	国家海洋局
51	自由状态下深海立管的晃动抑制理论研	教育部留学回国人员科研启动基金
52	时空分析在辨识施工进度计划潜在危险中的应用	教育部留学回国人员科研启动基金
53	海洋内波中深海浮式平台整体水动力性能研究	博士点基金优先发展领域
54	基于流固耦合的隔水管涡激振动控制机理研究	国际合作项目
55	基于流固耦合的隔水管涡激振动控制机理研究	国家海洋局
56	波浪中船舶操纵运动建模与航向保持研究	博士点基金博导类
57	钻孔局部壁面应力解除法在大陆科学深钻孔地应力测井应用中的关键技术研究	博士点基金博导类
58	刚柔耦合多体系统动力学建模理论与实验研究	博士点基金博导类
59	微动疲劳新理论	博士点基金博导类
60	刚柔耦合多体系统动力学若干问题研究	博士点基金博导类
61	基于泡群动力学的欧拉-拉格朗日型云雾空泡数学模型	博士点基金博导类
62	基于大涡模拟（LES）的“相变式”通气空泡动力学和热力学特性的研究	博士点基金博导类
63	楔形海底波导中目标的低频声散射特性建模及优化方法研究	博士点基金博导类
64	软黏土的非共轴蠕变特征及模拟研究	博士点基金博导类
65	新一代大型绞吸挖泥船研发及产业化	江苏省科技厅科技创新与成果转化课题
66	海洋超大型浮体复合系泊系统动力学研究	科技部

（续表）

序号	项目名称	项目类别/所获奖项
67	分层复合结构消声瓦的低频吸收性质	中科院声学所
68	柔性多体系统刚柔耦合动力学若干问题研究	上海市自然科学基金
79	柔性多体系统主动控制中若干关键问题研究	上海市曙光计划
70	哈密顿体系理论与弹性力学及波传播问题	上海市启明星计划

大连理工大学

（一）基本情况

大连理工大学1949年4月建校，2001年启动实施985工程建设，拥有4个一级国家重点学科，6个二级国家重点学科，3个国家重点实验室,2个国家工程研究中心，1个国家工程实验室，1个国家大学科技园，1个国家级技术转移中心，一个国家级技术中心，4个教育部重点实验室，16个省级重点实验室。该校水利工程为一级国家重点学科，其中港口航道与海岸工程专业在全国高校中一直名列前茅，是国家级特色专业；学校拥有海岸和近海工程国家重点实验室，实验室于 1986 年由国家计委批准筹建，1990 年通过国家验收后被批准对国内外开放，1994 年、1997 年、2003 年、2008年、2013年五次通过了国家自然科学基金委组织的评估。

实验室有固定人员102人，其中中国科学院院士2人，中国工程院院士2人，国家千人计划入选者2人，国家百千万人才2人，国家杰出青年基金获得者A类6人，B类2人，长江学者特聘教授A类4人，B类1人，百千万人才工程国家级入选2人，国家优秀青年基金获得者4人，教育部跨世纪人才4人，新世纪人才9人，全国百篇优秀博士论文获得者2人，提名奖获得者2人。

实验室拥有二个国家级创新研究群体：滕斌教授为学术带头人的“海洋环境灾害作用与结构安全防护”创新团队；李宏男教授为学术带头人的“工程安全与监控”创新团队。

实验室主要大型仪器设备有：多功能综合实验水池；低、高频（长、短周期）复合波造波系统；大波浪水槽；海洋环境水槽；非线性波浪水槽；极地海冰现场测试系统；大型液压伺服静态、准动态真三轴试验机；水下波流地震模拟系统；大型高精度静动三轴仪；复杂荷载静动试验机；土工静力-动力液压三轴-扭转多功能剪切仪；土工鼓式离心机造波系统；多用途摄影测量系统等。

（二）主要方向和重点领域

1. 海洋工程模型实验中的新兴技术研究

模型实验是研究海洋工程技术的一种重要方法。通过在实验室内进行海洋环境模拟来获取比尺模型的载荷响应，从而得到工程设计的校验。模型实验大幅度地提高了海洋工程设计的效率、降低了海洋场上目标建设的风险。因此，在实验室中获得实验模型准确的响应数据至关重要。本课题以建设现代化的海洋工程实验室为目的，着重研究实验水池中的波浪模拟与测试技术。在研究过程中，本课题紧密结合新兴的控制与测量技术，在吸收式造波、网络运动控制、异源数据的同步采集以及图像测量技术方面开展了一系列的研究工作。在吸收造波方面，课题提出了基于递归重加权最小二乘法的吸收控制参数计算优化方法，增加了吸收造波的数学物理模型精度，将多种波谱的反射波吸收率提升到95%以上。在网络运动控制方面，课题着重研究了网络存在时的延迟与丢包控制问题，基于小波神经网络提出了延迟预测方法，推导了闭环NCS鲁棒渐近稳定的充分条件，进一步推动了网络运动控制技术在人工模拟造波方面的应用。进行海洋环境模拟技术探索之后，接下来课题将研究工作放在实验数据的采集方面，这部分研究工作包括多种传感器数据的同步、高速采集以及非接触式的图像测量方法。在研究过程中课题结合现代工业以太网协议Ether CAT研制了多通道数据采集系统，该系统利用网络分布时钟进行数据同步，有效地解决了实验数据的时空对齐问题。为了达到对模型目标无干扰测量的目的，课题深入探讨了图像技术在海工模型实验中的应用，利用图像识别技术、图像分割技术、目标追踪技术、立体匹配技术以及三维重构技术先后完成了浮体六自由度运动测量、波浪线的动态提取、波面检测、三维粒子图像测速、水下管线运动分析以及水下地形的重构等测试技术的开发。

2. 流体与多离散体大变形耦合模拟的复合数学模型

波浪与斜坡堤防波堤的相互作用涉及到多种复杂的水动力过程（波浪破碎、越浪、非线性渗流）和多种介质（离散块体结构和连续多孔介质）的耦合作用，数值模拟流体与相互之间有接触作用的复杂形状离散介质的耦合作用是流固耦合力学中的一个很有挑战性的难题。本项目基于所建立的SPH水动力模型结合有限离散单元法（FEM/DEM）以及流固耦合算法精细模拟了波浪与复杂形式离散结构的耦合作用及连续多孔介质内的渗流过程。

（1）提出了适合SPH方法的多孔介质界面处的过渡区边界条件，解决了网格法在介质边界处设置速度和应力匹配条件导致界面附近流场失真的缺陷。

（2）首次将SPH方法与DEM法结合起来研究波浪作用下相互勾连的复杂形状离散结构的水力失稳特征，为确定波浪作用下斜坡式防波堤护面块体的稳定性提供了一个全新的研究手段。

（3）首次将SPH-DEM模型结合SPH渗流模型研究波浪与不同介质组成的复杂型式斜坡堤的耦合作用，解决了物模实验中由于量测手段的制约难以获得不同介质内流场信息的难题。

上述耦合数学模型为研究复杂流固耦合力学问题提供了新的计算方法和基础计算程序，在研究流体与复杂离散结构的强非线性耦合作用方面取得了实质性的进展。研究成果发表于海岸工程有影响力的国际学术期刊“Coastal Engineering ”、“Journal of Waterway”“ Port, Coastal and Ocean Engineering”和“Applied Ocean Research”上。

3、深入研究海冰物理和力学性质，积极拓展冰科学实践范围

海冰物理是海冰其他性质的基础，大连理工大学区别于其他国内单位对海冰科学的贡献就在于，积极夯实冰物理的研究。近3年侧重于利用现场极地科学考察和卫星遥感资料收集。对北极海冰表面融池的辐射特性进行了理论研究。建立了融池反照率、透射率等表观光学性质与融池深度、底部冰厚度、冰的吸收和散射系数等参数的联系。对浮标漂移数据进行分解，从物理和力学角度出发分析浮标漂移同外界环境因子的关系。并赴极地实测海冰的物理和力学性质参数。目前研究发现，对于日趋减薄的北极海冰，融池反照率与融池深度以及海冰厚度均存在非常密切的关系，并且对于厚度小于1.5米的海冰，融池反照率对冰厚度的依赖甚至大于对融池深度的依赖性。在海冰工程方面，积极探索冰物理和力学性质在海洋船舶方面的应用。通过海冰厚度和强度同破冰船的航行速度连接，体现冰工程力学在极地的价值；通过冰孔隙率与冰单轴压缩强度的关系，体现气候变化引起冰温度变化对冰工程的潜在效应。同时，积极通过国际合作和交流，认识北极海岸工程的重要性和迫切性。

（三）船舶工程学院主要方向

1. 船舶与海洋结构物

（1）船舶与海洋结构物设计与数字化技术研究主要包括：船舶设计及设计共性基础技术研究；海洋工程设计及设计关键技术研究；数字化设计方法研究与软件系统开发；船舶及海洋工程系统分析与规划研究；海上安全作业智能系统研制。

（2）船舶与海洋结构物振动与噪声的理论与实验研究包括：舰船结构水下声辐射；结构动态有限元；导管架海洋平台地震响应；精细时程积分的船舶动力荷载识别等。

（3）船舶与海洋结构物先进制造与管理技术主要方向是船舶与海洋结构物先进制造技术及重大装备开发研究和造船生产与管理的信息化技术及应用软件研究。

2. 船舶与海洋工程

（1）船舶与海洋工程结构安全。该研究领域主要包括：海洋结构物全寿命期安全技术研究、海洋结构物强度分析技术研究、海洋结构物动力响应特性研究、深海立管设计与安装技术研究以及海洋工程装备总装建造技术研究等。

（2）船舶与海洋工程水下噪声与振动，该领域主要研究方向有：船舶与海洋结构物水下振动噪声机理、预报和控制；水下结构声辐射机理、预报与控制；噪声源识别和定位及声场重构；船舶结构全频振动的建模方法和声振响应分析；船舶结构早期设计中的声学优化；结构振动噪声主被动控制与智能声学结构。

（3）船舶与海洋工程水动力学，该领域主要围绕船舶，海洋工程和水中兵器的水动力学问题进行研究，包括对船舶快速性、操纵性和耐波性的计算及预报，新型高性能船舶的水动力特性研究，海洋平台的运动和荷载分析，深水锚泊和立管系统动力特性研究，水下爆炸对海洋结构物的破坏分析，船舶兴波理论计算与船型优化，船舶黏性绕流场的数值计算，螺旋桨理论设计等水动力性能方面的理论、数值计算和试验等研究。

（四）产品开发与技术进步

1. L型造波机的研究开发

大连理工大学水利工程学院于2015年3月，由李木国教授负责完成研发L型造波机项目，造波机参数如下：造波宽度：0.5米；造波深度：0.6米规则波：周期：0.5~5.0s；最大波高：200mm；不规则波：平均周期：0.8~4.2s；最大有效波高：100mm。能模拟J谱和PM谱，波形满足国家规范中精度要求。

在海洋工程研究领域中，L型造波机是一种在实验室环境下模拟大范围多向不规则波的阵列式实验设备。L型造波机的研制为研究波浪特性、掌握波浪运动对结构物的作用影响提供科学的实验条件，对于发展海洋工程设计理论和提升海洋工程结构物建造技术水平具有重大的意义。

2. 建立离岸养殖设施结构水动力特性研究模型

（1）网衣流固耦合特性研究及其模拟方法：建

立了完善的水流与网衣耦合作用计算模型，并完成了水流作用下重力式网箱网衣的动态响应与流场耦合模拟；对网衣与波浪相互作用下的波浪场与网衣受力进行了模拟研究；建立了模拟网衣附着物对网箱周围流场影响的数值模型。

（2）浮架结构动力响应与破坏分析：建立波浪作用下浮架的运动和弹性响应的耦合计算模型；对规则和不规则波浪作用下浮架的弹性响应进行了模拟研究；对浮架在波流作用下的应力–应变响应进行了分析，获得了计算浮架结构浮架的极限承载力的计算方法。

（3）多体组合重力式网箱水动力特性研究：利用数值模拟的方法分析了多体组合式网箱及其网格式锚碇系统的水动力特性；研究了不同的网箱布置形式、波流入射方向和锚碇形式对网箱组群结构动力特性的影响规律；对单点和多点锚碇下网箱动力特性进行了数值研究。

3. 非线性水波动力学研究进展

（1）通过物理模型实验研究了地形坡度因素对浅水条件下波浪传播时的非线性特征参数的影响，首次拟合出了考虑地形坡度的波浪非线性特征参数化公式，该项研究成果发表在国际海洋工程领域最有影响力的期刊《Coastal Engineering》。

（2）通过实验研究了浅水区域畸形波浪出现概率的影响因素，分析发现畸形波的出现概率与波浪谱宽、波高、周期、波群程度相关，另外拟合出了浅水波浪偏度和峰度的关系曲线，该项研究成果发表在国际海洋工程领域著名期刊《Journal of Marine Science and Technology》。

（3）采用二维Boussinesq模型数值研究了具有不同波高的孤立波入射到具有相同平面形状、不同地形的一维矩形港诱发的非线性港湾共振现象。基于数值模型实验和改进的正交模态分解法，每个数值实验中港内的各模态的反应幅值被从自由波面中分离出来，进而对港内相对波能分布进行了系统的研究。该项研究成果发表在国际海洋工程领域著名期刊《Journal of Engineering for the Maritime Environment》。

（4）国际上首次提出了弱三维波浪相互作用的概念，设计了弱三维波浪相互作用的物理模型实验，研究了弱三维波浪破碎等现象，发现弱三维波浪破碎时，能量损失主要来自高频部分，随着初始波陡的增加，弱三维波浪破碎能量损失得到显著提高，但是在相同初始波陡情况下，二维波浪破碎实验的能量损失更大，该项成果发表在力学领域国际著名期刊《European Journal of Mechanics B/Fluids》。

（5）首次实验研究了非线性波浪聚焦过程中的失调现象，揭示了波浪聚焦过程中非成熟波浪破碎的原因，并绘制了入射波陡与破浪破碎强度的关系，成果发表在国际著名期刊《Ocean Engineering》。

海岸和近海工程国家重点实验室2015年发表学术论文31篇，其中在SCI期刊上发表学术论文20篇，国内期刊5篇，国际会议论文6篇，应邀在亚太海岸工程会做大会报告1次。获3项国家发明专利授权，获软件著作权4项。研究成果获2015年教育部科技进步一等奖和2013“海洋工程科学技术”二等奖。2014年项目“离岸养殖新型结构关键技术研究及应用”教育部科技成果鉴定为“整体国际领先”。应邀在国际期刊《China Ocean Engineering》上组织“离岸养殖设施结构水动力特性研究”英文专刊一部。两位课题组成员李玉成和赵云鹏入选Elsevier 2014中国高被引学者榜单（海洋工程领域共9人入选）。

哈尔滨工程大学

（一）基本情况

哈尔滨工程大学设有船舶工程学院、航天与建筑工程学院、动力与能源工程学院、自动化学院、水声工程学院、计算机科学与技术学院、软件学院、国家保密学院、机电工程学院、信息与通信工程学院、经济管理学院、材料科学与化学工程学院、理学院、人文社会科学学院、国际合作教育学院、继续教育学院、核科学与技术学院、国防教育学院、创业教育学院等19个学院，以及外语系、体育部、工程训练中心、思想政治理论课教学研究部等4个教学系、部、中心。哈工程设有40多个科研机构以及150多个科研和教学实验室，其中国防科技重点实验室2个，国防重点学科实验室2个，国家级学科创新引智基地2个，国家电工电子教学基地1个，国家级实验教学示范中心4个，国家大学生文化素质教育基地1个。

哈尔滨工程大学船舶工程学院前身系1953年创立的哈尔滨军事工程学院（哈军工）海军工程系造船科。目前已经成为我国船舶工业、海军装备和海洋开发领域科学研究与人才培养的重要基地。1961年开始招收硕士研究生，1982年招收博士研究生，1989年建立博士后科研流动站，是中国船舶工业和海洋开发人才培养的重要基地。该系学习环境优越，师资力量和科研实力雄厚，现有教授25人（其中博士生导师15人），副教授26人。近年来该系教师发表学术论文700余篇，出版专著、教材35部，有60余项科研成果获国家级和省部级奖。该系的船舶与海洋工程流体力学学科点是国际船模拖曳水池会议（ITTC）成员单位，船舶与海洋工程结构力学学科点先后有4名教授任国际船舶与海洋工程结构会议（ISSC）技术委员会委员。该系与加拿大诺瓦斯克蒂亚大学、西德汉堡大学造船学院、日本长崎综合大学、俄罗斯圣彼得堡国立海洋技术大学造船学院、乌克兰尼古拉耶夫造船学院以及挪威期塔万格大学有着长期紧密的合作关系。学院现有教师151人，其中中国工程院院士1人，正高级职称43人，副高级职称45人，中级职称64人。共有博士导师34人，硕士生导师77人。

（二）主要方向和重点领域

学院设有“船舶与海洋工程”“港口航道与海岸工程”2个本科专业，具有“船舶与海洋结构物设计制造”“流体力学”“港口、海岸及近海工程”“工程力学”“一般力学与力学基础”“水力学及河流动力学”6个硕士学位授予权，具有“船舶与海洋工程”和“力学”2个一级学科博士学位授予权，具有“船舶与海洋结构物设计制造”“流体力学”“工程力学”“一般力学与力学基础” 4个二级学科博士学位授予权，设有“船舶与海洋工程”“力学”2个博士后科研流动站，拥有国家级重点学科1个，国防重点学科1个，省部级重点学科1个。此外“船舶与海洋工程”专业为黑龙江省重点专业和国家特色专业。

学院下设船舶设计与制造技术研究所、船舶与海洋工程力学研究所、深海工程技术研究中心、舰船总体与系统工程研究所、港口航道与近海工程研究所、海洋可再生能源研究所、水运规划设计院等7个研究所，拥有船舶与海洋工程国家级实验教学示范中心、多体船技术国防重点学科实验室、国家“111”创新引智基地——深海工程技术研究中心和船舶科学与技术黑龙江省重点实验室等。

（三）产品开发与技术进步

在船舶工业领域，哈尔滨工程大学在高性能船船型设计、数字化造船、船舶力学等方面有很强的技术储备，在船舶控制与导航、船舶减摇、动力定位、船舶动力等领域代表着我国基础研究和应用研究一流水平，是我国船舶工业技术进步的重要推动力量。

在海洋开发领域，哈尔滨工程大学全面开展海洋浮式平台设计、海洋监测、特种船舶设计、水下综合探测AUV、浮式平台控位系统、水下作业技术、潮流能发电等领域研发工作，正在成为我国海洋工程装备领域的重要技术支撑力量。

以下为哈尔滨工程大学在海洋工程产品开发与技术研究方面取得的部分成果：

1. 深海探测型载人潜器

深海探测型载人潜水器是哈尔滨工程大学发挥学校在潜水器及水下机器人方面的优势而研制的。潜水器总长12.3米、宽3.2米、高2.4米，艏部配备有机械手一部，可以完成一般的水下作业任务。推进系统采用了六个高效导管推进器，可以使潜水器灵活的进行空间六自由度运动，同时还配备了先进的定位、导航、通信、生命支持系统等。

该型载人潜水器具有：下潜深度大、内部空间宽敞、水下作业时间长、续航力大等特点。其作业深度可以在大部分海域进行探测任务，同时该型潜器强大的载荷代换功能，可以满足几十名人员和大量物资的运送任务，也意味着潜器具有很大的改造和升级的空间，该型潜水器所具有多功能特点为国内首创：集科学探测、物资和人员输送等多种功能于一体。

2. 智能水下机器人技术

该系列智能水下机器人是针对海中目标的探测与识别而研制的特种水下机器人。该机器人是目前海洋探测关键技术研究与开发的试验平台，包括深海热液的探测与追踪技术、水下磁探测技术、水下激光探测与识别技术等。

3. 海洋综合探测潜水器

海洋综合探测潜水器是针对目前海洋开发的需求，特别是海洋油气开发的需求而研制的自主式潜水器。该潜水器能够自主航行在复杂海洋环境中，并自主完成对海洋油气管道、海缆、海中目标等的探测、定位与跟踪。

4. 微小型水下无人探测器

微小型水下无人探测器是以小型化为目标，针对海洋声光环境探测的需求而研制开发的自主式潜水器。该潜水器能够自主航行在复杂海洋环境中，能够完成对海中目标等的探测、定位与跟踪。

5. 船舶与浮式海洋平台波浪载荷计算软件（WALCS）

WALCS是由哈尔滨工程大学自主开发的基于三维频域线性势流理论的船舶与浮式海洋平台结构物波浪载荷计算软件。应用该程序计算规则波中流场速度势、三维水动力系数、波浪绕射力、F-K力、浮体的运动响应、浮体湿表面压力分布、剖面载荷，进而可以对浮体的运动、湿表面压力以及剖面载荷进行长短期统计分析。WALCS软件适用于各类常规船型（如油轮、散货船、集装箱船、水面船舶）、双体船型、多体船型以及FPSO、半潜式平台等浮式海洋工程结构物的运动及波浪载荷的计算分析。此外，该软件还具有与现有的大型结构有限元分析软件的计算接口，可以方便的实现载荷的施加。

6. 动力定位装置

哈尔滨工程大学从事动力定位技术研究已有三十年历史，创新研制了多项国内外领先的技术和产品，多次获得国家科技进步奖。装备在胜利油田“浅海海底管线电缆检测与维修装置”（2006年获国家发明二等奖）上的智能综合操纵和动力定位系统显控台IODP-1就是哈尔滨工程大学的科研成果，其主要包括：单运载器的多级动力定位技术（MC-DPS），多运载器的协调动力定位技术（CC-DPS）。

该装置应用了差分全球定位系统，数字滤波技术等先进技术，使其定位精度在几米之内，达到当今世界先进水平。该装置不仅应用于停船定位，而且还能应用于船与船间的行距固定。海上补给船在行进间进行补给工作时，需要安全可靠的航距保持操纵，该技术通过对船舶推进器的自动精确控制，使海上运动补给不再成为高难动作。

7. 其他方面

2006年4月，中国首个深海工程技术研究中心在哈尔滨工程大学成立。依托该中心，学校在深海油气开发浮式系统关键技术研究、深海钻井船初步设计、深海浮式结构的水动力及运动性能分析、半潜式平台的完整稳性及破舱稳性计算、半潜式平台的结构选型及锚泊系统设计、深海钢悬链立管的设计及分析、深海立管的VIV特性分析、FPSO系泊系统的操作管理和维护数据库研发、FPSO上浪冲击载荷研究、无动力船舶锚缆快速释放系统研究、海洋潮流能发电技术示范系统研究等方面均取得了一系列的研究成果。

2013年，哈尔滨工程大学船舶工程学院参与研究的“结构振动控制与应用”获得国家科技进步奖二等奖；“海洋作业母船与水下平台间移动水声通信关键技术研究”获得年度海洋工程科学技术奖。

2014年，由哈工程与大连船舶重工集团有限公司等合作设计的我国120米及以上水深自升式钻井平台自主研发项目产品在市场投标中成功获得订单，打破了我国百米水深以上大型自升式钻井平台设计长期依赖国外技术的局面。哈工程科研团队在该项目的自主研发过程中突破了三项关键技术，即：攻克了桩腿结构形式及强度设计技术和满足海况的平台环境设计参数选取与论证技术，实现了平台桩腿细长构件的静态和动态的波浪载荷计算预报以及平台所受风载荷和波浪载荷的预报；提出了基于平台重现期内风浪参数的联合概率模型，完成了自升式平台环境安全域方案的确定，为在役平台移位时查询及进行适用海域分析提供了相当的便利；解决了自升式平台的振动响应分析校核技术和舱室噪声预报评估技术，并完成了自升式平台现场噪声测试技术。

中国海洋大学

（一）基本情况

中国海洋大学是教育部直属重点综合性大学，以海洋和水产学科为特色，学科门类较为齐全，涵盖理学、工学、农学、医（药）学、经济学、管理学、文学、法学、教育学、历史学、艺术学等学科，是国家“985工程”和“211工程”重点建设高校之一。学校设有17个院，1个基础教学中心，1个社会科学部，69个本科专业。现有12个博士后流动站，13个博士学位授权一级学科，81个博士学位授权学科（专业），34个硕士学位授权一级学科点、193个硕士学位授权学科（专业），13个类别硕士专业学位授权点，是国家首批工程博士专业学位授权点。“十一五”以来，主持国家级各类项目900余项，获国家技术发明二等奖2项、国家科技进步二等奖6项、省部级科技奖励56项、人文社会学科省部级以上奖励33项。

中国海洋大学工程学院前身是始建于1980年的海洋工程系，1993年成立工程学院。学院现设有海洋工程系、土木工程系、机电工程系、自动化及测控系、实验室管理中心、建设工程检测中心、现代管理信息研究所、海岸与近海工程研究所、海洋灾害防治研究所、地震工程与地质工程研究所等教学科研机构；拥有港口、海岸及近海工程国家重点学科、水利工程博士后流动站、港口、海岸及近海工程山东省重点学科和海洋工程山东省重点实验室。目前共有教职工120余人，其中博士生导师11人，教授27人，教授级高工2人。

（二）主要方向和重点领域

1. 海洋工程方向

海洋工程结构动力分析与安全保障，海洋可再生能源利用，海洋工程环境动力学与工程应用。

2. 自动化测控方向

海洋仪器与装备：包括新型海洋监测传感器的开发与应用，海洋浮标、潜标设计开发与集成，海上数据采集、处理、存储与通信技术，水下浮力平台、水下滑翔机设计，海洋仪器设备的标定研究等。

机器视觉与机器人：包括基于结构光的三维测量、标定理论与方法研究，水下目标的三位探测技术研究，基于视觉的关节机器人运动控制、结构参数标定及视觉跟踪示教，并联机器人的运动控制，移动机器人的控制，仿生及特种机器人的设计与开发等。

表11 中国海洋大学工程学院近年来承接的部分海洋工程领域的科研项目

序号	项目名称	项目类别/所获奖项
1	气候变化对海洋结构设计标准的影响及结构健康监测技术	国家自然科学基金
2	深海资源开发新型立管系统的基础科学与关键技术	国家自然科学基金
3	各类水工建筑物的动力分析理论	国家自然科学基金
4	面向仿生机器人的水压电液驱动技术研究	国家自然科学基金
5	基于附加水动力振动反演的深海平台半隐耦合方法及试验研究	国家自然科学基金
6	振荡水柱波能电站冲击式透平的非定常动力性能研究与优化	国家自然科学基金
7	潮流能水轮机尾流场特性分析及多机组阵列影响规律研究	国家自然科学基金
8	海底管线的冲刷极限与动力调整研究	国家自然科学基金
9	潮流能发电系统智能预测维护方法研究	国家自然科学基金
10	深海环境长期作用下平台结构的累积损伤机理	国家重点基础研究发展规划项目计划（973计划）
11	海上环境及船舶运动实时监测系统研制	国家科技重大专项
12	300kW海洋能集成供电示范系统	国家高技术研究发展计划（863计划）
13	声学滑翔机系统研制	国家高技术研究发展计划（863计划）
14	海洋深水立管系统设计关键技术研究	国家高技术研究发展计划（863计划）
15	水下流浪潮综合测量技术	国家高技术研究发展计划（863计划）
16	海洋平台动力分析与损伤识别模型修正技术研究	国家高技术研究发展计划（863计划）
17	海洋监测技术成果标准化工程-波浪方向浮标	国家高技术研究发展计划（863计划）

（续表）

序号	项目名称	项目类别/所获奖项
18	海洋潮流能驱动的柔性叶片发电设备研究	国家高技术研究发展计划（863计划）
19	氨水溶液解吸-压缩制冷循环原理研究和样机研制	国家高技术研究发展计划（863计划）
20	海洋平台结构损伤探测与修复加固优化关键技术研发	国家高技术研究发展计划（863计划）
21	浅海重力式平台水下储油技术	国家高技术研究发展计划（863计划）
22	海底管线的柔性导流促淤防护技术研究	国家高技术研究发展计划（863计划）
23	基于倾角法的多层海流测量技术	国家高技术研究发展计划（863计划）
24	基于传感器网络的深远海环境监测体系结构及关键技术研究	国家高技术研究发展计划（863计划）
25	碟型越浪式波能发电装置样机研发	国家高技术研究发展计划（863计划）
26	海洋能多能互补智能供电系统关键技术联合	国际科技合作重点项目计划
27	基于风险管理体系和城市全面可持续发展的灾区重建	国际科技合作重点项目计划
28	声学多普勒流速剖面仪海上比测关键技术研究	公益性行业科研专项
29	集约用海对海洋环境影响评估关键技术研究及重点海洋区域开发集约用海业务化应用研究	公益性行业科研专项
30	海洋维权执法目标探测识别与信息传输技术应用研究与示范	公益性行业科研专项
31	海上风能及波浪能联合发电装置研发	省部级其他
32	100kW潮流能发电装置研制安装	海洋可再生能源专项
33	组合型振荡浮子波能发电装置的研究与试验	海洋可再生能源专项
34	轴流式潮流能发电装置研究与试验	海洋可再生能源专项
35	用于海洋资料浮标观测系统的波浪能供电关键技术的研究与试验	海洋可再生能源专项
36	国家海洋局东海分局海洋资料浮标研发	海洋局其他
37	大型海洋资料浮标集成技术合作研发合同书	海洋局其他
38	山东省海洋工程重点实验室建设-海洋可再生能源研发中心	山东省、青岛市发改委项目
39	海洋能集成供电示范系统	青岛市科技发展计划

（续表）

序号	项目名称	项目类别/所获奖项
40	深海海洋仪器设备规范化海上试验	国家高技术研究发展计划（863计划）
41	海洋仪器设备海试技术标准及规范化研究	国家高技术研究发展计划（863计划）
42	基于观测网的海底动力环境长期实时监测系统研发和集成	国家高技术研究发展计划（863计划）

智能信息处理与智能控制：包括最优估计与系统辨识，水下图像、视频压缩与处理、水声信号处理与水声通信，海洋运动平台的导航与运动控制，复杂系统的先进控制与优化等。

（三）产品开发与技术进步

中国海洋大学工程学院近年来承接的部分海洋工程领域的科研项目如表11所示。

江苏科技大学

（一）基本情况

江苏科技大学下设14个学院，61个本科专业（含方向），有2个博士学位授权一级学科、6个博士学位授权点、12个硕士学位授权一级学科、48个硕士学位授权点，形成了船舶、国防、蚕业三大特色。学校先后承担了国家高新技术研究发展项目、国家科技支撑计划项目、国家自然科学基金、国家社会科学基金以及国防军工课题在内的一批高水平研究课题，近五年来，获国家级项目103项、省部级项目240项、获得科技经费5.8亿元，获得省部级以上科研成果奖励52项，其中省部级一等奖4项。

江苏科技大学船舶与海洋工程学院成立于2002年，其前身是学校最早设置的船舶工程系。船舶与海洋工程学院是江苏科技大学的传统学院和特色学院。学院现有教职工107人，其中教授11人、副教授24人。有1个“船舶与海洋工程”一级学科硕士学位授权点，“船舶与海洋工程结构物设计制造”“工程力学”“流体力学”等3个二级学科硕士学位授权点，1个“船舶与海洋工程”工程硕士培养领域。“船舶与海洋结构物设计制造”学科为国家重点学科培育建设点、“十五”“十一五”江苏省重点学科。船舶与海洋工程专业是国家特色建设专业、国防科工委重点建设专业、江苏省品牌专业，船舶工程实验教学示范中心是江苏省高等学校实验教学示范中心。学院是江苏省船舶工业行业协会秘书处以及江苏省船舶先进制造技术中心挂靠单位。学院现拥有“江苏省船舶先进设计制造技术重点实验室”、行业公共技术服务平台“江苏省船舶先进制造技术中心”和科技公共服务平台“江苏省船舶数字化设计制造技术中心”。拥有结构疲劳试验系统、大型结构试验平台、船模拖曳水池、风浪流综合试验池、波浪水槽等重型实验设施和目前国内外先进的FD/CAE/CAD/CAM软件系统，高性能工作站等。

（二）主要方向和重点领域

1. 船舶与海洋工程结构力学

在船舶与海洋工程结构损伤强度、船舶建造工艺、力学、潜器的结构稳定性、海洋工程结构振动控制技术等方面形成了鲜明特色及优势。近5年承担国家“863”重大专项子专题1项、国家自然科学基金1项，省部级项目7项，企业委托项目21项，获国防科学技术进步三等奖2项，发表学术论文96篇，其中EI收录15篇。

2. 船舶与海洋结构物先进设计制造技术

在船舶先进设计制造技术领域开展理论研究和工程应用实践，研究内容包括船舶先进制造技术理论、船舶数字化设计制造技术、船舶制造企业信息化、以及现代造船工程应用研究与实施等方面。学术队伍中有2名教授，3人具有博士学位，6人在职攻读博士。近5年来承担了国家自然科学基金、国防预研和省部级民船专项、重大成果转化等项目及大量企业委托课题，获得省部级科技成果二等奖1项、三等奖2项，软件著作权5项。

3. 船舶与海洋工程流体力学

近5年承担国家自然科学基金3项、国家863课题1项、国家973重大项目专题2项、国防基础研究2项，获国家专利8项；该研究方向针对船舶综合性能的多学科优化方法、强非线性瞬态自由面模拟、船舶与海洋结构物非线性水动力荷载、水下仿生推进理论与技术等热点问题开展了深入的理论分析、数值计算与模型试验等研究工作，在揭示复杂流体运动的内在机理、解决学科领域的工程技术问题等方面成果显著，特色鲜明。

4. 海洋工程结构物安全性评估技术

该研究方向针对现代海洋工程装备进行设计和安全评估研究。目前已在FPSO、导管架平台、自升式平台和半潜式平台水动力分析、安全性评估、海洋平台风险评估等方向开展过较深入研究，形成了较鲜明的研究特色及学科优势，并承担过国家级、省级及企业合作等较多项目。近5年承担国家自然科学基金2项、国防基础研究2项，获专利1项，省部级科技成果三等奖2项，发表学术论文50篇，其中EI收录10篇，SCIE收录1篇。研究工作及成果在国内同行中得到充分肯定。

（三）产品开发与技术进步

1. 海洋工程结构振动控制技术、风险评估技术

在国家自然科学基金等项目资助下对海洋平台结构振动控制技术、海洋平台模型试验技术、海洋平台风险评估方法等方面进行了较系统的研究，提出了基于模糊原理磁流变阻尼器的设计方法，形成了江苏科技大学海洋工程领域中的特色研究方向。

2. 近海结构物动响应及损伤机理研究

以国际热点研究方向"近海工程动力学"为切入点，针对具有多学科交叉特色的研究项目"近海结构物动态响应及损伤机理"，致力于正确描述风、随机海浪、船撞力及桩侧土与结构的相互作用下海洋平台结构的随机响应统计特性，在此基础上对其损伤机理进行深入研究，并探索有效的减振方法。研究不仅在理论上有着重要学术研究价值，而且其研究成果可为提出有效的减振方法奠定良好的基础，从而使海洋平台免受破坏，降低监测和维护费用，提高经济效益，为国家的海洋平台建设以及正常的使用提供技术储备及安全保障。

3. 复杂管件高效智能成形方法及工程应用研究

2015年12月，由江苏科技大学唐文献教授主持，江苏科技大学、江苏合丰机械制造有限公司、张家港江苏科技大学产业技术研究院共同完成的"复杂管件高效智能成形方法及工程应用"成果喜获教育部2015年度高等学校科学研究优秀成果奖科技进步二等奖。

该项目通过产学研联合自主创新，历经7年攻关，突破了复杂管件失稳起皱控制、变形回弹预测、模具磨损失效计算等关键技术，解决了切割、定位、输送、弯曲、旋钩等工艺技术难题，整体技术达到国际先进水平，其中无屑切割和超大角度弯曲技术达到国际领先水平。该项目产品推动了行业技术进步，实现了我国管件制造业从单一功能产品向全自动生产单元转变，经济和社会效益显著。

武汉理工大学

（一）基本情况

武汉理工大学是教育部直属的全国重点大学，是首批列入国家“211工程”重点建设的高校。学校学科涵盖工学、理学、文学、管理学、经济学、法学、哲学、历史学、教育学、医学、艺术学等门类。现有本科专业87个，一级学科国家重点学科2个，二级学科国家重点学科7个，国家重点（培育）学科1个，湖北省重点学科24个；一级学科博士学位授权点15个，一级学科硕士学位授权点38个，博士后科研流动站16个；有13个硕士专业学位授权类别，37个硕士专业学位授权领域。

武汉理工大学交通学院源于1946年成立的国立海事职业学校造船科，所设专业涉及船舶与海洋工程、土木工程、力学、交通运输工程4个一级学科，有船舶与海洋工程、交通运输、交通工程、港口航道工程以及道路桥梁与渡河工程5个本科专业。拥有船舶与海洋结构物设计制造、水声工程、海洋工程结构、水上运动装备工程、流体力学、工程力学、一般力学与力学基础、交通运输规划与管理、结构工程、道路与铁道工程、公路桥梁与渡河工程、物流管理、智能交通工程等13个博士点和硕士点；船舶与海洋工程、力学和交通运输工程3个一级学科博士后流动站。其中船舶与海洋工程为一级学科国家重点学科、“211工程”建设学科，交通运输规划与管理为湖北省重点学科。船舶与海洋工程学科是中国国内同类学科整体实力最强的学科之一，是中国内河船舶研究的主要力量，是华中、华南和西南地区最具实力的船舶与海洋工程技术领域高层次科研人才的培养基地。主要研究方向为船舶水动力性能研究及船型优化，包括内河限制航道船型和高速船船型方面开展船舶操纵运动水动力计算及运动预报、船舶兴波理论计算与船型优化、螺旋桨理论设计、船舶倾覆机理等领域的水动力性能理论、数值计算和试验等研究；新船型开发与现代船舶设计方法，包括内河船型开发与标准化、高速船船型开发、江海直达运输方式与船型研究、不确定性动态投资决策理论和应用、船舶多学科综合优化设计技术、敏捷与智能设计、虚拟采办等研究；船舶先进制造技术与装备，包括船舶先进制造技术与工艺方法、造船机械自动化装备和仪器研制与产品化、造船先进测量技术、船厂规划和船厂生产管理等研究；船舶与海洋工程结构直接设计法与可靠性研究，包括大开口船舶结构强度计算方法、高速船结构轻型化技术、内河船舶振动预报衡准及防治、船体结构可靠性分析及极限承载能力等研究；船舶航运安全性研究，包括内河航运环境为背景，重点开展内河船舶碰撞的水动力机理与碰撞力计算方法、船舶结构的状态监测监控、船舶运动控制等研究。船舶与海洋工程系现有教师32人，其中教授11人、博士生导师6人、副教授13人。

（二）主要方向和重点领域

1. 船舶水动力性能研究及船型优化方向

主要围绕高性能船舶、内河浅水船型、高速多体船、高速气泡船等开展船舶操纵运动水动力计算及运动预报、船舶兴波理论计算与船型优化、船舶黏性流场的湍流模式、螺旋桨理论设计、船舶倾覆机理等水动力性能方面的理论、数值计算和试验等研究。

2. 新船型开发与现代船舶设计方法方向

主要研究内河船型开发与标准化、高速船船型开发、江海直达运输方式与船型研究、不确定性动态投资决策理论和应用、船舶多学科综合优化设计技术、船舶几何建模技术、船舶产品数据管理技术等。

3. 船舶先进制造技术与装备方向

主要从事造船先进制造技术与工艺方法、船舶CAM开发与应用、造船自动化装备、船舶高效生产模式及先进生产设计方法、船舶精度控制与先进测量技术、船壳板自动化成形技术等研究。

4. 船舶与海洋工程结构直接设计法与可靠性研究方向

主要从事大开口船舶结构强度计算方法、高速船结构轻型化技术、船体结构可靠性研究分析及极限承载能力、现役船舶结构状态检测与风险评估、船舶振动预报与控制技术、舰船结构抗暴设计、船舶结构机械噪声分析与控制原理、水下结构内部噪声场预测、流体动力噪声的产生机理与计算分析、高性能船舶噪声预报与降噪设计方法等研究。

（三）产品开发与技术进步

2015 年武汉理工大学获得中国航海学会科学技术奖等省部级及社会力量设立科技奖励情况如表 12 所示。

表12　2015年获得省部政府及社会力量设立科技奖励情况

年份	所获奖项	项目名称	等级
2015	中国航海学会科学技术奖	超大型船舶受限水域通航安全保障成套技术及应用	一等奖
2015	中国航海学会科学技术奖	内河船舶污染综合防治技术研究	二等奖
2015	中国水运建设行业协会科学技术奖	内河自航钢耙抓斗挖泥船的研制与应用	二等奖
2015	中国航海学会科学技术奖	港口大型设备结构安全性能检测技术与事故概率评估方法	二等奖
2015	中国港口科技进步奖	大宗散货码头系列化智能螺旋平料机	一等奖
2015	中国港口科技进步奖	斗轮堆取料机悬臂架接地力在线监测技术研究与应用	二等奖
2015	中国高校科研成果奖科技进步奖	内河交通运行状态监控与服务关键技术研究及应用	一等奖
2015	湖北省科技进步奖	船舶轴系性能研究与艉轴承研制及其工程应用	一等奖

广东省船舶与海洋工程技术研究开发中心

（一）基本情况

广东省船舶与海洋工程技术研究开发中心（下称“中心”）是2010年8月经广东省科学技术厅、广东省发展和改革委员会及广东省经济和信息化委员会批准组建、该领域省内第一个省级工程研究中心，依托华南理工大学建设和运行管理。中心2013年通过建设验收。

中心设立有包括中国船级社、国内主要船舶类高校、广东省船研机构、广船国际等主要造船企业等10个单位的专家组成的技术委员会，中心包含：

“船舶与海洋工程研究所”——设在校本部（广东省船舶设计甲级资质）；

“海洋工程装备研究所”——设在广新海事重工股份有限公司（企业）；

"船舶与海洋工程配套研究所"——设在"凯力船舶工程有限公司(企业);

"广州现代产研院船舶技术研发中心"(广州造船基地的窗口)——设在南沙科技创新园。

(二)主要方向和重点领域

中心主要从事新型船舶与海洋工程装备研发与设计、船舶配套先进技术、海洋环境研究和新型海岸工程研发与设计、船舶与海洋工程水动力、船舶与海洋工程结构优化与直接计算法设计、先进船舶与海洋工程材料研发、船舶水声等方面的科学研究、人才培养、新产品、新技术开发和应用推广。拥有华南地区最大的船模拖曳水池、海岸与近海工程实验室、船用材料试验中心、船舶与海洋工程振动与噪声测试中心,以及价值900多万元的科研设备。可以进行船舶快速性、船舶耐波性、海洋工程装备、船体节能装置、新型螺旋桨推进器、船用材料试验、船舶与海洋工程振动与噪声测试、河道整治、工程泥沙及河流动力学、潮汐河口整治、防浪掩护与波浪对建筑物的作用等的试验工作。具有良好的科技创新、工程技术开发和产业化推广基础和能力。

(三)产品开发与技术进步

2015年,中心承担有国家自然科学基金重点和面上项目、国家海洋局海洋可再生能源专项、中国南海重大基地海洋环境数模项目、中海油技术发展项目等6项,研发经费约700万元;与企业合作项目、成果应用及企业委托技术研发与服务项目10余项,研发经费约300万元。另外,开发新技术、新产品并推广应用的2项,开发成功待推广应用的3项。发表科技论文50余篇,其中三大检索和核心刊物的论文20余篇。申请专利国家发明和新型专利8件,其中获得授权3件。主要承担项目如下:

(1)承担完成2010年国家海洋局海洋可再生能源专项资金项目"适应低能流密度的复合波浪能转换模式及关键技术研究"、"波浪能发电和电站示范工程"项目,2012年7月海试,2014年完成研究任务并验收结题。

(2)承担2013年国家发改委海洋工程装备专项重大项目"钻井船、钻井平台大钩及隔水套管波浪补偿",项目进行中。

(3)完成中海油技术发展项目"基于断裂力学的疲劳裂纹评估软件的开发",项目通过验收并获得一致好评。

(4)参与承担国家工信部项目生产水下系统之"水下柔性跨接管设计、测试与安装技术研究"项目。

(5)完成中海油西部石油委托项目"乌石1–5油田沉箱项目方案研究"。

(6)开发出拥有自主知识产权、达到国际先进水平并具有商业化开发价值的新型多自由度喷水推进自主稳定微型带缆遥控水下机器人样机产品。

(编写: 季 宇 战玉萍 审校: 刘 免 刘祯祺)

第九章 2015年中国海洋工程装备产业主要政策

深海海底区域资源勘探开发法

第一章 总则

第一条 为了规范深海海底区域资源勘探、开发活动，保护海洋环境，提升深海科学技术研究和资源调查能力，保障人身和财产安全，促进深海海底区域资源可持续利用，制定本法。

第二条 中华人民共和国自然人、法人或者其他组织从事深海海底区域资源勘探、开发和相关环境保护、科学技术研究、资源调查，以及对上述活动的管理活动，适用本法。

深海海底区域，是指国家管辖范围以外的海床、洋底及其底土。

第三条 深海海底区域资源勘探、开发活动应当坚持保护环境、依靠科学、加强合作、维护人类共同利益的原则。

国家保障从事深海海底区域资源勘探、开发活动的中华人民共和国自然人、法人或者其他组织的合法权益。

第四条 国家制定深海海底区域资源勘探、开发规划，并采取经济、技术政策和措施，鼓励深海科学技术研究和资源调查，提升资源勘探、开发和海洋环境保护的能力。

第五条 国务院海洋主管部门负责对深海海底区域资源调查和勘探、开发活动的监督管理。

国务院外交、发展改革、财政、科技、交通运输等主管部门按照国务院规定的职责负责相关管理工作。

第六条 国家鼓励开展深海海底区域资源勘探、开发及相关科学技术研究、技术转让和教育培训、资源调查与环境保护的国际合作。

第二章 勘探、开发

第七条 中华人民共和国自然人、法人或者其他组织在向国际海底管理局申请从事深海海底区域资源勘探、开发活动前，应当向国务院海洋主管部门提出申请，并提交下列材料：

(1) 申请者基本情况。

(2) 勘探、开发区域位置、面积、矿产种类等说明。

(3) 财务投资证明和技术能力说明。

(4) 勘探、开发工作计划，包括勘探、开发活动可能对海洋环境造成影响的相关资料。

(5) 应急预案。

(6) 国务院海洋主管部门要求的其他材料。

第八条 国务院海洋主管部门应当对申请者提交的材料进行审查，对于符合国家利益并具备国务院海洋主管部门规定条件的，应当在60个工作日内予以许可，并出具相关文件。

获得许可的申请者在与国际海底管理局签订勘探、开发合同成为承包者后，可从事勘探、开发活动。

承包者应当自合同签订之日起30个工作日内，将勘探、开发合同副本报国务院海洋主管部门备案。

国务院海洋主管部门应当将勘探、开发的区域位置、面积等信息通报国务院交通运输主管部门。

第九条　承包者应当履行下列义务：

（1）执行勘探、开发合同。

（2）保障人身和财产安全。

（3）保护海洋环境。

（4）接受国务院海洋主管部门的监督检查，并按照要求提交材料。

（5）联合国海洋法公约、国际海底管理局规定的其他义务。

第十条　发生突发事件，承包者应当立即启动应急预案，并采取以下措施：

（1）立即发出警报。

（2）立即报告国务院海洋主管部门。

（3）采取一切实际可行与合理的措施，防止、控制对人身、财产、海洋环境的损害。

（4）视情况与其他承包者合作应对突发事件。

第十一条　承包者转让或者对勘探、开发合同作出重大变更前，应当报经国务院海洋主管部门同意。

承包者应当自合同变更或者终止之日起30个工作日内，报国务院海洋主管部门备案。

第三章　环境保护

第十二条　承包者应当在合理、可行的范围内，利用可获得的先进技术，采取必要措施，防止、控制勘探、开发区域内活动对海洋环境造成的污染和其他危害。

第十三条　承包者应当依照合同和国务院海洋主管部门的相关要求，研究勘探、开发区域的海洋状况，确定环境基线，编制勘探、开发活动的环境影响评估报告。

第十四条　承包者应当依照合同和国务院海洋主管部门的相关要求，制定和执行环境监测方案，监测勘探、开发活动对勘探、开发区域海洋环境的影响，保证监测设备正常运行，保存原始监测记录。

第十五条　承包者应当采取必要措施，维护海洋资源的可持续利用，防止对生物多样性的破坏，保护和保全下列海洋资源：

（1）稀有或者脆弱的生态系统。

（2）衰竭、受威胁或者有灭绝危险的物种。

（3）海洋生物的生存环境。

第四章　科学技术研究与资源调查

第十六条　国家支持深海科学技术研究和专业人才培养，将深海科学技术列入科学技术发展的优先领域，鼓励与相关产业的合作研究。

第十七条　国家支持深海公共平台的建设和运行，推进建立深海公共平台共享合作机制，为深海科学技术研究、资源调查等活动提供船舶、装备支撑和专业化服务。

第十八条　从事深海海底区域资源勘探、开发和资源调查活动的自然人、法人或者其他组织，应当将有关资料、实物样本汇交国务院海洋和其他相关主管部门。

第十九条　国家鼓励单位和个人通过开放科学考察船舶、实验室、陈列室和其他场地、设施，举办讲座和提供咨询等多种方式开展深海科学普及活动。

第五章　监督检查

第二十条　国务院海洋主管部门应当对承包者履行勘探、开发合同的情况进行监督检查。

第二十一条　承包者应当定期向国务院海洋主管部门报告下列履行勘探、开发合同的事项：

（1）勘探、开发活动情况。

（2）环境监测情况。

（3）年度投资情况。

（4）国务院海洋主管部门要求的其他事项。

第二十二条　国务院海洋主管部门可以检查承包者用于勘探、开发活动的船舶、设施、设备以及航海日志、记录、数据等。

第二十三条　被检查者应当对检查工作予以配合，并为检查工作提供便利。

第六章　罚则

第二十四条　违反本法第九条第二项、第三项的规定，造成人身伤害、财产损失、海洋环境损害的，承包者应当对所造成的损害负相应的赔偿责任。

第二十五条　违反本法第七条、第九条第一项、第十一条第一款、第二十一条和第二十三条的规定，有下列情形之一的，国务院海洋主管部门可以终止已经批准的许可，并处以5万元以上10万元以下的罚款：

（1）申请者向国务院海洋主管部门提交的材料存在虚假信息，情节严重的。

（2）承包者不履行或者违反勘探、开发合同，情节严重的。

（3）承包者转让或者对勘探、开发合同作出重大变更前，未报经国务院海洋主管部门同意的。

（4）承包者不接受或者不配合国务院海洋主管部门的监督检查，情节严重的。

（5）其他不适合继续给予许可的情形。

第二十六条　违反本法第八条第三款、第九条第四项、第十一条第二款、第十八条、第二十一条和第二十三条的规定，有下列行为之一的，由国务院海洋主管部门责令改正，并处以2万元以上10万元以下的罚款：

（1）从事深海资源调查和资源勘探、开发活动，未将有关资料或者实物样本汇交国务院海洋主管部门的。

（2）承包者未在规定的时限内将勘探、开发合同副本报国务院海洋主管部门备案的。

（3）变更或者终止合同，承包者未在规定的时限内向国务院海洋主管部门备案的。

（4）不配合国务院海洋主管部门监督检查或者在接受监督检查时不如实提供相关材料的。

（5）不按规定报告有关事项的。

第二十七条　违反本法第八条第二款的规定，未经许可或者未签订勘探、开发合同从事深海海底区域资源勘探、开发活动的，由国务院海洋主管部门责令停止违法行为，并处以10万元以上50万元以下的罚款；造成海洋环境破坏的，责令限期采取治理措施，并处以50万元以上100万元以下的罚款；构成犯罪的，依法追究刑事责任。

第二十八条　违反本法第九条第三项、第十条、第三章的规定，造成海洋环境污染的，由国务院海洋主管部门责令其停止违法行为，限期采取治理措施，并处以50万元以上100万元以下的罚款；构成犯罪的，依法追究刑事责任。

第七章　附则

第二十九条　本法所称下列术语的含义：

资源调查，是指在深海海底区域搜寻资源，包括估计资源成分、多少和分布情况及经济价值。

勘探，是指在深海海底区域探寻资源，分析资源，使用和测试资源采集系统和设备、加工设施及运输系统，以及对开发时必须考虑的环境、技术、经济、商业和其他有关因素的研究。

开发，是指在深海海底区域为商业目的回收、选取资源，包括建造和操作为生产和销售资源服务的采集、加工和运输系统。

环境基线，是指某一区域在一定时间内未直接受人类活动影响情况下的环境自然状况，包括物理、化学、生物和地质基线。

第三十条　对中华人民共和国或者中华人民共和国自然人、法人或者其他组织有效控制下的其他主体从事第二条所述活动的监督管理，参照本法执行。

第三十一条　深海海底区域资源开发活动有关涉税事项，按照我国税收法律法规的相关规定执行。

第三十二条　本法自2016年5月1日起施行。

中国制造2025

制造业是国民经济的主体，是立国之本、兴国之器、强国之基。18世纪中叶开启工业文明以来，世界强国的兴衰史和中华民族的奋斗史一再证明，没有强大的制造业，就没有国家和民族的强盛。打造具有国际竞争力的制造业，是我国提升综合国力、保障国家安全、建设世界强国的必由之路。

新中国成立尤其是改革开放以来，我国制造业持续快速发展，建成了门类齐全、独立完整的产业体系，有力推动工业化和现代化进程，显著增强综合国力，支撑我世界大国地位。然而，与世界先进水平相比，我国制造业仍然大而不强，在自主创新能力、资源利用效率、产业结构水平、信息化程度、质量效益等方面差距明显，转型升级和跨越发展的任务紧迫而艰巨。

当前，新一轮科技革命和产业变革与我国加快转变经济发展方式形成历史性交汇，国际产业分工格局正在重塑。必须紧紧抓住这一重大历史机遇，按照“四个全面”战略布局要求，实施制造强国战略，加强统筹规划和前瞻部署，力争通过三个十年的努力，到新中国成立一百年时，把我国建设成为引领世界制造业发展的制造强国，为实现中华民族伟大复兴的中国梦打下坚实基础。

《中国制造2025》，是我国实施制造强国战略第一个十年的行动纲领。

一、发展形势和环境

（一）全球制造业格局面临重大调整

新一代信息技术与制造业深度融合，正在引发影响深远的产业变革，形成新的生产方式、产业形态、商业模式和经济增长点。各国都在加大科技创新力度，推动三维（3D）打印、移动互联网、云计算、大数据、生物工程、新能源、新材料等领域取得新突破。基于信息物理系统的智能装备、智能工厂等智能制造正在引领制造方式变革；网络众包、协同设计、大规模个性化定制、精准供应链管理、全生命周期管理、电子商务等正在重塑产业价值链体系；可穿戴智能产品、智能家电、智能汽车等智能终端产品不断拓展制造业新领域。我国制造业转型升级、创新发展迎来重大机遇。

全球产业竞争格局正在发生重大调整，我国

在新一轮发展中面临巨大挑战。国际金融危机发生后，发达国家纷纷实施“再工业化”战略，重塑制造业竞争新优势，加速推进新一轮全球贸易投资新格局。一些发展中国家也在加快谋划和布局，积极参与全球产业再分工，承接产业及资本转移，拓展国际市场空间。我国制造业面临发达国家和其他发展中国家“双向挤压”的严峻挑战，必须放眼全球，加紧战略部署，着眼建设制造强国，固本培元，化挑战为机遇，抢占制造业新一轮竞争制高点。

（二）我国经济发展环境发生重大变化

随着新型工业化、信息化、城镇化、农业现代化同步推进，超大规模内需潜力不断释放，为我国制造业发展提供了广阔空间。各行业新的装备需求、人民群众新的消费需求、社会管理和公共服务新的民生需求、国防建设新的安全需求，都要求制造业在重大技术装备创新、消费品质量和安全、公共服务设施设备供给和国防装备保障等方面迅速提升水平和能力。全面深化改革和进一步扩大开放，将不断激发制造业发展活力和创造力，促进制造业转型升级。

我国经济发展进入新常态，制造业发展面临新挑战。资源和环境约束不断强化，劳动力等生产要素成本不断上升，投资和出口增速明显放缓，主要依靠资源要素投入、规模扩张的粗放发展模式难以为继，调整结构、转型升级、提质增效刻不容缓。形成经济增长新动力，塑造国际竞争新优势，重点在制造业，难点在制造业，出路也在制造业。

（三）建设制造强国任务艰巨而紧迫

经过几十年的快速发展，我国制造业规模跃居世界第一位，建立起门类齐全、独立完整的制造体系，成为支撑我国经济社会发展的重要基石和促进世界经济发展的重要力量。持续的技术创新，大大提高了我国制造业的综合竞争力。载人航天、载人深潜、大型飞机、北斗卫星导航、超级计算机、高铁装备、百万千瓦级发电装备、万米深海石油钻探设备等一批重大技术装备取得突破，形成了若干具有国际竞争力的优势产业和骨干企业，我国已具备了建设工业强国的基础和条件。

但我国仍处于工业化进程中，与先进国家相比还有较大差距。制造业大而不强，自主创新能力弱，关键核心技术与高端装备对外依存度高，以企业为主体的制造业创新体系不完善；产品档次不高，缺乏世界知名品牌；资源能源利用效率低，环境污染问题较为突出；产业结构不合理，高端装备制造业和生产性服务业发展滞后；信息化水平不高，与工业化融合深度不够；产业国际化程度不高，企业全球化经营能力不足。推进制造强国建设，必须着力解决以上问题。

建设制造强国，必须紧紧抓住当前难得的战略机遇，积极应对挑战，加强统筹规划，突出创新驱动，制定特殊政策，发挥制度优势，动员全社会力量奋力拼搏，更多依靠中国装备、依托中国品牌，实现中国制造向中国创造的转变，中国速度向中国质量的转变，中国产品向中国品牌的转变，完成中国制造由大变强的战略任务。

二、战略方针和目标

（一）指导思想

全面贯彻党的十八大和十八届二中、三中、四中全会精神，坚持走中国特色新型工业化道路，以促进制造业创新发展为主题，以提质增效为中心，以加快新一代信息技术与制造业深度融合为主线，以推进智能制造为主攻方向，以满足经济社会发展和国防建设对重大技术装备的需求为目标，强化工业基础能力，提高综合集成水平，完善多层次多类型人才培养体系，促进产业转型升级，培育有中国特色的制造文化，实现制造业由大变强的历史跨越。基本方针是：

创新驱动。坚持把创新摆在制造业发展全局的核心位置，完善有利于创新的制度环境，推动跨领域跨行业协同创新，突破一批重点领域关键共性技术，促进制造业数字化网络化智能化，走创新驱动的发展道路。

质量为先。坚持把质量作为建设制造强国的生命线，强化企业质量主体责任，加强质量技术攻关、自主品牌培育。建设法规标准体系、质量监管体系、先进质量文化，营造诚信经营的市场环境，走以质取胜的发展道路。

绿色发展。坚持把可持续发展作为建设制造强国的重要着力点，加强节能环保技术、工艺、装备推广应用，全面推行清洁生产。发展循环经济，提高资源回收利用效率，构建绿色制造体系，走生态文明的发展道路。

结构优化。坚持把结构调整作为建设制造强国的关键环节，大力发展先进制造业，改造提升传统产业，推动生产型制造向服务型制造转变。优化产业空间布局，培育一批具有核心竞争力的产业集群和企业群体，走提质增效的发展道路。

人才为本。坚持把人才作为建设制造强国的根本，建立健全科学合理的选人、用人、育人机制，加快培养制造业发展急需的专业技术人才、经营管理人才、技能人才。营造大众创业、万众创新的氛围，建设一支素质优良、结构合理的制造业人才队伍，走人才引领的发展道路。

（二）基本原则

市场主导，政府引导。全面深化改革，充分发挥市场在资源配置中的决定性作用，强化企业主体地位，激发企业活力和创造力。积极转变政府职能，加强战略研究和规划引导，完善相关支持政策，为企业发展创造良好环境。

立足当前，着眼长远。针对制约制造业发展的瓶颈和薄弱环节，加快转型升级和提质增效，切实提高制造业的核心竞争力和可持续发展能力。准确把握新一轮科技革命和产业变革趋势，加强战略谋划和前瞻部署，扎扎实实打基础，在未来竞争中占据制高点。

整体推进，重点突破。坚持制造业发展全国一盘棋和分类指导相结合，统筹规划，合理布局，明确创新发展方向，促进军民融合深度发展，加快推动制造业整体水平提升。围绕经济社会发展和国家安全重大需求，整合资源，突出重点，实施若干重大工程，实现率先突破。

自主发展，开放合作。在关系国计民生和产业安全的基础性、战略性、全局性领域，着力掌握关键核心技术，完善产业链条，形成自主发展能力。继续扩大开放，积极利用全球资源和市场，加强产业全球布局和国际交流合作，形成新的比较优势，提升制造业开放发展水平。

（三）战略目标

立足国情，立足现实，力争通过“三步走”实现制造强国的战略目标。

第一步：力争用十年时间，迈入制造强国行列。

到2020年，基本实现工业化，制造业大国地位进一步巩固，制造业信息化水平大幅提升。掌握一批重点领域关键核心技术，优势领域竞争力进一步增强，产品质量有较大提高。制造业数字化、网络化、智能化取得明显进展。重点行业单位工业增加值能耗、物耗及污染物排放明显下降。

到2025年，制造业整体素质大幅提升，创新能力显著增强，全员劳动生产率明显提高，两化（工业化和信息化）融合迈上新台阶。重点行业单位工业增加值能耗、物耗及污染物排放达到世界先进水平。形成一批具有较强国际竞争力的跨国公司和产业集群，在全球产业分工和价值链中的地位明显提升。

表13为2020–2025年制造业的主要指标。

第二步：到2035年，我国制造业整体达到世界制造强国阵营中等水平。创新能力大幅提升，重点领域发展取得重大突破，整体竞争力明显增强，优势行业形成全球创新引领能力，全面实现工业化。

第三步：新中国成立一百年时，制造业大国地位更加巩固，综合实力进入世界制造强国前列。制造业主要领域具有创新引领能力和明显竞争优势，建成全球领先的技术体系和产业体系。

（1）规模以上制造业每亿元主营业务收入有效发明专利数=规模以上制造企业有效发明专利数/规模以上制造企业主营业务收入。

（2）制造业质量竞争力指数是反映我国制造业质量整体水平的经济技术综合指标，由质量水平和发展能力两个方面共计12项具体指标计算得出。

（3）宽带普及率用固定宽带家庭普及率代表，固定宽带家庭普及率=固定宽带家庭用户数/家庭户数。

（4）数字化研发设计工具普及率=应用数字化研发设计工具的规模以上企业数量/规模以上企业总数量（相关数据来源于3万家样本企业，下同）。

（5）关键工序数控化率为规模以上工业企业关键工序数控化率的平均值。

三、战略任务和重点

实现制造强国的战略目标，必须坚持问题导

表13　2020年和2025年制造业主要指标

类别	指标	2013年	2015年	2020年	2025年
创新能力	规模以上制造业研发经费内部支出占主营业务收入比重/%	0.88	0.95	1.26	1.68
	规模以上制造业每亿元主营业务收入有效发明专利数1/件	0.36	0.44	0.70	1.10
质量效益	制造业质量竞争力指数	83.1	83.5	84.5	85.5
	制造业增加值率提高	–	–	比2015年提高2个百分点	比2015年提高4个百分点
	制造业全员劳动生产率增速/%	–	–	7.5左右（“十三五”期间年均增速）	6.5左右（“十四五”期间年均增速）
两化融合	宽带普及率/%	37	50	70	82
	数字化研发设计工具普及率/%	52	58	72	84
	关键工序数控化率/%	27	33	50	64
绿色发展	规模以上单位工业增加值能耗下降幅度	–	–	比2015年下降18%	比2015年下降34%
	单位工业增加值二氧化碳排放量下降幅度	–	–	比2015年下降22%	比2015年下降40%
	单位工业增加值用水量下降幅度	–	–	比2015年下降23%	比2015年下降41%
	工业固体废物综合利用率/%	62	65	73	79

向，统筹谋划，突出重点；必须凝聚全社会共识，加快制造业转型升级，全面提高发展质量和核心竞争力。

（一）提高国家制造业创新能力

完善以企业为主体、市场为导向、政产学研用相结合的制造业创新体系。围绕产业链部署创新链，围绕创新链配置资源链，加强关键核心技术攻关，加速科技成果产业化，提高关键环节和重点领域的创新能力。

加强关键核心技术研发。强化企业技术创新主体地位，支持企业提升创新能力，推进国家技术创新示范企业和企业技术中心建设，充分吸纳企业参与国家科技计划的决策和实施。瞄准国家重大战略需求和未来产业发展制高点，定期研究制定发布制造业重点领域技术创新路线图。继续抓紧实施国家科技重大专项，通过国家科技计划（专项、基金等）支持关键核心技术研发。发挥行业骨干企业的主导作用和高等院校、科研院所的基础作用，建立一批产业创新联盟，开展政产学研用协同创新，攻克一批对产业竞争力整体提升具有全局性影响、带动性强的关键共性技术，加快成果转化。

提高创新设计能力。在传统制造业、战略性新兴产业、现代服务业等重点领域开展创新设计示范，全面推广应用以绿色、智能、协同为特征的先进设计技术。加强设计领域共性关键技术研发，攻克信息化设计、过程集成设计、复杂过程和系统设计等共性技术，开发一批具有自主知识产权的关键设计工具软件，建设完善创新设计生态系统。建设若干具有世界影响力的创新设计集群，培育一批专业化、开放型的工业设计企业，鼓励代工企业建立研究设计中心，向代设计和出口自主品牌产品转变。发展各类创新设计教育，设立国家工业设计奖，激发全社会创新设计的积极性和主动性。

推进科技成果产业化。完善科技成果转化运行机制，研究制定促进科技成果转化和产业化的指导意见，建立完善科技成果信息发布和共享平台，健全以技术交易市场为核心的技术转移和产业化服务体系。完善科技成果转化激励机制，推动事业单位科技成果使用、处置和收益管理改革，健全科技成果科学评估和市场定价机制。完善科技成果转化协同推进机制，引导政产学研用按照市场规律和创新规律加强合作，鼓励企业和社会资本建立一批从事技术集成、熟化和工程化的中试基地。加快国防科技成果转化和产业化进程，推进军民技术双向转移转化。

完善国家制造业创新体系。加强顶层设计，加快建立以创新中心为核心载体、以公共服务平台和工程数据中心为重要支撑的制造业创新网络，建立市场化的创新方向选择机制和鼓励创新的风险分担、利益共享机制。充分利用现有科技资源，围绕制造业重大共性需求，采取政府与社会合作、政产学研用产业创新战略联盟等新机制新模式，形成一批制造业创新中心（工业技术研究基地），开展关键共性重大技术研究和产业化应用示范。建设一批促进制造业协同创新的公共服务平台，规范服务标准，开展技术研发、检验检测、技术评价、技术交易、质量认证、人才培训等专业化服务，促进科技成果转化和推广应用。建设重点领域制造业工程数据中心，为企业提供创新知识和工程数据的开放共享服务。面向制造业关键共性技术，建设一批重大科学研究和实验设施，提高核心企业系统集成能力，促进向价值链高端延伸。

加强标准体系建设。改革标准体系和标准化管理体制，组织实施制造业标准化提升计划，在智能制造等重点领域开展综合标准化工作。发挥企业在标准制定中的重要作用，支持组建重点领域标准推进联盟，建设标准创新研究基地，协同推进产品研发与标准制定。制定满足市场和创新需要的团体标准，建立企业产品和服务标准自我声明公开和监督制度。鼓励和支持企业、科研院所、行业组织等参与国际标准制定，加快我国标准国际化进程。大力推动国防装备采用先进的民用标准，推动军用技术标准向民用领域的转化和应用。做好标准的宣传贯彻，大力推动标准实施。

专栏1　制造业创新中心（工业技术研究基地）建设工程
围绕重点行业转型升级和新一代信息技术、智能制造、增材制造、新材料、生物医药等领域创新发展的重大共性需求，形成一批制造业创新中心（工业技术研究基地），重点开展行业基础和共性关键技术研发、成果产业化、人才培训等工作。制定完善制造业创新中心遴选、考核、管理的标准和程序。 到2020年，重点形成15家左右制造业创新中心（工业技术研究基地），力争到2025年形成40家左右制造业创新中心（工业技术研究基地）。

强化知识产权运用。加强制造业重点领域关键核心技术知识产权储备，构建产业化导向的专利组合和战略布局。鼓励和支持企业运用知识产权参与市场竞争，培育一批具备知识产权综合实力的优势企业，支持组建知识产权联盟，推动市场主体开展知识产权协同运用。稳妥推进国防知识产权解密和市场化应用。建立健全知识产权评议机制，鼓励和支持行业骨干企业与专业机构在重点领域合作开展专利评估、收购、运营、风险预警与应对。构建知识产权综合运用公共服务平台。鼓励开展跨国知识产权许可。研究制定降低中小企业知识产权申请、保护及维权成本的政策措施。

（二）推进信息化与工业化深度融合

加快推动新一代信息技术与制造技术融合发展，把智能制造作为两化深度融合的主攻方向；着力发展智能装备和智能产品，推进生产过程智能化，培育新型生产方式，全面提升企业研发、生产、管理和服务的智能化水平。

研究制定智能制造发展战略。编制智能制造发展规划，明确发展目标、重点任务和重大布局。加快制定智能制造技术标准，建立完善智能制造和两化融合管理标准体系。强化应用牵引，建立智能制造产业联盟，协同推动智能装备和产品研发、系统集成创新与产业化。促进工业互联网、云计算、大数据在企业研发设计、生产制造、经营管理、销售服务等全流程和全产业链的综合集成应用。加强智能制造工业控制系统网络安全保障能力建设，健全综合保障体系。

加快发展智能制造装备和产品。组织研发具有深度感知、智慧决策、自动执行功能的高档数控机床、工业机器人、增材制造装备等智能制造装备以及智能化生产线，突破新型传感器、智能测量仪表、工业控制系统、伺服电机及驱动器和减速器等智能核心装置，推进工程化和产业化。加快机械、航空、船舶、汽车、轻工、纺织、食品、电子等行业生产设备的智能化改造，提高精准制造、敏捷制造能力。统筹布局和推动智能交通工具、智能工程机械、服务机器人、智能家电、智能照明电器、可穿戴设备等产品研发和产业化。

推进制造过程智能化。在重点领域试点建设智能工厂/数字化车间，加快人机智能交互、工业机器人、智能物流管理、增材制造等技术和装备在生产过程中的应用，促进制造工艺的仿真优化、数字化控制、状态信息实时监测和自适应控制。加快产品全生命周期管理、客户关系管理、供应链管理系统的推广应用，促进集团管控、设计与制造、产供销一体、业务和财务衔接等关键环节集成，实现智能管控。加快民用爆炸物品、危险化学品、食品、印染、稀土、农药等重点行业智能检测监管体系建设，提高智能化水平。

深化互联网在制造领域的应用。制定互联网与制造业融合发展的路线图，明确发展方向、目标和路径。发展基于互联网的个性化定制、众包设计、云制造等新型制造模式，推动形成基于消费需求动态感知的研发、制造和产业组织方式。建立优势互补、合作共赢的开放型产业生态体系。加快开展物联网技术研发和应用示范，培育智能监测、远程诊断管理、全产业链追溯等工业互联网新应用。实施工业云及工业大数据创新应用试点，建设一批高质量的工业云服务和工业大数据平台，推动软件与服务、设计与制造资源、关键技术与标准的开放共享。

加强互联网基础设施建设。加强工业互联网基础设施建设规划与布局，建设低时延、高可靠、广覆盖的工业互联网。加快制造业集聚区光纤网、移动通信网和无线局域网的部署和建设，实现信息网络宽带升级，提高企业宽带接入能力。针对信息物理系统网络研发及应用需求，组织开发智能控制系统、工业应用软件、故障诊断软件和相关工具、传感和通信系统协议，实现人、设备与产品的实时联通、精确识别、有效交互与智能控制。

专栏2　智能制造工程
紧密围绕重点制造领域关键环节，开展新一代信息技术与制造装备融合的集成创新和工程应用。支持政产学研用联合攻关，开发智能产品和自主可控的智能装置并实现产业化。依托优势企业，紧扣关键工序智能化、关键岗位机器人替代、生产过程智能优化控制、供应链优化，建设重点领域智能工厂/数字化车间。在基础条件好、需求迫切的重点地区、行业和企业中，分类实施流程制造、离散制造、智能装备和产品、新业态新模式、智能化管理、智能化服务等试点示范及应用推广。建立智能制造标准体系和信息安全保障系统，搭建智能制造网络系统平台。 到2020年，制造业重点领域智能化水平显著提升，试点示范项目运营成本降低30%，产品生产周期缩短30%，不良品率降低30%。到2025年，制造业重点领域全面实现智能化，试点示范项目运营成本降低50%，产品生产周期缩短50%，不良品率降低50%。

（三）强化工业基础能力

核心基础零部件（元器件）、先进基础工艺、关键基础材料和产业技术基础（以下统称“四基”）等工业基础能力薄弱，是制约我国制造业创新发展和质量提升的症结所在。要坚持问题导向、产需结合、协同创新、重点突破的原则，着力破解制约重点产业发展的瓶颈。

统筹推进“四基”发展。制定工业强基实施方案，明确重点方向、主要目标和实施路径。制定工业“四基”发展指导目录，发布工业强基发展报告，组织实施工业强基工程。统筹军民两方面资源，开展军民两用技术联合攻关，支持军民技术相互有效利用，促进基础领域融合发展。强化基础领域标准、计量体系建设，加快实施对标达标，提升基础产品的质量、可靠性和寿命。建立多部门协调推进机制，引导各类要素向基础领域集聚。

加强“四基”创新能力建设。强化前瞻性基础研究，着力解决影响核心基础零部件（元器件）产品性能和稳定性的关键共性技术。建立基础工艺创新体系，利用现有资源建立关键共性基础工艺研究机构，开展先进成型、加工等关键制造工艺联合攻关；支持企业开展工艺创新，培养工艺专业人才。加大基础专用材料研发力度，提高专用材料自给保障能力和制备技术水平。建立国家工业基础数据库，加强企业试验检测数据和计量数据的采集、管理、应用和积累。加大对“四基”领域技术研发的支持力度，引导产业投资基金和创业投资基金投向“四基”领域重点项目。

推动整机企业和“四基”企业协同发展。注重需求侧激励，产用结合，协同攻关。依托国家科技计划（专项、基金等）和相关工程等，在数控机床、轨道交通装备、航空航天、发电设备等重点领域，引导整机企业和“四基”企业、高校、科研院所产需对接，建立产业联盟，形成协同创新、产用结合、以市场促基础产业发展的新模式，提升重大装备自主可控水平。开展工业强基示范应用，完善首台（套）、首批次政策，支持核心基础零部件（元器件）、先进基础工艺、关键基础材料推广应用。

专栏3　工业强基工程
开展示范应用，建立奖励和风险补偿机制，支持核心基础零部件（元器件）、先进基础工艺、关键基础材料的首批次或跨领域应用。组织重点突破，针对重大工程和重点装备的关键技术和产品急需，支持优势企业开展政产学研用联合攻关，突破关键基础材料、核心基础零部件的工程化、产业化瓶颈。强化平台支撑，布局和组建一批"四基"研究中心，创建一批公共服务平台，完善重点产业技术基础体系。 到2020年，40%的核心基础零部件、关键基础材料实现自主保障，受制于人的局面逐步缓解，航天装备、通信装备、发电与输变电设备、工程机械、轨道交通装备、家用电器等产业急需的核心基础零部件（元器件）和关键基础材料的先进制造工艺得到推广应用。到2025年，70%的核心基础零部件、关键基础材料实现自主保障，80种标志性先进工艺得到推广应用，部分达到国际领先水平，建成较为完善的产业技术基础服务体系，逐步形成整机牵引和基础支撑协调互动的产业创新发展格局。

（四）加强质量品牌建设

提升质量控制技术，完善质量管理机制，夯实质量发展基础，优化质量发展环境，努力实现制造业质量大幅提升。鼓励企业追求卓越品质，形成具有自主知识产权的名牌产品，不断提升企业品牌价值和中国制造整体形象。

推广先进质量管理技术和方法。建设重点产品标准符合性认定平台，推动重点产品技术、安全标准全面达到国际先进水平。开展质量标杆和领先企业示范活动，普及卓越绩效、六西格玛、精益生产、质量诊断、质量持续改进等先进生产管理模式和方法。支持企业提高质量在线监测、在线控制和产品全生命周期质量追溯能力。组织开展重点行业工艺优化行动，提升关键工艺过程控制水平。开展质量管理小组、现场改进等群众性质量管理活动示范推广。加强中小企业质量管理，开展质量安全培训、诊断和辅导活动。

加快提升产品质量。实施工业产品质量提升行动计划，针对汽车、高档数控机床、轨道交通装备、大型成套技术装备、工程机械、特种设备、关键原材料、基础零部件、电子元器件等重点行业，组织攻克一批长期困扰产品质量提升的关键共性质量技术，加强可靠性设计、试验与验证技术开发应用，推广采用先进成型和加工方法、在线检测装置、智能化生产和物流系统及检测设备等，使重点实物产品的性能稳定性、质量可靠性、环境适应性、使用寿命等指标达到国际同类产品先进水平。在食品、药品、婴童用品、家电等领域实施覆盖产品全生命周期的质量管理、质量自我声明和质量追溯制度，保障重点消费品质量安全。大力提高国防装备质量可靠性，增强国防装备实战能力。

完善质量监管体系。健全产品质量标准体系、政策规划体系和质量管理法律法规。加强关系民生和安全等重点领域的行业准入与市场退出管理。建立消费品生产经营企业产品事故强制报告制度，健全质量信用信息收集和发布制度，强化企业质量主体责任。将质量违法违规记录作为企业诚信评级的重要内容，建立质量黑名单制度，加大对质量违法和假冒品牌行为的打击和惩处力度。建立区域和行业质量安全预警制度，防范化解产品质量安全风险。严格实施产品“三包”、产品召回等制度。强化监管检查和责任追究，切实保护消费者权益。

夯实质量发展基础。制定和实施与国际先进水平接轨的制造业质量、安全、卫生、环保及节能标准。加强计量科技基础及前沿技术研究，建立一批制造业发展急需的高准确度、高稳定性计量基标准，提升与制造业相关的国家量传溯源能力。加强国家产业计量测试中心建设，构建国家计量科技创新体系。完善检验检测技术保障体系，建设一批高水平的工业产品质量控制和技术评价实验室、产品质量监督检验中心，鼓励建立专业检测技术联盟。完善认证认可管理模式，提高强制性产品认证的有效性，推动自愿性产品认证健康发展，提升管理体系认证水平，稳步推进国际互认。支持行业组织发布自律规范或公约，开展质量信誉承诺活动。

推进制造业品牌建设。引导企业制定品牌管理体系，围绕研发创新、生产制造、质量管理和营销服务全过程，提升内在素质，夯实品牌发展基础。扶持一批品牌培育和运营专业服务机构，开展品牌管理咨询、市场推广等服务。健全集体商标、证明商标注册管理制度。打造一批特色鲜明、竞争力强、市场信誉好的产业集群区域品牌。建设品牌文化，引导企业增强以质量和信誉为核心的品牌意识，树立品牌消费理念，提升品牌附加值和软实力。加速我国品牌价值评价国际化进程，充分发挥各类媒体作用，加大中国品牌宣传推广力度，树立中国制造品牌良好形象。

（五）全面推行绿色制造

加大先进节能环保技术、工艺和装备的研发力度，加快制造业绿色改造升级；积极推行低碳化、循环化和集约化，提高制造业资源利用效率；强化产品全生命周期绿色管理，努力构建高效、清洁、低碳、循环的绿色制造体系。

加快制造业绿色改造升级。全面推进钢铁、有色、化工、建材、轻工、印染等传统制造业绿色改造，大力研发推广余热余压回收、水循环利用、重金属污染减量化、有毒有害原料替代、废渣资源化、脱硫脱硝除尘等绿色工艺技术装备，加快应用清洁高效铸造、锻压、焊接、表面处理、切削等加工工艺，实现绿色生产。加强绿色产品研发应用，推广轻量化、低功耗、易回收等技术工艺，持续提升电机、锅炉、内燃机及电器等终端用能产品能效水平，加快淘汰落后机电产品和技术。积极引领新兴产业高起点绿色发展，大幅降低电子信息产品生产、使用能耗及限用物质含量，建设绿色数据中心和绿色基站，大力促进新材料、新能源、高端装备、生物产业绿色低碳发展。

推进资源高效循环利用。支持企业强化技术创新和管理，增强绿色精益制造能力，大幅降低能耗、物耗和水耗水平。持续提高绿色低碳能源使用比率，开展工业园区和企业分布式绿色智能微电网建设，控制和削减化石能源消费量。全面推行循环生产方式，促进企业、园区、行业间链接共生、原料互供、资源共享。推进资源再生利用产业规范化、规模化发展，强化技术装备支撑，提高大宗工业固体废弃物、废旧金属、废弃电器电子产品等综合利用水平。大力发展再制造产业，实施高端再制造、智能再制造、在役再制造，推进产品认定，促进再制造产业持续健康发展。

积极构建绿色制造体系。支持企业开发绿色产品，推行生态设计，显著提升产品节能环保低碳水平，引导绿色生产和绿色消费。建设绿色工厂，实现厂房集约化、原料无害化、生产洁净化、废物资源化、能源低碳化。发展绿色园区，推进工业园区产业耦合，实现近零排放。打造绿色供应链，加快建立以资源节约、环境友好为导向的采购、生产、营销、回收及物流体系，落实生产者责任延伸制度。壮大绿色企业，支持企业实施绿色战略、绿色标准、绿色管理和绿色生产。强化绿色监管，健全节能环保法规、标准体系，加强节能环保监察，推行企业社会责任报告制度，开展绿色评价。

专栏4 绿色制造工程

组织实施传统制造业能效提升、清洁生产、节水治污、循环利用等专项技术改造。开展重大节能环保、资源综合利用、再制造、低碳技术产业化示范。实施重点区域、流域、行业清洁生产水平提升计划，扎实推进大气、水、土壤污染源头防治专项。制定绿色产品、绿色工厂、绿色园区、绿色企业标准体系，开展绿色评价。
到2020年，建成千家绿色示范工厂和百家绿色示范园区，部分重化工行业能源资源消耗出现拐点，重点行业主要污染物排放强度下降20%。到2025年，制造业绿色发展和主要产品单耗达到世界先进水平，绿色制造体系基本建立。

（六）大力推动重点领域突破发展

瞄准新一代信息技术、高端装备、新材料、生物医药等战略重点，引导社会各类资源集聚，推动优势和战略产业快速发展。

1. 新一代信息技术产业

集成电路及专用装备。着力提升集成电路设计水平，不断丰富知识产权（IP）核和设计工具，突破关系国家信息与网络安全及电子整机产业发展的核心通用芯片，提升国产芯片的应用适配能力。掌握高密度封装及三维（3D）微组装技术，提升封装产业和测试的自主发展能力。形成关键制造装备供货能力。

信息通信设备。掌握新型计算、高速互联、先进存储、体系化安全保障等核心技术，全面突破第五代移动通信（5G）技术、核心路由交换技术、超高速大容量智能光传输技术、“未来网络”核心技术和体系架构，积极推动量子计算、神经网络等发展。研发高端服务器、大容量存储、新型路由交换、新型智能终端、新一代基站、网络安全等设备，推动核心信息通信设备体系化发展与规模化应用。

操作系统及工业软件。开发安全领域操作系统等工业基础软件。突破智能设计与仿真及其工具、制造物联与服务、工业大数据处理等高端工业软件核心技术，开发自主可控的高端工业平台软件和重点领域应用软件，建立完善工业软件集成标准与安全测评体系。推进自主工业软件体系化发展和产业化应用。

2. 高档数控机床和机器人

高档数控机床。开发一批精密、高速、高效、柔性数控机床与基础制造装备及集成制造系统。加快高档数控机床、增材制造等前沿技术和装备的研发。以提升可靠性、精度保持性为重点，开发高档数控系统、伺服电机、轴承、光栅等主要功能部件及关键应用软件，加快实现产业化。加强用户工艺验证能力建设。

机器人。围绕汽车、机械、电子、危险品制造、国防军工、化工、轻工等工业机器人、特种机器人，以及医疗健康、家庭服务、教育娱乐等服务机器人应用需求，积极研发新产品，促进机器人标准化、模块化发展，扩大市场应用。突破机器人本体、减速器、伺服电机、控制器、传感器与驱动器等关键零部件及系统集成设计制造等技术瓶颈。

3. 航空航天装备

航空装备。加快大型飞机研制，适时启动宽体客机研制，鼓励国际合作研制重型直升机；推进干支线飞机、直升机、无人机和通用飞机产业化。突破高推重比、先进涡桨（轴）发动机及大涵道比涡扇发动机技术，建立发动机自主发展工业体系。开发先进机载设备及系统，形成自主完整的航空产业链。

航天装备。发展新一代运载火箭、重型运载器，提升进入空间能力。加快推进国家民用空间基础设施建设，发展新型卫星等空间平台与有效载荷、空天地宽带互联网系统，形成长期持续稳定的卫星遥感、通信、导航等空间信息服务能力。推动载人航天、月球探测工程，适度发展深空探测。推进航天技术转化与空间技术应用。

4. 海洋工程装备及高技术船舶

大力发展深海探测、资源开发利用、海上作业保障装备及其关键系统和专用设备。推动深海空间站、大型浮式结构物的开发和工程化。形成海洋工程装备综合试验、检测与鉴定能力，提高海洋开发利用水平。突破豪华邮轮设计建造技术，全面提升液化天然气船等高技术船舶国际竞争力，掌握重点配套设备集成化、智能化、模块化设计制造核心技术。

5. 先进轨道交通装备

加快新材料、新技术和新工艺的应用，重点突破体系化安全保障、节能环保、数字化智能化网络化技术，研制先进可靠适用的产品和轻量化、模块化、谱系化产品。研发新一代绿色智能、高速重载轨道交通装备系统，围绕系统全寿命周期，向用户提供整体解决方案，建立世界领先的现代轨道交通产业体系。

6. 节能与新能源汽车

继续支持电动汽车、燃料电池汽车发展，掌握汽车低碳化、信息化、智能化核心技术，提升动力电池、驱动电机、高效内燃机、先进变速器、轻量化材料、智能控制等核心技术的工程化和产业化能力，形成从关键零部件到整车的完整工业体系和创新体系，推动自主品牌节能与新能源汽车同国际先进水平接轨。

7. 电力装备

推动大型高效超净排放煤电机组产业化和示范应用，进一步提高超大容量水电机组、核电机组、重型燃气轮机制造水平。推进新能源和可再生能源装备、先进储能装置、智能电网用输变电及用户端设备发展。突破大功率电力电子器件、高温超导材料等关键元器件和材料的制造及应用技术，形成产业化能力。

8. 农机装备

重点发展粮、棉、油、糖等大宗粮食和战略性经济作物育、耕、种、管、收、运、贮等主要生产过程使用的先进农机装备，加快发展大型拖拉机及其复式作业机具、大型高效联合收割机等高端农业装备及关键核心零部件。提高农机装备信息收集、智能决策和精准作业能力，推进形成面向农业生产的信息化整体解决方案。

9. 新材料

以特种金属功能材料、高性能结构材料、功能性高分子材料、特种无机非金属材料和先进复合材料为发展重点，加快研发先进熔炼、凝固成型、气相沉积、型材加工、高效合成等新材料制备关键技术和装备，加强基础研究和体系建设，突破产业化制备瓶颈。积极发展军民共用特种新材料，加快技术双向转移转化，促进新材料产业军民融合发展。高度关注颠覆性新材料对传统材料的影响，做好超导材料、纳米材料、石墨烯、生物基材料等战略前沿材料提前布局和研制。加快基础材料升级换代。

10. 生物医药及高性能医疗器械

发展针对重大疾病的化学药、中药、生物技术药物新产品，重点包括新机制和新靶点化学药、抗体药物、抗体偶联药物、全新结构蛋白及多肽药物、新型疫苗、临床优势突出的创新中药及个性化治疗药物。提高医疗器械的创新能力和产业化水平，重点发展影像设备、医用机器人等高性能诊疗设备，全降解血管支架等高值医用耗材，可穿戴、远程诊疗等移动医疗产品。实现生物3D打印、诱导多能干细胞等新技术的突破和应用。

绿色制造2016专项行动实施方案

为加快实施绿色制造工程，全面推行绿色制造，构建绿色制造体系，按照《中国制造2025》专项行动计划统一要求，制定本实施方案。

一、背景

绿色发展是党的十八届五中全会确立的五大发展理念之一，中央经济工作会议明确要求推动绿色发展取得新突破。我国虽然是制造业大国，但并没有完全摆脱高投入、高消耗、高污染的粗放发展模式，资源环境制约十分明显。《中国制造2025》将绿色发展作为主要方向之一，明确提出全面推行绿色制造。开展绿色制造专项行动，实施绿色制造工程，是落实五大发展理念和建设制造强国的重要着力点，也是加快推动生产方式绿色化、增加绿色产品供给、减轻资源环境压力、提高人民生活质量的有效途径，更是推动工业转型升级、培育新的经济增长点、稳增长调结构增效益的关键措施，对促进工业文明与生态文明和谐共融具有重要意义。

二、指导思想

贯彻落实党的十八大及十八届三中、四中、五中全会精神，践行绿色发展理念，按照制造强国建设战略部署，围绕落实绿色制造工程2016年重点任务，以制造业绿色改造升级为重点，加快关键技术研发与产业化，强化试点示范和绿色监管，积极构建绿色制造体系，力争在重点区域、重点流域绿色制造上取得突破，引领和带动制造业高效清洁低碳循环和可持续发展。

三、主要目标

通过实施绿色制造2016专项行动，预期实现以下目标：

（1）进一步提升部分行业清洁生产水平，预计全年削减化学需氧量8万吨、氨氮0.7万吨。筛选推广一批先进节水技术。

（2）建设若干资源综合利用重大示范工程和基地，初步形成京津冀及周边地区资源综合利用产业区域协同发展新机制。

（3）会同财政部启动绿色制造试点示范，发布若干行业绿色工厂创建实施方案或绿色工厂标准。

四、重点工作

（一）实施传统制造业绿色化改造

围绕制造业清洁生产水平提升，发布《水污染防治重点行业清洁生产技术推行方案》，实施重点流域部分行业水污染防治清洁化改造。会同财政部支持一批高风险污染物削减项目，从源头减少汞、铅、高毒农药等高风险污染物产生和排放。在钢铁、造纸等高耗水行业，筛选推广一批先进适用的节水技术。组织开展节能监察和跨区域专项督查，在重点行业实施一批高效节能低碳技术改造示范项目。

（二）开展京津冀及周边地区资源综合利用产业协同发展示范

在尾矿、煤矸石、粉煤灰、脱硫石膏等重点领域，开展资源综合利用重大工程示范，推广应用一批先进适用技术装备。会同财政部组织实施水泥窑协同处置城市生活垃圾示范工程建设。支持固体废物工程技术研究机构、固体废物资源综合利用与生态发展创新中心等技术创新平台建设。

（三）推进绿色制造体系试点

统筹推进绿色制造体系建设试点，发布绿色制造标准体系建设指南、绿色工厂评价导则和绿色供应链管理试点方案。会同财政部在京津冀、长江经济带、东北老工业基地等区域，选择部分城市开展绿色制造试点示范，创建一批特色鲜明的绿色示范工厂。

五、进度安排

发布实施方案，启动绿色制造专项行动（一季度）。

发布《实施2016年高风险污染物削减行动的通知》（一季度）。

发布《第二批国家鼓励的先进适用节水技术目录》及《国家鼓励的有毒有害原料（产品）替代品目录》（2016年版）（二季度）。

启动绿色制造工程实施指南重点任务，发布绿色制造标准体系建设指南及绿色工厂评价导则等，开展绿色工厂试点（二季度）。

会同财政部启动水泥窑协同处置城市生活垃圾示范工程建设（二季度）。

组织开展节能监察和跨区域专项督查（三季度）。

发布《京津冀及周边地区资源综合利用产业协同发展重大示范工程实施方案》，推动京津冀及周边地区固体废物综合利用基地建设（三季度）。

六、保障措施

（1）创新机制模式。积极协调中国工程院、中国科学院等机构技术资源，注重发挥行业协会和产业联盟支撑作用，指导绿色制造关键共性技术研发。加强与产业基金、投资公司、政策性银行等机构对接，总结绿色信贷成功经验，进一步拓展支持领域，为绿色制造专项提供支撑。

（2）形成工作合力。加强与发改、财政、环保、科技等部门紧密合作，充分调动地方政府积极性，推动建立部门互动、区域联动、上下齐动的工作机制，营造绿色发展政策环境。建立制造业绿色发展区域协调联动工作机制，加强对地方工作的指导，促进区域间节能环保产业实质性合作。

（3）加大政策支持。利用专项建设基金、清洁生产、工业转型升级等专项资金，支持绿色制造专项行动重点项目。拓展绿色信贷、绿色债券市场，支持设立绿色产业基金。完善绿色产品政府采购和财政支持政策，落实资源综合利用税收优惠政策、节能节水环保专用设备所得税优惠政策。

（4）强化监督管理。积极推进完善绿色制造相关法律法规，依法构建绿色制造管理体系。强化环保执法监督、节能监察、清洁生产审核和生产者责任延伸，加强事中事后监管，严格惩处各类违法违规行为，形成绿色发展长效激励约束机制。

中国制造2025—能源装备实施方案

一、前言

能源装备是能源技术的载体，是装备制造业的重要和核心部分。习近平总书记在中央财经领导小组第六次会议上，指出要按照攻关一批、示范一批、推广一批“三个一批”的思路推进能源技术革命。推动能源装备自主创新是落实党中央、国务院决策的重要举措，是推进能源技术革命的重要内容，也是落实国务院《中国制造2025》的工作要求。

当前，欧美等发达国家高端制造回流，德国、美国相继提出工业4.0 和工业互联网概念。在推动能源绿色低碳发展和结构转型大形势下，传统能源技术装备亟需革新和提升水平，一批新兴能源技术装备产业正在萌芽。我国能源技术装备制造业也面临能源发展和结构调整的挑战，自主创新能力较弱、部分关键核心技术缺失、传统产品产能相对过剩和关键零部件配套能力不足共存等矛盾仍然突出，亟需转型升级。

面对能源革命的新要求、装备制造业发展的新形势和“走出去”战略的需要，为推动能源革命，促进装备制造业自主创新和优化升级，以能源装备发展引领装备制造业强国建设，特制定本实施方案。

二、指导思想和基本原则

（一）指导思想

全面贯彻落实党的十八大和十八届三中、四中、五中全会精神，按照中央财经领导小组第六次会议、新一届国家能源委员会首次会议和《中国制造2025》的重大决策和工作部署，围绕能源革命和装备制造业发展新要求，依托能源工程建设，组织推动关键能源装备的技术攻关、试验示范和推广应用。重点突出能源安全保障急需和有效推动能源革命的关键装备，进一步培育和提高能源装备自主创新能力，推动能源革命和能源装备制造业优化升级。

（二）基本原则

创新驱动，升级产业。充分发挥科技创新驱动作用，以关键能源装备为突破口，着力培育能源装备制造业自主创新能力，以点带面，推动能源装备制造业优化升级。

面向需求，突出重点。以推动能源革命和清洁低碳、安全高效的总要求为统领，重点突破一批安全保障急需和对能源产业发展具有重大意义的关键装备和共性技术。

统筹协调，有序推进。与能源革命总要求以及《中国制造2025》发展目标和重点任务统筹协调，按照“三个一批”的思路细化任务和组织推进。

依托工程，形成合力。依托能源工程推进关键装备的技术攻关和试验示范，政策支持、规划引导，各方力量有机结合，形成能源装备自主创新合力。

三、行动目标

2020 年前，围绕推动能源革命总体工作部署，突破一批能源清洁低碳和安全高效发展的关键技术装备并开展示范应用。制约性或瓶颈性装备和零部件实现批量化生产和应用，有力保障能源安全供给和助推能源生产消费革命。

基本形成能源装备自主设计、制造和成套能力，关键部件和原材料基本实现自主化。能源装备设计制造技术水平显著提升，设计与制造体系进一步融合，重大能源装备实现自主研发、设计和制造，设备性能和质量控制明显提升。

能源装备制造业成为带动我国产业升级的新增长点。电力装备等优势领域技术水平和竞争力达到国际领先，形成一批具有自主知识产权和较强竞争力的装备制造企业集团。能源装备产品结构进一步优化，产能过剩明显缓解。

2025年前，新兴能源装备制造业形成具有比较优势的较完善产业体系，总体具有较强国际竞争力。有效支撑能源生产和消费革命，部分领域能源技术装备引领全球产业发展，能源技术装备标准实现国际化对接。

能源装备形成产学研用有机结合的自主创新体系，实现引领装备制造业转型升级。基本形成能源重大技术装备、战略性新兴产业装备、通用基础装备、关键零部件和材料配套等专业化合理分工、相互促进、协调发展的产业格局。

四、主要任务

围绕确保能源安全供应、推动清洁能源发展和化石能源清洁高效利用三个方面确定了15 个领域的能源装备发展任务：

（一）煤炭绿色智能采掘洗选装备

1）技术攻关

煤炭智能地质钻探装备：研制回采工作面高精度地质勘探系统（四维动态长距离电磁波透视探测装备、三维槽波动态探测装备等）、掘进头地质构造多波三维实时超前高精度探测系统等成套装备。

煤炭高效绿色开采装备：研发煤矿巷道高效快速掘进与支护装备，薄和极薄煤层、大倾角-急倾斜煤层、特厚煤层高效高回收率开采装备、智能化绿色充填开采装备，深部矿井安全高效开采及岩层控制技术装备，研发大型露天矿连续、半连续开采生产系统、大型矿井辅助运输系统等装备，研制高端采煤机、N00 工法及关键设备、智能锚杆机、8.8 米超大采高成套装备、智能全断面掘进成套装备、绿色辅助运输车辆、煤矿斜井盾构施工设备、免维护运输胶带机。

煤矿智能开采洗选装备：研发千万吨级矿井大型提升智能化装备、智能采煤机、智能化清洁高效集成供液系统、工作面巡检机器人等。研发超大采高综采工作面集中控制及智能化系统、超大采高综采工作面安全工程成套设备和煤矿灾害智能防护技术装备。研制智能化洗选装备，重点研发千万吨级/年模块化智能洗选装备及智能化控制系统。

煤矿灾害防治和应急救援装备：研制煤与瓦斯突出、冲击地压等动力灾害监测预警系统及解危装备等，研发煤矿重大事故灾区高可靠性无人侦测技术与多网融合综合通信装备、救援通道快速构建技术装备、分布式联合仿真救援培训演练系统与综合管理信息平台、矿井水害全时空实时预警系统、煤矿巷道关键地点巡检无人飞行器、矿井危险源实时监测预警管控一体化平台、掘进头地质构造多波三维实时超前高精度探测系统等。

2）试验示范

依托《煤炭工业发展“十三五”规划》、相关能源中长期战略规划中确定的重大煤矿项目，推动关键装备的试验示范：

所有完成技术攻关的设备；

煤炭钻探设备：井上下一体化地震探测系统、回采工作面高精度地质勘探系统。

煤炭开采设备：10米大直径矿山竖井掘进机、Φ8米×1 500米反井钻机、全断面斜井掘进机、挤压破岩硬岩巷道掘进机、1 500米煤矿深井智能提升机、采煤机、新的采煤工艺及设备、智能锚杆钻机、8.8 米液压支架、全断面掘进机及配套设备、井下防爆系列电动车、煤矿斜井盾构及配套设备、新型主运胶带机、智能化非圆形全断面掘进装备、智能耦合型超大采高液压支架、年产1 500 万吨综采工作面智能控制输送设备、高效智能化采掘工作面控制装备、薄及中厚煤层智能化刨运机组、无机发泡固化材料制备输送一体机、矿山呼吸性粉尘、火灾、瓦斯、水灾、顶板等灾害实时在线监测预警装备、智能湿喷机、智能集控中心及专家决策系统、安全探测传感器、煤岩识别探测器、探测机器人、综合智能一体化生产控制和执行系统、煤矿物联网传感设备等。

承担关键零部件技术攻关的设备整机。

3）应用推广

鼓励《煤炭工业发展“十三五”规划》及相关能源中长期战略规划中明确的现代化煤矿项目采用自主研制的煤炭装备、完成试验示范的关键设备：

推广深厚冲积层快速建井、薄煤层智能化开采、智能化无人工作面综采、大断面巷道高效掘支、煤及半煤巷道快速掘进、煤矿信息化管理、煤矿区地面生态恢复与重建、新型煤粉锅炉系统、大型煤矿装备节能、矿井水利用、煤矿重大灾害事故反演和模拟仿真、煤矿应急避险技术装备等。

（二）深水和非常规油气勘探开发装备

1. 深水油气

1）技术攻关

深水油气资源勘探成套技术装备：研发深水大型物探船及其配套技术装备、海洋高精度地震勘探成套技术装备、海洋复杂油气藏三维测井综合评价成套技术与装备、深水大型工程地质勘察船及其配套技术装备。

深水油气钻采装备：研制12 000米海洋钻井模块（突破大功率钻井绞车技术、双井架技术和四单根作业井架技术）、水下生产系统（包括3 000米深水防喷器及其控制系统、水下采油树、水下井口头、水下混输增压泵、原油系统、油水分离系统、开/闭排系统、注水系统、天然气排放系统、公用系统和其他系统等）、海洋深水管（深水钻井隔水管系统、采油立管、水下管汇及连接器、海底油气输送管及在线监测维修设备等），开发海洋天然气水合物开采装备，突破3 000米深水起重铺管船及其配套工程技术装备、30万吨以上FPSO、FDPSO，研发海上油田注CO_2采油配套工艺技术及工具和滩海油田钻采试油-试采一体化平台以及海洋平台用输变电成套设备。

推进深水油气装备智能制造：研究并掌握深水大型物探船、3000 米半潜式钻井平台等海洋深水油气装备智能制造综合标准体系、全三维协同设计、三维工艺快速精准设计技术，现场作业三维指导技术，“苦、脏、累、险”作业的智能化工艺及装备技术，海洋深水油气装备制造过程焊接、物流等智能管控技术，各类中间产品柔性、高效、智能化制造技术，全寿命期的大数据与智能决策技术。

2）试验示范

依托《石油发展“十三五”规划》《天然气发展“十三五”规划》和《大型油气田及煤层气开发重大科技专项“十三五”实施计划》及后续深水油气勘探开发工程项目，推动关键装备的试验示范：

所有完成技术攻关的设备；

承担关键零部件技术攻关的设备整机；

9 000米海洋人工岛钻机、2 000米以上海洋多功能连续管钻机、450 英尺自升式平台升降锁紧系统、深水固井装备、1 100吨张紧力隔水管张紧系统、水下生产系统(1 500米水下智能采油树、水下自动控制系统、1 500米水下井口)、9 000米海洋人工岛钻机、3 000米半潜式钻井平台成套装备、15 000马力海洋压裂船、30~100米自升自航修井作业平台、18吨以上提升力海洋连续油管作业船、70吨以上提升力海洋带压作业船、500米水深E/H 级钻井隔水管系统、500米以上深水采油立管、12 000米海洋钻井模块、自升自航石油工程修井平台等。

3)应用推广

依托《石油发展"十三五"规划》《天然气发展"十三五"规划》和《大型油气田及煤层气开发重大科技专项"十三五"实施计划》,鼓励深水油气勘探开发工程项目采用自主研制的深水油气装备、完成试验示范的关键设备。

2. 页岩油气

1)技术攻关

6 000米以内的专用钻机:开发管子处理系统和自动化工具等钻井配套自动化设备、高效钻头和螺杆钻具。

钻完井设备:开发包括液压随钻扩眼器、水平井井眼净化和钻具降摩减阻设备、下套管和固井工具、遇油/遇水膨胀工具、连续油管作业工具、新射孔枪等高效射孔器材。

高精度地质导向系统:突破8.5 英寸旋转导向钻井系统,开发随钻测量、随钻测井装备及配套软件。

大型压裂设备:开发微地震压裂裂缝监测装备、6 000马力电驱压裂泵、5 000马力电动压裂成套装备、压裂液返排循环处理设备、脉冲加砂装置、井下分段压裂工具、225吨带压作业装备等。

2)试验示范

依托《页岩气"十三五"规划》《大型油气田及煤层气开发重大科技专项十三五实施计划》及相关能源中长期战略规划中项目及后续其他页岩气工程项目,推动关键装备的试验示范:

所有完成技术攻关的设备;

承担关键零部件技术攻关的设备整机;

自主制造的1 000马力单泵固井车、大型泡沫固井装备等固井装备,4 500马力涡轮驱动压裂车,单机6 000马力电驱压裂撬,单机功率3 000马力以上的油/气/电驱压裂泵车/撬,无水压裂成套装备,5 000米智能钻机、步进钻机、单根超级钻机、齿轮齿条钻机等。

3)应用推广

鼓励《页岩气"十三五"规划》及相关能源中长期战略规划中项目及后续其他页岩气工程项目采用自主研制的页岩气装备、完成试验示范的关键设备。

3. 煤层气

1)技术攻关

煤层气抽采成套装备:研发防爆地质导向测量、钻进、控制、随钻测量等煤矿井下智能化钻探装备,研发120Tf煤层气车载钻机关键部件、Φ300mm顶推式钻机关键部件等,研发连续油管成套设备、液氮压裂机组、采动区煤层气撬装抽采设备、1 000米斜直井钻机、大型泡沫压裂成套设备等。

煤层气高效利用装备:研制低浓度煤层气变压吸附浓缩装置、低浓度煤层气蓄热氧化利用装备、煤层气物理萃取富集装备、煤层气深冷液化装备等。

2)试验示范

依托《煤炭工业发展"十三五"规划》《煤层气(煤矿瓦斯)开发利用"十三五"规划》和相关能源中长期战略规划及煤炭/煤层气开发、利用工程项目,推动关键装备的试验示范:

所有完成技术攻关的设备；

120Tf煤层气车载钻机、Φ300mm顶推式钻机、大型液氮泵车等承担关键零部件技术攻关的设备整机。

3）应用推广

鼓励《煤炭工业发展“十三五”规划》《煤层气（煤矿瓦斯）开发利用“十三五”规划》和相关能源中长期战略规划中及煤炭/煤层气开发工程项目采用自主研制的煤层气开发装备、完成试验示范的关键设备。

（三）油气储运和输送装备

1.天然气输送

1）技术攻关

天然气长输管道设备：研制X100和X120高强度管线钢及系列卷板和宽厚板以及螺旋埋弧焊管和直缝埋弧焊管等。自主研制10MW级支线燃气轮机驱动压缩机组。研制5 700~6 000 转/分左右的高速电机和压缩机。

2）试验示范

依托《天然气发展“十三五”规划》及相关能源中长期战略规划中后续天然气长输管线项目，推动关键装备的试验示范：

30MW 级燃气轮机驱动压缩机机组；10MW 级5000r/min 以上的超高速异步防爆电机；大功率、高转速系列压缩机；天然气管道高压大口径阀门及配套执行机构；天然气管道计量设备；输气管道控制系统；

所有完成技术攻关的设备；

承担关键零部件技术攻关的设备整机。

3）应用推广

鼓励《天然气发展“十三五”规划》及相关能源中长期战略规划中后续天然气长输管线项目采用自主研制设备、完成试验示范的关键设备：

20MW 级电驱压缩机组、高压大口径（48 英寸，900 和600磅级）全焊接球阀。

2.液化天然气（LNG）

1）技术攻关

大型天然气液化处理装置：开发天然气深度预处理工艺技术及工艺包，形成100万吨级天然气液化技术工艺包。研制大型LNG液化处理装置、液化工艺包、LNG接收站成套装备（液相卸料/气相返回臂，存储设备）、液化成套装备（压缩机、低温泵、阀门、管道、仪表及耐低温材料等）、液化厂控制系统等关键设备。

大型液化天然气储运装备：研制海水气化器等LNG 接收站辅助设备、容量不低于20万方的特大型地下储罐、1万方以上新型独立式LNG 船用大型储罐；0.04%以下蒸发率的先进绝热技术和绝热材料、200 000m^3以上的特大型LNG船（包括壳体设计，储罐冷却方式、结构形式和绝热技术以及再液化装置的设计）、高压天然气（HCNG）海洋储运成套装备以及浮式/平台式LNG 液化、储存和再气化设备等。

2）试验示范

依托《天然气发展“十三五”规划》及相关能源中长期战略规划中后续LNG 项目，推动关键装备的试验示范：

大型LNG 接收站气化成套装备（海水泵、各类气化器等），低压潜液泵、高压输送泵等，大型液力透平，8t/h 以下的BOG压缩机和BOG增压压缩机，气液两相透平膨胀机，部分低温阀门（高频开关球阀、节流膨胀阀、大口径蝶阀、安全阀等），LNG绕管换热器，120万吨/年LNG 液化装置用冷挤压压缩机组等；

所有完成技术攻关的设备；

承担关键零部件技术攻关的设备整机。

3）应用推广

鼓励《天然气发展“十三五”规划》及相关能源中长期战略规划中后续LNG 项目采用自主研制设备、完成试验示范的关键设备。

（四）清洁高效燃煤发电装备

1. 高效超超临界燃煤发电

1）技术攻关

600℃等级超超临界燃煤发电机组关键高温部件和零部件：研发600℃等级高温材料和制造技术，形成我国自有的高温材料成分与工艺设计能力，研制二次再热机组用高温关键阀门等部件，开发电站工业控制系统核心零部件及元器件、电站远程诊断系统、火电厂余热利用与海水淡化集成优化技术及装备。

630~650℃等级超超临界燃煤发电机组关键设备：研究630~650℃高温材料筛选和开发，以及材料性能与工艺评定；锅炉、汽轮机高温部件试验验证；超超临界发电机组设计和优化；示范机组总体方案设计、设备选型、运行和控制技术研究；掌握630~650℃锅炉水冷壁、过热器、再热器、集箱等关键部件的加工制造技术；汽轮机高中压转子、气缸、阀门、高温叶片、紧固件、阀芯耐磨件等关键部件加工制造技术；大口径管道及管件、弯头的设计、制造及加工技术。

全燃准东煤锅炉：突破准东煤锅炉结渣、沾污机理和防控技术，开发600~1 000MW 等级超超临界全烧准东煤煤粉锅炉，重点突破锅炉燃烧器开发、锅炉炉膛设计优化、对流受热面布置方式优化、锅炉吹灰器系统及除渣系统优化、以及锅炉燃烧和控制技术，掌握锅炉全燃准东煤的集成技术。

700℃超超临界燃煤发电机组技术装备：突破700℃等级镍基合金耐热材料生产和关键高温部件制造技术，掌握耐热材料大型铸件、锻件的加工制造技术、主机和关键辅机制造技术，研究高温部件焊接材料及焊接工艺。掌握700℃锅炉水冷壁、过热器、再热器、集箱等关键部件的加工制造技术；汽轮机高中压转子、汽缸、阀壳、高温叶片、紧固件、阀芯耐磨件等关键部件加工制造技术；大口径高温管道及管件、阀门的设计、制造及加工技术。

大容量富氧燃烧锅炉：掌握大容量富氧燃烧锅炉设计计算方法及工程放大规律，研究富氧燃烧用大型空分与锅炉系统动态匹配技术。

燃煤电厂智能控制系统：研发基于互联网技术和智能设备的超超临界机组智能控制系统，采用先进控制技术、实时优化技术、大数据挖掘技术自动化控制和高效低污染运行。研发燃煤电厂远程诊断和监测系统，研究建设燃煤电厂大数据中心及云计算平台，为电厂高效运行、维修提供指导和决策依据。

2）试验示范

依托《电力发展“十三五”规划》及相关能源中长期战略规划中部分燃煤发电项目作为示范工程：

推进600℃等级超超临界主机以及四大管道、关键阀门等高温高压关键部件、重要辅机高性能轴承国产化示范。

推进1 000MW等级超超临界高效褐煤发电机组关键技术装备、高能效和低水耗褐煤提质发电技术装备示范。

待完成技术攻关后，建设全燃准东煤锅炉机组示范项目和700℃超超临界燃煤发电示范项目。

3）应用推广

鼓励后续超超临界燃煤发电项目采用自主研制设备和控制系统等。

1 000MW等级超超临界空冷机组成套装备。

2. 超（超）临界循环流化床

1）技术攻关

600MW 等级超超临界循环流化床锅炉：研究

超超临界CFB锅炉的总体布置、热力特性、炉膛设计技术及水动力特性，研制燃烧室、布风装置、分离器、外置换热器等关键部件，掌握热力计算和水动力计算方法，掌握燃煤矸石、无烟煤或褐煤600MW等级及以上容量超超临界循环流化床锅炉部件加工制造技术，及掌握600MW等级及以上容量超超临界循环流化床锅炉发电系统集成技术。

2）试验示范

完成技术攻关后，确定超超临界循环流化床锅炉发电示范工程，推进关键设备试验示范。

3）应用推广

鼓励采用自主超（超）临界循环流化床燃用劣质煤发电。

3. 超临界二氧化碳循环发电

1）技术攻关

研究超临界二氧化碳发电系统设计、核心设备设计、制造、安装调试和运行控制等关键技术。研发大型超临界二氧化碳火力发电机组用材料，并掌握材料性能与工艺评定、腐蚀特性及防腐措施等。研究掌握300MW级示范机组总体布置、热力特性、系统设计及二氧化碳动力特性，研制高效压缩机、以二氧化碳为工质的水冷壁、过热器、再热器、汽轮机等核心设备，掌握二氧化碳热力计算和动力计算方法，掌握关键设备加工制造技术，以及300MW级二氧化碳循环发电系统集成技术。

2）试验示范

推进二氧化碳循环发电机组关键部件及设备的国产化，完成二氧化碳循环发电机组的设计、制造、运行等技术的研发。

完成技术攻关后，建设300MW二氧化碳循环发电机组示范项目，推进关键设备的试验示范。

3）推广应用

鼓励后续二氧化碳超临界循环发电机组建设项目采用自主研制的设备。

4、污染物减排

1）技术攻关

烟气高效超净排放装置及集成系统：研发新型超低氮燃烧器、污染物脱除关键设备，掌握燃煤多污染物多设备的协同治理工艺和系统集成技术以及脱硫除尘集成技术。

自主知识产权的多污染物（SO_2、NO_x、Hg 等）一体化脱除装置：包括具有同时吸附多污染物的新型高效吸附剂及高效、低成本氧化剂、氧化工艺及设备、以及高效催化剂等，掌握多污染物一体化脱除技术工艺关键装置设计及制造技术。

2）试验示范

依托《煤电机组节能减排升级改造行动计划》，推进自主研发超低排放装置的试验示范。

3）应用推广

鼓励采用自主研制的超低排放装置。

（五）先进核电装备

1. 先进大型压水堆

1）技术攻关

核岛设备：压力容器（C 型环等关键部件）、控制棒驱动机构（驱动杆、钩爪、密封壳、行程套管、棒控棒位连接器、线圈组件、棒位探测器）、堆内构件（全焊式堆芯围筒、流量分配组件、堆芯测量仪表格架组件）、蒸汽发生器（汽水分离器、换热单元）、稳压器（喷嘴、加热器）、主泵（核级密封、主泵监测系统、泵壳、飞轮、泵端液压联轴器、轴承、屏蔽套、热屏、湿绕组电机）、主管道、燃料装卸与贮存设备（关键部件），安全级数字化仪控系统，核电站高放环境修护专用工具（核电服务机器人等），熔融物滞留系统，整体螺栓拉伸机。

常规岛设备：汽轮发电机组及辅助设备（低压转子、焊接/整锻转子、2 米等级长叶片、汽水分离再热器、抽汽逆止阀、低(中)压进汽蝶阀、控制保护系统、调节系统、发电机转子护环、励磁电压调节器、凝汽器钛管等)、大型发电机断路器、柴油发电机组、电控系统设备、主给水泵组(液力耦合器、芯包等)及其他设备设计制造技术。

关键泵阀:关键核级泵(轴承、核级密封)、关键阀门(核岛主泵/化学和容积控制系统高磅级大口径闸阀、主蒸汽安全阀、主蒸汽隔离阀、主泵严重事故卸压阀、主泵稳压器喷淋阀、主泵稳压器先导式安全阀、主蒸汽释放系统主蒸汽释放隔离阀、蒸汽排大气调节阀、汽机旁路调节阀、常规岛重要系统(给水除氧器/高压给水加热器/凝结水/主给水流量调节系统等)调节阀和隔离阀等)、爆破阀。

关键核级材料:开发先进核电主设备用新型合金材料和替代材料,进一步提高核电主设备大型铸锻件(蒸发器上下封头、锥形筒等)加工制造技术水平,掌握关键设备焊接工艺技术。突破蒸汽发生器、堆内构件等设备关键板材等材料设计制造技术。推进耐辐照包壳材料、汽水分离再热器换热管、核燃料锆管、核级海绵锆等合金材料、核级碳钢、低合金钢、不锈钢和镍基合金等焊材技术攻关。

关键仪表和系统:核岛三废处理系统、堆芯冷却监视系统、堆芯核测量系统、堆芯温度监测系统、堆外核测系统、超声波流量计、导波雷达液位计、堆芯液位监测系统、事故后安全壳高量程区域监测仪、安全壳氢分析处理系统、乏燃料池水位监测系统、分体式压力/压差变送器、反应堆堆外核测量系统、反应堆棒控棒位系统、核测量探测器、核级压力/差压变送器、核级温度开关/压力开关。

智能化核电装备:组织开展核电装备智能制造技术攻关,采用互联网+等先进信息技术实现设计、制造、工程全过程数据的数字化共享与关联,结合数字样机、增材制造等新型智能化生产技术和设备应用。研制核电运营智能装置/装备及智能机器人,突破感知及监测装置、智能工具及装置、个人作业智能装备应用、各类智能化机器人等。

2)试验示范

依托后续所有核电项目,推动所有完成技术攻关的设备以及包括核岛设备、常规岛设备以及配套辅助设备在内的核电装备和关键核级材料的试验示范。

3)应用推广

鼓励后续所有核电项目采用自主研制设备、完成试验示范的关键设备和材料。

2. 高温气冷堆

1)技术攻关

核岛设备:改进型核芯制备设备、改进型燃料颗粒包覆设备、改进型燃料元件压制设备、核级结构石墨、核级氦气阀门、高温气冷堆主蒸汽隔离阀、高温气冷堆电气贯穿件等。

常规岛及其他配套设备:氦气透平压缩机组(压气机2 级动叶轮+3 级静叶轮、配套电磁轴承、回热器、电气贯穿件、旁路阀)、超高温气冷堆制氢机组等。

2)试验示范

依托石岛湾高温气冷堆示范工程、福建霞浦60万千瓦高温气冷堆商业示范工程及后续项目,推动高温气冷堆关键装备的试验示范和产业化:

20吨/年燃料元件生产线、优化的蒸汽发生器及在役检查设备、优化的控制棒驱动机构及检修专用设备、优化的吸收球停堆装置、优化的金属堆内构件、优化的堆芯卸料装置、优化的燃料装卸系统输送转换装置、优化的电磁轴承氦风机(含高效叶轮、国产化电磁轴承)、多模块机组主控室、配套超高压汽轮发电机组、10MW 氦气透平压缩机组等。

3）应用推广

后续高温气冷堆项目承担推广应用任务。

3. 快中子反应堆

1）技术攻关

600MW级快堆关键设备：堆芯组件及堆本体：硼屏蔽组件、一回路主循环泵、热交换器、安全棒驱动机构、补偿-调节棒驱动机构、堆容器及堆内构件、非能动停堆机构、堆芯支撑等。

二回路系统：二回路主循环泵、蒸汽发生器、大口径钠阀、回路钠流量计、大口径钠管道、钠分配器及配套设备以及先进高效汽轮发电机组等常规岛主设备及其他配套设备等。

燃料操作设备：旋塞、换料机、装卸料提升机、转运机、乏燃料转换桶、新组件装载机、乏燃料水下检测工具、乏燃料贮存水池自动操作机、气闸、堆顶密封塞、全自动换料监控系统、全自动乏/新燃料转运监控系统、乏/新燃料运输容器等。

安全专设与核岛辅助系统：空冷器、高性能冷阱、电磁泵、阻塞计、钠流量计、气体加热风机、氢、氧、碳测量装置。

2）试验示范

依托福建霞浦60万千瓦快中子堆示范工程项目及后续项目，推动快堆关键装备的试验示范和产业化。

3）应用推广

后续快中子堆项目承担推广应用任务。

4. 模块化小型堆

1）技术攻关

研制压力容器、螺旋管直流蒸汽发生器、双层短套管、核反应堆堆内构件、一体化整体支承、蒸汽发生器、一体化内置式稳压器、一体化内置式控制棒驱动机构、换料设备、反应堆堆外核测量系统、反应堆堆芯测量系统、反应堆棒控棒位系统、单点系泊系统、数字化控制系统、主泵、主蒸汽隔离阀、主给水隔离阀、非能动热交换器、启动分离器、爆破阀、扩散器、地坑过滤器、喷洒器、关键核级阀门、装卸料机、小型堆汽轮机数字电液调节装备、在运核电机组模拟仪控系统全数字化升级技术改造成套验证装备、以及小型堆专用工具等。

2）试验示范

依托各小型堆示范工程项目及后续项目，推动小型堆关键装备的试验示范和产业化。

3）应用推广

后续所有小型堆项目承担推广应用任务。

5. 核燃料及循环利用

1）技术攻关

高安全性先进核燃料元件：研发CF/STEP 系列燃料元件、模块化小堆燃料元件、高性能事故容错（ATF）燃料元件、环形元件、超临界压水堆燃料元件等新一代压水堆燃料元件，掌握快堆MOX 燃料组件设计、制造技术，开发高温气冷堆球形燃料元件、快堆金属燃料元件等第四代反应堆燃料元件，突破锆合金材料，自主掌握燃料元件生产、检测、核燃料组件检测及修复设备等设计制造技术。

乏燃料后处理工艺和关键设备：自主掌握大型核燃料后处理厂关键设备设计制造技术，包括卧式剪切机、连续溶解器、沉降式离心机、萃取分离柱、离心萃取器、泵轮式混合澄清槽、流体输送设备、专用泵阀、专用检修机器人、乏燃料/新燃料贮存/运输容器、固体废物和包壳处理设备及专用操作设备与工具等。

三废处理装备：研制高放废液锕系元素高效萃取分离装置、高放射性的锶、铯有效去除装置以及锕系与镧系元素的高效萃取分离装置以及锝高效吸附分离装置，开发高效降解设备、混合固化设备、超级压缩机、等离子体熔融设备、蒸汽重整设备、无机吸附和反渗透设备、干法后处理技术和设备、高放废液玻璃固化技术与设备等。

2）试验示范

依托相关核电工程项目及乏燃料处理示范工程项目，推动燃料元件、乏燃料处理（乏燃料贮运用关键材料等）和废物处理设备的试验示范和产业化。

3）应用推广

后续所有相关项目承担推广应用任务。

（六）水电装备

1. 水力发电

1）技术攻关

依托水电项目建设开发100万千瓦级混流式水轮发电机组、单机容量25万千瓦级轴流转桨式水轮发电机组和单机容量50万千瓦级、1 000米水头以上高水头大容量冲击式水轮机组，自主掌握水轮发电机组总体设计、水力模型开发、电磁设计、高效全空冷、推力轴承、定子绝缘、通流部件结构动力特性、高强蜗壳材料、主要部件强度和疲劳等关键技术，自主掌握特大型水电铸锻件技术。

研发水电智能生产管理系统：开发水电智能一体化生产管理和运行控制平台、状态检修智能决策支持系统、工程安全智能分析评估系统、智能应急指挥处置系统、智能安全防护管理系统等。

2）试验示范

依托国家核准和《水电发展“十三五”规划》及相关能源中长期战略规划中具备条件的水电项目，推动完成技术攻关设备的试验示范。

3）应用推广

鼓励后续相关水电项目承担推广应用任务。

2. 抽水蓄能

1）技术攻关

单机40万千瓦级、500 米水头以上高水头大容量抽水蓄能机组：掌握水泵水轮机水力设计、发电电动机电磁设计及通风冷却、高速重载双向推力轴承和导轴承、高电压绝缘绕组、数字式智能化调速系统、励磁系统和变频启动装置等设计制造技术。

调速范围±10%可变速抽水蓄能机组：突破大型交流励磁变速抽水蓄能机组可变速水泵水轮机与调速系统的优化设计技术，以及发电电动机、交流励磁系统、控制系统、继电保护和监控保护设计、制造、安装和运行技术；突破全功率阀控变速抽水蓄能机组的换流变压器设计及制造技术、阀控设备成套设计方案及成套设备布置技术，以及控制系统、监控系统、保护系统等设计与制造技术，全功率阀控变速抽水蓄能机组成套制造技术等。

2）试验示范

依托《水电发展“十三五”规划》及相关能源中长期战略规划中具备条件的水电项目，推动高水头抽水蓄能装备和完成技术攻关设备的试验示范。

3）应用推广

鼓励后续相关抽水蓄能项目承担推广应用任务。

（七）风电装备

1）技术攻关

开发适用于轮毂中心高度100~200米大型陆上风力发电机组，重点10MW级海上大功率风力发电机组、海上漂浮式风力发电机组及各种基础结构，掌握自主知识产权的5~7MW级大型风电机组、10MW级大型风电机组（双馈和直驱）及关键部件（超长低风速叶片、发电机、齿轮箱、轴承、控制系统、变桨、偏航系统等关键部件）设计制造技术、变流、变桨等子系统智能融合技术、发电机高性能控制技术、基于大数据的风电场群智能运维技术，重点突破超长低风速叶片、超大功率高温超导风力发电机、大功率直驱永磁同步风力发电机等，研制海上风电设备运输船、吊装船等施工维护装备。

开发基于模块化的具备自愈诊断能力和适应复杂电网下的风力发电机组智能变流器、6MW及以上中压全功率风电变流器，研发适用于风电的中压多电平模块化拓朴结构，掌握模块化生产、安装维护工艺，智能模块化集成技术以及变流器故障诊断与自愈技术。

2）试验示范

依托《风电发展“十三五”规划》及相关能源中长期战略规划推动关键风电装备和完成技术攻关设备的试验示范。

3）应用推广

鼓励风电项目采用自主研制设备。

（八）太阳能发电装备

1. 光伏

1）技术攻关

新型高效晶硅电池和组件：研发可量产的晶体硅电池生产技术（多晶电池效率21.5%以上，单晶效率22.5%以上，N 型高效电池效率25%以上，多结晶体硅电池效率达到26%以上），研发多晶CTM大于103%、单晶大于101.5%的高效率组件技术及光伏电池关键材料。

薄膜及其他新型光伏电池及组件：研发可量产的效率20%以上的碲化镉薄膜电池、效率21%以上的CIGS薄膜电池，43%以上的三五族化合物电池、钙钛矿电池等新型太阳电池、染料敏化电池、有机太阳电池、量子点电池、叠层电池和高效砷化镓电池。

新一代光伏逆变器及系统集成设备：研制数兆瓦级高效光伏逆变系统、兆瓦级光伏储能逆变系统、新一代高效智能逆变器（无易损件、免维护、组串级监控和分析，最高效率大于99%）、10MW级高压无并网变压器逆变器、光伏直流并网逆变器和智能逆变器、1 500V组件配套汇流箱、逆变器、组件等系统设备等，研制高可靠性、高精度、智能化的光伏跟踪系统、能源互联运营管理平台、智能汇流箱和即插即用式光伏集成产品。

光伏制造设备：组织多晶切割机、连续拉晶炉、大产能低压扩散炉、背面钝化设备、带二次印刷功能的双通道丝网印刷机等主要光伏电池制造设备攻关，提升光伏生产线自动化、智能化水平。

2）试验示范

依托《太阳能发电发展“十三五”规划》及相关能源中长期战略规划推动关键光伏装备和完成技术攻关设备的试验示范。

3）应用推广

鼓励光伏项目采用自主研制设备。

2. 光热

1）技术攻关

槽式太阳能聚光发电系统关键设备：槽式太阳能聚光发电系统关键设备：高（450℃以上）中（350~450℃）低（150~350℃）温太阳能集热器，槽式太阳能液压驱动装置，槽式太阳能高性能油盐换热器，光热发电汽轮机系统，油水换热器，光场导热油专用旋转式接头。

塔式太阳能热发电聚光发电系统关键设备：塔式太阳能定日镜全场控制系统，聚光器跟踪传动装置，大面积拼接式定日镜及面形检测装置；大口径高温熔盐阀；塔式光热特殊隔热材料。

太阳能热发电蓄热系统关键设备：高温高效率吸热材料（金属、陶瓷、涂层材料），百兆瓦级高温熔盐吸热器，万立方级蓄热熔盐储罐，百吨级高参数盐水换热器，高温高扬程大流量熔盐泵、液态金属蓄热储罐。

太阳热发电专用高效膨胀动力装置：单螺杆膨

胀机，斯特林发动机，有机工质蒸汽轮机和发电装置,超临界二氧化碳透平及系统等。

分布式太阳能冷热电联供发电系统关键设备：分布式太阳能发电吸热器，分布式储热装置，小型高效再热汽轮机组等。

2）试验示范

依托《太阳能发电发展“十三五”规划》及相关能源中长期战略规划推动关键光热发电装备和完成技术攻关设备的试验示范。

3）应用推广

鼓励光热发电项目采用自主研制设备。

（九）燃料电池

1）技术攻关

百千瓦级质子交换膜燃料电池(PEMFC)：突破低成本长寿命电催化剂、低铂载量膜电极的制备工艺与批量生产、电堆组装与一致性保障、系统集成与控制等关键技术。

百千万至兆瓦级固体氧化物燃料电池（SOFC）发电分布式能源系统：突破SOFC电催化材料、膜电极、高温双极连接体关键技术，掌握长寿命（>40 000h）的管型和板型SOFC及其关键部件的批量制备与生产技术、系统集成技术。

2）试验示范

依托《能源科技发展“十三五”规划》及相关能源中长期战略规划，确定示范工程推动燃料电池装备的试验示范。

3）应用推广

鼓励后续项目采用自主研制设备。

（十）地热能装备

1）技术攻关

干热岩开发利用装备：开发靶区定位及探测设备、大体积压裂设备、成井测试及微地震监测装置，开发高效热电转换性能的地面发电设备，掌握系统高压全封闭运行的工艺设计。

水热型地热开发利用装备：研制示踪、酸化处理材料及储层酸化技术配套装备，形成完善的增产增注工艺，提升储层、井筒、输运系统和发电系统核心部件技术水平，研制阻垢剂加注工艺及设备以及大型地热压缩式热泵余热回收供热装置等。

2）试验示范

依托《可再生能源发展“十三五”规划》及相关能源中长期战略规划，确定示范工程推动关键地热装备的试验示范。

3）应用推广

鼓励后续项目采用自主研制设备。

（十一）海洋能装备

1）技术攻关

兆瓦级波浪能发电装备：进一步提高百千瓦级波浪能发电装置转换效率，突破发电机、液压装置以及控制装置等功能部件核心技术，掌握关键基础元器件和功能部件设计制造技术。

兆瓦级潮流能发电装备：开发高效率的潮流叶轮及适合中国潮流资源特点的翼型叶片，突破发电机组水下密封、低流速启动、冷却、防腐、模块设计与制造等关键技术。

2）试验示范

依托《可再生能源发展“十三五”规划》及相关能源中长期战略规划，确定示范工程推动关键海洋能装备的试验示范。

3）应用推广

鼓励后续项目采用自主研制设备。

（十二）燃气轮机

1）技术攻关

百千瓦级微型燃气轮机：突破整体插拔式单筒燃烧室和回流燃烧室高效低污染设计技术、离心压气机和向心涡轮设计、加工与试验验证、高效回热器设计与验证、燃用多种燃料燃烧器关键技术、燃气轮机与高速电机一体化设计、燃机-传动系统轴承轴系的结构完整性和动力稳定性技术和气浮轴承与磁悬浮轴承技术。

5MW级燃气轮机：突破高性能压气机设计、低排放及双燃料燃烧室设计、高性能涡轮设计、伴生气和煤制气等低热值燃料燃烧室研制，完成5MW级燃气轮机整机设计、关键部件试验、样机制造与整机试验验证。

10MW级工业燃气轮机：突破高性能压气机设计、高性能低排放及双燃料燃烧室设计、高温气冷涡轮设计技术和数字式控制系统技术，完成10MW级燃气轮机整机设计、关键部件试验、样机制造与整机试验验证。

30MW级中型工业燃气轮机：突破高性能高稳定性轴流压气机技术、高稳定性、干式、低排放燃烧室技术、中低热值合成气、生物质等多种燃料燃烧室技术、高性能、长寿命涡轮技术、多轴系结构涡轮系统设计，变载荷及频繁起停工况下的系统控制技术、多余度数字控制及状态监测与预警系统技术，完成30MW级先进燃气轮机整机设计、关键部件试验、样机制造与整机试验验证。

50~70MW等级燃气轮机：突破高性能轴流压气机、低排放燃烧室、高性能涡轮等关键部件制造、高热声稳定性、高预混度的斜向旋流通路设计优化技术、基于预混值班的低排放多路燃料控制技术；开展常压和全压燃烧试验，掌握50~70MW等级燃气轮机低排放、性能优化、全生命周期管理、远程监控与诊断等技术；开展二次空气系统关键技术攻关，掌握先进密封技术在燃气轮机上的应用技术；开展先进TBC涂层及粘结层的新材料和新工艺研究，提高TBC涂层的抗高温能力进一步降低热导率，提高粘结层的抗氧化性能。建立基于产品生命周期管理的应用技术、基于PDMS平台的多学科跨专业一体化3D开发、燃气轮机实时动态物理仿真数字平台，完成整机关键部件试验、样机试验及工业考核。

F级300MW级重型燃气轮机：开展F级300MW级重型燃气轮机整机装备研制，完成整机设计、关键部件试验及工业考核。突破高温合金材料、热障涂层材料、热端部件和控制保护系统制造技术，研发燃气发电智能控制和决策系统。全面掌握多级轴流压气机、燃用多种燃料的低污染燃烧室、气冷多级透平试验和制造技术以及燃气轮机总体集成技术，建立和完善产品设计、制造和试验验证体系。推进整机空负荷试验以及带负荷发电试验验证。

G/H 级重型燃气轮机：研制G/H 级重型燃气轮机整机装备，完成整机设计、关键部件试验、以及整机试验；突破单晶高温材料、热障涂层技术，全面掌握大流量高压比多级轴流压气机、分级预混干式低氮燃烧室，单晶叶片及高效气冷的透平技术；确定技术路线和参数要求，进行包括总体性能、热力设计，初步气动设计，总体布置图设计等在内的初步设计，确定各部件基本结构和尺寸参数；进行包括各部件的气动设计、传热设计、结构设计、强度振动计算及寿命分析，对结构进行改进优化，并进行三维模型设计以及二维图纸设计；建立和完善产品设计、制造和试验验证体系。

燃气轮机装备智能制造：研究并掌握燃气轮机关联设计与多学科优化设计技术，燃气轮机快速工艺设计与仿真优化设计，部件及整体虚拟装配技术，高效、高精度、高柔性和高集成度的燃气轮机智能生产线技术，燃气轮机在线/在位检测与制造过程智能管控技术，高精度3D金属/合金打印技术，燃气轮机全寿命期的大数据与智能决策技术。

高温合金涡轮叶片：全面掌握高温合金涡轮铸

造叶片模具技术，叶片铸造成形技术，大型高温合金涡轮叶片精铸件晶体取向及组织控制技术和尺寸形状精度控制技术，高温合金涡轮叶片焊接、特种加工以及涂层技术，叶片服役损伤的检测体系和评估技术，叶片服役损伤修复技术。

2）试验示范

确定天然气分布式能源项目示范工程、《电力发展十三五规划》及相关能源中长期战略规划中燃气发电项目为燃气轮机自主化示范工程，推动各种类型燃气轮机整机试验示范：

开展国产5MW、10MW、30MW级燃气轮机在天然气输送、发电及分布式供能领域的示范应用；

F级300MW级重型燃气轮机自主研制的叶片、轮盘以及整机示范应用；推进燃气轮机与IGCC系统示范验证。

3）应用推广

国产化重型燃气轮机的推广应用。

鼓励后续所有分布式能源项目和燃气蒸汽联合循环发电项目采用自主研制设备和相关控制系统。

（十三）储能装备

1）技术攻关

10MW级压缩空气储能装备：掌握系统总体设计与系统集成技术，突破超临界压缩空气储能系统中宽负荷压缩机和高负荷透平膨胀机、紧凑式蓄热(冷)换热器等核心部件的流动、结构与强度设计技术。

飞轮储能装备：研制1MW/1 000MJ飞轮储能工业示范单机、阵列机组，研究基于轴向磁通永磁电机的新型飞轮储能系统。

高温超导储能装备：掌握5MJ/2.5MW以上的高温超导储能磁体、功率调节系统PCS、高温超导储能低温高压绝缘结构、低温绝缘材料及制冷系统设计与制造技术。

大容量超级电容储能装备：突破新型电极材料、电解质材料及超级电容器新体系等，研究高性能石墨烯及其复合材料的宏量制备，开发基于钠离子的新型超级电容器体系等，研发能量密度30Wh/kg，功率密度5 000W/kg的超级电容器单体。

10MW级液流电池储能成套装备：掌握电池结构设计、电极材料改性、一体化电极制备等技术。

全钒液流电池储能装备：研究关键膜材料、电池可靠性与耐久性技术、大功率电池堆工程设计、系统集成与智能控制技术等，建立钒电池储能示范系统。

高性能铅炭电池储能装备：研究高导电率、耐腐蚀的新型电极材料设计、合成和改性技术，以及长寿命铅炭复合电极和新型耐腐蚀正极板栅制备技术，掌握铅炭电池本体制备技术，开发长寿命、低成本铅炭电池储能装置。

25kW铝合金钠硫电池储能装备：突破金属与陶瓷的低压力扩散封接系统、高活性电极的装配及封装系统、连续式素坯成型及陶瓷管烧结系统、电解质陶瓷管、碳毡及复合正极材料、高抗腐蚀外壳、热压封接陶瓷头、大尺寸保温箱、电池管理系统、抗腐蚀高温连接件。

100MW级钛酸锂电池储能装备：突破关键材料筛选制备技术、电池材料体系匹配技术、电池制备技术、电/热管理技术、电池系统集成技术、电池失效诊断分析技术以及钛酸锂电池系统与功率变换匹配技术、储能机组群控技术等，掌握长寿命钛酸锂材料、储能用锂离子电池设计及制备技术、电池系统集成技术和电池系统与功率变换匹配技术以及储能机组群控技术。

2）试验示范

依托《风电发展“十三五”规划》《太阳能发电发展“十三五”规划》和《电力“十三五”规划》及相

关能源中长期战略规划，确定示范工程推动关键储能装备的试验示范。

推进氢能在天然气冷热电联供系统中的储能功能示范。

3)应用推广

鼓励后续项目采用自主研制设备。

（十四）先进电网装备

1. 特高压输变电

1)技术攻关

特高压交流输电装备：1 100kV/2 500A 0.4g抗震型交流系统用变压器套管、1 100kV/3 150A大容量变压器用套管、气体绝缘金属封闭输电线路、无源式光学电流/电压光学传感器、内置式绝缘子关键部件、760kN及以上大吨位绝缘子、高性能组部件及原材料（基于光纤的可测温度、形变电磁线，高性能、高质量规模化生产硅钢片，避雷器用高性能电阻片原材料）、0.5*g* 抗震型大容量并联电容器装置、1000kV 交流串联电容器装置。

±800-1 100kV特高压直流输变电装备：研制±1 100kV高端及中端换流变压器（多物理场仿真设计分析技术、直流油纸绝缘设计验证及校核技术、绝缘成型件及组附件、现场试验技术）及换流变压器关键零部件（绝缘成型件及组附件），±1100kV 换流变压器阀侧套管（设计套管内绝缘设计、大尺寸外绝缘加工工艺等，掌握大直径套管绝缘芯体加工工艺及设备研制、试验技术），±800kV、±1 000kV出线装置（绝缘结构），现场组装式换流变压器（关键技术开发），±1 100kV平波电抗器（电磁场分析和绝缘可靠性、电气结构、防震设计、降低损耗和噪声、运行环境和适应性、绝缘成型件及组附件国产化、智能化制造工艺），直流输电晶闸管换流阀研制（突破换流阀绝缘设计技术），±1 100kV各类直流电容器（PLC/RI 电容器、滤波电容器、中性母线冲击电容器、直流转换开关用电容器、交流滤波电容器、低噪声电容

器组、高比特电容器组、0.5*g*抗震型电容器装置），±1 100kV直流旁路开关、直流转换开关、直流隔离开关和接地开关，±1 100kV直流测量装置系列产品（全光纤电流互感器/直流电子式电压互感器），±1 100kV直流系统避雷器，±800-1 100kV穿墙套管（结构设计、绝缘设计和加工工艺等突破关键技术），1 100kV瓷柱式滤波器组断路器。

推进特高压输变电装备智能制造与智能运维：研究并掌握特高压交直流输电装备优化设计、关键零部件高效、高精度制造技术，关键零部件、整机智能生产线技术，在位检测与制造过程智能管控技术，工控网络安全监测与审计，运行过程远程在线监测，全寿命期的大数据与智能决策技术，设备在役在线检测、远程设备维护诊断、企业私有云、能源装备公共云技术。

2)试验示范

依托《电力发展“十三五”规划》及相关能源中长期战略规划中明确的后续特高压输电工程项目，推动关键装备的试验示范：

1 000kV等级特高压交流关键设备：气体绝缘金属封闭开关设备用关键元件无源式光学电流互感器、出线装置、冷却器、有载开关、智能组件、变压器干式套管、交直流混联协调控制保护成套设备、1 333MVA两柱式特高压变压器、大容量现场组装变压器、可控特高压并联电抗器、气体绝缘金属封闭输电线路（GIL）等。

±800~1 100kV特高压直流输变电关键设备：换流变压器（阀侧套管、穿墙套管），5 000A直流断路器，换流变出线装置，现场组装式换流变压器，平波电抗器，晶闸管，换流阀，直流耦合电容器、交直流滤波电容器，直流旁路开关、直流转换开关、

直流隔离开关和接地开关，直流测量装置系列产品（全光纤电流互感器/直流电子式电压互感器），直流避雷器（Ur=1 320kV），穿墙套管，瓷柱式滤波器组断路器，绝缘子，控制保护系统等。

所有完成技术攻关的设备；

承担关键零部件技术攻关的设备整机。

3）应用推广

鼓励《电力发展“十三五”规划》及相关能源中长期战略规划中明确的后续特高压输电工程项目采用自主研制的特高压输变电装备、完成试验示范的关键设备：

1 000kV等级特高压交流输电成套设备：气体绝缘金属封闭开关设备、变压器油浸纸套管、可控并联电抗器保护装置、串联补偿装置等。

±800kV特高压直流输电设备：直流隔离开关、直流电容器、6 英寸5 000A晶闸管和换流阀、5 000A旁路开关以及已完成试验运行业绩设备及低电压设备。

2. 智能电网

1）技术攻关

柔性输变电设备：突破±500kV/3 000MW柔直系统关键技术和控制保护设备，±800kV柔性直流输电装备（含换流器及直流支撑电容器），适用于10~110kV配网系统的柔性直流配网换流器、变压器、断路器、控制保护系统研制，±160~500kV高压直流断路器关键技术和超高速机械开关等关键组件以及带故障电流限制的高压直流断路器，500kV统一潮流控制器换流阀、晶闸管旁路开关、控制保护等，300MW级大功率SVG 设备，220kV/40kA固态短路限流装置在短路电流超标系统的自耦变压器、晶闸管阀设计、控制策略及控保系统、±500kV柔性直流电缆及海底电缆、附件和绝缘材料、300Mvar级大功率SVG设备、±500kV直流电缆、500kV短路电流限制器。

智能变电站成套装备：研发基于大数据、云计算的126~1100kV气体绝缘金属封闭智能开关设备及远程专家诊断系统、智能变电站智能控制和运行维护系统、110~1 000kV/50~1 000MVA节能型环保型智能变压器、智能变电站主设备带电检修关键设备、同步开关和变电站智能巡检系统、次同步振荡识别及抑制系统。

智能配电网成套设备：研发智能分布式配电保护与自愈控制系统、10~35kV智能配网串联补偿装置、适用于10~35kV配网的MW级以上电能路由器、微网专用超快速混合型低压限流断路器、中压兆瓦级双电源固态无缝切换开关、微电网多源协调控制系统、分布式配电线路故障定位系统、分布式串联补偿装置以及新材料和光电复合高带宽数据线缆。

用户端智能化成套装备：用于新能源或多电源低压配电系统的控制与保护一体化系统及装置、用于新能源或多电源配电系统的用户端核心电器设备(额定电压为AC 1 000V或DC 1 500V及以下的超智能型万能式断路器、超智能型塑壳式断路器、超智能型小型断路器、超智能型自动转换开关、超智能型控制与保护电器、低压开关柜（全铝母线式）等）、用户端能源管理与需求响应系统及接口装置、用户端核心电器及电机设备的智能制造装备。

大容量电力电子器件和材料：研制以SiC和GaN等材料为代表的宽禁带电力电子半导体器件、高压/大电流瞬态开断电力电子器件、高压大容量固态电力电子变换器，研发新一代高压大功率电力电子器件材料生长与掺杂、器件及封装、驱动及电路设计等关键技术工艺。

高温超导材料：研究高温超导材料配方及其制备工艺，开展面向超导电缆、变压器、限流器、超导电机等的应用研究。研究生产执行管理、先进过程控制与优化、物流与质量追溯等智能制造技术。

推进智能电网设备智能制造与智能运维：研究并掌握各类智能电网装备数字化快速设计技术，如智能化加工流水线、机器人、智能检测装置、精益电子看板、制造执行系统（MES）、产品全生命周期管理系统（PLM）等；建立生产过程数据采集分析系统和车间级工业通信网络，建立自动化智能化的加工、装配、检验、物流等系统，通过工业通信网络实现互联和集成；研究工控网络安全监测与审计，运行过程远程在线监测，全寿命期的大数据与智能决策技术，设备在役在线检测、远程设备维护诊断、企业私有云、能源装备公共云技术。

2）试验示范

开展智能电网、能源互联网等工程项目示范，推动关键装备的试验示范：

柔性直流输电：±500kV/3 000MW柔直系统、±500kV/3 000MW多端柔性直流输电控制保护、10~110kV柔性直流配电设备、±160~±500kV 高压直流断路器、500kV 统一潮流控制器（UPFC）、220kV/40kA 固态短路限流装置等。

智能变电站主设备、二次设备综合在线监测及远程专家诊断系统，750~1 000kV节能型环保型智能变压器、10~35kV投切电容器组和无功补偿专用真空开关、智能变电站一次设备带电检修关键设备等。

所有完成技术攻关的设备；

承担关键零部件技术攻关的设备整机。

3）应用推广

鼓励后续配电网智能化改造工程项目采用自主研制设备、完成试验示范的关键设备：

±320kV/1 000MW和±420kV/1 250MW柔性直流输电系统、200MW/35kV大功率SVG设备、220kV/40kA固态短路限流装置等。

126~363kV集成式智能隔离断路器、110kV~500kV节能型环保型智能变压器、智能分布式配电保护与自愈控制系统、10kV智能配网串联补偿装置、10kV智能配网无功补偿SVG装置、微网专用超快速混合型低压限流断路器、中压兆瓦级双电源固态无缝切换开关、微电网多源协调控制系统等。

3. 能源互联网关键装备

1）技术攻关

能源互联网核心装备：包括面向多能流的能源交换与路由、储能、能气转换等装置。

可再生能源并网系统：研发基于移动互联网、云计算和大数据分析技术的可再生能源综合监控、运维、预测及分析评估系统以及可再生能源自动化智能生产管理设备及系统，包括可再生能源智能集中运维管理系统、可再生能源发电效能云分析评估系统、基于大数据的可再生能源故障云诊断系统、光伏电站运行指标分层分级评估系统、基于设备环境模型的光伏发电高效能控制系统、光伏智能运维平台、光伏发电分析评估系统、光伏发电智能控制系统、光伏发电功率预测系统、风电功率预测系统、风力发电机组智能控制系统，掌握智能诊断、功率预测、分析评估与控制调度技术，推进移动互联网、云平台和大数据等新一代信息技术在可再生能源智能诊断、功率预测、分析评估与协调控制等方面的应用，突破能源互联网框架下的风电机组、光伏逆变器与能源互联网信息交互与控制，开发主要可再生能源发电效能云分析系统、故障云诊断系统，实现可再生能源发电智能运维。

2）试验示范

依托《关于积极推动“互联网+”智慧能源（能源互联网）发展的行动计划》《风电发展“十三五”规划》《太阳能发电发展“十三五”规划》和《电力

“十三五”规划》及相关能源中长期战略规划，确定示范工程推动关键装备的试验示范。

推动可再生能源发电大数据建模和分析技术研究、云计算和互联网在可再生能源发电综合监控、运维、预测及分析评估和生产管理等领域的应用。推动靠岸电源成套设备示范应用。

3）应用推广

鼓励后续项目采用自主研制设备。

（十五）煤炭深加工装备

1）技术攻关

大型煤气化装置：研发适应煤制清洁燃料及化学品等用途的大型煤气化炉（包含干粉煤气化工艺烧嘴、水煤浆气化工艺烧嘴等关键部件）、破渣机、自动化控制及辅助系统和大型粉煤热解装置，掌握气化炉的放大规律和结构特点、烧嘴等内构件材料及制造和自动化控制及辅助系统技术。

通用关键设备：研制12 万Nm^3/h等级以上大型空分装置、煤化工配套特殊阀门、膨胀机、各类煤化工泵（两相流泵、进料泵、甲醇泵等）和千万吨级工艺泵以及耐磨蚀高温高压差调节阀等，实现10 万Nm^3/h的大型空分装置、大型气体压缩机、耐温耐磨泵、阀及管道等通用设备的国产化。

大型合成装置：研制百万吨级甲醇合成反应器、大型甲烷化反应器、大型浆态床费托合成反应器、百万吨级甲醇制烯烃反应器等，形成大型煤化工合成装置的自主开发、设计、制造能力，提高国产化率。

2）试验示范

依托相关能源规划和战略规划中后续所有煤炭深加工项目，推进自主研发的煤气化装置、关键泵阀、合成装置等的试验示范。

粉煤洁净化分质利用装置；3 000吨/天及以上干煤粉气化炉；4 000吨/天及以上水煤浆气化炉；大型空分配套增压机和压缩机；各类化工压缩机、千万吨级炼油工艺压缩机；大型空分装置配套大流量低温泵；千万吨级炼油换热器；千万吨级炼油用各类阀门；粉煤洁净化分质利用装置等。

开展400~600MW 等级整体煤气化联合循环（IGCC）电站关键技术装备示范。

推进整体煤气化燃料电池联合循环（IGFC-CC）发电技术装备示范。

3）应用推广

鼓励后续所有煤炭深加工项目采用自主研制设备。

推广应用低于3 000吨/天气化炉、煤化工控制系统、大型空分装置配套换热器、大型空分装置配套小流量低温泵、高压和高温油煤浆泵等。

五、保障措施

（一）建立机制加强组织落实

建立协调工作机制，加强统筹协调和督察落实。不定期召开会议，研究制定和细化政策措施，提出具体工作计划和年度重点任务，具体衔接协调能源装备产业发展有关规划、政策、工程、专项和走出去工作等，研究落实依托工程，促进首台套能源装备的推广应用。

（二）政府引导形成创新合力

政府引导、企业为主，组织推动能源企业与装备制造业联合形成自主创新合力。针对重大装备自主创新示范项目，组织能源企业和装备制造企业对接，制定装备自主创新工作方案，协调和推进装备自主研制、试验鉴定和试验示范。组织主设备制造企业与关键零部件和材料制造企业对接，制定关键零部件和材料自主研发工作方案，加快形成重大能源装备成套能力。

（三）资金支持提升产业能力

高效利用中央资金支持重大能源装备、关键零部件和材料的技术攻关。研究利用专项建设基金、先进制造产业投资基金、国家新兴产业创业投资引导基金等，支持符合条件的关键装备技术攻关、产业化和制造条件升级。针对实施方案主要任务，继续组织开展一批关键装备、核心部件的技术攻关和技术改造，加强试验检测能力建设。对符合产业发展方向的能源装备建设项目给予金融、贷款等政策优惠。

（四）完善政策保障示范应用

研究统筹利用财税、价格、项目考核和运行监管等手段，支持能源装备试验示范和推广应用。国家制定的各类能源规划要明确能源装备自主创新工作任务和发展目标。鼓励和支持各类能源项目制定能源装备自主创新工作方案，积极承担能源装备试验示范和推广应用任务。对国家明确的承担首台套重大装备试验示范的依托工程，试验示范期间适当给予安全运行考核政策支持，并进一步研究给予税收、电价等方面的优惠。鼓励对符合产业发展方向的能源装备首台套项目开展保险和再保险。

（五）加强引导助力优胜劣汰

对于完成试验示范的重大能源装备，行业主管部门定期出台能源装备自主创新推荐目录，鼓励其推广应用。适时调整或取消相应整机、成套设备、部件和材料的进口免税政策。完善技术和质量监管体系，加强第三方检测检验，强化企业质量主体责任。研究制定重大能源装备和关键零部件质量通报制度，组织能源企业、行业协会定期调研和发布能源装备质量情况，通报质量问题突出、引发重大生产事故的设备及制造企业。引导和督促制造业不断提升技术水平和质量保障能力，逐步淘汰落后产能。

（六）组织技改推动转型升级

结合《中国制造2025》制造业创新中心、智能制造、工业强基、绿色制造和高端装备等工程，推进能源装备制造业开展技术改造，推动能源装备制造企业采用智能制造、3D打印等新技术和新工艺提升制造技术水平和能力。积极贯彻落实《中国制造2025》有关政策措施，根据能源装备制造业实际情况，采用政府引导、社会合作的模式，引导社会资本参与制造业重大项目建设、企业技术改造和关键基础设施建设，有效推动能源装备制造企业转型升级。

（七）健全机制促进国际合作

围绕共建“一带一路”和实施“走出去”战略，建立健全能源装备国际合作服务工作机制。引导能源企业、装备制造企业抱团出海，防止国内企业同质化恶性竞争。推动能源装备制造业从单纯技术引进向人才引进、对外并购、合作研发转变，支持引进能源发展亟需的先进技术和高端人才。研究利用产业基金、国有资本收益等方式，推动各类能源装备优势产能走出去，支持海外投资并购。

（八）完善标准助推产业提升

加快现有国家标准和行业标准的修订、整合和完善，适时制定新的国家和行业标准，提高标准的先进性。加强能源装备标准制修订所需的试验验证平台建设。加强与国际标准对接，提高国家标准、行业标准和企业标准等级，形成统一、完善、符合我国国情的能源技术装备标准体系。进一步推进能源行业标准在行业管理和监督中发挥作用，加强能源装备检测认证工作。加强能源装备制造有关行业标准的宣传贯彻和落实。

船舶配套产业能力提升行动计划(2016–2020)

船舶配套产业是船舶工业的重要组成部分,其发展水平直接影响船舶工业综合竞争力。船舶配套产业涉及面广、产品种类多,其中船用设备价值量最大,占全船总成本的40%~60%,是船舶配套产业发展的核心。21世纪以来,随着我国成为世界造船大国,我国船舶配套产业发展取得长足进步,产业体系不断完善,重点船用设备研制取得突破,产业规模大幅提升,本土船用设备装船能力不断提高。

党的十八大提出了建设海洋强国的战略部署,《中国制造2025》明确了我国海洋工程装备和高技术船舶制造强国建设的战略目标。主要船用设备基本立足国内,是造船强国的重要标志。随着我国船舶工业结构调整、转型升级步伐加快,船用设备发展滞后问题更为突出,已成为制约造船强国建设的主要瓶颈。突出表现在,船用设备产业链不完善,研发能力亟待全面加强,本土品牌产品竞争力薄弱,系统集成和打包供货能力不足,缺乏规模实力雄厚、具有国际竞争力的优强企业。实现造船强国的战略目标,必须加快提高船用设备研制与服务能力,全面突破船舶配套产业发展瓶颈。

“十三五”时期是我国建设造船强国的关键时期,也是船舶配套产业发展转型的重要战略机遇期。为尽快提升我国船用设备配套能力和水平,更好地满足航运和船舶制造的需求,支撑造船强国建设,特制定本行动计划。

一、总体要求

(一)指导思想

紧紧围绕建设世界造船强国的目标,充分利用国际国内两种资源和两个市场,以推动船舶配套产业链和价值链双升级为主线,实施“五大工程”,做强优势产品,改善薄弱环节,打造具有国际竞争优势的专业化船舶配套企业和系统集成供应商,全面提升我国船用设备核心发展能力,做大做强我国船舶配套产业。

(二)基本原则

“十三五”期间我国船舶配套产业要按照“分类施策、创新驱动、系统推进、军民融合、开放合作”原则逐步推进。

分类施策:船用设备各类产品发展的基础和条件差异大,对于采用专利技术生产或技术水平低的产品,以提升创新能力为重点;对已经实现产品研制,有一定市场占有率的产品,以产品系列化、提升质量品牌市场认可度和品牌价值为重点;对已突破关键技术,但装船率低的产品,以全面掌握设计制造技术、丰富产品型号、推动产品示范应用为重点,大幅提升我国本土化船用设备装船率。

创新驱动:坚持以创新驱动发展,引导船舶配套企业及相关科研院所加强原始创新,强化集成创新和引进消化吸收再创新,完善创新体系,加强创新平台建设,推动产学研用联合创新和跨领域跨行业协同创新,突破一批重点领域关键技术,促进重点船用设备集成化、智能化、模块化发展,加大满足国际新公约新规范新标准产品的创新力度。

系统推进:全面掌握核心设备设计制造技术,提升产品可靠性和市场竞争力。围绕核心设备逐步具备提供解决方案能力,实现系统集成、打包供货;推进整机产品与关重件协同发展,以整机产品带动关重件发展，使整机产品成为关重件研发应用的平台，从而带动产业链的完善和提升。

军民融合：大力发展军民两用船用设备及技术，加强船舶配套领域军民资源共享，在研发、设计、制造、服务等方面全面推进军民融合，打造良性互动的军民融合发展体系，促进高新技术军民双向转化、应用以及产业化，带动军、民船配套核心能力的同步提升。

开放合作：加大“引进来”“走出去”的开放力度，通过合资合作、引进专利技术、并购专业化公司、实施创新等多种形式，提升船舶配套薄弱领域的研发制造能力。充分利用我国机械、电子等行业的发展成果，支持相关企业发展船舶配套产品。加强重点船用设备研发和售后服务领域与国外企业多种形式的合资合作，提高我国船舶配套产业在国际产业链条中的价值增值能力。

二、主要目标

到2020年，基本建成较为完善的船用设备研发、设计制造和服务体系，关键船用设备设计制造能力达到世界先进水平，全面掌握船舶动力、甲板机械、舱室设备、通导与智能系统及设备的核心技术，主要产品型谱完善，拥有具有较强国际竞争力的品牌产品；龙头企业规模化专业化发展，成为具有较强实力的船用设备系统集成供应商；配套能力显著提升，散货船、油船、集装箱船三大主流船型本土化船用设备平均装船率达到80%以上，高技术船舶本土化船用设备平均装船率达到60%以上，船用设备关键零部件本土配套率达到80%，成为世界主要船用设备制造大国。

争取到2025年我国建成较为完善的船用设备研发、设计制造和服务体系，船舶配套能力全面提升，本土化船用设备平均装船率达到85%以上，关键零部件配套能力大幅提升，成为世界主要船用设备制造强国。

三、重点任务

（一）加强关键核心技术研发

充分利用现有科技资源，针对目前基本依靠引进技术或技术水平低、创新能力弱的船用低速机、燃气轮机、喷水推进装置及油船货油区域相关设备，通过产学研用协同创新，开展重点产品典型样机研制，攻克一批对产品技术水平具有重大影响的关键共性技术，掌握以绿色、智能、协同为特征的先进设计制造技术，形成一批具有全局性影响、带动性强、满足市场需求的重大产品，大幅提升我国船舶配套产业的创新能力。

（二）开展质量品牌建设

针对具有较好发展基础，已实现研发制造，部分产品已实现批量装船的船用中高速机、电力推进系统、甲板机械等产品，重点提升质量品牌竞争力，扩大品牌产品市场占有率。提升数字化集成化设计水平，开展设备轻量化、模块化、节能环保、智能化开发，完善产品系列；提高产品性能稳定性、质量可靠性、环境适应性和使用寿命，各项指标达到国际同类产品先进水平；加强关键技术与产品试验验证能力建设；提高产品全寿命周期质量追溯能力，建立覆盖产品全寿命周期的技术标准规范体系；增强以质量和信誉为核心的品牌意识，树立品牌理念，提升品牌附加值和软实力。

（三）大力推动示范应用

瞄准已经突破关键技术和实现工程样机研制，但装船率低的舱室设备、通导与智能系统及设备领域的产品，通过产学研用相结合的方式，集中力量重点围绕大功率吊舱式推进器、液货装卸产品及系统、安全环保舱室设备、主要基础通导设备、智能化航行管理相关设备等核心产品，开展关键技术攻关、首台（套）推广和产业化示范应用，从满足内河、公务、沿海船舶需求入手，实现批量装配，形成一定示范效应后，逐步实现远洋船装船突破。

专栏1 船用设备创新工程
重点提升船用低速机、燃气轮机、喷水推进装置及油船货油区域的舱室设备的研发制造能力。低速机：研制520mm缸径柴油机原理样机、工程样机各1型，400mm缸径双燃料原理样机、工程样机各1型，突破总体设计、高效清洁燃烧、智能控制等关键技术，开展相关关重件研制。燃气轮机：按照轻型和重型燃气轮机并行发展的战略部署，发展40兆瓦级间冷循环和简单循环燃气轮机技术和产品、300兆瓦级F级和400兆瓦级G/H重型燃气轮机技术和产品，发展船用燃气轮机动力装置系统集成、叶片等核心配套技术和能力，建成燃气轮机试验电站并网试验运行。发展和完善高水平的燃气轮机，创新研发体系。喷水推进装置：研制10MW级喷水推进装置，具备工程应用条件，开展喷水推进装置的轻量化、高功率密度化、智能化、低噪音等关键技术研究，形成20MW级范围内喷水推进装置系列化产品。油船货油区域相关设备：重点开展惰性气体系统、油水界面探测仪及取样阀、洗舱机、油气回收系统、可燃气体探测、货油舱透气系统、排油监控系统、变风量空调等产品的研制。 到2020年，完成船用低速机2型原理样机和工程样机的研制，具备整机系列化开发和新一代低速机开发能力，关重件本土配套率达到80%以上；突破重型燃气轮机的关键技术，完成样机研制；完成燃气轮机试验电站建设并实现试验运行，产品研发和产业化体系基本建成；形成20MW级范围内喷水推进装置配套能力，具备为4 000吨级范围内高速船提供喷水推进装置能力；油船货油区域相关设备研制取得突破，大幅提高舱室设备配套能力。

（四）强化关键零部件基础能力

全面推进船舶动力、甲板机械、舱室设备、通导与智能系统及设备等产品关键零部件配套体系建设，培育稳定的配套关键零部件合作企业，推动总装产品与关键零部件协同研发，形成产品研发、市场开拓、售后服务等全寿命支持服务共同体；全面开展关键零部件基础材料、基础工艺和基础技术的研究，提升关键零部件的研发、制造能力和水平。

专栏2 船用设备质量品牌工程
支持中高速机、电力推进系统、甲板机械制造企业开展技术改造，采用先进成型和加工方法、在线监测装置、智能化生产和物流系统及检测设备等，提高产品质量性能可靠性；建设试验验证条件，建设整机、关键系统及零部件综合性能仿真分析及试验验证平台，完善基础共性技术研究实验平台和专项检测平台，建成协同设计和数据系统平台；开展系列产品开发：中速机：开发210mm、260mm、320mm、390mm缸径中速柴油机系列机型，功率范围1 300~17 000kW，形成我国高性能中速柴油机主力型谱；开发相关缸径范围的中速气体机和双燃料机产品。高速机：开发130mm、170mm缸径范围，功率范围涵盖250~4 000kW的系列高速柴油机机型，形成我国高性能高速柴油机主力型谱；开发相关缸径范围的高速气体机和双燃料机产品。电力推进系统：开发20MW级船舶电力推进系统及低谐波变频器、永磁电动机和断路器等关键设备系列化产品，具备工程应用条件；开展船用燃料电池发电系统技术研究。甲板机械：开发满足集装箱船要求的45吨、60吨主要规格及全系列的电动甲板吊机；开展低温传动、智能控制、密封等特种甲板机械关键技术研究；完善满足散货船、油船、集装箱船三大主流船型要求的ø46~ø142mm链径全电液锚绞机和电动锚绞机系列；开展满足三大主流船型要求的600~6 000kNm全系列柱塞式舵机和转叶式舵机研制，具备舵机、舵承及操舵系统集成供货能力；开展极地甲板机械，具有恒张力、主动波浪补偿功能的超大型特种锚机绞车，及绿色节能、智能化甲板机械等新型产品研制。 到2020年，中高速机型谱完善，品牌中高速柴油机国内市场占有率达到15%。具备电力推进系统集成供货能力，产品系列完善，部分品牌产品国内市场占有率达到30%。吊机、锚绞机、舵机等甲板机械部分品牌产品市场占有率达到80%，具备为极地航行船舶、豪华邮轮、深远海工程船舶提供特种甲板机械设备能力。

（五）培育具有国际竞争力的优强企业

重点支持一批实力领先的专业化船舶配套企业，逐步发展成为主营业务突出、竞争力强、成长性好的“小巨人”企业，支持创建绿色设计示范企业，推动优势企业全面建设高效、规模化、绿色、智能制造体系，支持企业由生产型制造向服务型制造转变，由提供设备向提供系统集成总承包服务转变，由提供产品向提供整体解决方案转变。

专栏3 船用设备示范应用工程
重点推进大功率吊舱式推进器、液货装卸产品及系统、安全环保舱室设备、通导与智能系统及设备的工程化和商品化技术研究，开展示范应用。大功率吊舱式推进器：开展低压690V、3MW级吊舱推进器工程化研制与示范应用；中压3 300V、7MW级吊舱式推进器样机研制与示范应用。液货装卸产品及系统：开展单泵排量为500～6 000m^3/h，额定扬程为120～150mlc，满足30万吨级及以下原油船、原油/成品油船要求的货油泵系统研制与示范应用；开展单泵排量为50～2000m^3/h，额定扬程为100～150mlc，满足各类成品/化学品船要求的电动深井泵、液压潜液泵系统的研制与示范应用。安全环保舱室设备：开展污水除磷脱氮技术、中水回用技术及水质监控技术研究；开展海水淡化装备、消防灭火装置、油水分离器、生活污水处理及回用装置、压载水处理装置、尾气处理装置、新型垃圾焚烧系统质量和可靠性技术研究及样机示范应用。通导与智能系统及设备：开展导航雷达、罗经、计程仪、北斗用户机、电子海图系统、综合导航系统等主要通导系统设备关键技术研究，形成集成打包能力，实现批量装船应用；在基础通导设备基础上，开展智能化航行管理相关设备及技术研究并推动示范应用：（1）构建船舶智能综合管理系统，开展船舶动态信息保障与智能航行辅助决策技术、船舶设备状态评估和健康管理技术、面向服务的分布式异构数据集成技术、基于大数据的智能应用和增值服务技术、全船智能化操控和管理技术、智能化船舶配套设备开发技术等研究；（2）构建海洋环境信息数据平台、卫星船舶自动识别系统和船载海洋观测、检测和探测系统；（3）构建E-航海应用服务平台；（4）提供高性价比无人导航船通导解决方案，实现船舶无人导航，智能执行各种任务。 到2020年，以上产品实现批量装配远洋船舶，主要泵类、空压机、海水淡化装置、消防灭火装置研制水平进一步提高，部分产品形成品牌；电子海图系统、综合船桥系统、电罗经、雷达等船舶通讯导航自动化产品性能明显改善，能够提供整套智能船舶解决方案，实现全船网络化及船岸网络化。

专栏4 关键零部件强基工程
针对核心船用设备的急需，开展产学研用联合攻关，重点突破核心技术和产业化瓶颈。船用主机：重点开展低速机增压器、电控系统、燃油系统等关键零部件和节能减排装置，中高速柴油机电控、燃油喷射、增压器、轴瓦等关重件，中高速气体机和双燃料机电控系统、燃气喷射系统等关重件的研制和应用；提升超大型曲轴制造能力，开展G95、X92超大型曲轴研制，实现以S90、X92型为代表的曲轴毛坯产业化；全面强化基础技术，开展提高关重件高比强度及耐磨材料等方面的研究与应用，加强材料热处理、超高精密加工、高应力下抗疲劳、耐腐蚀、耐磨性加工工艺及检测、特殊铸造与焊接等基础能力；强化燃油系统、增压器等部件的智能控制及在线监测技术；突破产品可靠性设计及试验验证技术，完善设计试验验证体系，提升关键零部件产品质量及可靠性。电力推进系统：重点加强发电机整流装置、直流配电装置、中压配电装置、断路器、保护装置、中压变频模块、推进控制模块等关键部件的研制能力，提升产品的质量和可靠性；提高推进电机和推进变频器等核心设备的可靠性和效率，以及推进电机的转矩密度和推进变频器的智能化水平。甲板机械：重点提升大功率多功能集成的液压控制组件、低压大功率马达组件、低速大扭矩液压马达、中高压液压泵、三速电机等关重件的产品质量和可靠性；开展大型结构件轻量化研究，优化产品加工工艺，提高防腐能力、耐低温能力等；提升甲板机械自动化控制模块、大功率高效节能液压二次控制核心模块、恒张力控制和主动补偿系统核心模块等关重件的技术性能和可靠性。舱室设备：加快变风量末端及控制器、水质监控传感器等核心部件的研发;突破压载水处理系统电解电极板、高效电解压载水除氢装置、高精度自清洗压载水过滤器等关键部件研制；加强高效气浮装置、等离子燃烧器、油份监测装置等核心部件应用研究。通导与智能系统及设备：提高连续波雷达天线前端关键器件、声呐换能器、光纤陀螺仪，高精度加速度计、小型化移相器、大功率功放管等核心传感器部件性价比及可靠性。 到2020年，我国核心船用设备关键零部件基本实现本土配套，主要产品建成较为完善的关键零部件配套体系，逐步形成整机牵引和基础支撑协调互动的发展格局。

四、保障措施

（一）加大船用设备研发支持力度

进一步发挥企业在技术创新和科研投入中的主体地位，积极引导船舶配套企业加大科研投入。支持船用设备制造企业建设国家工程研究中心、重点实验室和企业技术中心。

专栏5 制造能力提升工程

适应制造技术发展趋势，通过技术改造、研发支持等，重点提升优势船舶配套企业智能制造和系统集成两大能力。

智能制造能力建设：（1）基于三维模型设计制造一体化：建设基于三维模型的设计、工艺一体化协同研发环境，建立模块化、集成化、数字化的产品研发设计平台，构建统一的产品研发数据管理系统、产品研发知识库，以及涵盖需求分析、概念设计、方案设计、详细设计、工艺设计的协同研发平台，提升精益研发和智能化设计水平；（2）智能制造管控：加强物联网建设，实现人、机和物料的相互交互和深度融合；构建制造过程及质量数据实时采集、分析、决策及反馈执行的闭环管理机制，实现制造过程的智能化管控；协同数控机床、机器人和自动机构的控制，使智能生产线或生产单元动作高效协同；推进工序集中，利用信息技术与管理创新实现重要生产资源和物资的动态管理，实现智能仓储与物流；（3）智能制造工艺及装备：开展增材制造在船用设备研制过程中的应用研究；推动智能刀具库、智能工装库、虚拟制造平台的建设和应用；大力发展机械加工柔性生产单元、自动化焊接、智能喷涂、智能装配等柔性生产线；（4）智能制造管理系统集成：打通信息孤岛，PDM/TDM/SDM/ERP/MES/DNC/BI深度集成，确保数据和任务流畅通；开展工业仿真软件与自动化生产系统的集成技术研究，实现由三维模型或仿真数据驱动的生产系统运行模式。系统集成能力建设：船用主机：（1）形成船舶主机、轴系、齿轮箱、螺旋桨、推进控制系统、主推进系统控制及监测系统、SCR/废气洗涤器等后处理设备为一体的集成设计、成套供货能力；（2）以LNG高压换热器、LNG高压阀件和潜液泵为核心产品的LNG燃料动力供气系统集成能力。电力推进：以电动机、发电机为核心产品，形成集配电板、变压器、变频器、推进控制系统等产品为一体的系统集成供货能力。舱室设备：（1）以货油泵系统为核心，带动惰气系统、机舱泵、液位遥测、阀门遥控等液货装卸系统集成；（2）以分离机等关键核心设备为依托，带动供油单元、舱底水分离、油水分离等设备的集成；（3）以变风量空调关键技术为依托，带动空调冷水机组、空调装置和空调末端的集成；（4）以污水除磷脱氮技术为依托，带动污水处理及中水回用设备的集成。通导与智能系统及设备：加强综合船桥研发和系统集成能力，向综合平台管理系统发展；加强全船通导设备打包供应能力。

到2020年，优势船舶配套企业规模化专业化发展，初步具备智能制造能力，成为具有较强实力的系统集成供应商。

（二）加强财税金融政策支持

综合应用技术改造、首台（套）重大技术装备保险补偿机制、重大技术装备进口税收政策、船舶信贷、开发性金融促进海洋经济发展等政策加大对我国船舶配套产业发展的支持力度；支持股权投资基金、产业投资基金等参与船用设备研制及示范应用项目；统筹船舶军民资源，推进军民融合发展；加强船舶配套企业实施兼并重组、海外投资的金融支持力度。

（三）促进产需对接

鼓励船舶配套企业联合船东、船厂、船舶设计单位、高校、研究机构等建立产业创新联盟，开展产业协同创新、协同制造，组织重大科技攻关，推动成果转化和首台（套）示范应用；支持行业组织发布经技术机构认证符合装船要求的船舶配套产品目录，引导船东、船厂、船舶设计单位选用；鼓励航运企业、大型船厂参股、控股船舶配套企业，发挥大型骨干企业的支撑和引领作用。

（四）完善全球服务网络

支持企业由制造型企业向设计+制造+服务型企业转变；加强海外服务网点的建设，鼓励国内配套企业组成联盟，共同开拓海外服务市场，以降低服务成本，实现互利共赢。围绕产品全寿命周期安全可靠运行保障和远程监控管理的需要，开发和建立船舶动力、甲板机械、舱室设备等核心配套领域的数字化运营保障体系，形成全球化的服务能力。

海洋工程装备（平台类）行业规范条件

一、总则

（1）为进一步加强海洋工程装备行业管理，大力培育战略性新兴产业，加快结构调整，促进转型升级，引导海洋工程装备生产企业持续健康发展，根据国家有关法律法规、产业政策和行业规划，制定本规范条件。

（2）国家鼓励企业做优做强，提高海洋工程装备设计制造能力、生产效率和产品质量，加强技术和管理创新，提升环境保护、安全生产和职业健康管理水平，提高资源利用率和降低能源消耗。

（3）国家对符合本规范条件的海洋工程装备（平台类）（以下简称海工平台）生产企业实行公告管理，企业按自愿原则进行申请。

（4）本规范条件中的海工平台是指海上移动式作业与生产装备与设施，主要包括自升式平台、柱稳式（半潜）式平台、坐底式平台、水面（船式/驳船）式平台等[具体定义等参见中国船级社《海上移动平台入级规范》(2012)]。

二、基本要求

（1）具有独立法人资格，取得工商行政管理部门核发的、经营范围涵盖海工平台建造的有效企业法人营业执照。

（2）具有生产场所用地合法土地使用权，同时具有专业、专属的海工平台生产设施。

（3）具备有关法律法规、国家标准或行业标准规定的安全生产条件。

（4）按照ISO 9000或GB/T 19000系列、ISO 14000或GB/T 24000系列、OHSAS 18000或GB/T 28000系列标准的要求，建立质量、环保、职业健康安全管理体系，并通过第三方认证。

（5）合法、诚信经营，依法纳税，用工制度符合《劳动合同法》的规定，并按国家有关规定交纳各项社会保险费。金融机构信用等级达到AA级及以上。

（6）符合国家产业政策要求，不生产国家明令淘汰的产品，不使用国家明令淘汰的设备、材料和生产工艺。

三、技术创新与质量控制

（1）应具有自主研发和创新能力，具有省级及以上部门认定的企业技术中心、工程研究中心、工程实验室、重点实验室等各类研发机构，年度研发经费投入不低于主营业务收入的2%，并具有与海工平台设计建造相关的专利或专有技术。

（2）拥有设计团队，具备研发和设计能力，专业领域覆盖结构、舾装、计算、轮机、管系、通风、电气、钻井等，具有总体性能分析、结构分析、疲劳分析、风险评估、关键系统集成的能力，能够满足同时开展两型以上产品设计需求。

（3）应具有满足海工平台设计需要的专业软件，以用于总体性能分析、结构强度计算、管路流体分析、生产设计建模等。

（4）具有已建成海工平台的业绩，且所建造的海工平台应符合相关的标准、法规、规范和国际公约，以及国家有关法律法规和安全、环保、节能等方面的要求。

(5)应建立海工平台焊接质量控制体系，包括焊接工艺、焊材管理、焊工管理、过程监控、无损检测等。

(6)具有完整的海工平台重量控制管理程序，设计、采购、建造实施全过程重量控制。

(7)具有海工平台精度控制管理体系，包括精度控制团队建设、控制程序和范围、软硬件等。

(8)具有完整的海工平台调试管理体系，配备调试队伍、软硬件设施等，能够完成海工平台调试工作。

(9)具有海工平台材料管理体系，涵盖材料(设备)采购、存储、加工、安装直至交船文件的移交整个过程，保证材料的可追溯性。

(10)具有分包控制管理体系，有效管理分包(外协)的施工进度、质量、安全等。

(11)具备组织开展海工平台振动噪声分析和测试、潜在失效模式与后果分析、安全分析等能力。

(12)应建立与所建造海工平台相适应的质量检验部门，并配备具有任职能力的专职质检人员。归档保存海工平台建造过程中全部检验资料和全套完工图样，交付时应有相关检验机构颁发的检验合格证书，并建立质量追溯和责任追究体系。

四、项目管理

(1)具有海工平台项目管理体系，包括组织结构,文档、计划、设计、质量、安全、成本、商务和物流管理等。

(2)具备与海工平台建造技术相适应的信息化管理和信息集成能力，配备有专门的项目管理软件，建立海工平台建造基础数据管理体系和分析系统，企业资源计划(ERP)系统普及率应达到80%以上，数字化设计工具普及率应达到85%以上，关键工艺流程数控化率应达到70%以上。

(3)具有海工平台计划管理体系，包括项目的单项计划、生产资源与生产任务的量化平衡分析、日程计划等，建立企业标准作业周期。

(4)具有海工平台商务管理体系，执行合同管理、变更管理、成本预算管理。

(5)具有海工平台界面管理体系，企业内部部门/专业之间，企业与业主、船级社、基本设计方、关键设备供应商(钻井包、防喷器、升降系统、锁紧系统、动力系统、中控系统等)之间的协同管理状况良好。

(6)拥有3名以上项目经理，项目经理应具有相应类型海工平台建造工程项目经理任职经历，并具有3年及以上海洋工程项目管理资历。

(7)具有完整的售后服务管理体系和保修(包修)制度，配备专门的维保部门和专业人员，为用户提供相应的技术咨询、技术培训和维修服务。

(8)应具备从设计、采办、建造、调试到完工交付的总承包能力。

五、设施与设备

(1)应具备与所建造海工平台相适应的场地和设施，包括海工平台建造用坞(台)、舾装码头、起重设施、涂装设施、厂房和仓库等，并应具有良好的交通环境及供电、供水、供气能力。

(2)具备与所建海工平台相适应的关键部件制造、组装、水下安装、试验、调试的条件和能力。配备与生产规模相适应的钢材加工设备、机加工设备、喷涂设备等。

(3)具备满足海工平台建造要求的检测手段和

检测仪器设备，包括悬臂梁（自升式平台）、井架强度试验、密性试验用设备、倾斜试验用设备、无损检测设备、测厚仪等检测设备及各类计量器具。

（4）具有完备的海工平台设备防护体系，应包括相应的管理程序、仓储设施、以及装配后的防潮、防护、润滑等。

六、安全生产、节能环保、职业健康和社会责任

（1）企业应按照AQ/T 7008《造修船企业安全生产标准化基本要求》等相关规定的要求，开展安全生产标准化建设工作，并通过安全生产标准化达标评审，两年内未发生重大及以上生产安全事故。

（2）应按所建立的质量、环保、职业健康管理体系有效运行，并具有良好的产品质量信用记录。

（3）应按照环保要求建设相应的污染防治设施并确保正常运行，实现达标排放。

（4）按ISO 50001或GB/T 23331《能源管理体系要求》建立能源管理体系，实施节能减排措施，落实单位产品能耗限额标准和终端用能产品能效标准，选用达到1级能效或节能评价的产品和装备。

七、规范管理

（1）企业规范条件的申请、审核及公告：

工业和信息化部负责海工平台生产企业规范管理工作。申请企业通过所在地省级海洋工程装备行业主管部门向工业和信息化部申请，其中中央企业（集团）总公司所属企业通过所在企业（集团）总公司向工业和信息化部申请，并抄送企业所在地省级海洋工程装备行业主管部门。

各省、自治区、直辖市海洋工程装备行业主管部门负责对本地区海工平台生产企业的申请进行初审，中央企业（集团）总公司负责对所属海工平台生产企业的申请进行初审。初审须按规范条件要求对企业的相关情况进行核实，提出初审意见，附企业申请材料报送工业和信息化部。

工业和信息化部委托相关专业机构依据规范条件制定相应的评审细则，并组织专家对申请企业进行评审。

工业和信息化部对通过评审的企业进行审查并公示，无异议后予以公告。

（2）工业和信息化部对公告企业名单进行动态管理。地方各级海洋工程装备行业主管部门、中央企业（集团）总公司每年要对本地区或所属公告企业执行规范条件的情况进行监督检查。工业和信息化部对公告企业进行抽查。鼓励社会各界对公告企业规范情况进行监督。公告企业有下列情况的将撤销其公告资格：

填报相关资料有弄虚作假行为的；

拒绝接受监督检查的；

不能保持规范条件的；

发生重大责任事故、造成严重社会影响的。

撤销公告资格的，应当提前告知有关企业，听取企业的陈述和申辩。

（3）列入公告的企业名单将作为相关政策支持的基础性依据。

八、附则

（1）本规范条件所引用的标准均以适用的最新有效版本为准。

（2）本规范条件适用于中华人民共和国境内（台湾、香港、澳门地区除外）的海工平台生产企业。

（3）本规范条件由工业和信息化部负责解释，并根据行业发展情况适时进行修订。

（4）本规范条件自2015年2月1日起实施。

国务院关于推进国际产能和装备制造合作的指导意见

近年来，我国装备制造业持续快速发展，产业规模、技术水平和国际竞争力大幅提升，在世界上具有重要地位，国际产能和装备制造合作初见成效。当前，全球产业结构加速调整，基础设施建设方兴未艾，发展中国家大力推进工业化、城镇化进程，为推进国际产能和装备制造合作提供了重要机遇。为抓住有利时机，推进国际产能和装备制造合作，实现我国经济提质增效升级，现提出以下意见。

一、重要意义

（1）推进国际产能和装备制造合作，是保持我国经济中高速增长和迈向中高端水平的重大举措。当前，我国经济发展进入新常态，对转变发展方式、调整经济结构提出了新要求。积极推进国际产能和装备制造合作，有利于促进优势产能对外合作，形成我国新的经济增长点，有利于促进企业不断提升技术、质量和服务水平，增强整体素质和核心竞争力，推动经济结构调整和产业转型升级，实现从产品输出向产业输出的提升。

（2）推进国际产能和装备制造合作，是推动新一轮高水平对外开放、增强国际竞争优势的重要内容。当前，我国对外开放已经进入新阶段，加快铁路、电力等国际产能和装备制造合作，有利于统筹国内国际两个大局，提升开放型经济发展水平，有利于实施“一带一路”、中非“三网一化”合作等重大战略。

（3）推进国际产能和装备制造合作，是开展互利合作的重要抓手。当前，全球基础设施建设掀起新热潮，发展中国家工业化、城镇化进程加快，积极开展境外基础设施建设和产能投资合作，有利于深化我国与有关国家的互利合作，促进当地经济和社会发展。

二、总体要求

（1）指导思想和总体思路。全面贯彻落实党的十八大和十八届二中、三中、四中全会精神，按照党中央、国务院决策部署，适应经济全球化新形势，着眼全球经济发展新格局，把握国际经济合作新方向，将我国产业优势和资金优势与国外需求相结合，以企业为主体，以市场为导向，加强政府统筹协调，创新对外合作机制，加大政策支持力度，健全服务保障体系，大力推进国际产能和装备制造合作，有力促进国内经济发展、产业转型升级，拓展产业发展新空间，打造经济增长新动力，开创对外开放新局面。

（2）基本原则。坚持企业主导、政府推动。以企业为主体、市场为导向，按照国际惯例和商业原则开展国际产能和装备制造合作，企业自主决策、自负盈亏、自担风险。政府加强统筹协调，制定发展规划，改革管理方式，提高便利化水平，完善支持政策，营造良好环境，为企业“走出去”创造有利条件。

坚持突出重点、有序推进。国际产能和装备制造合作要选择制造能力强、技术水平高、国际竞争优势明显、国际市场有需求的领域为重点，近期以亚洲周边国家和非洲国家为主要方向，根据不同国家和行业的特点，有针对性地采用贸易、承包工程、投资等多种方式有序推进。

坚持注重实效、互利共赢。推动我装备、技术、标准和服务“走出去”，促进国内经济发展和产业转型升级。践行正确义利观，充分考虑所在国国情和实际需求，注重与当地政府和企业互利合作，创造良好的经济和社会效益，实现互利共赢、共同发展。

坚持积极稳妥、防控风险。根据国家经济外交整体战略，进一步强化我国比较优势，在充分掌握和论证相关国家政治、经济和社会情况基础上，积极谋划、合理布局，有力有序有效地向前推进，防止一哄而起、盲目而上、恶性竞争，切实防控风险，提高国际产能和装备制造合作的效用和水平。

（3）主要目标。力争到2020年，与重点国家产能合作机制基本建立，一批重点产能合作项目取得明显进展，形成若干境外产能合作示范基地。推进国际产能和装备制造合作的体制机制进一步完善，支持政策更加有效，服务保障能力全面提升。形成一批有国际竞争力和市场开拓能力的骨干企业。国际产能和装备制造合作的经济和社会效益进一步提升，对国内经济发展和产业转型升级的促进作用明显增强。

三、主要任务

（1）总体任务。将与我装备和产能契合度高、合作愿望强烈、合作条件和基础好的发展中国家作为重点国别，并积极开拓发达国家市场，以点带面，逐步扩展。将钢铁、有色、建材、铁路、电力、化工、轻纺、汽车、通信、工程机械、航空航天、船舶和海洋工程等作为重点行业，分类实施，有序推进。

（2）立足国内优势，推动钢铁、有色行业对外产能合作。结合国内钢铁行业结构调整，以成套设备出口、投资、收购、承包工程等方式，在资源条件好、配套能力强、市场潜力大的重点国家建设炼铁、炼钢、钢材等钢铁生产基地，带动钢铁装备对外输出。结合境外矿产资源开发，延伸下游产业链，开展铜、铝、铅、锌等有色金属冶炼和深加工，带动成套设备出口。

（3）结合当地市场需求，开展建材行业优势产能国际合作。根据国内产业结构调整的需要，发挥国内行业骨干企业、工程建设企业的作用，在有市场需求、生产能力不足的发展中国家，以投资方式为主，结合设计、工程建设、设备供应等多种方式，建设水泥、平板玻璃、建筑卫生陶瓷、新型建材、新型房屋等生产线，提高所在国工业生产能力，增加当地市场供应。

（4）加快铁路“走出去”步伐，拓展轨道交通装备国际市场。以推动和实施周边铁路互联互通、非洲铁路重点区域网络建设及高速铁路项目为重点，发挥我在铁路设计、施工、装备供应、运营维护及融资等方面的综合优势，积极开展一揽子合作。积极开发和实施城市轨道交通项目，扩大城市轨道交通车辆国际合作。在有条件的重点国家建立装配、维修基地和研发中心。加快轨道交通装备企业整合，提升骨干企业国际经营能力和综合实力。

（5）大力开发和实施境外电力项目，提升国际市场竞争力。加大电力“走出去”力度，积极开拓有关国家火电和水电市场，鼓励以多种方式参与重大电力项目合作，扩大国产火电、水电装备和技术出口规模。积极与有关国家开展核电领域交流与磋商，推进重点项目合作，带动核电成套装备和技术出口。积极参与有关国家风电、太阳能光伏项目的投资和建设，带动风电、光伏发电国际产能和装备制造合作。积极开展境外电网项目投资、建设和运营，带动输变电设备出口。

（6）加强境外资源开发，推动化工重点领域境外投资。充分发挥国内技术和产能优势，在市场需求大、资源条件好的发展中国家，加强资源开发和产业投资，建设石化、化肥、农药、轮胎、煤化工等生产线。以满足当地市场需求为重点，开展化工下游精深加工，延伸产业链，建设绿色生产基地，带动国内成套设备出口。

(7)发挥竞争优势，提高轻工纺织行业国际合作水平。发挥轻纺行业较强的国际竞争优势，在有条件的国家，依托当地农产品、畜牧业资源建立加工厂，在劳动力资源丰富、生产成本低、靠近目标市场的国家投资建设棉纺、化纤、家电、食品加工等轻纺行业项目，带动相关行业装备出口。在境外条件较好的工业园区，形成上下游配套、集群式发展的轻纺产品加工基地。把握好合作节奏和尺度，推动国际合作与国内产业转型升级良性互动。

(8)通过境外设厂等方式，加快自主品牌汽车走向国际市场。积极开拓发展中国家汽车市场，推动国产大型客车、载重汽车、小型客车、轻型客车出口。在市场潜力大、产业配套强的国家设立汽车生产厂和组装厂，建立当地分销网络和维修维护中心，带动自主品牌汽车整车及零部件出口，提升品牌影响力。鼓励汽车企业在欧美发达国家设立汽车技术和工程研发中心，同国外技术实力强的企业开展合作，提高自主品牌汽车的研发和制造技术水平。

(9)推动创新升级，提高信息通信行业国际竞争力。发挥大型通信和网络设备制造企业的国际竞争优势，巩固传统优势市场，开拓发达国家市场，以用户为核心，以市场为导向，加强与当地运营商、集团用户的合作，强化设计研发、技术支持、运营维护、信息安全的体系建设，提高在全球通信和网络设备市场的竞争力。鼓励电信运营企业、互联网企业采取兼并收购、投资建设、设施运营等方式“走出去”，在海外建设运营信息网络、数据中心等基础设施，与通信和网络制造企业合作。鼓励企业在海外设立研发机构，利用全球智力资源，加强新一代信息技术的研发。

(10)整合优势资源，推动工程机械等制造企业完善全球业务网络。加大工程机械、农业机械、石油装备、机床工具等制造企业的市场开拓力度，积极开展融资租赁等业务，结合境外重大建设项目的实施，扩大出口。鼓励企业在有条件的国家投资建厂，完善运营维护服务网络建设，提高综合竞争能力。支持企业同具有品牌、技术和市场优势的国外企业合作，鼓励在发达国家设立研发中心，提高机械制造企业产品的品牌影响力和技术水平。

(11)加强对外合作，推动航空航天装备对外输出。大力开拓发展中国家航空市场，在亚洲、非洲条件较好的国家探索设立合资航空运营企业，建设后勤保障基地，逐步形成区域航空运输网，打造若干个辐射周边国家的区域航空中心，加快与有关国家开展航空合作，带动国产飞机出口。积极开拓发达国家航空市场，推动通用飞机出口。支持优势航空企业投资国际先进制造和研发企业，建立海外研发中心，提高国产飞机的质量和水平。加强与发展中国家航天合作，积极推进对外发射服务。加强与发达国家在卫星设计、零部件制造、有效载荷研制等方面的合作，支持有条件的企业投资国外特色优势企业。

(12)提升产品和服务水平，开拓船舶和海洋工程装备高端市场。发挥船舶产能优势，在巩固中低端船舶市场的同时，大力开拓高端船舶和海洋工程装备市场，支持有实力的企业投资建厂、建立海外研发中心及销售服务基地，提高船舶高端产品的研发和制造能力，提升深海半潜式钻井平台、浮式生产储卸装置、海洋工程船舶、液化天然气船等产品国际竞争力。

四、提高企业“走出去”能力和水平

（1）发挥企业市场主体作用。各类企业包括民营企业要结合自身发展需要和优势，坚持以市场为导向，按照商业原则和国际惯例，明确工作重点，制定实施方案，积极开展国际产能和装备制造合作，为我拓展国际发展新空间作出积极贡献。

（2）拓展对外合作方式。在继续发挥传统工程承包优势的同时，充分发挥我资金、技术优势，积极开展“工程承包+融资”、“工程承包+融资+运营”等合作，有条件的项目鼓励采用BOT、PPP等方式，大力开拓国际市场，开展装备制造合作。与具备条件的国家合作，形成合力，共同开发第三方市场。国际产能合作要根据所在国的实际和特点，灵活采取投资、工程建设、技术合作、技术援助等多种方式，与所在国政府和企业开展合作。

（3）创新商业运作模式。积极参与境外产业集聚区、经贸合作区、工业园区、经济特区等合作园区建设，营造基础设施相对完善、法律政策配套的具有集聚和辐射效应的良好区域投资环境，引导国内企业抱团出海、集群式“走出去”。通过互联网借船出海，借助互联网企业境外市场、营销网络平台，开辟新的商业渠道。通过以大带小合作出海，鼓励大企业率先走向国际市场，带动一批中小配套企业“走出去”，构建全产业链战略联盟，形成综合竞争优势。

（4）提高境外经营能力和水平。认真做好所在国政治、经济、法律、市场的分析和评估，加强项目可行性研究和论证，建立效益风险评估机制，注重经济性和可持续性，完善内部投资决策程序，落实各方面配套条件，精心组织实施。做好风险应对预案，妥善防范和化解项目执行中的各类风险。鼓励扎根当地、致力于长期发展，在企业用工、采购等方面努力提高本地化水平，加强当地员工培训，积极促进当地就业和经济发展。

（5）规范企业境外经营行为。企业要认真遵守所在国法律法规，尊重当地文化、宗教和习俗，保障员工合法权益，做好知识产权保护，坚持诚信经营，抵制商业贿赂。注重资源节约利用和生态环境保护，承担社会责任，为当地经济和社会发展积极作贡献，实现与所在国的互利共赢、共同发展。建立企业境外经营活动考核机制，推动信用制度建设。加强企业间的协调与合作，遵守公平竞争的市场秩序，坚决防止无序和恶性竞争。

五、加强政府引导和推动

（1）加强统筹指导和协调。根据国家经济社会发展总体规划，结合“一带一路”建设、周边基础设施互联互通、中非“三网一化”合作等，制定国际产能合作规划，明确重点方向，指导企业有重点、有目标、有组织地开展对外工作。

（2）完善对外合作机制。充分发挥现有多双边高层合作机制的作用，与重点国家建立产能合作机制，加强政府间交流协调以及与相关国际和地区组织的合作，搭建政府和企业对外合作平台，推动国际产能和装备制造合作取得积极进展。完善与有关国家在投资保护、金融、税收、海关、人员往来等方面合作机制，为国际产能和装备制造合作提供全方位支持和综合保障。

（3）改革对外合作管理体制。进一步加大简政放权力度，深化境外投资管理制度改革，取消境外投资审批，除敏感类投资外，境外投资项目和设立企业全部实行告知性备案，做好事中事后监管工作。完善对中央和地方国有企业的境外投资管理方式，从注重事前管理向加强事中事后监管转变。完善对外承包工程管理，为企业开展对外合作创造便利条件。

(4) 做好外交服务工作。外交部门和驻外使领馆要进一步做好驻在国政府和社会各界的工作，加强对我企业的指导、协调和服务，及时提供国别情况、有关国家合作意向和合作项目等有效信息，做好风险防范和领事保护工作。

(5) 建立综合信息服务平台。完善信息共享制度，指导相关机构建立公共信息平台，全面整合政府、商协会、企业、金融机构、中介服务机构等信息资源，及时发布国家“走出去”有关政策，以及全面准确的国外投资环境、产业发展和政策、市场需求、项目合作等信息，为企业“走出去”提供全方位的综合信息支持和服务。

(6) 积极发挥地方政府作用。地方政府要结合本地区产业发展、结构调整和产能情况，制定有针对性的工作方案，指导和鼓励本地区有条件的企业积极有序推进国际产能和装备制造合作。

六、加大政策支持力度

(1) 完善财税支持政策。加快与有关国家商签避免双重征税协定，实现重点国家全覆盖。

(2) 发挥优惠贷款作用。根据国际产能和装备制造合作需要，支持企业参与大型成套设备出口、工程承包和大型投资项目。

(3) 加大金融支持力度。发挥政策性银行和开发性金融机构的积极作用，通过银团贷款、出口信贷、项目融资等多种方式，加大对国际产能和装备制造合作的融资支持力度。鼓励商业性金融机构按照商业可持续和风险可控原则，为国际产能和装备制造合作项目提供融资支持，创新金融产品，完善金融服务。鼓励金融机构开展PPP项目贷款业务，提升我国高铁、核电等重大装备和产能“走出去”的综合竞争力。鼓励国内金融机构提高对境外资产或权益的处置能力，支持“走出去”企业以境外资产和股权、矿权等权益为抵押获得贷款，提高企业融资能力。加强与相关国家的监管协调，降低和消除准入壁垒，支持中资金融机构加快境外分支机构和服务网点布局，提高融资服务能力。加强与国际金融机构的对接与协调，共同开展境外重大项目合作。

(4) 发挥人民币国际化积极作用。支持国家开发银行、中国进出口银行和境内商业银行在境外发行人民币债券并在境外使用，取消在境外发行人民币债券的地域限制。加快建设人民币跨境支付系统，完善人民币全球清算服务体系，便利企业使用人民币进行跨境合作和投资。鼓励在境外投资、对外承包工程、大型成套设备出口、大宗商品贸易及境外经贸合作区等使用人民币计价结算，降低“走出去”的货币错配风险。推动人民币在“一带一路”建设中的使用，有序拓宽人民币回流渠道。

(5) 扩大融资资金来源。支持符合条件的企业和金融机构通过发行股票、债券、资产证券化产品在境内外市场募集资金，用于“走出去”项目。实行境外发债备案制，募集低成本外汇资金，更好地支持企业“走出去”资金需求。

(6) 增加股权投资来源。发挥中国投资有限责任公司作用，设立业务覆盖全球的股权投资公司（即中投海外直接投资公司）。充分发挥丝路基金、中非基金、东盟基金、中投海外直接投资公司等作用，以股权投资、债务融资等方式，积极支持国际产能和装备制造合作项目。鼓励境内私募股权基金管理机构“走出去”，充分发挥其支持企业“走出去”开展绿地投资、并购投资等的作用。

(7) 加强和完善出口信用保险。建立出口信用保险支持大型成套设备的长期制度性安排，对风险可控的项目实现应保尽保。发挥好中长期出口信用保险的风险保障作用，扩大保险覆盖面，以有效支持大型成套设备出口，带动优势产能“走出去”。

七、强化服务保障和风险防控

（1）加快中国标准国际化推广。提高中国标准国际化水平，加快认证认可国际互认进程。积极参与国际标准和区域标准制定，推动与主要贸易国之间的标准互认。尽早完成高铁、电力、工程机械、化工、有色、建材等行业技术标准外文版翻译，加大中国标准国际化推广力度，推动相关产品认证认可结果互认和采信。

（2）强化行业协会和中介机构作用。鼓励行业协会、商会、中介机构发挥积极作用，为企业“走出去”提供市场化、社会化、国际化的法律、会计、税务、投资、咨询、知识产权、风险评估和认证等服务。建立行业自律与政府监管相结合的管理体系，完善中介服务执业规则与管理制度，提高中介机构服务质量，强化中介服务机构的责任。

（3）加快人才队伍建设。加大跨国经营管理人才培训力度，坚持企业自我培养与政府扶持相结合，培养一批复合型跨国经营管理人才。以培养创新型科技人才为先导，加快重点行业专业技术人才队伍建设。加大海外高层次人才引进力度，建立人才国际化交流平台，为国际产能和装备制造合作提供人才支撑。

（4）做好政策阐释工作。积极发挥国内传统媒体和互联网新媒体作用，及时准确通报信息。加强与国际主流媒体交流合作，做好与所在国当地媒体、智库、非政府组织的沟通工作，阐释平等合作、互利共赢、共同发展的合作理念，积极推介我国装备产品、技术、标准和优势产业。

（5）加强风险防范和安全保障。建立健全支持“走出去”的风险评估和防控机制，定期发布重大国别风险评估报告，及时警示和通报有关国家政治、经济和社会重大风险，提出应对预案和防范措施，妥善应对国际产能和装备制造合作重大风险。综合运用外交、经济、法律等手段，切实维护我国企业境外合法权益。充分发挥境外中国公民和机构安全保护工作部际联席会议制度的作用，完善境外安全风险预警机制和突发安全事件应急处理机制，及时妥善解决和处置各类安全问题，切实保障公民和企业的境外安全。

海洋工程装备制造业中长期发展规划

2012年3月，为贯彻落实《国民经济和社会发展第十二个五年规划纲要》和《工业转型升级规划（2011-2015年）》，进一步促进我国海洋工程装备制造业持续健康发展，工业和信息化部会同发展改革委、科技部、国资委、国家海洋局制定了《海洋工程装备制造业中长期发展规划》。规划期为2011-2020年。全文内容如下：

一、发展现状与面临的形势

以海洋油气资源为代表的海洋矿产资源是当前世界海洋资源开发的重点和热点，技术相对成熟，装备种类多，数量规模较大，是未来5~10年产业发展的主要方向。以海上风能、潮汐能为代表的海洋可再生能源开发装备，以及海水淡化和综合利用、海洋观测和监测等方面的技术装备也具有较好的发展前景。同时，随着海洋波浪能、海流能、天然气水合物、海底金属矿产等海洋资源开发技术不断成熟，相关装备的发展也将逐步提上日程。

新世纪以来，我国海洋工程装备制造业发展取得了长足进步，特别是海洋油气开发装备具备了较好的发展基础，年销售收入超过300亿人民币，占世界市场份额近7%，在环渤海地区、长三角地区、珠三角地区初步形成了具有一定集聚度的产业区，涌现出一批具有竞争力的企业（集团）。目前，我国已基本实现浅水油气装备的自主设计建造，部分海洋工程船舶已形成品牌，深海装备制造取得一定突破。此外，海上风能等海洋可再生能源开发装备初步实现产业化，海水淡化和综合利用等海洋化学资源开发初具规模，装备技术水平不断提升。

但是，与世界先进水平相比，仍存在较大差距，主要表现为：产业发展仍处于幼稚期，经济规模和市场份额小；研发设计和创新能力薄弱，核心技术依赖国外；尚未形成具有较强国际竞争力的专业化制造能力，基本处于产业链的低端；配套能力严重不足，核心设备和系统主要依靠进口；产业体系不健全，相关服务业发展滞后。

21世纪是海洋的世纪，面对海洋资源开发这一不断成长的新兴市场，世界各国都在积极发展相关装备，加快海洋资源开发和利用已成为世界各国发展的重要战略取向。未来五到十年是我国海洋工程装备制造业发展的关键时期，既要应对国际竞争日益激烈的挑战，更要抓住国内外海洋资源开发装备需求增加的机遇，进一步增强紧迫感和责任感，大力协同，迎难而上，力争通过十年的发展，使我国海洋工程装备制造能力和水平迈上新台阶。

二、指导思想与发展目标

（一）指导思想

深入贯彻落实科学发展观，把握世界海洋资源开发利用与保护的总体趋势，面向国内外海洋资源开发的重大需求，重点突破深海装备的关键技术，大力发展以海洋油气开发装备为代表的海洋矿产资源开发装备，加快推进以海洋风能工程装备为代表的海洋可再生能源开发装备、以海水淡化和综合利用装备为代表的海洋化学资源开发装备的产业化，积极培育潮流能、波浪能、天然气水合物、海底金属矿产、海洋生物质资源开发利用装备等相关产业，加快提升产业规模和技术水平，完善产业链，促进我国海洋工程装备制造业快速健康发展。

（二）发展原则

面向需求，突出重点。针对世界海洋资源开发的重大需求，重点发展市场需求量大、技术成熟度高的海洋油气开发装备，集中力量，加快推进。分阶段分步骤推进海洋可再生能源、海洋化学资源开发装备的产业化。

总包牵引，专业发展。着力提高装备的总承包能力和总装集成能力，带动相关设备供应商和分包商的发展；坚持走专业化发展道路，努力培育研发设计、总装建造、模块制造、设备供应、技术服务等方面的专业化能力。

合理布局，完善体系。立足现有装备工业基础，加强能力建设的统筹规划，大力推进产业集群发展；全面推进产业链各环节和现代制造服务业的同步协调发展，不断完善产业体系。

依托骨干，培育品牌。依托现有骨干企业，努力培育一批技术实力雄厚、综合竞争力强的品牌企业；倡导“产、学、研、用”相结合，以重大项目为牵引，打造一批技术性能优良的品牌产品。

着眼长远，增强储备。把握海洋资源开发装备领域科技发展的新方向，加强海洋潮流能、波浪能、温差能、天然气水合物、海底金属矿产资源、海洋与极地生物基因资源等领域相关装备的前期研究和技术储备，抢占未来发展先机。

（三）发展目标

经过十年的努力，使我国海洋工程装备制造业的产业规模、创新能力和综合竞争力大幅提升，形成较为完备的产业体系，产业集群形成规模，国际竞争力显著提高，推动我国成为世界主要的海洋工程装备制造大国和强国。

产业规模位居世界前列。2015年，年销售收入达到2 000亿元以上，工业增加值率较“十一五”末提高3个百分点，其中海洋油气开发装备国际市场份额达到20%；2020年，年销售收入达到4 000亿元以上，工业增加值率再提高3个百分点，其中海洋油气开发装备国际市场份额达到35%以上。

形成若干产业集聚区和大型骨干企业集团。重点打造环渤海地区、长三角地区、珠三角地区三个产业集聚区，2015年销售收入均达到400亿元以上，2020年提高到800亿元以上；重点培育5~6个具有较强国际竞争力的总承包商，2015年销售收入达到200亿元以上，2020年提高到400亿元以上。

技术水平和创新能力显著提升。全面掌握深海油气开发装备的自主设计建造技术，装备安全可靠性全面提高，并在部分优势领域形成若干世界知名品牌产品；突破海上风能工程装备、海水淡化和综合利用装备的关键技术，具备自主设计制造能力；海洋可再生能源、天然气水合物开发装备及部分海底矿产资源开发装备的产业化技术实现突破；海洋生物质资源开发利用装备、极地特种探测/监测设备的研发能力和技术储备明显增强。

关键系统和设备的制造能力明显增强。2015年，海洋油气开发装备关键系统和设备的配套率达到30%以上，2020年达到50%以上；在海洋钻井系统、动力定位系统、深海锚泊系统、大功率海洋平台电站、大型海洋平台吊机、自升式平台升降系统、水下生产系统等领域形成若干品牌产品；具备深海铺管系统、深海立管系统等关键系统的供应能力；海洋观测/监测设备、海洋综合观测平台、水下运载器、水下作业装备、深海通用基础件等实现自主设计制造。

三、主要任务

（一）加快提升产业规模

大力推进产业集聚发展。结合我国海洋资源的分布情况和现有装备工业总体布局，在以大连–天津–烟台–青岛为主的环渤海地区、以江苏苏中地区–上海–浙江浙东地区为主的长江三角洲地区、以深圳–广州–珠海为主的珠江三角洲地区，重点培育三大海洋工程装备制造业集聚区，具备总装建造、修理改装、设备供应、技术服务等方面的综合能力。

全面提升总承包能力和专业化分包能力。依托大型骨干企业（集团），重点提高大型海洋工程装备的总装集成能力，打造具备总承包能力和较强国际竞争力的专业化总装制造企业（集团）。以总承包为牵引，带动和引导一批中小型企业走专业化、特色化发展道路，在工程设计、模块设计制造、设备供应、系统安装调试、技术咨询服务等领域，逐步发展成为具备较强国际竞争力的专业化分包商。

加强企业技术改造。支持企业利用现有修造船设施发展海洋工程装备制造。重点支持企业（集团）适应海洋工程装备制造的特点对生产设施进行改造、工艺流程优化，以及开展企业信息化建设、节能降耗及减排等为主要内容的技术改造。

加大企业兼并重组力度。支持海洋工程装备制造企业以产品、资本为纽带开展联合开发、联合经营，实施强强联合，规模化发展，实现规模经济。支持大型海洋工程装备制造企业与钢铁、石油等上下游企业以战略联盟或参股、合资合作等方式，适当延伸产业链，在上下游产业实现战略布局，实现优势互补、利益共享，增强抗风险能力。

（二）加强产业技术创新

加快重点产品研发。围绕海洋资源在勘探、开采、储存运输和服务等四大环节的需求，加快培育和发展相关重点装备及其关键系统和设备。重点发展市场需求量较大的半潜式钻井平台、钻井船、自升式钻修井/作业平台、半潜式生产平台、浮式生产储卸装置、起重铺管船、大型起重船/浮吊、深海锚泊系统等关键系统和设备、水下采油树、泄漏油应急处理装置等水下系统及作业装备、海上及潮间带风机安装平台（船）、海水淡化和综合利用装备等，逐步实现自主设计建造，形成品牌,使之成为我国海洋工程装备制造业的主导产品。

大力培育专业设计能力。结合海洋工程装备的技术发展趋势，在巩固提高浅水装备设计能力的基础上，着重提升装备的前端工程设计和基本设计的能力，掌握大型功能模块的设计技术，突破相关系统和设备的核心技术，全面提升大型海洋工程装备的设计能力。

提高建造和工程管理水平。结合生产经营工作和实际工程项目的需要，有针对性地开展建造技术研究和项目管理技术研究，掌握海洋工程装备特有的建造技术、安装调试技术，建立与海洋工程装备项目特点相适应的、与国际接轨的现代工程管理模式和生产组织方式，支撑总承包和总装集成能力的提升。

夯实产业发展的技术基础。建设深海技术装备公共试验/检测平台，积极开展海洋环境观测与监测技术、深海运载与深海探测、海底观测网络技术等海洋基础技术的研究。以满足工程项目实际需要为目标，系统开展深海浮式结构物水动力性能分析、深海设施疲劳强度分析、装备和设备的安全可靠性、海洋防腐蚀技术、深海工程安全监测/预警及远程控制技术等基础技术的研究。围绕典型海洋工程装备产品，加大对核心基础零部件和功能部件的研究支持力度，形成于部件协同发展的产业格局。加大相关标准、规范的制定、修改和完善，建立健全我国海洋工程装备的标准体系。

开展前瞻概念性产品研究。着眼于海洋资源开发的长远需求，加强研发波浪能、潮流能、海水温差能等海洋可再生能源的开发装备，天然气水合物、多金属结核等海底矿产资源的开发装备，海水提锂、提铀等海水综合利用的成套装备，极地生物基因资源和空间资源开发利用装备以及极地特种探测和监测装备，海上机场、海上卫星发射场等大型海上浮式结构物，为未来的产品工程化和商业化开采奠定技术基础。

推进研发平台建设。主要依托骨干科研机构，完善海洋工程装备的科研试验设施，在装备总体、功能模块、核心设备等领域，打造若干产品研发和技术创新平台。支持骨干企业（集团）设立海洋工程装备研发平台，建设深海公共测试场，高等院校、中小型企业联合设立共性技术研发平台，逐步完善以企业为主体、产学研用相结合的技术创新体系。

（三）提高关键系统和设备配套能力

打造重点产品的专业化制造基地。依托造船行业和石油石化装备行业的骨干配套企业，结合已有基础，新建和扩建一批优势产品生产能力。围绕三大产业集聚区，在沿江、沿海地区打造专业系统和设备的研发制造基地。在陆上石油装备已有能力的基础上，积极发展海上石油装备，重点支持中西部地区的石油装备骨干企业，走专业化发展道路。

积极培育优势产品。在海洋平台甲板机械、深海锚泊系统、海洋平台电站、海洋钻/修井设备、油气水分离处理设备等具备较好发展基础的领域，提高系统集成能力，努力将其打造成为国际知名品牌。同时加强国际合作，通过引进国外专利技术、合资办厂或收购、参股等多种方式，加快实现海洋观测和监测设备、动力定位系统、单点系泊系统、水下生产系统等高附加值设备和系统的设计制造。

（四）构筑海工装备现代制造体系

积极发展海工装备制造现代服务业。以完善海洋工程装备产业体系、推动产业协调发展为宗旨，积极发展研发实验（试验）服务、工程设计服务、安装调试服务、技术交易、知识产权和科技成果转化等知识密集型服务业，重点在三大海洋工程装备制造业集聚区内，培育一批专业化的高技术服务企业。同时，大力发展信息咨询服务、投资咨询服务、信贷融资服务、保险和担保服务、各类法律服务等，为产业快速发展提供全方位的服务支撑。

提升海洋工程装备制造信息化水平。充分发挥信息化技术对提升产业水平的推动作用，深化信息技术在企业生产经营各环节的应用。大力推进海洋工程装备的数字化、网络化、协同化设计，加强工程项目管理软件的开发和应用，积极支持骨干企业（集团）开展内部综合信息化网络平台的建设，完善信息共享机制，提高运行效率。

建设安全、环保、高效的海工装备制造体系。结合海洋工程装备产业的特点，高度重视装备、设备的质量和安全可靠性，加强设计制造的过程控制，推动建立全员、全方位、全生命周期的质量管理体系，努力营造“安全质量第一”的企业文化。围绕设计建造重点环节，积极开展节能降耗研究，强化节能降耗基础管理，推广应用低能耗、低物耗、高效自动化装备，努力构建环保、高效的先进制造体系。

（五）提升对外开放水平

广泛开展对外合作。支持国内企业把握经济全球化的新特点，积极开展国际交流与合作，充分利用各种渠道和平台，探索各种对外合作模式，加快融入全球产业链。鼓励境外企业和科研机构在我国设立研发机构，支持国内外企业联合开展装备的研发和创新，鼓励合资成立研发机构。

积极实施“走出去”和“引进来”战略。大力开拓国际市场，针对海洋工程装备产业的全球区域布局，着眼于接近市场、接近客户，支持国内企业创建国际化营销和服务网络，提高国际化经营水平，创建国际知名品牌和企业。支持有实力、有条件的国内企业到境外设立公司，并购或参股国外企业和研发机构。支持海洋工程装备制造企业、设计公司与境外研发设计机构、知名企业开展合资合作、联合设计，积极引进研发设计、经营管理方面的境外高层次人才。

（六）实施重大创新工程

深海资源探采装备发展工程。围绕深海油气资源开发在勘探、开发、储存运输和服务四个核心环节的装备需求，突破深海浮式结构物水动力性能、结构设计和强度分析等共性技术以及高性能材料的研制，加快发展深海高性能物探船、浮式生产储卸油装置、半潜式平台、水下生产系统、环境探测/观测/监测等装备及其关键设备和系统，建设浮式液化天然气生产储卸装置等新型装备的总装制造平台，完善设计建造标准体系，掌握3 000米深海油气田开发所需装备的设计建造能力，形成我国开发深海油气资源的装备体系，以及包括总装、配套、技术服务等在内的相对完善的产业链。

四、政策措施

（一）积极培育装备市场

支持海洋地质普查和资源调查，加大海洋环境的观测、监测和极地科考等海洋科技活动的支持力度。支持保险机构建立保险机制，为用户采用海洋工程装备及配套设备提供保险。对于我国海域内的海洋油气开发项目，鼓励油气开采企业提高装备及设备的配套率。支持沿海淡水资源匮乏地区开展海水淡化及综合利用试点和示范。

（二）规范和引导社会投入

新建大型海洋工程装备专用基础设施项目需报国家核准，鼓励造修船企业利用现有造修船设施发展海洋工程装备的制造和修理改装。对于海水淡化和综合利用、海洋风能工程装备等海洋工程装备研制项目在用海政策上给予重点支持。加强相关规划的统筹协调，节约、集约利用岸线资源。

（三）完善财税和金融支持政策

鼓励和支持金融机构加快金融产品和服务方式创新，有效拓宽海洋工程装备制造企业融资渠道。鼓励金融机构按照市场化原则，在符合国家政策导向和有效防范风险的前提下，灵活运用多种金融工具，支持信誉良好、产品有市场、有效益的海洋工程装备企业加快发展。按照有关政策规定，进一步探索改进适合海洋工程装备产业特点的信贷担保方式，拓宽抵押担保物范围。支持符合条件的海洋资源开发企业、海洋工程装备制造企业上市融资和发行债券。

（四）加大科研开发支持力度

加大科研经费投入，建立多渠道投入机制，支持海洋工程装备的研发和创新。依托国家科技计划、海洋科技专项，加大对海洋观测、监测及极地科考等海洋科技活动的支持力度。依托骨干海洋工程装备研发制造企业，建设国家工程研究中心、国家工程实验室、企业技术中心等。通过科技金融和国家科技成果转化资金等渠道，加快科技成果转化和产业化。鼓励企业加大创新投入，按照有关政策规定，落实企业开发新技术、新产品、新工艺发生的研究开发费用在计算应纳税所得额时加计扣除的优惠政策。

（五）推动建立产业联盟

组织和引导行业骨干研发机构、制造企业，联合检验机构、用户单位等，建立海洋工程装备产业联盟，鼓励相互持股和换股，形成利益共同体，在科研开发、市场开拓、业务分包等方面开展深入合作。引导“产、学、研、用”相结合，鼓励产业技术创新战略联盟围绕产业技术创新链开展创新，推动实现重大技术突破和科技成果产业化。鼓励总装建造企业建立业务分包体系，培育合格的分包商和设备供应商，推动“专、精、特、新”型中小企业发展。

（六）加强人才队伍建设

鼓励企业积极创造条件，营造良好的人才发展环境，引进研发设计、经营管理方面的境外高层次人才和团队。优化人才培养和使用机制，加强创新型研发人才、高级营销人才和项目管理人才、高级技能人才等专业人才队伍的建设，培育海洋工程装备领域的国家级专家，扩大海洋工程装备高端人才队伍。

五、规划实施

工业和信息化部会同发展改革委、科学技术部、国有资产监督管理委员会、国家能源局、国家海洋局制定《规划》实施方案，建立各部门分工协作、共同推进的工作机制。地方各级政府部门根据职能分工，分别制定实施推进海洋工程装备发展的工作计划和配套政策措施，充分发挥行业协会、学会、船级社等中介组织的作用，确保实现海洋工程装备制造业发展规划目标。有关部门要适时开展《规划》的中期评估和后评价工作，及时提出评价意见。

能源发展战略行动计划（2014–2020）

能源是现代化的基础和动力。能源供应和安全事关我国现代化建设全局。新世纪以来，我国能源发展成就显著，供应能力稳步增长，能源结构不断优化，节能减排取得成效，科技进步迈出新步伐，国际合作取得新突破，建成世界最大的能源供应体系，有效保障了经济社会持续发展。

当前，世界政治、经济格局深刻调整，能源供求关系深刻变化。我国能源资源约束日益加剧，生态环境问题突出，调整结构、提高能效和保障能源安全的压力进一步加大，能源发展面临一系列新问题新挑战。同时，我国可再生能源、非常规油气和深海油气资源开发潜力很大，能源科技创新取得新突破，能源国际合作不断深化，能源发展面临着难得的机遇。

从现在到2020年，是我国全面建成小康社会的关键时期，是能源发展转型的重要战略机遇期。为贯彻落实党的十八大精神，推动能源生产和消费革命，打造中国能源升级版，必须加强全局谋划，明确今后一段时期我国能源发展的总体方略和行动纲领，推动能源创新发展、安全发展、科学发展，特制定本行动计划。

一、总体战略

（一）指导思想

高举中国特色社会主义伟大旗帜，以邓小平理论、“三个代表”重要思想、科学发展观为指导，深入贯彻党的十八大和十八届二中、三中全会精神，全面落实党中央、国务院的各项决策部署，以开源、节流、减排为重点，确保能源安全供应，转变能源发展方式，调整优化能源结构，创新能源体制机制，着力提高能源效率，严格控制能源消费过快增长，着力发展清洁能源，推进能源绿色发展，着力推动科技进步，切实提高能源产业核心竞争力，打造中国能源升级版，为实现中华民族伟大复兴的中国梦提供安全可靠的能源保障。

（二）战略方针与目标

坚持“节约、清洁、安全”的战略方针，加快构建清洁、高效、安全、可持续的现代能源体系。重点实施四大战略：

节约优先战略。把节约优先贯穿于经济社会及能源发展的全过程，集约高效开发能源，科学合理使用能源，大力提高能源效率，加快调整和优化经济结构，推进重点领域和关键环节节能，合理控制能源消费总量，以较少的能源消费支撑经济社会较快发展。

到2020年，一次能源消费总量控制在48亿吨标准煤左右，煤炭消费总量控制在42亿吨左右。

立足国内战略。坚持立足国内，将国内供应作为保障能源安全的主渠道，牢牢掌握能源安全主动权。发挥国内资源、技术、装备和人才优势，加强国内能源资源勘探开发，完善能源替代和储备应急体系，着力增强能源供应能力。加强国际合作，提高优质能源保障水平，加快推进油气战略进口通道建设，在开放格局中维护能源安全。

到2020年，基本形成比较完善的能源安全保障体系。国内一次能源生产总量达到42亿吨标准煤，能源自给能力保持在85%左右，石油储采比提高到14~15，能源储备应急体系基本建成。

绿色低碳战略。着力优化能源结构，把发展清洁低碳能源作为调整能源结构的主攻方向。坚持发展非化石能源与化石能源高效清洁利用并举，逐步降低煤炭消费比重，提高天然气消费比重，大幅增加风电、太阳能、地热能等可再生能源和核电消费比重，形成与我国国情相适应、科学合理的能源消费结构，大幅减少能源消费排放，促进生态文明建设。

到2020年，非化石能源占一次能源消费比重达到15%，天然气比重达到10%以上，煤炭消费比重控制在62%以内。

创新驱动战略。深化能源体制改革，加快重点领域和关键环节改革步伐，完善能源科学发展体制机制，充分发挥市场在能源资源配置中的决定性作用。树立科技决定能源未来、科技创造未来能源的理念，坚持追赶与跨越并重，加强能源科技创新体系建设，依托重大工程推进科技自主创新，建设能源科技强国，能源科技总体接近世界先进水平。

到2020年，基本形成统一开放竞争有序的现代能源市场体系。

二、主要任务

（一）增强能源自主保障能力

立足国内，加强能源供应能力建设，不断提高自主控制能源对外依存度的能力。

1. 推进煤炭清洁高效开发利用

按照安全、绿色、集约、高效的原则，加快发展煤炭清洁开发利用技术，不断提高煤炭清洁高效开发利用水平。

清洁高效发展煤电。转变煤炭使用方式，着力提高煤炭集中高效发电比例。提高煤电机组准入标准，新建燃煤发电机组供电煤耗低于每千瓦时300克标准煤，污染物排放接近燃气机组排放水平。

推进煤电大基地大通道建设。依据区域水资源分布特点和生态环境承载能力，严格煤矿环保和安全准入标准，推广充填、保水等绿色开采技术，重点建设晋北、晋中、晋东、神东、陕北、黄陇、宁东、鲁西、两淮、云贵、冀中、河南、内蒙古东部、新疆等14个亿吨级大型煤炭基地。到2020年，基地产量占全国的95%。采用最先进节能节水环保发电技术，重点建设锡林郭勒、鄂尔多斯、晋北、晋中、晋东、陕北、哈密、准东、宁东等9个千万千瓦级大型煤电基地。发展远距离大容量输电技术，扩大西电东送规模，实施北电南送工程。加强煤炭铁路运输通道建设，重点建设内蒙古西部至华中地区的铁路煤运通道，完善西煤东运通道。到2020年，全国煤炭铁路运输能力达到30亿吨。

提高煤炭清洁利用水平。制定和实施煤炭清洁高效利用规划，积极推进煤炭分级分质梯级利用，加大煤炭洗选比重，鼓励煤矸石等低热值煤和劣质煤就地清洁转化利用。建立健全煤炭质量管理体系，加强对煤炭开发、加工转化和使用过程的监督管理。加强进口煤炭质量监管。大幅减少煤炭分散直接燃烧，鼓励农村地区使用洁净煤和型煤。

2. 稳步提高国内石油产量

坚持陆上和海上并重，巩固老油田，开发新油田，突破海上油田，大力支持低品位资源开发，建设大庆、辽河、新疆、塔里木、胜利、长庆、渤海、南海、延长等9个千万吨级大油田。

稳定东部老油田产量。以松辽盆地、渤海湾盆地为重点，深化精细勘探开发，积极发展先进采油技术，努力增储挖潜，提高原油采收率，保持产量基本稳定。

实现西部增储上产。以塔里木盆地、鄂尔多斯盆地、准噶尔盆地、柴达木盆地为重点，加大油气资源勘探开发力度，推广应用先进技术，努力探明更多优质储量，提高石油产量。加大羌塘盆地等新区油气地质调查研究和勘探开发技术攻关力度，拓展新的储量和产量增长区域。

加快海洋石油开发。按照以近养远、远近结合，自主开发与对外合作并举的方针，加强渤海、东海和南海等海域近海油气勘探开发，加强南海深水油气勘探开发形势跟踪分析，积极推进深海对外招标和合作，尽快突破深海采油技术和装备自主制造能力，大力提升海洋油气产量。

大力支持低品位资源开发。开展低品位资源开发示范工程建设，鼓励难动用储量和濒临枯竭油田的开发及市场化转让，支持采用技术服务、工程总承包等方式开发低品位资源。

3. 大力发展天然气

按照陆地与海域并举、常规与非常规并重的原则，加快常规天然气增储上产，尽快突破非常规天然气发展瓶颈，促进天然气产量快速增长。

加快常规天然气勘探开发。以四川盆地、鄂尔多斯盆地、塔里木盆地和南海为重点，加强西部低品位、东部深层、海域深水三大领域科技攻关，加大勘探开发力度，力争获得大突破、大发现，努力建设8个年产量百亿立方米级以上的大型天然气生产基地。到2020年，累计新增常规天然气探明地质储量5.5万亿立方米，年产常规天然气1 850亿立方米。

重点突破页岩气和煤层气开发。加强页岩气地质调查研究，加快“工厂化”、“成套化”技术研发和应用，探索形成先进适用的页岩气勘探开发技术模式和商业模式，培育自主创新和装备制造能力。着力提高四川长宁–威远、重庆涪陵、云南昭通、陕西延安等国家级示范区储量和产量规模，同时争取在湘鄂、云贵和苏皖等地区实现突破。到2020年，页岩气产量力争超过300亿立方米。以沁水盆地、鄂尔多斯盆地东缘为重点，加大支持力度，加快煤层气勘探开采步伐。到2020年，煤层气产量力争达到300亿立方米。

积极推进天然气水合物资源勘查与评价。加大天然气水合物勘探开发技术攻关力度，培育具有自主知识产权的核心技术，积极推进试采工程。

4. 积极发展能源替代

坚持煤基替代、生物质替代和交通替代并举的方针，科学发展石油替代。到2020年，形成石油替代能力4 000万吨以上。

稳妥实施煤制油、煤制气示范工程。按照清洁高效、量水而行、科学布局、突出示范、自主创新的原则，以新疆、内蒙古、陕西、山西等地为重点，稳妥推进煤制油、煤制气技术研发和产业化升级示范工程，掌握核心技术，严格控制能耗、水耗和污染物排放，形成适度规模的煤基燃料替代能力。

积极发展交通燃油替代。加强先进生物质能技术攻关和示范，重点发展新一代非粮燃料乙醇和生物柴油，超前部署微藻制油技术研发和示范。加快发展纯电动汽车、混合动力汽车和船舶、天然气汽车和船舶，扩大交通燃油替代规模。

5. 加强储备应急能力建设

完善能源储备制度，建立国家储备与企业储备相结合、战略储备与生产运行储备并举的储备体系，建立健全国家能源应急保障体系，提高能源安全保障能力。

扩大石油储备规模。建成国家石油储备二期工程，启动三期工程，鼓励民间资本参与储备建设，建立企业义务储备，鼓励发展商业储备。

提高天然气储备能力。加快天然气储气库建设，鼓励发展企业商业储备，支持天然气生产企业参与调峰，提高储气规模和应急调峰能力。

建立煤炭稀缺品种资源储备。鼓励优质、稀缺煤炭资源进口，支持企业在缺煤地区和煤炭集散地建设中转储运设施，完善煤炭应急储备体系。

完善能源应急体系。加强能源安全信息化保障和决策支持能力建设，逐步建立重点能源品种和能源通道应急指挥和综合管理系统，提升预测预警和防范应对水平。

（二）推进能源消费革命

调整优化经济结构，转变能源消费理念，强化工业、交通、建筑节能和需求侧管理，重视生活节能，严格控制能源消费总量过快增长，切实扭转粗放用能方式，不断提高能源使用效率。

1. 严格控制能源消费过快增长

按照差别化原则，结合区域和行业用能特点，严格控制能源消费过快增长，切实转变能源开发和利用方式。

推行“一挂双控”措施。将能源消费与经济增长挂钩，对高耗能产业和产能过剩行业实行能源消费总量控制强约束，其他产业按先进能效标准实行强约束，现有产能能效要限期达标，新增产能必须符合国内先进能效标准。

推行区域差别化能源政策。在能源资源丰富的西部地区，根据水资源和生态环境承载能力，在节水节能环保、技术先进的前提下，合理加大能源开发力度，增强跨区调出能力。合理控制中部地区能源开发强度。大力优化东部地区能源结构，鼓励发展有竞争力的新能源和可再生能源。

控制煤炭消费总量。制定国家煤炭消费总量中长期控制目标，实施煤炭消费减量替代，降低煤炭消费比重。

2. 着力实施能效提升计划

坚持节能优先，以工业、建筑和交通领域为重点，创新发展方式，形成节能型生产和消费模式。

实施煤电升级改造行动计划。实施老旧煤电机组节能减排升级改造工程，现役60万千瓦（风冷机组除外）及以上机组力争5年内供电煤耗降至每千瓦时300克标准煤左右。

实施工业节能行动计划。严格限制高耗能产业和过剩产业扩张，加快淘汰落后产能，实施十大重点节能工程，深入开展万家企业节能低碳行动。实施电机、内燃机、锅炉等重点用能设备能效提升计划，推进工业企业余热余压利用。深入推进工业领域需求侧管理，积极发展高效锅炉和高效电机，推进终端用能产品能效提升和重点用能行业能效水平对标达标。认真开展新建项目环境影响评价和节能评估审查。

实施绿色建筑行动计划。加强建筑用能规划，实施建筑能效提升工程，尽快推行75%的居住建筑节能设计标准，加快绿色建筑建设和既有建筑改造，推行公共建筑能耗限额和绿色建筑评级与标识制度，大力推广节能电器和绿色照明，积极推进新能源城市建设。大力发展低碳生态城市和绿色生态城区，到2020年，城镇绿色建筑占新建建筑的比例达到50%。加快推进供热计量改革，新建建筑和经供热计量改造的既有建筑实行供热计量收费。

实行绿色交通行动计划。完善综合交通运输体系规划，加快推进综合交通运输体系建设。积极推进清洁能源汽车和船舶产业化步伐，提高车用燃油经济性标准和环保标准。加快发展轨道交通和水运等资源节约型、环境友好型运输方式，推进主要城市群内城际铁路建设。大力发展城市公共交通，加强城市步行和自行车交通系统建设，提高公共出行和非机动出行比例。

3. 推动城乡用能方式变革

按照城乡发展一体化和新型城镇化的总体要求，坚持集中与分散供能相结合，因地制宜建设城乡供能设施，推进城乡用能方式转变，提高城乡用能水平和效率。

实施新城镇、新能源、新生活行动计划。科学编制城镇规划，优化城镇空间布局，推动信息化、低碳化与城镇化的深度融合，建设低碳智能城镇。制定城镇综合能源规划，大力发展分布式能源，科学发展热电联产，鼓励有条件的地区发展热电冷联供，发展风能、太阳能、生物质能、地热能供暖。

加快农村用能方式变革。抓紧研究制定长效政策措施，推进绿色能源县、乡、村建设，大力发展农村小水电，加强水电新农村电气化县和小水电代燃料生态保护工程建设，因地制宜发展农村可再生能源，推动非商品能源的清洁高效利用，加强农村节能工作。

开展全民节能行动。实施全民节能行动计划，加强宣传教育，普及节能知识，推广节能新技术、新产品，大力提倡绿色生活方式，引导居民科学合理用能，使节约用能成为全社会的自觉行动。

（三）优化能源结构

积极发展天然气、核电、可再生能源等清洁能源，降低煤炭消费比重，推动能源结构持续优化。

1. 降低煤炭消费比重

加快清洁能源供应，控制重点地区、重点领域煤炭消费总量，推进减量替代，压减煤炭消费，到2020年，全国煤炭消费比重降至62%以内。

削减京津冀鲁、长三角和珠三角等区域煤炭消费总量。加大高耗能产业落后产能淘汰力度，扩大外来电、天然气及非化石能源供应规模，耗煤项目实现煤炭减量替代。到2020年，京津冀鲁四省市煤炭消费比2012年净削减1亿吨，长三角和珠三角地区煤炭消费总量负增长。

控制重点用煤领域煤炭消费。以经济发达地区和大中城市为重点，有序推进重点用煤领域“煤改气”工程，加强余热、余压利用，加快淘汰分散燃煤小锅炉，到2017年，基本完成重点地区燃煤锅炉、工业窑炉等天然气替代改造任务。结合城中村、城乡结合部、棚户区改造，扩大城市无煤区范围，逐步由城市建成区扩展到近郊，大幅减少城市煤炭分散使用。

2. 提高天然气消费比重

坚持增加供应与提高能效相结合，加强供气设施建设，扩大天然气进口，有序拓展天然气城镇燃气应用。到2020年，天然气在一次能源消费中的比重提高到10%以上。

实施气化城市民生工程。新增天然气应优先保障居民生活和替代分散燃煤，组织实施城镇居民用能清洁化计划，到2020年，城镇居民基本用上天然气。

稳步发展天然气交通运输。结合国家天然气发展规划布局，制定天然气交通发展中长期规划，加快天然气加气站设施建设，以城市出租车、公交车为重点，积极有序发展液化天然气汽车和压缩天然气汽车，稳妥发展天然气家庭轿车、城际客车、重型卡车和轮船。

适度发展天然气发电。在京津冀鲁、长三角、珠三角等大气污染重点防控区，有序发展天然气调峰电站，结合热负荷需求适度发展燃气—蒸汽联合循环热电联产。

加快天然气管网和储气设施建设。按照西气东输、北气南下、海气登陆的供气格局，加快天然气管道及储气设施建设，形成进口通道、主要生产区和消费区相连接的全国天然气主干管网。到2020年，天然气主干管道里程达到12万公里以上。

扩大天然气进口规模。加大液化天然气和管道天然气进口力度。

3. 安全发展核电

在采用国际最高安全标准、确保安全的前提下，适时在东部沿海地区启动新的核电项目建设，研究论证内陆核电建设。坚持引进消化吸收再创新，重点推进AP1000、CAP1400、高温气冷堆、快堆及后处理技术攻关。加快国内自主技术工程验证，重点建设大型先进压水堆、高温气冷堆重大专项示范工程。积极推进核电基础理论研究、核安全技术研究开发设计和工程建设，完善核燃料循环体系。积极推进核电"走出去"。加强核电科普和核安全知识宣传。到2020年，核电装机容量达到5 800万千瓦，在建容量达到3 000万千瓦以上。

4. 大力发展可再生能源

按照输出与就地消纳利用并重、集中式与分布式发展并举的原则，加快发展可再生能源。到2020年，非化石能源占一次能源消费比重达到15%。

积极开发水电。在做好生态环境保护和移民安置的前提下，以西南地区金沙江、雅砻江、大渡河、澜沧江等河流为重点，积极有序推进大型水电基地建设。因地制宜发展中小型电站，开展抽水蓄能电站规划和建设，加强水资源综合利用。到2020年，力争常规水电装机达到3.5亿千瓦左右。

大力发展风电。重点规划建设酒泉、内蒙古西部、内蒙古东部、冀北、吉林、黑龙江、山东、哈密、江苏等9个大型现代风电基地以及配套送出工程。以南方和中东部地区为重点，大力发展分散式风电，稳步发展海上风电。到2020年，风电装机达到2亿千瓦，风电与煤电上网电价相当。

加快发展太阳能发电。有序推进光伏基地建设，同步做好就地消纳利用和集中送出通道建设。加快建设分布式光伏发电应用示范区，稳步实施太阳能热发电示范工程。加强太阳能发电并网服务。鼓励大型公共建筑及公用设施、工业园区等建设屋顶分布式光伏发电。到2020年，光伏装机达到1亿千瓦左右，光伏发电与电网销售电价相当。

积极发展地热能、生物质能和海洋能。坚持统筹兼顾、因地制宜、多元发展的方针，有序开展地热能、海洋能资源普查，制定生物质能和地热能开发利用规划，积极推动地热能、生物质和海洋能清洁高效利用，推广生物质能和地热供热，开展地热发电和海洋能发电示范工程。到2020年，地热能利用规模达到5 000万吨标准煤。

提高可再生能源利用水平。加强电源与电网统筹规划，科学安排调峰、调频、储能配套能力，切实解决弃风、弃水、弃光问题。

（四）拓展能源国际合作

统筹利用国内国际两种资源、两个市场，坚持投资与贸易并举、陆海通道并举，加快制定利用海外能源资源中长期规划，着力拓展进口通道，着力建设丝绸之路经济带、21世纪海上丝绸之路、孟中印缅经济走廊和中巴经济走廊，积极支持能源技术、装备和工程队伍"走出去"。

加强俄罗斯中亚、中东、非洲、美洲和亚太五大重点能源合作区域建设，深化国际能源双边多边合作，建立区域性能源交易市场。积极参与全球能源治理。加强统筹协调，支持企业"走出去"。

（五）推进能源科技创新

按照创新机制、夯实基础、超前部署、重点跨越的原则，加强科技自主创新，鼓励引进消化吸收再创新，打造能源科技创新升级版，建设能源科技强国。

1. 明确能源科技创新战略方向和重点

抓住能源绿色、低碳、智能发展的战略方向，围绕保障安全、优化结构和节能减排等长期目标，确立非常规油气及深海油气勘探开发、煤炭清洁高效利用、分布式能源、智能电网、新一代核电、先进可再生能源、节能节水、储能、基础材料等9个重点创新领域，明确页岩气、煤层气、页岩油、深海油气、煤炭深加工、高参数节能环保燃煤发电、整体煤气化联合循环发电、燃气轮机、现代电网、先进核电、光伏、太阳能热发电、风电、生物燃料、地热能利用、海洋能发电、天然气水合物、大容量储能、氢能与燃料电池、能源基础材料等20个重点创新方向，相应开展页岩气、煤层气、深水油气开发等重大示范工程。

2. 抓好科技重大专项

加快实施大型油气田及煤层气开发国家科技重大专项。加强大型先进压水堆及高温气冷堆核电站国家科技重大专项。加强技术攻关，力争页岩气、深海油气、天然气水合物、新一代核电等核心技术取得重大突破。

3. 依托重大工程带动自主创新

依托海洋油气和非常规油气勘探开发、煤炭高效清洁利用、先进核电、可再生能源开发、智能电网等重大能源工程，加快科技成果转化，加快能源装备制造创新平台建设，支持先进能源技术装备“走出去”，形成有国际竞争力的能源装备工业体系。

4. 加快能源科技创新体系建设

制定国家能源科技创新及能源装备发展战略。建立以企业为主体、市场为导向、政产学研用相结合的创新体系。鼓励建立多元化的能源科技风险投资基金。加强能源人才队伍建设，鼓励引进高端人才，培育一批能源科技领军人才。

三、保障措施

（一）深化能源体制改革

坚持社会主义市场经济改革方向，使市场在资源配置中起决定性作用和更好发挥政府作用，深化能源体制改革，为建立现代能源体系、保障国家能源安全营造良好的制度环境。

完善现代能源市场体系。建立统一开放、竞争有序的现代能源市场体系。深入推进政企分开，分离自然垄断业务和竞争性业务，放开竞争性领域和环节。实行统一的市场准入制度，在制定负面清单基础上，鼓励和引导各类市场主体依法平等进入负面清单以外的领域，推动能源投资主体多元化。深化国有能源企业改革，完善激励和考核机制，提高企业竞争力。鼓励利用期货市场套期保值，推进原油期货市场建设。

推进能源价格改革。推进石油、天然气、电力等领域价格改革，有序放开竞争性环节价格，天然气井口价格及销售价格、上网电价和销售电价由市场形成，输配电价和油气管输价格由政府定价。

深化重点领域和关键环节改革。重点推进电网、油气管网建设运营体制改革，明确电网和油气管网功能定位，逐步建立公平接入、供需导向、可靠灵活的电力和油气输送网络。加快电力体制改革步伐，推动供求双方直接交易，构建竞争性电力交易市场。

健全能源法律法规。加快推动能源法制定和电力法、煤炭法修订工作。积极推进海洋石油天然气管道保护、核电管理、能源储备等行政法规制定或修订工作。

进一步转变政府职能，健全能源监管体系。加强能源发展战略、规划、政策、标准等制定和实施，加快简政放权，继续取消和下放行政审批事项。强化能源监管，健全监管组织体系和法规体系，创新监管方式，提高监管效能，维护公平公正的市场秩序，为能源产业健康发展创造良好环境。

（二）健全和完善能源政策

完善能源税费政策。加快资源税费改革，积极推进清费立税，逐步扩大资源税从价计征范围。研究调整能源消费税征税环节和税率，将部分高耗能、高污染产品纳入征收范围。完善节能减排税收政策，建立和完善生态补偿机制，加快推进环境保护税立法工作，探索建立绿色税收体系。

完善能源投资和产业政策。在充分发挥市场作用的基础上，扩大地质勘探基金规模，重点支持和引导非常规油气及深海油气资源开发和国际合作，完善政府对基础性、战略性、前沿性科学研究和共性技术研究及重大装备的支持机制。完善调峰调频备用补偿政策，实施可再生能源电力配额制和全额保障性收购政策及配套措施。鼓励银行业金融机构按照风险可控、商业可持续的原则，加大对节能提效、能源资源综合利用和清洁能源项目的支持。研究制定推动绿色信贷发展的激励政策。

完善能源消费政策。实行差别化能源价格政策。加强能源需求侧管理，推行合同能源管理，培育节能服务机构和能源服务公司，实施能源审计制度。健全固定资产投资项目节能评估审查制度，落实能效“领跑者”制度。

（三）做好组织实施

加强组织领导。充分发挥国家能源委员会的领导作用，加强对能源重大战略问题的研究和审议，指导推动本行动计划的实施。能源局要切实履行国家能源委员会办公室职责，组织协调各部门制定实施细则。

细化任务落实。国务院有关部门、各省（区、市）和重点能源企业要将贯彻落实本行动计划列入本部门、本地区、本企业的重要议事日程，做好各类规划计划与本行动计划的衔接。国家能源委员会办公室要制定实施方案，分解落实目标任务，明确进度安排和协调机制，精心组织实施。

加强督促检查。国家能源委员会办公室要密切跟踪工作进展，掌握目标任务完成情况，督促各项措施落到实处、见到实效。在实施过程中，要定期组织开展评估检查和考核评价，重大情况及时报告国务院。

海洋工程装备工程实施方案

海洋工程装备产业是当前国家重点培育和发展的战略性新兴产业。为落实好《“十二五”国家战略性新兴产业发展规划》（国发[2012]28号），加快推进海洋工程装备发展，2014年4月，国家发展改革委、财政部、工业和信息化部会同科技部、国家海洋局、国家能源局、国资委、教育部、国家知识产权局等部门联合印发了《海洋工程装备工程实施方案》。全文内容如下：

一、总体思路和工程目标

（一）总体思路

按照“市场为牵引，创新为驱动、总装为龙头、配套为骨干”的发展思路，面向国内国际两个市场，充分发挥企业市场主体作用和政府引导推动作用，重点突破深远海油气勘探装备、钻井装备、生产装备、海洋工程船舶、其他辅助装备以及相关配套设备和系统的设计制造技术，加强创新能力建设和工程示范应用，促进第三方中介服务机构发展，全面提升我国海洋工程装备自主研发设计、专业化制造及系统配套能力，实现海洋工程装备产业链协同发展。

（二）工程目标

到2016年，我国海洋工程装备实现浅海装备自主化、系列化和品牌化，深海装备自主设计和总包建造取得突破，专业化配套能力明显提升，基本形成健全的研发、设计、制造和标准体系，创新能力显著增强，国际竞争力进一步提升。深海半潜式钻井平台、钻井船等形成系列化，深海浮式生产储卸装置（FPSO）、半潜式生产平台等实现自主设计和总承包，水下生产系统初步具备设计制造能力；升降锁紧系统、深水锚泊系统、动力定位系统、大型平台电站等实现自主设计制造和应用；深海工程装备试验、检测平台初步建成。

到2020年，全面掌握主力海洋工程装备的研发设计和制造技术，具备新型海洋工程装备的设计与建造能力，形成较为完整的科研开发、总装建造、设备供应和技术服务的产业体系，海洋工程装备产业的国际竞争能力明显提升。

二、主要任务

（一）加快主力装备系列化研发，形成自主知识产权

通过引进消化吸收再创新，开展物探船、半潜式钻井/生产/支持平台、钻井船、浮式生产储卸装置（FPSO）、海洋调查船、半潜运输船、起重铺管船、多功能海洋工程船等主力装备的系列化设计研发，着力攻克关键技术，加强技术标准制定，注重研发全过程的知识产权分析，形成具有自主知识产权的品牌产品，扩大国际市场占有率。

（二）加强新型海洋工程装备开发，提升设计建造能力

通过集成创新和协同创新，加强浮式钻井生产储卸装置（FDPSO）、自升式钻井储卸油平台、浮式液化天然气储存和再气化装置（LNG-FSRU）、立柱式平台（SPAR）、张力腿平台（TLP）等装备开发，逐步提升研发设计建造能力。

积极开展原始创新，加强海上大型浮式结构物（VLFS）、深海工作站、海上浮动电站、大洋极地调查及深远海海洋环境观测监测和探测装备、海底矿物开采和运载装备的设计建造关键技术研发，做好技术储备。

（三）加强关键配套系统和设备技术研发及产业化，提升配套水平

重点开展升降锁紧系统、深水锚泊系统、动力定位系统、单点系泊系统、大型平台电站、燃气动力系统、自动控制系统、信息管理系统、环境检测/监测系统、钻井包、海洋工程起重机、脐带缆、柔性立管、水下生产设备及系统、水下安装/检测/维护系统、物探设备、测井/录井/固井系统、铺管/铺缆设备、钻/修井设备、防喷漏油装备以及其他特种设备、系统和应用材料等技术研发，积极推动配套装备产业化。

（四）加强海洋工程装备示范应用，实现产业链协同发展

支持由用户牵头，联合油气勘探开采企业、装备制造企业、设备配套企业、研发设计、高等院校等单位建立产业联盟，加强产学研用合作，推动本土研制的海洋工程装备的应用，开展关键配套系统和设备的示范，为全面形成产业化能力奠定基础。

（五）加强创新能力建设，支撑产业持续快速发展

在整合利用现有创新平台的基础上，依托骨干

企业、重点科研院所和大学，围绕海洋工程核心装备及其配套系统设备的共性技术、关键技术，建立一批国家级企业技术中心、工程研究中心、工程实验室；围绕关键设备和系统，建设若干深海试验、检测平台，推动建立海洋工程装备鉴定、认证体系；围绕海洋环境观测与监测、深海探测等基础技术、前瞻技术，建设一批科研试验设施。

三、组织方式

根据我国海洋工程装备产业工程目标、当前面临的主要任务和国际竞争环境，“海洋工程装备工程”通过三个途径组织实施，一是深海油气资源开发装备创新发展；二是深海油气资源开发装备应用示范；三是深海油气资源开发装备创新公共平台建设。

（一）深海油气资源开发装备创新发展

1. 发展目标

顺应海洋工程装备产业发展趋势，面向国内国际两个市场，全面掌握设计、建造关键技术，提高海洋工程装备及配套设备和系统的研发、设计和制造水平，形成总包建造和本土化配套能力，实现我国海洋工程装备产业化、规模化、品牌化。

2. 实施原则

一是订单优先，对已获得工程订单的装备和设备研制，优先安排。二是技术先进，对市场急需、水平先进的装备和设备重点支持。三是自主配套，对配套设备与系统本土化率高的装备加大投入力度。四是发挥优势，在鼓励产学研用联合研发的原则下，重点支持有基础、有实力的企业集团、研发机构、高校和用户。

3. 实施重点

掌握物探船、工程勘察船、自升式钻井平台、半潜式钻井/生产/支持平台、钻井船、浮式生产储卸装置（FPSO）、海洋工程船等装备的自主设计和建造技术，具备概念设计、基本设计、详细设计能力。

突破浮式钻井生产储卸装置（FDPSO）、自升钻井储卸油平台、浮式液化天然气储存和再气化装置（LNG-FSRU）、立柱式平台（SPAR）、张力腿平台（TLP）、海上大型浮式结构物（VLFS）和海上浮动电站等装备的研发设计和建造技术，形成总装建造能力。

开展升降锁紧系统、深水锚泊系统、动力定位系统、单点系泊系统、大型平台电站、钻井包、海洋工程起重机、水下生产设备及系统中的部分设备、水下安装/检测/维护系统、铺管/铺缆设备、钻/修井设备等关键配套设备和系统的集成设计技术、系统成套和检测技术研究，逐步具备研制能力。

（二）深海油气资源开发装备示范应用

1. 发展目标

充分发挥油气勘探开采企业市场牵引作用和装备制造企业技术创新的主体作用，通过示范工程实施，实现深海油气开发首台（套）重大关键装备、系统和设备的应用，推动科研成果向工程化、产业化转化，促进总装及配套产业协调发展。

2. 实施原则

一是急用先上，即将我国海洋油气开发急需的勘探开采装备项目作为示范工程。二是技术先进，将有科研开发基础，可迅速提升设计与建造能力，有望达到国际水平的项目作为示范工程。三是带动配套，对于配套设备本土化具有较大拉动作用的项目优先示范。四是实力优先，即由国内技术实力、资金实力、工程经验较好的企业承担，可采用建设-经营-移交（BOT）等多种方式组织实施。

3. 实施重点

对自主研发设计的主力装备、新型装备和独立配套设备进行应用示范，由海洋石油勘探开采企业、装备制造企业、科研机构联合实施，重点在深水钻井船、半潜式钻井平台上进行动力定位、钻井包等关键系统和设备的示范应用；支持油气田建设和开发工程使用国产水下系统和设备，努力突破TLP平台、深水FPSO等深水工程示范；在边际油田形成自有的完整工程解决方案的基础上进行工程示范。

对区块油气田系统工程建设，由海洋石油勘探开采企业、或具有工程建设目标示范的相关资质的工程公司、关键装备使用单位牵头，科研设计单位和装备制造企业配合，形成集规划、研制、实施、使用、服务为一体的产学研用联盟，在工程规划实施方案的基础上，共同研制工程化系统装备，进行系统工程示范。

（三）深海油气资源开发装备创新公共平台建设

1. 发展目标

针对我国海洋工程装备基础共性技术薄弱，关键设备与系统发展滞后，检测、认证等技术服务发展迟缓等问题，盘活和优化现有科技资源，支持国内有实力的企业集团、研究和第三方中介机构开展研发能力、试验能力和关键设备测试、鉴定、认证能力建设，提高自主研制的海洋工程装备的质量、安全性和可靠性。通过加强机制创新和体制创新，提高研发活动的效率和效果，形成布局合理的海洋工程装备产业技术创新体系，增强产业创新能力和可持续发展能力。

2. 实施原则

一是统筹规划，对我国深海油气资源开发装备创新公共平台建设进行通盘考虑，在充分论证的基础上，合理布局创新平台。二是盘活存量，充分利用已有科研条件和资源，进行优化整合，为全行业服务。三是创新机制，建立有效激励和互惠互利的创新机制和体制，激发海洋工程装备的创新活力，保障技术创新顺利进行。

3. 实施重点

鼓励海洋油气勘探开采企业、装备制造企业、科研机构或专业机构等联合组建海洋工程装备产业联盟，开展本土化油气开采装备和配套设备的研制、产品“孵化”和推广。

支持科研机构、大学、企业和用户紧密合作，充分利用已有观测与监测基础，补充必要设施，开展海洋资源探测、海洋环境观测与监测等领域的基础研究。

加强海洋工程装备设计建造的试验、检测与鉴定能力建设，依托现有基础和资源，筹划建立深海试验、检测平台，开展关键设备和系统的测试和鉴定。加强海洋工程装备技术检验与认证能力、技术指导能力和规范研究能力建设，扩大对外技术交流和对内技术指导的作用，增强其在认证方面的国际性与权威性。

（四）实施周期

2014–2016年。

四、保障措施

（1）鼓励企业加大对创新成果产业化的研发投入，对企业为开发新技术、新产品、新工艺发生的研发费用，按照有关税收法律法规和政策规定，在计算应纳税所得额时实行加计扣除。此外，对国内企业为生产国家支持发展海洋工程装备而确有必要进口的关键零部件及原材料，免征关税和进口环节增值税。

（2）鼓励总装建造企业、配套企业及设计单位与国外知名设计公司、工程总包商等开展合作，引进国外专业公司或机构，在国内合资设立海洋工程装备研发设计机构，建立海洋工程装备配套产品设计制造基地等，推动提升研发、设计、自主配套以及总承包能力。

（3）支持科研机构、总装制造企业、配套系统和设备企业、油气开发企业等发挥各自优势，共同构建产业创新联盟。推动建立知识布局与产业链相匹配的知识产权集群管理模式，加强知识产权保护，促进第三方中介服务机构的形成和发展。建立全过程的知识产权分析评议制度，加强知识产权分析和预警，充分发挥知识产权的支撑导航作用。

（4）推动建立使用国产首台（套）产品的风险补偿机制。针对已经有销售、有订单、有用户的首台（套）产品，运用政府采购首购、订购政策积极予以支持。引导企业建立首台（套）产品投保机制。

（5）鼓励创业投资、股权投资投向海洋工程装备制造企业，有效拓宽海洋工程装备制造企业及中小型专业化配套企业融资渠道。鼓励金融机构灵活运用多种金融工具，支持信誉良好、产品有市场、有效益的海洋工程装备企业加快发展。

（6）支持有条件的企业充分利用中央和地方的人才引进计划和相关支持政策，加强海洋工程装备技术、管理、商务、法律等领域的高层次人才和团队引进，创新企业人才制度和薪酬制度。依托国家工程（技术）研究中心、工程（重点）实验室等研究机构以及测试认证中心的建设，加强海洋工程装备领域的专业人才培养。鼓励有条件的高等院校加强海洋工程学科建设，推动海洋工程学科与材料、电子、机械、计算机等基础学科的融合发展。

关于加大重大技术装备融资支持力度的若干意见

2014年12月，为贯彻落实党中央、国务院关于做强做大装备制造业的战略部署，加快推进装备制造业发展方式转变和结构优化升级，推动重大技术装备自主创新和产业化，工业和信息化部与中国进出口银行（以下简称“进出口银行”）联合加大重大技术装备融资支持力度。提出以下意见：

一、总体要求

（1）指导思想。深入贯彻落实党的十八大和十八届三中、四中全会及中央经济工作会议精神，推进中国制造强国战略，把大力发展重大技术装备作为一项必须长期坚持的战略任务，以推进自主创新、产业化、装备出口和企业走出去为重点支持方向，搭建支持重大技术装备发展的政银合作平台，发挥金融杠杆作用，提高重大技术装备自主化水平和国际竞争力，为装备制造强国建设打下坚实基础。

（2）基本原则。链条支持，多元服务。为企业提供装备研发、创新能力建设、技术改造、产业化、装备出口、“走出去”、兼并重组等产业链条多环节融资支持。创新金融产品和融资服务模式，为企业提供多元化和个性化的融资服务。

制度保障，规范管理。建立部门间工作协调机制，加强业务交流，推进建立省级合作机制，为企业融资提供制度保障。通过项目库建设、加强专家咨询、工作评价等方式，规范项目融资管理。

二、支持重点

（1）研发及创新能力建设。国家科技重大专项、战略性新兴产业创新工程项目等研发项目；国家重点实验室、大型企业技术中心等创新能力建设项目；符合国家产业政策的企业产品研发项目。

（2）技术改造和产业化。以提高产业集聚化发展水平为目的，在装备制造领域国家新型工业化产业示范基地内的建设项目；符合国家产业政策，有利于重大技术装备制造企业转型升级的技术改造、产业化项目；重大技术装备首台（套）推广应用项目。

（3）进口及技术引进。符合我国利用外商直接投资政策的外商直接投资项目、国家鼓励和支持的重大技术装备产品进口及技术引进项目。

（4）产品出口及企业“走出去”。重大技术装备直接出口项目以及通过工程承包等方式间接带动重大技术装备出口的项目；重大技术装备制造企业在境外建设生产制造基地、研发中心、产品销售中心、服务中心，以及收购境外企业的项目。

（5）企业兼并重组。有利于促进产业结构优化升级、提高产业规模效应的重大技术装备同类企业整合、上下游企业整合项目。

三、金融服务内容

（1）进出口银行利用出口买方信贷、出口卖方信贷、境外投资贷款、进口信贷、转型升级贷款等信贷产品，灵活运用银团贷款、融资担保、咨询顾问、选择权贷款等业务模式，满足企业多元化和个性化的融资需求。

（2）针对重大技术装备企业自主创业、自主创新项目，进出口银行通过特别融资账户和其发起设立的投资（引导）基金、担保公司为其提供股权投资、融资担保和相关增值服务。

（3）对国家通过技术改造资金、专项基金等方式支持的重大技术装备制造企业和项目，进出口银行提供金融服务支持。

四、加强组织保障

（1）建立协调机制。由工业和信息化部（装备工业司）与进出口银行（业务开发与创新部）组成工作组，每半年或不定期举行工作会议，及时沟通项目情况，研究解决重大问题，并共同开展联合调研、政策业务培训和课题研究工作。各地工业和信息化主管部门与进出口银行分行加强沟通和协调，研究相关配套政策措施，通过政银互动、上下联动等方式集成各方优势资源，为重大技术装备发展营造良好的政策和金融环境。

（2）推进省级合作机制。各省、自治区、直辖市及计划单列市工业和信息化主管部门结合地方重大技术装备发展，与进出口银行分行积极建立金融支持重大技术装备发展省级合作机制。

五、规范融资管理

（1）建立重大项目库。建立重大项目库，定期或不定期将符合双方合作领域、具有引导和示范效应的项目列入项目库。对于已列入项目库的项目，进出口银行通过设立专项信贷规模、搭建特别评审通道、建立配套考核奖励机制等方式做好融资保障工作。

（2）建立专家咨询制度。建立专家咨询制度，组织重大技术装备领域的专家为进出口银行开展项目评审、课题研究、业务培训等工作提供智力支持，帮助进出口银行在有效防范风险的基础上，加大对重点企业和项目的支持力度。

（3）建立工作评价机制。开展对合作推动重大技术装备发展的效果评价，深入了解相关工作推进过程中遇到的问题和困难、取得的经验和教训，同时提出相关意见和建议。

战略新兴产业重点产品和服务指导目录

为贯彻落实《国务院关于加快培育和发展战略性新兴产业的决定》，更好地指导各部门、各地区开展培育发展战略性新兴产业工作，2013年2月，国家发展和改革委员会会同相关部门，印发了《战略性新兴产业重点产品和服务指导目录》。该目录涉及战略性新兴产业7个行业、24个重点发展方向下的125个子方向，共3 100余项细分的产品和服务。其中海洋工程装备产业相关内容如下：

一、海洋工程平台装备

物探船、工程勘察船、自升式钻井平台、自升式修井作业平台、半潜式钻井平台、半潜式生产平台、半潜式支持平台、钻井船，浮式生产储卸装置（FPSO）、半潜运输船、起重铺管船、风车安装船、多用途工作船、平台供应船，液化天然气浮式生产储卸装置（LNG-FPSO）、深吃水立柱式平台（SPAR）、张力腿平台（TLP）、浮式钻井生产储卸装置（FDPSO）、自升式生产储卸油平台、深海水下应急作业装备及系统，多金属结核、天然气水合物等开采装备，波浪能、潮流能等海洋可再生能源开发装备，海水提锂等海洋化学资源开发装备等。

二、海洋工程关键配套设备和系统

自升式平台升降系统、深海锚泊系统、动力定位系统、FPSO 单点系泊系统、大型海洋平台电站、燃气动力模块、储能电池组系统模块、自动化控制系统、大型海洋平台吊机、水下生产设备和系统、水下设备安装及维护系统、物探设备、测井/录井/固井系统及设备、铺管/铺缆设备、钻修井设备及系统、安全防护及监测检测系统，小型高效油气水分离设备，半潜式钻井平台钻柱补偿系统及隔水管补偿系统以及其他重大配套设备。

三、海洋工程装备服务

海洋工程装备研发实验（试验）服务、工程设计和模块设计制造服务，海洋工程装备安装调试服务、维修保障服务，海洋工程装备技术咨询和交易服务、中介代理服务、信息咨询服务，海洋工程装备投资咨询服务、信贷金融服务、保险担保服务、法律服务、海洋工程风险评价、评估与排查服务等。

四、海洋环境监测与探测装备

海洋水文气象岸基与海上平台基观测台站用传感器、设备与系统，船用水文气象观测传感器、设备与系统，水文、气象与水质观测浮标，潜标、海床基、移动观测平台（AUV、ROV、滑翔器等），海洋水质与生态要素测量传感器与设备，声学测量与探测设备、光学测量与探测设备、高频地波雷达、S/C/X波段测波雷达、水位与波浪雷达、海洋型通用通讯模块、船用水文与地质调查绞车、深海通用材料与接插件等辅助设备。

五、海洋能相关系统与装备

海洋能发电机组。包括万千瓦级环境友好型低水头大容量潮汐水轮发电机组，兆瓦级潮流发电机组，百千瓦级新型波浪能发电机组。海洋能相关系统与设备。包括海洋能开发前期水文观测、地质地形观测、勘察设备，海上施工、运输、安装、维护船只及相应设备，海底电缆相关设备、海底电缆故障检测设备、连接器，防附着及防腐材料。海洋能装置研发公共支撑平台相关系统与设备。包括海洋能海上试验场、海洋能综合检测中心、海洋动力环境模拟试验等公共服务平台所需要的相关设备。

天津市海洋工程装备产业发展专项规划（2015-2020年）

海洋工程装备是开发、利用和保护海洋活动中使用的各类装备的总称，是海洋经济发展的前提和基础，处于海洋产业价值链的核心环节。海洋工程装备制造业是战略性新兴产业的重要组成部分，也是高端装备制造业的重要方向，具有知识技术密集、物资资源消耗少、成长潜力大、综合效益好等特点，是发展海洋经济的先导性产业。大力发展海洋工程装备产业，对于提升我市装备制造业水平，支撑我市海洋经济发展，建设天津海洋经济科学发展示范区具有重要意义。按照国务院批准的《天津海洋经济科学发展示范区规划》和市委、市政府《关于建设天津海洋经济科学发展示范区的意见》，以及国家《海洋工程装备产业创新发展战略（2011-2020）》和《海洋工程装备制造业中长期发展规划》，特制定天津市海洋工程装备产业发展专项规划。本规划规划期限为2015-2020年。

一、产业现状

（一）重点行业领域优势突出

天津是我国海洋工程装备制造的发源地之一。2013年，全市海洋工程装备制造业产值达到730亿元，海洋工程装备制造、海洋工程总承包和服务领域位居全国前列。中海油自升式钻井平台、半潜式钻井平台和模块化钻机建造能力国内领先。海水淡化日产能力占全国的35%。海洋循环经济起步较早，成效明显，北疆电厂形成了发电-海水淡化-浓海水制盐循环经济产业链。

（二）聚集了一批高端创新资源

天津是国家海洋经济发展试点地区之一，聚集了国家海洋技术中心、中船重工七〇七所、天津修船技术研究所、海水淡化研究所等一批国家级专业研究院所，涉海研究高校10余所。海洋科技人才队伍数量及海洋科技成果位居国内前列，积累了一批重要海洋科技成果，300米水深以内油气田开发装备实现了自主研发，在导航通信自动化、海洋工程船舶探测、海洋环境监测等领域形成了领先优势。

（三）形成了一批龙头企业

借助临海和港口优势，我市聚集了中海油服、博迈科、太重临港重装、鑫正海工等海洋工程装备龙头企业，以及TPCO等配套企业及海洋工程总承包等上下游企业，初步形成了以临港经济区为核心的造修船和海洋工程装备制造基地。东疆港保税区在融资租赁、离岸金融、启运港退税和国际航运税收等方面的政策优势，为海洋工程装备产业做大做强创造了条件。

（四）产业发展空间广阔

党的十八大报告中明确提出“建设海洋强国”的战略部署，进一步加大发展海洋资源开发和海洋保护规模与力度，海洋资源开发装备、监测仪器设备和海洋环保设备等装备需求快速增长。“一带一路”战略全面启动实施，并设立总额400亿美元的“丝路基金”将对国内临港机械、航道工程装备等相关领域快速发展提供强劲动力。同时，天津自贸区、自主创新示范区同步启动建设，将为我市海洋工程装备开拓国际市场，聚集全球创新资源，发展海洋工程装备服务提供了良好发展机遇。

同时，我市海洋工程装备产业发展也面临一些问题。一是海洋工程装备制造业整体规模还不大，企业数量不多，产业带动作用不强。二是具有自主知识产权的关键核心技术缺乏，科研机构创新成果本地转化产业化率低。三是本地配套能力和系统集成能力亟需提高，大部件配套明显不足，下游工程总承包发展相对滞后。

二、发展思路与目标

（一）发展思路

深入贯彻落实国家发展海洋经济总体部署和京津冀协同发展战略，将加快发展海洋工程装备作为全市发展海洋经济重要内容，以全面深化改革为动力，坚持企业市场主体和政府引导推动相结合，发挥天津港口、区位条件和滨海新区、自由贸易园区政策优势，以海洋工程成套装备为核心，着力完善配套产业体系，着力引进研发机构和提升产业自主创新能力，着力打造高水平产业集群和产业集聚区，不断完善涉海基础设施，加快集聚高端资源，推动海洋工程装备产业高端发展、创新发展、聚集发展，将我市打造成为北方重要的海洋工程研发和产业基地。

（二）发展目标

到2020年，我市海洋工程装备总产值突破1 300亿元，年均增速达到10%左右。引进和培育年销售收入超10亿元企业15家，超亿元企业120家，打造一批具有较强市场竞争力的标志性产品，初步形成以海工成套装备为核心、以基础部件为支撑、以工程服务为延伸的较为完整的产业链，海洋工程装备产业发展达到国内一流水平，成为我国北方重要的海洋工程装备产业聚集区。

三、主要任务和发展重点

（一）主要任务

推动十大海洋工程装备产业链高端发展，开发系列化“杀手锏”产品，建设一批产业聚集区，打造四大创新和支撑平台，培育一批龙头企业，做大做强海洋工程装备产业。

1. 着力推动海洋工程装备产业链高端发展

充分发挥我市海岸资源优势，着力培育和聚集一批涉及海洋工程装备配套产品，重点发展海洋油气装备、临港机械、海水利用工程装备、海洋仪器设备等十大海洋工程装备，不断提升动力系统、传动系统、控制系统和基础部件等本地配套能力和系统集成能力，加速发展海洋工程总承包和专业分包等高附加值海工服务业，推动制造业与高端服务业有机融合。推动和支持海洋工程装备企业以产品、资本为纽带实施强强联合，重点培育5~6个具有较强国际竞争力的海洋工程装备企业集团。加快培育一批具有自主知识产权、技术领先的专业化创新型中小企业，逐步形成以大型企业集团为龙头，专业化创新型中小企业为支撑，以工程服务企业为统领的海洋工程装备产业链条。

2. 着力开发一批海洋工程装备杀手锏产品

充分整合和利用现有创新资源，加大政策支

持和引导，推动骨干企业、科研院所和大学组建产业联盟，开展协同创新，重点加强海洋油气开发装备、海水淡化和综合利用装备、港口机械、海洋资源勘探装备、海洋环保装备、水下机器人、海洋仪器设备、近海工程装备、船舶制造、关键基础部件，以及海洋工程服务等领域关键共性技术和前沿技术研发，加速推动行业领先创新成果在津开展技术转化和产业化，培育形成一系列具有自主知识产权的“杀手锏”产品，全面提升我市海洋工程装备市场竞争力。

3. 着力建设一批海洋工程装备制造和研发服务基地

加快临港经济区海洋工程装备配套能力建设，集成现有资源，全面提升海洋工程装备总装建造、修理改装、设备供应、技术服务等方面的综合能力，打造专业系统和设备的研发制造基地，加快推进基地功能升级。积极引导和推动海洋工程装备制造与物流、咨询、金融等配套服务企业向临港经济区聚集，将临港经济区建设成为我国重要的海洋工程装备产业示范基地；进一步完善和提升塘沽海洋高新技术开发区载体功能，积极吸引国内外海洋工程装备技术研发、设计咨询等研发服务机构向园区聚集，打造具有较强行业影响力的海洋工程装备研发与转化基地；充分发挥东疆保税港区金融服务机构和业务聚集优势，引导和鼓励各类金融机构借鉴航空融资租赁成功经验，开展以大型海工成套装备为重点的金融服务和金融产品创新，积极吸引国内外海工金融服务机构聚集，打造东疆海洋工程装备金融服务聚集区。

4. 着力打造四大海洋工程装备创新与服务支撑平台

建设海洋工程装备创新平台。鼓励有条件的海洋大中型企业建立研发中心、技术中心和实验室。支持行业骨干企业与海洋科研院所、高等学校联合组建技术研发平台和产业技术创新联盟。统筹国内外海洋工程装备创新资源、企业资源，组建天津市海洋工程装备协同创新中心。依托亚太区域海洋仪器检测评价中心、国家海洋仪器设备产品质量监督检验中心、国家海水及苦咸水利用产品质量监督检验中心和国家精细石油化工产品质量监督检验中心等，建立世界领先的海洋质量标准与计量检测平台。加快推动北京大学海洋工程装备研究院、天津大学海洋学院、海水淡化研究所等研发机构建设。

建设海洋工程装备物流支撑平台。进一步提升港口、交通及相关涉海基础设施支撑能力，加快推进天津港码头、航道等基础设施建设，建设符合大型海洋工程装备运输需求的各类大型专业化码头。发展海路与铁路、海路与公路多式联运，推进产业区内、区间，以及对外交通联系。加快聚集一批专业化物流企业，打造我国北方重要的海洋工程装备物流中心。

建设海洋工程装备试验平台。在科学勘测的基础上，选择条件适宜的海域和陆地空间，加快建设和完善供电、通信、交通等基本条件，建立海洋监测探测装备海上和岸边试验场地，提供开放共用的仪器海上测试试验条件。

建设海洋工程装备金融服务平台。研究建立我市海洋工程装备金融服务平台，引导和推动银行业金融机构、投融资机构、金融服务机构，以及融资租赁、设备租赁等服务机构向平台集中，逐步形成具有较强行业影响力的海洋工程装备金融服务中心。

（二）发展重点

围绕打造和提升海洋工程装备产业链发展能级需求，重点发展海洋工程成套装备，不断提升基础部件配套能力，加快发展海洋工程总包和专业化服务。

1. 重点发展十大海洋工程装备

海洋油气开采装备。依托海油工程、新港船舶、博迈科、太重滨海等骨干企业，重点发展5 000吨级海上石油钻井平台、海上大型钢结构和海洋工程大型模块以及钻井船、物探船、起重铺管船等装备制造，浅海钻井平台实现规模化发展，3 000米深海钻井平台实现关键技术突破，培育形成一流的大型化、深海化、专业化海洋油气装备产业集群。

海上油气储卸装备。依托新港船舶、中船重工七〇七所等企业和研发机构，重点发展海上油气开采船舶、液化天然气船、海洋建筑工程船、浮式钻井生产储卸装置（FDPSO）、自升式生产储卸油平台等特种运输和作业船舶，以及LNG管线等配套设备。

海水综合利用与海洋化工装备。重点发展海水淡化与综合利用、海洋可再生能源开发、海洋化学资源开发和开采三类装备，开展海洋波浪能、潮汐能、海流能、温差能等资源开发装备的前期研究和技术储备。

临港机械。把握“一带一路”建设机遇，面向港口建设，重点发展大型起重机、堆料机、客滚连接桥、卸车机、搬运设备等产品，鼓励有实力的企业研发生产液体输送设备等产品。

海洋环保装备。重点发展海洋污染和生态灾害监测、海洋污染应急处置、船舶及海洋工程污染物在线实时监测控制与净化处理装备等高端产品，形成海洋环保高技术产业。

填海围岛及航道疏浚工程装备。依托柳工、兵器、太重、一重、山河智能、工程机械研究院等龙头企业，大力发展专用推土机、挖掘机、装载机、塔机等填海围岛工程类产品，部署研发水下专用挖掘机等专用工程装备。面向现代航道疏浚工程需求，重点发展大型化、智能化、环保型疏浚装备。

跨海桥梁及海底隧道工程装备。围绕跨海桥梁建设工程，重点研发地质钻探船、海上液压打桩锤、打桩船、大直径自动导向型盾构机、硬岩掘进机等产品。

海洋矿产资源勘探开发工程装备。重点发展水下生产设备和系统、水下设备安装及维护系统、铺管/铺缆设备、软管、水下机器人等。推动柔性复合管线特别是深水域软管铺设工程技术的发展与实施应用。

海洋监测探测仪器设备。重点发展大型海洋环境监测浮标、海洋台站自动化观测仪器、深海可视抓斗、水下滑翔机、水下机器人、海洋监测无人机、海洋遥感装备等海洋监测设备。大力发展具有自主知识产权的海洋监测探测技术和装备。重点开发深海声通信、释放器、AUV、高精度传感器等海洋技术以及业务化海洋观测、监测系统。

海洋关键配套设备和系统。重点发展自升式平台升降系统、动力定位系统、自动化控制系统、安全防护及监测检测系统等重大配套设备。

2. 大力发展四大领域基础部件

动力系统。加快发展海工平台专用电机、燃油动力、混合动力驱动装置，为各种船舶、载重机车提供动力系统。

传动系统。重点发展高精度、高可靠性、耐压耐腐蚀液压、气压、机械传动系统，节能环保自动变速器及关键零部件，机电一体化高精度驱动模块等。

控制系统。加快发展综合性分散型控制系统（DCS）、可编程控制系统（PLC）、现场总线控制系统（FCS）等高端控制系统，大力发展船用及海上平台控制系统。

基础零部件。重点发展重型容器、高强度紧固件、高压精密液压铸件、大型精密锻压/冲压模具、高性能精密复杂刀具等海洋工程装备基础零部件，以及大型船用曲轴、螺旋桨轴锻件，大型轴承圈锻件等大型铸锻件。加快发展耐高温、耐高压、耐腐蚀石油套管、高等级管线管、大口径直缝焊管、海洋油气专用钻头，高强度、耐高压、长寿命复合密封材料等海洋工程装备配套产品。到2017年，海洋工程装备本地配套能力达到30%以上。

3. 全面提升总承包能力和专业化分包能力

依托大型骨干企业（集团），重点提高海上平台、新型自升式钻井平台、大型海洋钢结构、海洋工程大型模块、海水淡化设备、海水循环冷却及海水脱硫成套设备等大型海洋工程装备的总装集成能力，打造具备总承包能力和较强国际竞争力的专业化总装制造企业（集团）。以海洋工程总承包为牵引，带动在工程设计、模块设计制造、设备供应、系统安装调试、技术咨询服务等领域专业化分包商发展，打造具备较强国际竞争力的海洋工程服务产业集群。加快发展海洋工程装备融资租赁等金融服务，推动海洋工程装备由制造环节向服务环节延伸。

（三）重点项目

2014–2017年，计划组织实施重点项目47项，总投资441.8亿元，预计达产年形成销售收入1 000亿元。其中：海工成套装备项目24项，总投资387.3亿元，预计达产年形成销售收入885亿元；配套基础部件项目18项，总投资46亿元，预计达产年形成销售收入105亿元；研发平台建设项目5项，总投资8.5亿元，建成后将带动我市海洋工程装备领域自主创新能力全面提升。

四、保障措施

（一）加大支持力度

加强组织领导，建立产业协同发展机制。统筹中央和我市海洋领域财政资金，创新财政支持模式，建立对海洋工程装备研发、转化和产业化全链条财政支持体系。鼓励企业加大对创新成果产业化的研发投入，对企业确有必要进口的重大技术装备，依据国家有关文件规定，免征关税和进口环节增值税。加大知识产权的保护力度。优先海洋工程装备重点项目在土地和海域使用方面给予扶持，科学规划、提高利用率。

（二）创新投融资政策模式

鼓励创业投资、股权投资，有效拓宽海洋工程装备制造企业及配套企业融资渠道。鼓励金融机构灵活运用多种金融工具，支持海洋工程装备企业加快发展。探索建立海洋工程装备制造业咨询专家机制，以利于风险投资基金的项目评价和风险评估。

（三）加大海工人才队伍建设

加强海洋工程装备技术、管理、商务、法律等领域的高层次人才和团队引进，创新企业人才制度和薪酬制度，对有贡献的人才进行奖励。依托国家工程（技术）研究中心、工程（重点）实验室等研究机构以及测试认证中心的建设，加强海洋工程装备领域的专业人才培养。鼓励高等院校加强海洋工程学科建设。支持和推动天津职业大学、中德职业学院等高职院校加强海工高技能人才教育与培养，提升海工高技能人才支撑能力。

（四）推动京津冀产业协同发展

贯彻落实国家京津冀协同发展战略，推动京津冀海洋工程装备一体化发展。充分发挥天津临海优势和制造业优势，优化政策环境、提升配套能力，积极吸引首都涉海领域科研院所、大学和央属企业研发成果在津建设创新成果产业化基地和制造基地，吸引大型企业在津设立技术研发、工程设计和总承包分支机构。充分利用河北省海域和海岸带资源优势，建立临海协作开发机制，打造以滨海新区为核心的渤海湾海洋工程装备产业带。

（五）积极开展国际合作

充分利用各种渠道和平台，探索多种对外合作模式，加快融入全球产业链。鼓励境外企业和科研机构在我市设立研发机构，支持国内外企业联合开展装备的研发和创新，联合建设研发机构。鼓励和支持总装建造企业、配套企业及设计单位与国外知名设计公司、工程总承包商等积极开展合作，引进国外专业公司或机构，建立海洋工程装备配套产品的设计制造基地，推动提升研发、设计、自主配套以及总承包能力。

高技术船舶科研项目指南（2014年版）

为贯彻落实《船舶工业加快结构调整促进转型升级实施方案（2013-2015）》和《船舶工业“十二五”发展规划》，促进船舶工业科技发展，引导建立产学研用协同创新机制，提升自主创新能力，推动技术、产品结构升级，提高国际市场竞争力，2014年6月，工业和信息化部按照《船舶工业“十二五”科技发展方向与重点》的任务部署，发布了本指南。全文内容如下：

一、工程与专项

（一）节能环保示范工程

1. 总目标

根据船舶节能环保相关国际公约、规范的要求，结合船舶技术的发展和国内外航运市场需求，通过风帆、混合对转推进系统等节能环保装备的实船应用示范以及江海直达环保示范船型的开发，突破清洁能源与节能装备应用关键技术，全面提升我国船舶节能环保整体技术水平。

2. 重点研究方向

1）风帆技术示范应用开发

研究目标：

针对国际公约对船舶节能环保的新要求与当前船舶节能技术发展的水平，以超大型油船（VLCC）为目标船型，通过对风帆-主机混合动力推进技术的研究，掌握风帆设计、制造与应用关键技术，完成风帆在大型油船上的示范应用。利用风帆技术，可实现VLCC在相同航速下平均日油耗降低12%以上。

主要研究内容：

（1）风帆-主机混合动力VLCC总布置及航行性能研究。

（2）风帆模型风洞、水池试验技术研究。

（3）风帆-主机混合动力VLCC推进系统关键技术研究。

（4）风帆-主机混合动力船舶控制策略及系统开发。

（5）风帆工程样机研制与试验技术研究。

（6）风帆-主机混合动力VLCC结构设计关键技术研究。

（7）大型风帆实船安装工艺及精度控制技术研究。

（8）风帆-主机混合动力VLCC节能指标与经济性分析。

（9）风帆-主机混合动力VLCC实船验证技术

研究。

主要成果形式：

（1）相关技术研究报告及试验报告。

（2）相关设计图纸和计算书。

（3）经实船应用的风帆及控制系统样机。

（4）相关专利及技术标准研究报告。

2）高效混合对转推进系统及节能装置示范应用开发

研究目标：

针对船舶节能减排技术的发展方向，结合节能环保船型对高效推进系统及节能装置的需求，以灵便型散货船为应用目标，自主研发三叶高效螺旋桨、改进型对转螺旋桨（CRP）以及扇形导管，掌握设计、制造关键技术，具备自主开发设计能力,完成实船示范应用，在加装混合对转推进系统及节能装置后，船舶推进效率提高8%以上，在相同航速下平均日油耗降低6%以上。

主要研究内容：

（1）三叶螺旋桨和改进型对转螺旋桨设计及优化研究。

（2）高效推进系统适伴流设计技术研究。

（3）推进器、节能导管及船体组合系统水动力性能优化匹配技术研究。

（4）推进系统空泡和激振力研究。

（5）高效推进器及节能扇形导管模型试验研究。

（6）推进系统样机制造关键技术研究。

（7）高效混合对转推进系统及节能装置实船验证。

主要成果形式：

（1）相关技术研究报告和试验报告。

（2）推进器及扇形节能导管的设计文件、图纸。

（3）经实船应用的高效混合对转推进系统及节能装置工程样机。

（4）相关专利及技术标准研究报告。

3）江海直达节能环保集装箱船示范船开发

研究目标：

针对我国沿海航运中心对长江港口辐射的集装箱运力需求，开发一型700箱以上适合江海直达的节能环保型集装箱船，掌握绿色、高效、节能设计关键技术，形成自主设计能力，并实现实船建造，与现有同类营运船舶相比，平均日油耗降低20%以上。

主要研究内容：

（1）船型概念设计与综合论证。

（2）低阻高效船型开发。

（3）高效推进系统与附体节能技术研究。

（4）结构安全性与轻量化设计技术研究。

（5）LNG燃料动力应用技术研究。

（6）内河浅水航道操纵性研究。

（7）节能环保技术集成及应用。

主要成果形式：

（1）相关技术研究报告和试验报告。

（2）经船级社批准的江海直达节能环保集装箱船设计图纸和计算书。

（3）建造工艺文件。

（4）相关专利及技术标准研究报告。

（二）船舶动力关重件创新工程

1. 总目标

通过开展船用液化天然气（LNG）发动机燃料储存、供给和燃料喷射系统以及柴油机用增压器、膜式蓄压器、排气阀阀杆及曲轴等产品的开发，完成设计、制造关键技术研究以及典型样机、系统及产品的研制，形成研发能力，提升LNG发动机和自主品牌柴油机关键、重点及核心零部件的本土化配套水平。

2. 重点研究方向

1）船舶LNG发动机燃料储存及供给系统关键技术研究

研究目标：

针对内河、沿海、远洋LNG燃料动力船舶对燃料储存及供给的需求，重点开展LNG燃料储存、供给系统关键技术研究及核心零部件自主研制，掌握设计、制造技术，实现系统集成并完成实船验证，为LNG动力船舶的普及应用提供技术支撑。

主要研究内容：

（1）船用LNG燃料储供气系统总体设计研究。

（2）船用LNG燃料储存装置设计及制造技术研究。

（3）LNG气化器、潜液泵、低温阀件等核心部件研制。

（4）LNG燃料供给系统监控和安保系统设计技术研究。

（5）关键技术集成及试验验证研究。

主要成果形式：

（1）相关技术研究报告。

（2）相关设计图纸、计算书及试验报告。

（3）LNG储存装置试验样机。

（4）LNG气化器、潜液泵、低温阀件等核心部件试验样机。

（5）LNG燃料供给系统监控和安保系统试验样机。

（6）通过装船验证的LNG燃料存储、供给系统工程样机（高压、低压各一套）。

（7）LNG燃料存储、供给系统设计指导性文件。

（8）相关专利及技术标准研究报告。

2）船用低速柴油机轴流涡轮增压器关键技术研究

研究目标：

针对船用低速柴油机用增压器的市场需求，结合已开展的自主品牌低速柴油机研制，通过对低速柴油机用大流量、高压比轴流涡轮增压器设计及制造技术研究，完成压比4.5以上的轴流涡轮增压器自主开发与试验验证。

主要研究内容：

（1）轴流涡轮增压器总体设计技术研究。

（2）单级大流量高效离心式压气机设计及制造技术研究。

（3）单级高效轴流涡轮设计及制造技术研究。

（4）高速大推力滑动轴承设计及制造技术研究。

（5）大流量高压比压气机噪声控制技术研究。

（6）增压器与低速柴油机匹配技术研究。

主要成果形式：

（1）相关技术研究报告和试验报告。

（2）高压比轴流涡轮增压器概念设计方案、设计图纸和计算书。

（3）轴流涡轮、轴承等零部件样件。

（4）经装机试验验证的高压比轴流涡轮增压器样机。

（5）轴流涡轮增压器及关键零部件设计指导性文件。

（6）相关专利及技术标准研究报告。

3）气体机和双燃料发动机燃料喷射系统关键技术研究

研究目标：

针对气体机和双燃料发动机燃料喷射系统的技术发展趋势和市场需求，通过开展柴油微喷引燃、气体燃烧电控多点喷射等关键技术研究，突破核心零部件的设计、生产工艺和制造等关键技术，具备开发性能先进、安全、可靠的燃料喷射系统的能力，形成具有市场竞争力的产品，提高自主配套水平。

主要研究内容:

(1)进气歧管多点喷射大流量燃气喷射阀、电磁阀及驱动控制模块等部件的总体设计及优化技术研究。

(2)主燃油及微喷引燃油系统总体设计及优化技术研究。

(3)燃油电控喷油器、高压油泵、共轨管等核心部件设计及优化技术研究。

(4)缸内高压燃气直喷喷射阀及驱动控制系统设计技术研究。

(5)燃料喷射系统生产工艺及制造技术研究;

(6)燃料喷射系统样件性能试验及配机试验技术研究。

主要成果形式:

(1)相关研究报告和试验报告。

(2)相关设计图纸、计算书和试验规范。

(3)经装机试验验证的进气歧管燃气喷射阀及驱动控制模块,主燃油、微喷引燃油、缸内高压燃气直喷喷射阀及驱动控制系统样件及燃料喷射系统样件。

(4)相关专利及技术标准研究报告。

4)大功率船用轴带发电系统关键技术研究

研究目标:

通过开展1 500千瓦及以上级大功率船用轴带发电系统设计,发电机、励磁控制单元、电力变换装置等核心设备制造技术研究,掌握轴带发电系统设计和试验验证方法,形成系列化产品设计、生产与试验能力,并实现实船应用。

主要研究内容:

(1)轴带发电机的电、磁设计与优化技术研究。

(2)励磁控制单元和电力变换装置设计技术研究。

(3)轴带发电系统制造技术与船用适配性研究。

(4)轴带发电系统在独立运行、并网运行、独立和并网两种模式过渡情况下的控制与运行保护技术研究。

(5)轴带发电系统试验方法与试验准则研究。

主要成果形式:

(1)相关技术研究报告。

(2)相关设计图纸、计算书和技术文件。

(3)通过实船应用的轴带发电系统。

(4)相关专利及技术标准研究报告。

5)船用低速柴油机膜式蓄压器关键技术研究

研究目标:

通过对低速柴油机液压系统用膜式蓄压器自主研发,掌握膜式蓄压器的设计、制造、试验等关键技术,研制出系列化膜式蓄压器产品,提升自主配套能力。

主要研究内容:

(1)膜式蓄压器总体结构、关键性能参数匹配及仿真优化技术研究。

(2)膜式蓄压器高压气体密封结构设计技术研究。

(3)膜片材料及制造技术研究。

(4)膜式蓄压器制造及试验技术研究。

主要成果形式:

(1)相关技术研究报告和试验报告。

(2)设计图纸及设计、制造和试验规范等。

(3)经装机试验验证的膜式蓄压器样机,6升和10升各一套。

(4)相关专利和认证证书。

6)船用低速柴油机排气阀阀杆关键技术研究

研究目标:

通过开展阀杆密封面堆焊及超强滚压、盘端面堆焊工艺与阀杆高硬度喷涂及磨削技术研究,掌握缸径600毫米及以上低速柴油机排气阀杆关键制造技术，形成自主配套能力。

主要研究内容：

（1）阀杆密封面堆焊及超强滚压技术研究。

（2）盘端面堆焊工艺技术研究。

（3）阀杆高硬度喷涂及磨削技术研究。

（4）装机试验验证。

主要成果形式：

（1）相关研究报告。

（2）经装机验证的排气阀阀杆样件。

（3）排气阀杆检验标准与规范。

（4）相关专利及认证证书。

7）船用低速大功率柴油机分段曲轴关键技术研究

研究目标：

针对5万千瓦以上船用低速大功率柴油机（缸数8缸及以上）分段曲轴加工的要求，通过开展曲柄不均匀分布的单段曲轴整体加工、分段曲轴对中校调与对接制造关键技术研究，掌握分段曲轴制造技术，完善自主配套能力。

主要研究内容：

（1） 曲柄不均匀分布的单段曲轴整体加工技术研究。

（2）分段曲轴对中校调技术研究。

（3）分段曲轴对接技术研究。

（4）分段曲轴检测技术与标准研究。

主要成果形式：

（1）相关研究报告及试验报告。

（2）经装机验证的分段曲轴样件。

（3）对接曲轴校中与检测的行业标准。

（4）相关专利及认证证书。

8）船用低速柴油机曲柄锻件关键技术研究

研究目标：

通过开展船用低速柴油机曲轴曲柄弯模锻成型及火焰热割工艺技术研究，掌握弯模锻在大型曲轴曲柄锻造成型中的关键工艺技术，完成冲程3 300毫米及以上低速柴油机曲柄锻件制造，加强大型曲轴曲柄锻件自主配套能力。

主要研究内容：

（1）曲柄冶炼及成型模拟仿真技术研究。

（2）曲柄弯模锻成型工艺研究。

（3）曲柄毛坯热割技术研究。

（4）曲柄热处理变形控制技术研究。

（5）曲柄半成品试验及检验技术研究。

主要成果形式：

（1）相关研究报告。

（2）设计图纸、工艺规范等相关技术文件。

（3）曲柄样件。

（4）相关专利及认证证书。

（三）极地船舶与设备开发专项

1. 总目标

针对极地油气资源开采以及北极航道开通对不同航线上货物运输的市场需求，通过开展高等级甲板运输船、原油运输船、多用途集装箱船船型开发及极地甲板机械的设计、制造技术研究，形成自主研发能力。

2. 重点研究方向

1）极地甲板运输船关键技术研究

研究目标：

针对极地油气资源开采模块运输的市场需求，根据最新的国际公约、航道主管机关法定规则、技术标准要求，自主开发一型破冰能力达到PC3级的极地甲板运输船。

主要研究内容：

（1）国际公约、主管机关法定规则及技术标准研究。

（2）总体设计技术研究。

（3）稳性、快速性和操纵性研究。

（4）冰载荷及结构优化设计研究。

（5）极地环境对船体材料、设备的影响研究。

（6）推进系统和动力匹配技术研究。

（7）防冰和除冰措施研究。

（8）建造技术研究。

主要成果形式：

（1）相关技术研究报告及试验报告。

（2）经船级社批准的极地甲板运输船设计图纸和计算书。

（3）极地甲板运输船设计指导性文件。

（4）相关专利及技术标准研究报告。

2）极地油船关键技术研究

研究目标：

针对北极地区油气资源开发和北极航道原油运输的潜在市场需求，根据最新的国际公约、航道主管机关法定规则、技术标准要求，自主开发一型破冰能力达到PC4级的极地油船。

主要研究内容：

（1）国际公约、主管机关法定规则及技术标准研究。

（2）总体设计与船型经济性研究。

（3）总布置优化及冰区航行稳性、破舱稳性研究。

（4）推进形式、动力配置及破冰线型最佳匹配设计研究。

（5）快速性和操纵性研究。

（6）冰载荷分析及结构优化设计研究。

（7）低温环境适应性设计和系统技术研究。

（8）减振降噪技术研究。

（9）建造技术研究。

主要成果形式：

（1）相关技术研究和试验报告。

（2）经船级社批准的极地油船设计图纸和计算书。

（3）极地冰区油船设计指导性文件。

（4）相关专利及技术标准研究报告。

3）极地多用途集装箱船关键技术研究

研究目标：

针对北极航道开通对冰区高等级加强型多用途船的市场需求，根据最新的国际公约、航道主管机关法定规则、技术标准要求，开发一型破冰能力达到PC5级的多用途集装箱船。

主要研究内容：

（1）国际公约、航道主管机关法定规则及技术标准研究。

（2）极地多用途集装箱船船型经济性研究。

（3）稳性、快速性和操纵性研究。

（4）极地多用途集装箱船结构设计研究。

（5）关于极地多用途集装箱船螺旋桨设计研究。

（6）防冻设计技术研究。

主要成果形式：

（1）相关技术研究和试验报告。

（2）经船级社批准的极地多用途集装箱船的设计图纸和计算书。

（3）极地多用途集装箱船设计指导性文件。

（4）相关技术标准研究报告。

4）极地甲板机械及核心部件关键技术研究

研究目标：

针对极地环境对船用甲板机械性能的要求，通过开展锚绞机、吊机等甲板机械低温传动及润滑、智能控制、核心液压元件低温启动和密封等关键技术研究，掌握设计、制造和试验技术，完成满足3~5万吨级极地船舶配套需求的甲板机械开发和典型样机研制。

主要研究内容：

（1）甲板机械及核心部件环境适应性研究。

（2）马达、泵、阀件等核心液压元件低温启动和密封技术研究。

（3）甲板机械低温传动及润滑技术研究。

（4）甲板机械关键部件的低温试验技术。

（5）甲板机械健康状态监测及智能控制技术研究。

（6）甲板机械样机研制及可靠性测试技术研究。

主要成果形式：

（1）相关技术研究报告及试验报告。

（2）相关设计图纸和计算书。

（3）马达、泵、阀件等核心液压元件样机。

（4）极地船用锚绞机、吊机样机。

（5）相关专利及技术标准研究报告。

（四）高技术特种船专项

1. 总目标

针对海上旅游、海上医疗等不同需求，开展相关船型基础、设计和制造关键技术研究，具备自主研发的高技术特种船舶产品的能力。

2. 重点研究方向

1）中型豪华游船结构设计技术及水动力性能研究

研究目标：

通过对中型豪华游船（7万总吨级）整船结构、特殊结构以及水动力性能优化设计技术研究，掌握豪华游船结构设计和水动力性能数值预报方法，完成一型中型豪华游船的船体线型、推进装置与布局、水动力节能装置设计方案，掌握豪华游船结构设计流程，为我国设计建造中型豪华游船做好技术储备。

主要研究内容：

（1）全船结构总体概念设计方案研究。

（2）全船结构有限元分析、结构优化及关键结构的疲劳评估技术研究。

（3）船舶事故（触礁、碰撞、搁浅、火灾等）后剩余强度（冗余度）研究。

（4）大跨距无支柱结构多方案设计研究。

（5）新颖结构及轻型特种材料在船体结构中的应用及模型试验验证研究。

（6）全船振动与噪声控制研究。

（7）船体线型设计和航速预报技术研究。

（8）特殊艏艉形状及水动力节能装置的数值模拟与试验研究。

（9）吊舱推进装置与船体的优化匹配技术研究。

主要成果形式：

（1）相关技术研究报告及试验报告。

（2）经船级社批准的中型豪华游船的设计图纸和计算书。

（3）中型豪华游船特殊结构设计指导性文件。

（4）相关专利及技术标准研究报告。

2）大型多功能医院船关键技术研究

研究目标：

针对医院船市场需求，通过对国际公约、技术标准和规范的研究，开展多功能医院船船型研发及设备优选，掌握设计、建造关键技术，并在现有基础上开发一型适合我国应用的3万总吨、500床位以上的多功能医院船。

主要研究内容：

（1）多功能医院船概念设计研究。

（2）线型设计优化技术研究。

（3）稳性、耐波性计算分析及试验研究。

（4）医疗功能区及通道布置研究。

（5）结构设计优化研究。

（6）振动、噪声分析及减振降噪措施研究。

（7）专用及生活系统设计技术研究。

（8）动力及电力系统配置研究。

（9）绿色、美学设计及典型舱室内装技术研究。

（10）设备优选及材料应用研究。

（11）应急救灾三维仿真技术研究。

（12）建造工艺关键技术研究。

主要成果形式：

（1）相关技术研究报告及试验报告。

（2）经船级社批准的医院船相关设计图纸和计算书。

（3）建造工艺文件。

（4）相关专利及技术标准研究报告。

二、关键系统与设备

1）万箱级集装箱船螺旋桨关键技术研究

研究目标：

通过开展螺旋桨轻量化设计、空泡控制、制造等技术的研究，掌握万箱级船用螺旋桨设计技术和制造方法，形成设计、制造能力，并完成一型螺旋桨的设计制造，获得实船应用，与现有万箱船螺旋桨相比推进效率提高3%以上。

主要研究内容：

（1）推进系统工程方案研究。

（2）重负荷螺旋桨轻量化设计及空泡控制技术研究。

（3）超大尺寸螺旋桨数控加工技术研究。

（4）螺旋桨并行熔炼及浇注技术研究。

（5）螺旋桨推进性能综合验证分析技术研究。

主要成果形式：

（1）相关技术研究报告及试验报告。

（2）相关的设计图纸和计算书。

（3）通过实船验证的万箱级集装箱船螺旋桨。

（4）相关专利及技术标准研究报告。

2）半浸式螺旋桨推进装置关键技术研究

研究目标：

针对高速公务船对半浸式螺旋桨推进装置的需求，通过开展1 500千瓦以上级半浸式螺旋桨推进装置设计、制造、试验等关键技术研究以及新材料应用和3D增材制造技术研究，完成相关样机制造和试验验证，实现实船应用及系列化开发。

主要研究内容：

（1）推进装置总体设计技术研究。

（2）水动力载荷及强度性能研究。

（3）推进装置操控技术研究。

（4）制造（含3D增材）技术及装配工艺研究。

（5）推进装置试验验证技术研究；

（6）推进装置系列产品开发。

主要成果形式：

（1）相关技术研究报告及试验报告。

（2）相关的设计图纸和计算书。

（3）通过实船应用的半浸式螺旋桨推进装置。

（4）相关专利及技术标准研究报告。

3）船舶智能化综合管理系统关键技术研究

研究目标：

针对大型远洋船舶的智能化发展趋势，通过开展船载信息系统多源异构数据通信规范设计、远洋航行动态信息保障与智能航行支持、基于大数据挖掘方法的设备在线监测与状态评估等关键技术研究，建立统一的船域网体系架构和通信协议，研制具备综合状态采集与监控、航行保障、关键设备健康管理等多功能的船舶智能化综合管理系统样机，实现动力电力、通信导航、机务管理和货物管理等系统的整合应用，并通过装船试验验证。

主要研究内容：

(1)船舶动力电力、通信导航、机务管理和货物管理等系统多源异构数据通信协议及整合应用研究。

(2)基于动态气象水文信息的航线智能设计、地理环境与气象水文信息实时推送等船舶航行综合保障技术研究。

(3)基于大数据挖掘和智能模型的船舶关键设备状态评估与健康管理技术研究。

(4)海事卫星、北斗、移动通信等窄带与宽带混合条件下的信息处理和传输策略研究;

(5)船舶智能化综合管理系统样机研制及装船试验技术研究。

主要成果形式:

(1)相关技术研究报告及试验报告。

(2)相关的设计图纸和计算书。

(3)经实船应用的船舶智能化综合管理系统样机。

(4)相关专利及技术标准研究报告。

三、国际新公约新规范研究

1)基于船舶能效设计指数(EEDI)验证状态实船测试及航速预报技术研究

研究目标:

通过对典型主流船舶EEDI指标载况和压载航行载况下的实船功率与航速测试及营运监测,开展压载试航测试结果和模型试验结果的对比研究,建立实用的船模-实船航速预报方法,制定快捷、有效的不同载况航速/功率修正指南,为规范实船功率与航速预报提供技术支撑。

主要研究内容:

(1)实船性能和风浪环境监测平台研制。

(2)模型试验及实船航速预报技术研究。

(3)风浪作用下船舶增阻测试及失速预报方法研究。

(4)不同载况下实船性能测试与营运状态监测技术研究。

(5)实船测试和监测数据综合分析。

(6)EEDI要求载况和压载状态航速修正方法研究。

主要成果形式:

(1)相关研究报告和试验报告。

(2)实船性能和风浪环境监测平台。

(3)不同载况下航速与功率预报指南。

(4)EEDI要求载况和压载状态航速修正软件。

(5)相关软件著作权证书。

2)国际极地水域船舶安全规则应用研究

研究目标:

通过对国际海事组织(IMO)国际极地水域船舶安全规则(以下简称极地规则)以及北极国家有关极地水域船舶相关法规、规范和标准的研究,制定极地规则实施应用指导性文件。

主要研究内容:

(1)国际极地水域船舶安全规则对船舶工业影响分析。

(2)北极国家有关极地水域船舶相关法规、规范和标准研究。

(3)极地航行船舶设计、建造、试验及配套设备关键技术分析研究。

主要成果形式:

(1)极地规则实施应用影响分析研究报告。

(2)北极国家极地水域船舶相关法规规范标准研究报告。

(3)极地规则实施应用指导性文件草案。

3)船舶水下辐射噪声测试与设计评估关键技术研究

研究目标:

通过对国际海事组织(IMO)降低商船航行水下

辐射噪声对海洋生物不良影响导则的跟踪研究，开展我国典型船舶水下辐射噪声检测与评估方法研究，制定相关测试和评估指导性文件，提出有关设计流程和控制方案，并向国际海事组织提出相关提案。

主要研究内容：

（1）船舶水下辐射噪声评估与测试方法研究。

（2）实船水下辐射噪声测试、数据处理与分析。

（3）船舶水下辐射噪声与船舶舱室噪声关联度研究。

（4）船舶水下辐射噪声控制技术研究。

主要成果形式：

（1）相关技术研究报告。

（2）国内典型船舶的水下辐射噪声测试报告。

（3）船舶水下辐射噪声检测与控制指南。

（4）国际海事组织船舶水下辐射噪声议题相关提案。

4）双燃料发动机船舶EEDI综合指标论证研究

研究目标：

通过对双燃料发动机船舶EEDI综合指标研究，全面了解双燃料发动机船舶的国内外现状，对于我国双燃料发动机船舶及双燃料相关技术的研究提出指导意见，并提出双燃料发动机船舶EEDI计算及验证方法的提案。

主要研究内容：

（1）双燃料发动机船舶EEDI计算方法研究。

（2）双燃料发动机船舶EEDI综合指标典型案例论证研究。

主要成果形式：

（1）相关研究报告。

（2）双燃料发动机船舶EEDI计算及验证方法提案。

四、基础共性技术与标准

1）大型集装箱船用高强度止裂厚钢板关键技术及评价方法研究

研究目标：

针对国际船级社协会（IACS）发布的《特厚钢板使用要求》和《YP47钢板的应用》统一要求，通过EH47厚板的评价试验，开展高止裂厚板（YP47）技术路线的研究，探索与温度梯度超宽双向脆性断裂试验（ESSO试验）等效的止裂韧性评价试验方法，并提出高强度止裂厚板工程化开发及应用的路线图。

主要研究内容：

（1）EH47厚钢板的止裂韧性评估方法研究。

（2）高强度止裂韧性YP47厚板的成分设计及工艺路线研究。

（3）YP47厚板的小批量中试。

（4）断裂因子止裂韧性评价方法的改进与等效方案研究。

（5）高强度止裂厚钢板工程化开发及应用的路线图研究。

主要成果形式：

（1）相关技术研究报告。

（2）满足IACS统一要求的YP47厚板试验材料及工程化方案。

（3）改进或等效的止裂韧性评价试验方法。

（4）船用高强度止裂厚钢板工程化开发及应用路线图；

（5）相关专利。

2）船舶舱室阻燃型吸声阻尼复合材料研究

研究目标：

针对国际海事组织《船上噪声等级规则》对船舶振动噪声的相关要求，通过对高分子材料的开发与应用研究，研制能够满足船舶使用要求的具有阻燃型的吸声阻尼复合材料（平均吸声系数大于0.6、复合损耗因子大于0.24），实现工程应用。

主要研究内容：

(1)高性能聚合物树脂的制备技术研究。

(2)阻燃性高性能阻尼材料制备技术研究。

(3)阻燃性吸声材料制备技术研究。

(4)阻燃型吸声阻尼复合材料工艺技术研究。

(5)实船应用技术研究。

(6)工程应用效果评价技术研究。

主要成果形式:

(1)相关技术研究报告及测试报告。

(2)经实船应用的阻燃型吸声阻尼复合材料样品。

(3)相关专利及技术标准研究报告。

3)智能船厂顶层架构及生产物流环节的应用研究

研究目标:

针对智能制造技术发展及智能船厂建设需要,通过开展智能船厂顶层研究,构建提出智能船厂的总体架构方案;通过对物联网技术等智能制造技术在船厂生产物流环节的集成应用研究,突破基于物联网的智能船厂生产物流关键技术,推动智能制造技术在船厂物流环节的应用。

主要研究内容:

(1)智能制造及相关技术发展现状和趋势研究。

(2)智能船厂总体架构研究。

(3)船厂生产物流现状及信息化评估分析。

(4)面向智能制造和智能化现场管控的船厂生产物流的物连网构建技术。

(5)基于物联网的智能船厂生产物流监控管理技术。

(6)基于物联网的智能船厂生产物流虚拟仿真技术。

主要成果形式:

(1)相关技术研究报告。

(2)面向智能船厂生产物流的物联网应用指导性文件。

(3)智能船厂物资管理系统及生产物流监控系统的体系结构模型。

(4)智能船厂生产物流虚拟仿真演示系统。

(5)相关技术标准。

4)船用柴油机及传动系统主被动隔振与消声技术研究

研究目标:

为满足国际海事组织(IMO)对船舶噪声新标准的要求,通过对柴油机及传动系统振动特性分析与测试,开展柴油机及传动系统振动主被动控制、舱室消声技术研究,掌握主机与传动系统耦合振荡分析、协调隔振设计技术、柴油机装置振动主被动联合控制及舱室低噪声设计技术,为进一步降低船舶噪声奠定基础。

主要研究内容:

(1)柴油机和传动系统振动与主机耦合振荡分析及测试。

(2)柴油机与传动系统及安装基座的协调隔振设计与校核计算方法研究。

(3)柴油机与传动系统主被动联合隔振技术研究。

(4)柴油机进排气消声、舱室低噪声设计技术研究。

(5)舱室主动消声设计与试验研究。

主要成果形式:

(1)相关研究报告和试验报告。

(2)柴油机和传动系统振动与主机控制耦合振荡分析指南及软件。

(3)柴油机与传动系统及安装基座的协调隔振设计与校核指南及软件。

(4)柴油机进排气消声设计软件。

（5）舱室主动消声设计方法和分析软件。

5）船用钢材数据平台顶层框架研究

研究目标：

在现有船用钢材体系整合的基础上，开展海洋服役环境下船用钢材/构件性能的全寿命安全评价方法研究，构建完备的船用钢材数据平台框架，为船用钢材生产、船舶设计建造提供支撑。

主要研究内容：

（1）典型船用钢材/构件性能试验评价技术研究。

（2）典型船用钢材/构件全寿命的安全评价方法研究。

（3）船用钢材数据平台框架构建。

（4）船用钢材数据平台应用与评价。

主要成果形式：

（1）相关技术研究报告。

（2）典型船用钢材/构件全寿命的安全评价方法。

（3）船用钢材数据平台发展建议。

6）船舶标准体系项目研究

研究目标：

为确保船舶产品符合国际安全、环保、节能要求，支撑高技术船舶关键系统设备研制，提升船用机电设备模块化、自动化水平，推动信息技术应用，根据《船舶工业标准体系（2012年版）》，着重开展海洋船（AA）、船舶动力装置（DA）、船用机械设备（DB）、船舶电气系统及设备（DC）、船舶导航/通信/水声设备（DD）、船舶舾装设备（DE）等专业相关重点标准的研究，填补相关领域标准的空白，健全完善船舶工业标准体系。

研究项目：

具体研究项目详见表14。标准研究项目可按每一项单独进行申报，或按相关联项目组合申报。

主要成果形式：

相关研究报告和标准草案。

表14　船舶标准体系研究项目表

序号	标准体系号	研究项目名称
1	AAA0042	船舶风险与安全评估方法
2	AAA0050	液化天然气船No.96型围护系统通用要求
3	AAD0167	船舶耐低温用涂料
4	AAD0169	船用耐低温玻璃
5	AAD0170	船用耐低温胶粘剂
6	AAI0006	船舶三维生产设计建模通用要求
7	DAA0095	智能型柴油机液压执行模块
8	DAA0109	船用柴油机燃油系统模块
9	DBC0014	船舶锚机模块
10	DBD0028	船用惰性气体灭火装置
11	DBD0036	船用室内消火栓
12	DBF0131	船用阀门温压曲线图要求
13	DBF0333	超低温管路支架
14	DBF0334	超低温管路止动器
15	DBF0339	液化天然气船用超低温管系冷却试验要求
16	DCA0033	船用电气设备塑料选用要求
17	DCB0014	船用低噪声汽轮高速发电机技术条件
18	DCB0017	船舶智能化交流不间断电源技术条件

（续表）

序号	标准体系号	研究项目名称
19	DCE0016	船用绝缘监测装置设计要求
20	DCF0044	船用探照灯和投光灯配置要求
21	DCF0046	救生艇和救助艇用探照灯
22	DCF0053	船舶及海洋平台用直升机助降灯具
23	DCF0054	船舶及海洋平台用直升机助降灯控制设备

（续表）

序号	标准体系号	研究项目名称
24	DCF0055	船舶及海洋平台用直升机红外信号助航通信设备
25	DDA0067	船舶综合信息系统通用要求
26	DEA0073	深海工程船定位用吊锚装置
27	DEA0074	深水定位锚技术要求
28	DED0061	气胀式撤离通道风险评估方法

海洋工程装备科研项目指南（2014年版）

为进一步落实《“十二五”国家战略性新兴产业发展规划》（国发[2012]28号）和《海洋工程装备制造业中长期发展规划》（工信部联规[2011]597号），实施《海洋工程装备工程实施方案》，加快提升海洋工程装备制造业创新能力，2014年6月，工业和信息化部在调整和修订《海洋工程装备科研项目指南（2013版）》的基础上，形成了海洋工程装备科研项目指南（2014年版）。指南从工程与专项、特种作业装备、关键系统和设备三个方面，提出了2014年海洋工程装备制造业的重点科研方向。全文内容如下：

一、工程与专项

（一）深海天然气浮式装备（一期工程）

1. 工程总目标

满足我国深海大型气田开发和海上液化天然气接收站建设的紧迫需求，系统开展深海天然气浮式装备（英文简称：FLNG，包括浮式液化天然气生产储卸装置LNG-FPSO和浮式储存及再气化装置LNG-FSRU）设计、建造、集成等方面的关键技术研究，以及相关关键设备和系统的研制，形成相应的总体设计方案、设备工程样机及全套系统的试验验证装置，完成有关测试和检验、试验验证等工作，建立相应的FLNG设计建造规范与标准体系。开发一型适应我国南海大型气田开发需要、舱容约30万立方米、LNG年产量约为200～300万吨的LNG-FPSO，一型舱容在20万立方米以上、年气化能力约为200万吨的LNG-FSRU。

工程分两期实施，一期目标是：完成LNG-FPSO、LNG-FSRU总体设计方案，实现LNG-FSRU再气化模块及LNG-FPSO部分系统和设备的样机研制，具备不小于20万标方/天的小型天然气液化系统核心装置工程化应用能力。二期目标是：LNG-FPSO、LNG-FSRU总体具备工程化条件，主要系统和设备完成样机研制及实验验证，具备LNG年产200~300万吨天然气预处理系统及液化系统装置研制能力。

2. 重点研究方向

2015年前，重点围绕一期工程目标，突破天然气预处理系统及液化系统、再气化系统、LNG货物外输/转驳装置等设备和系统设计、制造、试验验证等方面的关键技术，部分系统和设备完成样机研制；开展FLNG建造、安装及调试关键技术研究；开展处理能力为不小于20万标方/天的天然气液化工艺和设备试验验证；初步建立起FLNG设计建造规范与标准体系。具体如下：

1）天然气液化系统设计、集成及试验验证

研究目标：

掌握天然气液化系统的设计技术、集成技术，完成处理能力不小于20万方/天，且适用于LNG-FPSO的采用混合冷剂液化工艺的安全、可靠、高效的天然气液化系统设计和建造，开展工艺和关键设备试验验证。

研究内容：

（1）处理能力不小于20万标方/天的天然气液化系统总体方案设计。

（2）天然气液化系统集成技术研究。

（3）适用于LNG-FPSO的混合冷剂液化工艺和绕管式换热器等关键设备试验验证。

成果形式：

总体设计方案；处理能力不小于20万标方/天天然气液化系统及试验报告。

2）天然气预处理用大型塔器研制

研究目标：

掌握适合FLNG天然气预处理系统使用的大型塔器的设计制造关键技术，包括强度计算、填料和塔盘的水力学计算等，完成大型塔器详细设计和样机研制，具备工程化应用条件，与国际同类产品技术水平相当。

研究内容：

（1）工艺参数优化和工艺流程设计。

（2）大型塔器的材料选型、强度计算及分析。

（3）大型塔器中填料、塔盘等内件水力学计算。

（4）大型塔器气液分布器的设计与优化。

（5）晃荡对大型塔器性能影响研究。

（6）适用于年产液化天然气300万吨LNG-FPSO使用的大型塔器详细设计。

（7）大型塔器样机研制。

成果形式：

相关设计图纸、计算书、研究报告；样机及试验验证报告，并通过船级社认可。

3）天然气液化用大型混合冷剂压缩机研制

研究目标：

完成满足LNG年产量约为200~300万吨的LNG-FPSO要求的大型混合冷剂压缩机的选型方案，攻克设计制造关键技术，完成详细设计和样机研制，具备工程化应用条件，与国际同类产品技术水平相当。

研究内容：

（1）压缩机选型方案论证。

（2）设计制造关键技术研究。

（3）大型混合冷剂压缩机详细设计。

（4）大型混合冷剂压缩机样机研制。

成果形式：

相关设计图纸、计算书、研究报告；样机及试验验证报告，并通过船级社认可。

4）天然气液化用大型板翅式换热器冷箱研制

研究目标：

掌握板翅式换热器冷箱均布、安全性相关技术等关键技术，完成相应的试验研究和样机研制，满足LNG-FPSO的技术要求。

研究内容：

（1）多联板翅式换热器均布技术研究。

（2）板翅式换热器应用于FLNG的安全性和可靠性研究。

（3）板翅式换热器样机研制。

成果形式：

相关设计图纸、计算书、研究报告；适用于处理能力为不小于20万标方/天天然气液化系统的样机及试验验证报告，并通过船级社认可。

5）海水-混合冷剂换热器研制

研究目标：

掌握海水-混合冷剂换热器设计、制造、检验等关键技术，开展满足LNG年产量约为200~300万吨的LNG-FPSO要求的海水-混合冷剂换热器详细设计方案，完成中试研究和小型样机研制，设计、制造、检验能力达到LNG-FPSO技术要求。

研究内容：

（1）海水-混合冷剂换热器选型研究。

（2）设计关键技术研究。

（3）制造和检验关键技术研究。

（4）海水-混合冷剂换热器小型样机研制。

成果形式：

相关设计图纸、计算书、研究报告；适用于处理能力不小于20万标方/天；天然气液化系统的样机及试验验证报告，并通过船级社认可。

6）LNG液力透平研制

研究目标：

掌握LNG液力透平的关键技术，完成小型样机设计制造及现场试验，开展适用LNG-FPSO的LNG液力透平详细设计，完成中试研究和样机研制。

研究内容：

（1）LNG液力透平设计关键技术研究。

（2）LNG液力透平样机设计制造。

（3）适用LNG-FPSO的LNG液力透平详细设计。

（4）LNG液力透平样机研制及现场性能试验。

（5）技术标准研究。

成果形式：

相关设计图纸、计算书、研究报告；样机及试验验证报告，并通过船级社认可。

7）天然气液化系统硫回收装置研制

研究目标：

研究适用于浮式条件下的硫磺回收工艺，研制橇装的硫磺回收装置，具备效率高、安全性高、占地少和轻量化的特点，完成样机研制。

研究内容：

（1）硫回收装置关键设备选型研究。

（2）硫回收工艺的工艺包设计。

（3）硫回收装置服役可靠性技术研究。

（4）硫回收装置的橇块化技术研究。

（5）硫回收装置样机研制及验证。

（6）LNG-FPSO硫磺回收装置的技术标准研究。

成果形式：

相关设计图纸、计算书、研究报告；样机及试验验证报告，并通过船级社认可。

8）LNG蒸发汽再液化装置研制

研究目标：

根据LNG蒸发汽（BOG）和浮式平台的特点设计出适合浮式平台上的BOG再液化工艺，完成BOG再液化装置的橇块化设计，达到能够制造的深度，完成小型样机研制。

研究内容：

（1）核心设备选型研究和浮式条件下的适应性研究。

（2）橇块化设计方案研究。

（3）再液化装置的橇块化设计。

（4）再液化装置样机研制。

（5）相关技术标准研究。

成果形式：

相关设计图纸、计算书、研究报告；样机及试验验证报告，并通过船级社认可。

9）货物外输/转驳装置研制

研究目标：

研究开发适用于LNG-FSRU、LNG-FPSO与穿梭LNG船之间的货物外输/转驳装置，能够实现低温液体和气体的输送，具备较高的可靠性。货物外输/转驳装置在满足旁靠相关海况的相对运动和串联情况下，转运能力达到1.0万立方米/小时。

研究内容：

（1）两船并靠水动力分析与试验验证。

（2）旁靠转驳与串联转驳的比较论证。

（3）刚性装卸臂与低温软管输送比较论证。

（4）旁靠输送装置样机研制。

（5）旁靠转运的模拟海况试验和液体试验。

（6）串联输送技术预研。

成果形式：

两船旁靠水动力分析和水池模型试验报告；旁靠转驳与串联转驳设计图纸和计算书；旁靠输送装置样机及试验验证报告，并通过船级社认可。

10）LNG潜液泵研制

研究目标：

掌握水力技术、结构优化设计、密封技术等LNG潜液泵关键设计制造技术，开展适用LNG-FPSO的LNG潜液泵详细设计，完成中试研究和小型样机研制。

研究内容：

（1）水力计算与选型。

（2）泵体结构优化设计。

（3）密封设计。

（4）适用LNG-FPSO的LNG潜液泵详细设计。

（5）LNG潜液泵小型样机研制及试验研究。

（6）技术标准研究。

成果形式：

相关设计图纸、计算书、研究报告；小型样机及试验验证报告，并通过船级社认可。

表15　自升式钻井平台Ⅰ

最大作业水深	350英尺
适用海洋环境	温和海域+欧洲北海
最大波浪高/周期	10.0/11s
气隙	15.24m
环境温度	-20～45摄氏度
最大钻井深度	35 000英尺
悬臂梁最大外伸距离	纵向：75英尺； 横向：+/- 15英尺
定员	120人
最大甲板可变载荷(风暴自存工况)	3 200吨
最大甲板可变载荷(作业工况)	4 600吨
钻井系统大钩载荷	1 000短吨
升降系统(齿轮数量)	3×18个齿轮，具备预压载状态升船能力
钻井作业效率	自动排管/Off-line

（二）自升式平台品牌工程

1. 工程总目标

把握自升式平台技术发展趋势，瞄准自升式钻井平台和自升式作业支持平台两类主流产品，对标世界品牌产品，结合国内批量建造平台的工程实践经验，开发市场定位清晰、具有当今国际先进水平的3型自升式钻井平台和1型自升式作业支持平台，全面提升平台适应性、作业效率、经济性、安全性、环保性等，掌握自主设计建造核心技术，实现承接工程订单，带动关键系统和设备应用，增强我国在自升式平台领域的国际竞争力，如表15–17所示。

2. 重点研究方向

1）自升式钻井平台

研究目标：

分别对标自升式钻井平台国际主流品牌，开发高规格大水深3型系列自升式钻井平台，平台主要技术性能指标达到或超过同类国际品牌产品，最大钻井深度35 000~40 000英尺，作业工况下最大甲板可变载荷提高5%~10%，钻井系统大钩载荷提高25%左右，悬臂梁纵向最大外伸距离75~80英尺，经济性达到国际先进水平，平台居住房间达到欧洲北海高舒适性标准，关键系统和设备自主化配套率达到80%以上，完成基本设计并通过船级社认证，承接工程订单。

研究内容：

（1）自升式钻井平台作业环境和适应性研究。

（2）平台总体性能优化研究。

（3）平台主体结构轻量化设计和桩腿结构优化设计。

（4）平台悬臂梁及钻台优化设计研究。

（5）平台关键系统集成优化及国产化应用技术研究。

（6）平台环保性和舒适性设计技术研究。

表16　自升式钻井平台II

项目	参数
最大作业水深	400英尺
适用海洋环境	温和海域+欧洲北海
最大波浪高/周期	14.4m/14.1s
气隙	15.0m
环境温度	–20~45摄氏度
最大钻井深度	40 000英尺
悬臂梁最大外伸距离	纵向：75英尺， 横向：+/– 15英尺
定员	140 人
最大甲板可变载荷(风暴自存工况)	3 145吨
最大甲板可变载荷(作业工况)	6 850吨
钻井系统大钩载荷	1 250短吨
升降系统(齿轮数量)	3×18个齿轮，具备预压载状态升船能力
钻井作业效率	自动排管/Off–line

（7）平台高效建造技术研究。

（8）平台重量控制技术研究。

（9）桩腿国产化技术研究。

成果形式：

（1）自主品牌自升式平台基本设计图纸、船级社审核报告等。

（2）相关研究报告、试验报告、计算分析报告等。

（3）相关专利、论文、标准和指导性文件。

2) 自升式作业支持平台

研究目标:

瞄准多功能自升式作业支持平台国内外市场需求和技术发展趋势，采用“平台通用化、功能模块化、接口标准化”的设计理念，开发市场定位清晰、具有当代国际先进水平的自升式作业支持平台，具备助航定位、快速提升、起重作业等功能，最大作业水深为350英尺，平台最大连续升降速度为72米/小时，轻量化起重机起重能力不小于200吨，甲板面积不小于1 600平方米，甲板载荷不小于2 500吨，关键系统和设备配套率90%以上，实现工程示范应用。

研究内容:

(1) 多功能作业支持平台通用化及模块化技术研究。

(2) 自升式支持平台环境和地质条件适应性技术研究。

(3) 平台升降等核心系统模块化标准化系列化设计技术研究。

(4) 平台关键系统集成优化及国产化应用技术研究。

(5) 关键系统调试验证技术研究。

成果形式:

(1) 自升式作业支持平台基本设计图纸、船级社审核报告等。

(2) 相关研究报告、试验报告、计算分析报告等。

(3) 自升式作业支持平台及关键系统和设备工程示范应用。

(4) 相关专利、论文、标准和指导性文件。

表17　自升式钻井平台III

最大作业水深	500英尺
适用海洋环境	温和海域+欧洲北海
最大波浪高/周期	24.0m/14s
气隙	24.0m
环境温度	-20～45摄氏度
最大钻井深度	40 000英尺
悬臂梁最大外伸距离	纵向: 80英尺, 横向: +/- 20英尺
定员	150人
最大甲板可变载荷(风暴自存工况)	3 400吨
最大甲板可变载荷(作业工况)	8 350吨
钻井系统大钩载荷	1 250吨
升降系统(齿轮数量)	3×18个齿轮，具备预压载状态升船能力
钻井作业效率	自动排管/Off-line

(三) 水下油气生产系统(一期工程)

1. 工程总目标

以我深海油气田开发为工程背景，系统开展水下生产系统、控制系统、安防系统、铺管系统等的总体设计技术研究，以及水下采油树、混输增压泵、脐带缆、水下阀门、水下作业工具等关键设备的研制，初步形成水下油气生产系统的标准体系。掌握3 000米水深水下生产系统及关键设备设计、制造、测试与安装技术；实现1 500米水深水下生产系统及关键设备产业化。

工程分两期实施，一期目标是：具备500米水深水下油气生产系统及关键设备的工程设计、制造、测试与安装能力，初步实现产业化。二期目标：具备

1 500米水深水下油气生产系统及关键设备的工程设计、制造、测试与安装能力，初步实现产业化；掌握3 000米水深水下油气生产系统关键技术。

2. 重点研究方向

2015年前，重点围绕一期目标，开展水下油气生产系统核心技术与设备、水下专用作业设备的研制。重点研究方向如下：

1）水下控制系统与关键设备研发

研究目标：

掌握500米水下控制系统设计、制造、测试与安装技术能力，完成水下控制产品的功能分析、设计要求及总体系统集成技术研究，掌握水下控制模块、水下分配单元的设计、制造、安装技术。

研究内容：

（1）功能分析和设计要求。

（2）系统总体设计、测试和总体系统集成技术研究。

（3）水下控制模块（SCM）设计、制造、测试和安装技术研究。

（4）水下分配单元（SDU）设计、制造、测试和安装技术研究。

成果形式：

（1）水下控制系统方案设计与研究报告。

（2）水下控制产品的功能分析、设计要求及总体系统集成技术研究报告。

（3）水下控制模块产品设计、制造、测试与安装的设计文件、研究报告。

（4）500米可回收式水下控制模块原理样机及全套设计文件。

（5）500米可回收式水下分配单元原理样机及全套设计文件。

2）水下安防系统工程化研制

研究目标：

掌握500米水下安防系统产品设计、制造、测试与安装技术，完成500米水下安防系统的工程样机研制及工程化应用。

研究内容：

（1）水下安防系统设计、制造、测试、安装技术研究。

（2）水下安防系统工程样机研制。

（3）水下安防系统设计、制造与测试标准研究。

成果形式。

（1）水下安防系统设计、制造与测试的设计与研究报告。

（2）以水下设施为中心的500米水下安防系统工程样机。

（3）相关标准研究报告，设计、制造及验收指南，陆上测试报告，压力舱测试报告，海试试验报告。

3）水下混输增压泵研制

研究目标：

掌握适用于1 500米深海环境水下混输增压泵的设计、制造、测试与安装等关键技术，开展相关技术研究和设备研制。

研究内容：

（1）混输增压泵总体方案研究。

（2）混输增压泵压缩单元关键技术研究。

（3）配套大功率水下电机及动力传输系统研究。

（4）均化器结构方案研究。

（5）密封技术研究。

（6）防腐处理措施研究。

（7）冷却及润滑方案研究。

（8）水下控制系统设计技术研究。

（9）混输增压泵测试、安装技术研究。

成果形式：

（1）各种相关技术研究报告，设计指导性文件。

（2）水下混输增压泵系统及关键部件设计图

纸、计算书、测试报告等。

(3)水下混输增压泵样机一套。

(4)陆上工厂混输运行试验报告,压力舱试验报告,水池试验报告,相关标准研究报告及设计指南。

4)水下两相湿气流量装置研制

研究目标:

掌握500米水下两相湿气流量装置产品设计、制造、测试与安装技术,完成500米水下两相湿气流量装置工程样机的研制。

研究内容:

(1)水下两相湿气流量装置设计、制造、测试、安装技术研究。

(2)工程样机研制。

(3)水下两相湿气流量装置设计、制造与测试标准研究。

成果形式:

(1)水下两相湿气流量装置产品设计、制造与测试的文件与研究报告。

(2)500米水下两相湿气流量装置工程样机。

(3)陆上混输试验报告、压力舱试验、水下模拟海试。

相关标准研究报告及设计、制造指南。

5)水下阀门工程化研制

研究目标:

掌握500米水深水下阀门及执行机构的设计、制造与测试技术,具备500米水深水下阀门高压舱测试能力,完成500米水深水下阀门工程样机研制及海试。

研究内容:

(1)典型水下阀门(闸阀、球阀)设计、制造与测试技术研究。

(2)水下阀门执行机构的设计、制造与测试技术研究。

(3)水下阀门高压舱测试技术研究。

成果形式:

(1)水下闸阀及执行机构样机及相关支持文件。

(2)水下球阀及执行机构样机及相关支持文件。

(3)5 000 磅/平方英寸的6英寸水下闸阀工程样机、2 500磅/平方英寸的12英寸水下球阀工程样机各一台。

(4)水下阀门压力舱测试报告、水下阀门海试测试报告。

(5)相关标准研究报告及设计、制造指南。

6)水下工程安全作业仿真测试装备研制及关键技术研究

研究目标:

面向海洋工程大型装备安全作业需求,通过开展海洋工程大型装备作业仿真测试系统技术研究、海洋水动力环境模型及海洋工程大型装备动力学与运动模型研究、海洋工程水下作业风险分析评估与控制技术研究,研制海洋工程水下作业仿真测试系统,以安装、铺管作业为核心,兼顾水下维修等作业,构建一套500米水深水下工程安全作业的方案预演与评估平台。

研究内容:

(1)水下工程安全作业仿真测试装备总体技术研究。

(2)海洋水动力环境模型与海洋工程大型装备建模与仿真研究。

(3)水下工程安全作业风险分析评估与控制技术研究。

(4)水下系统生产运营仿真测试装备研制。

(5)水下工程安全作业仿真测试装备研制。

(6)工程应用示范。

成果形式:

（1）水下工程安全作业仿真测试装备、海洋水动力环境模型与海洋工程大型装备仿真软件系统、水下工程安全作业风险分析评估方法及风险预测分析系统软件、水下生产运营仿真测试系统软件各一套。

（2）典型海洋工程水下安全作业仿真系统评估工程示范。

（3）软件著作权与专利。

7）水下多路液压快速接头及单路液压接头研制

研究目标：

掌握适合500米水深水下采油树控制系统所需多路液压快速接头及液压接头的设计制造关键技术，包括多路液压快速接头及液压接头设计、强度计算、密封、防腐、水下安装、高压测试等，完成多路液压快速接头详细设计和样机研制，多路液压快速接头在额定工作压力下可实现ROV插拔连接，具备工程化应用条件，与国际同类产品技术水平相当。

研究内容：

（1）水下液压接头结构设计、材料开发、密封及测试技术研究。

（2）多路液压快速接头结构设计与测试技术研究。

（3）多路液压快速接头安装技术研究。

成果形式：

（1）相关设计图纸、计算书与研究报告。

（2）多路液压快速接头1:1工程样机及水下液压接头1:1工程样机。

（3）压力舱试验验证报告、海试测试报告。

8）水下湿式电气通用接头及水下电缆小型连接器研制（Ⅰ期）

研究目标：

掌握适合500米水深，水下生产系统中控制系统所需的水下湿式电接头的设计制造关键技术，以及500米水深不同型号的水下电缆小型连接器设计制造关键技术。

研究内容：

（1）水下湿式电接头研究，包括：水下湿式电接头的总体方案设计技术，以及密封、压力补偿、水下带电插拔、可靠性和疲劳性等多项关键技术；水下湿式电接头的关键零部件制造和产品测试技术；水下湿式电接头产品系列化设计技术，完成多种类多规格工程样机研制。

（2）水下电缆小型连接器研究，包括：水下电缆小型连接器设计技术、可靠性技术；水下电缆小型连接器样机研制；水下电缆小型连接器电路性能、耐高压和密封性测试技术。

成果形式：

（1）水下湿式电接头及水下电缆小型连接器相关设计图纸、计算书、研究报告。

（2）三种类型共9个规格的水下湿式电接头1:1尺寸工程样机、水下电缆小型连接器（干式）1:1尺寸工程样机。

（3）制造、测试文件与及验证试验（包括外压测试）报告、专利、论文。

9）水下通用仪控部件研制（Ⅰ期）

研究目标：

掌握500米水深水下温压变送器设计、制造、测试及安装技术，深海电液控制阀研制设计、制造、测试及安装技术，以及水下仪表阀及其配套工具研制设计、制造、测试及安装技术。

研究内容：

（1）深海温压变送器研制。

（2）深海电液控制阀研制。

（3）水下仪表阀及其配套工具研制。

成果形式：

（1）温压变送器工程样机及相关设计文件、报告。

（2）一台10 000磅/平方英寸的1英寸水下仪表闸阀及其配套工具工程样机及相关设计文件、报告。

（3）三个规格的水下电液控制阀1:1尺寸工程样机及相关设计文件、报告；专利、论文。

10）水下控制系统对接盘、锁紧机构研制

研究目标：

针对500米水深水下控制系统的需求，突破深水环境下深水控制系统对接盘、锁紧机构的设计、制造、测试关键技术，完成500米深水控制系统对接盘、锁紧机构工程样机的研制。

研究内容：

（1）研究水下控制模块上、下对接盘多路高低压接头（12路）、电气接头（2路）水下同步对接和解脱方法；

（2）研究方便ROV水下操作的对接盘锁机构，完成水下控制模块上、下对接盘、锁紧机构设计及制造。

成果形式：

（1）对接盘、锁紧机构相关设计图纸、计算书与研究报告。

（2）1:1尺寸工程样机。

（3）压力舱试验验证报告、水池测试报告、专利。

二、特种作业装备

（一）500米水深油田生产装备TLP自主研发

研究目标：

瞄准我国海洋油田开发现实需求，满足恶劣海洋环境条件，开展500米水深TLP生产平台总体设计技术、建造技术、安装及调试关键技术研究，完成500米水深TLP平台的自主开发和工程化应用。

研究内容：

（1）500米水深TLP平台基本设计技术研究，包括：设计环境条件及总体方案、平台工艺流程设计、运动性能数值预报及模型试验、平台主体结构设计和分析、立管系统与立管张紧装备设计关键技术、张力筋腱系统设计关键技术、TLP锚固基础设计分析技术、系统集成及集成控制设计研究；

（2）500米水深TLP平台建造技术及关键设备安装调试技术研究，包括：关键建造工艺、关键设备安装调试技术研究。

成果形式：

（1）完成500米水深TLP平台基本设计、详细设计，设计图纸通过船级社审查。

（2）相关技术研究报告、计算书、试验报告。

（3）相关专利及TLP平台设计、建造和调试指导性文件和相关标准研究报告。

（二）10万吨级半潜工程船自主研发

研究目标：

结合海洋工程运输和安装的需要，开发一型具备载重量大、定位能力强、下潜安全迅速、经济环保等特点的10万吨级半潜工程船，掌握设计建造关键技术；完成基本设计并通过相关船级社审查，承接工程订单。

研究内容：

（1）船型及总体方案论证研究。

（2）结构设计技术研究。

（3）推进器配置和动力定位能力分析技术研究。

（4）快速压载及调载系统设计技术研究。

（5）大功率电站系统设计技术研究。

（6）半潜工程船建造及调试技术研究。

成果形式：

（1）完成基本设计并通过船级社审查，主要技术性能指标达到并超过国外同类船型；

（2）相关技术研究报告、计算书、试验报告。

（3）相关专利及设计、建造与调试作业指导性文件。

（三）3 000米深潜水作业支持船自主研发

研究目标：

针对深海油气开采的技术需求，开展深潜水多功能作业支持船的研发，具备3 000米潜水作业支持、DP-3动力定位、深水起重、多种（S型、J型、flex型和reel型）铺管能力，掌握设计、建造、安装调试关键技术，具备自主开发能力，总体性能指标达到国际先进水平，承接工程订单。

研究内容：

（1）3 000米深潜水作业支持的安全高效船型总体设计。

（2）水动力性能分析与性能优化。

（3）饱和潜水与深水ROV选型设计与作业支持技术。

（4）深水多功能水下作业系统的综合布置优化。

（5）关键区域结构优化设计与分析。

（6）减振降噪与舒适性设计技术研究。

（7）自动化系统设计与安装调试。

成果形式：

（1）深潜水多功能作业支持船基本设计、详细设计图纸，并通过船级社审查。

（2）相关技术研究报告、制造安装调试工艺文件、相关专利。

（四）海工装备建造专用大型超吊高浮吊船自主研发

研究目标：

针对典型海工装备建造特点，通过开展海工装备建造专用浮吊船的总体方案、起重机主要功能参数和使用特点研究，掌握160米超吊高、3 000吨大起重量浮吊船的关键技术，开发出拥有自主知识产权的专用浮吊船型，承接工程订单。

研究内容：

（1）超吊高、大起重量浮吊船船型总体设计技术研究。

（2）超吊高、大起重量、大工作幅度、特殊主辅臂架专用起重机设计技术研究。

（3）起重机新型机构驱动方式及整体安装方法研究。

（4）起重机高大臂架结构风浪激振分析及安全性研究。

（5）大型起重机建造工艺技术研究。

成果形式：

（1）完成基本设计和详细设计，并通过船级社审核。

（2）大型起重系统设计通过船级社审核，功能通过样机测试。

（3）相关技术研究报告和工艺文件、计算书、试验报告、相关专利。

三、关键系统和设备

（一）浮式钻井补偿系统研制

研究目标：

掌握深水浮式钻井补偿系统设计制造关键技术，完成工程样机研制。

研究内容：

（1）钻井升沉补偿绞车设计研究。

（2）天车型钻柱升沉补偿装置技术研究。

（3）液缸式隔水管张紧装置技术研究。

成果形式：

（1）天车型钻柱升沉补偿装置、升沉补偿绞车、液缸式隔水管张紧装置的设计图纸、计算书及相关技术报告。

（2）1 000马力钻井升沉补偿绞车的工程样机，天车型钻柱升沉补偿装置、液缸式隔水管张紧装置原理样机，获得船级社认可。

（3）相关测试及试验报告、专利。

（二）海洋大功率往复式压缩机研制

研究目标：

开展海洋大功率往复式压缩机设计、制造、测试试验与安装等关键技术研究，掌握核心技术，形成我国海洋大功率往复式压缩机设计制造能力。

研究内容：

（1）海洋大功率往复式压缩机总体方案及设计技术研究；

（2）高速条件下运动副平衡技术及关键零件疲劳寿命分析研究；

（3）耐高压气缸及密封技术研究；

（4）机组材料选择及防腐蚀技术研究；

（5）管道系统气流脉动分析技术研究；

（6）海洋大功率往复式压缩机减振降噪技术研究。

（7）压缩气高效冷却技术研究。

（8）海洋压缩机组智能控制技术研究。

成果形式：

（1）海洋大功率往复式压缩机设计图纸、研究报告、试验报告。

（2）海洋大功率往复式压缩机工程样机一台。

（3）海洋大功率往复式压缩机设计与制造技术标准研究报告、相关专利。

（三）高性能大型拖缆机关键技术及核心部件研制

研究目标：

满足深海工程装备发展需要，采用数字样机设计、智能制造以及新材料技术，开展高性能大型拖缆机设计开发，及低压大功率马达等核心部件的研制，形成深海拖缆机产品体系和技术规范，实现600吨级大型拖缆机自主制造能力。

研究内容：

（1）高性能大型拖缆机及其配套的低压大功率马达等核心部件关键技术研究。

（2）大型拖缆机数字样机设计技术研究。

（3）850千瓦低压马达、泵等关键部件研制及实船应用研究。

（4）大功率低压马达、泵核心部件的系列化设计开发。

成果形式：

（1）600吨级大型拖缆机用850千瓦低压马达、泵样机。

（2）相关设计图纸及计算书、说明书、试验大纲、研究报告等。

（3）关键技术研究报告、技术规范与专利。

（四）FPSO失效数据库及风险评估系统研发

研究目标：

在借鉴国外海洋工程风险数据库的基础上，针对我国FPSO的特点，重点研究FPSO的四大主要风险源、风险成因、致灾机理及防损措施，系统掌握FPSO风险评估技术和基于风险的设计方法，开发具有自主知识产权的FPSO失效数据库和FPSO风险评估软件，结合失效数据库、风险评估系统形成基于风险的FPSO结构设计技术并应用于目标FPSO，找出重大安全隐患，以避免FPSO前期失误导致的错误和运营期间的重大损失。

研究内容：

（1）FPSO风险辨识技术研究。

（2）FPSO失效数据库设计及研发。

（3）FPSO风险评估方法研究。

（4）FPSO风险评估系统设计及研发。

（5）基于风险的FPSO设计技术研究。

（6）FPSO重大风险监测系统设计。

成果形式：

(1) FPSO失效数据库、风险评估系统、风险监测系统各1套。

(2) 一套基于爆炸、碰撞等风险的FPSO结构设计指南。

(3) FPSO失效数据库及风险评估系统说明书、软件使用手册、测试报告等；示范应用报告；专利、软件著作权及论文。

（编写：王 静 周长江 审校：高 旗 刘祯祺）

第十章　国际合作与交流

第二届FLNG & FPSO设计与技术国际大会

主题为“探索FLNG和FPSO解决方案，开发闲置和深水油气”的第二届FLNG & FPSO设计与技术国际大会于2015年1月13日至14日在广州召开。

大会汇聚了来自国内外知名油气开发商、运营商、供应商、EPC承包商、造船厂、上部模块建造商、系泊系统建造商、船级社以及研究咨询机构的80余家企业百余名参会代表，就浮式液化天然气生产储卸装置（FLNG）与浮式生产储油轮（FPSO）的最新技术和设计成果进行了探讨，建立联系，促进合作。

来自SBM Offshore、Deltamarin、Offshore Dimensions Limited、Bureau Veritas、中海油能源发展股份有限公司采油服务分公司、中国船舶及海洋工程设计研究院、海洋石油工程股份有限公司设计公司、中国船舶重工集团公司经济研究中心等公司的企业代表专家以专题演讲的形式分享了对FLNG与FPSO产业的深度见解，内容涵盖设计与改装、系泊系统、破冰技术、船队管理、市场前景、浮式液化天然气新技术等关键热点话题，旨在通过参会专家的充分交流，分享行业信息，交流技术发展，探讨管理模式，为FLNG & FPSO的蓬勃发展碰撞思想，凝聚智慧。其中FPSO设计与改装受到了与会人员的重点关注。

第十五届中国国际石油石化技术装备展览会

“第十五届中国国际石油石化技术装备展览会（CIPPE）”于2015年3月26日至28日在中国国际展览中心（新馆）举办，展会面积达到90 000平米。吸引了来自65个国家和地区的1 800家展商，世界500强企业46家，16个国家展团，专业观众达到了65 000人。陆上油气田勘探技术、海上油气勘探高端装备以及中煤层气、油页岩等技术成为本届展会热点。

中石油、中石化、中海油、中船集团、中船重工、中集来福士、杰瑞集团、山东科瑞、华北荣盛等知名国内企业与俄油、斯伦贝谢、国民油井、GE、施耐德、霍尼韦尔、卡特彼勒、康明斯等国际知名企业在石油石化技术装备、页岩气技术装备、海洋石油天然气技术装备、管道与储运技术装备、防爆电气设备及海事技术装备等7大版块展示了最新产品和技术。

2015中国（北京）国际海洋工程与技术装备展览会

“2015中国（北京）国际海洋工程技术与装

备展览会(中国海工装备展)”,英文简称“China Maritime (CM)”,于2015年3月26~28日在北京中国国际展览中心(新馆)举办。

CM 2015有来自65个国家和地区的1 800余家企业参展,国际著名参展企业包括挪威船级社、俄罗斯船级社、巴拿马海事局、俄油、贝克休斯、国民油井、GE、卡麦龙、施耐德、霍尼韦尔、API、卡特彼勒、康明斯、MTU、泰科、阿特拉斯、阿克工程、佐敦涂料、海虹老人牌、帕纳希亚、西门子、ABB、MTU、卡麦龙、赫科玛电缆。国内著名参展企业包括中国船级社、中船集团、中海油、中石油、中石化、中集来福士、振华重工、粤新海工造船、辽宁陆海石油装备、太钢集团、开泰集团、巨力股份等。

展会同期举办“2015海工金融和新装备技术北京国际论坛”,议题覆盖《精心打造互联网海洋工程》、《全球海洋工程项目的发展前景和机会》、《中海油对FLNG、TLP和 FPSO等海工项目的规划》、《弘扬和实践总理讲中国造船是国家“新名片”》、《国、民资本合作迎接海工、高端制造业大发展》、《海洋钻井平台市场的现状、态势、挑战与机遇》、《批量化设计建造深水平台》、《全球海工市场发展分析》、《世界海事发展新动向和应对策略》及专题报告《配套供应商如何打入和扩大海洋工程装备市场》。

中国海洋油气深水及水下技术国际峰会

主题为“开发深水水下新技术和解决方案,在波动的石油市场谋求效率最大化”的第三届中国海洋油气深水及水下技术国际峰会(CSTS 2015)于2015年4月22~23日在上海举办。

CSTS 2015以其精准的市场导向和多重亮点吸引了包括CNOOC、CNOOC Research、CNOOC Nanhai East Petroleum Bureau、COOEC、COSL、FMC Technologies、OneSubsea、Oceaneering、Subsea 7、Fugro-ImpROV、Fugro Subsea、Richtech、PAG、Solvay、Bureau Veritas、DSME、ARKEMA、Esanda Engineering、Draeger等国内外60余家140余名海洋油气技术专家和企业高管,结合中国当前水下技术发展现状,围绕现行油价、深水开发未来发展趋势、深水及水下关键技术及设备,中国深水及水下市场分析与需求三大板块进行深入的交流和探讨,从多角度剖析深水及水下技术所直面的机遇以及挑战。

第五届中国海洋工程国际研讨会

“第五届中国海洋工程国际研讨会(COES 2015)”于2015年6月17~18日在北京举办。

来自海工装备总装建造企业、设计公司、配套企业、相关研究机构、行业组织等有关单位的180余位嘉宾齐聚一堂,就低油价条件下,我国海工装备企业如何突围、中国南海深水油气资源开发面临的机遇和挑战、恶劣海况下如何提升海工装备的设计和技术稳定性等议题进行了深入地交流。与会者认为,在海工产业面临极大市场风险的情况下,应该充分利用COES 2015这样的平台,加强互动、凝聚共识,共商海工装备制造业发展的大计,直面低油价带来的挑战。

本次研讨会得到了石油公司、油气运营商、工程设计公司、设备供应商、法务金融公司、咨询公司的高度关注。中国海洋石油报、中国海洋报、中国船舶报、中船重工报、中国石油报、《中国船检》、中国能源报、新华社、科技日报、中国工业报、上海证券报、证券日报、Upstream、Interfax等数十家的国内外行业和大众主流媒体对此次研讨会的召开给予了焦点关注和报道。

船舶与海洋工程创新与合作国际会议

“船舶与海洋工程创新与合作国际会议”于2015年6月29日至30日在哈尔滨工程大学召开。来自美、俄、英、法、澳、日、韩等11个国家55个单位的150余位专家学者成立了国际上首个船舶与海洋工程创新与合作联盟（简称ICNAME），会议审议通过了“船舶与海洋工程创新与合作国际组织章程”，这是该领域首个国际组织章程，意味着国际船舶与海洋工程领域进入到了更加注重“创新与合作”的新纪元。

该国际联盟是由哈工程大牵头，在“深海工程与高技术船舶协同创新中心”的基础上，与英国斯特拉斯克莱德大学、法国船级社、大连理工大学、法国南特中央理工大学和俄罗斯圣彼得堡国立海洋技术大学联合发起，以交流船舶与海洋工程领域的研究成果、促进广泛合作与科技发展为目的的合作组织，旨在搭建全新的船舶与海洋工程领域的国际合作和交流平台，促进和加强国际船舶与海洋工程研究领域知名高校、研究机构、行业单位之间在科学研究、成果转化、人才培养、资源共享方面相互合作和共同发展，推动船舶与海洋工程领域的科技创新及研究成果在工业领域的转化和应用。

该组织将在船舶总体设计、流体力学、结构力学、船舶动力、水下机器人技术、深海技术、海洋可再生能源、水声信道与声纳系统环境特性、水声技术、海洋环境保护、极地工程等领域开展创新与合作。

在为期两天的国际会议上，50余家单位分别围绕数值水池、海洋可再生能源、深海工程、极地船舶海洋平台等领域的国际研究热点作了分会报告。此外，会议创新性地设置了双边、多边交流会场，各国参会代表可自主选择会谈对象和会谈内容，寻求更多实质性合作。

第五届中国（北京）国际海洋石油天然气技术大会暨展览会

以“科技创新引领海洋油气产业发展”为主题的第五届中国（北京）国际海洋石油天然气技术大会（CIOTC 2015）于北京国际会议中心举行。

会议邀请了80余位行业领军人物和专家发表重要演讲，600余位来自世界各地的油气运营商、油田服务商、技术及工程公司、设备供应商、咨询和其他配套服务领域的专业嘉宾出席，更有60多家参展商和5 000余名专业观众前来，并得到Upstream、中国船舶报、能源经济网、中国船检、中国海洋工程网、中国海洋报、中国石油报、中国化工报、中国电力报、Energy Publications、能源经济网、管线与技术等媒体的认可支持。

本届大会重点聚焦石油石化产业链上、中、下游技术创新与市场发展趋势，并推出高端技术装备展区，围绕低油价市场环境下油气勘探、海洋工程装备设计与建造、极地油气开发等领域，设立主论坛和八大分论坛，在展示石油石化行业最新装备设施的同时，深入探讨新形势下国际石油天然气产业发展的现状以及应对策略。

2015 外高桥造船发展论坛

“2015外高桥造船发展论坛”于2015年10月18日在上海举办。本次论坛以“豪华邮轮——助推产业转型升级的新引擎”为主题，旨在充分发挥上海在高端制造、研发设计、产业金融、人才高地等方面的区位优势，与国内外豪华邮轮产业、旅游业、制造业等相关领域的专业人士共同分析和理清创新引领、转型发展的新思路，展望豪华邮轮市场在中国发展的机遇和挑战。

论坛期间，中国船舶科学研究中心七〇二所所长翁震平、中国船舶工业集团经济研究中心主任包张静、中国交通运输协会游艇分会副会长郑炜航、意大利芬坎蒂尼船厂首席设计师马里左奥·赛果尔、劳氏船级社大中华地区船舶业务发展部总经理林立、以及上海外高桥造船有限公司总经理王琦等六位演讲嘉宾，发表了《中国船舶与海工装备技术发展的方向与对策》《关于发展豪华邮轮建造业务的思考》《豪华邮轮产业在中国内地的成长及趋势》《豪华邮轮设计建造与项目管理的经验》《豪华邮轮研发与设计技术的新动向》《豪华邮轮给企业转型升级带来的新机遇与新挑战》的主题演讲。

第三届上海国际海洋技术与工程设备展览会

"第三届上海国际海洋技术与工程设备展览会（OI China 2015）"于2015年11月3日至5日在上海跨国采购会展中心举办。来自20多个国家和地区的200多家厂商参展，以海洋观测技术为主要内容，涵盖了潜水器、水下机器人、无人测量船等国内外先进的海洋科技装备。

本届OI China展会得到中国海洋学会、中国大洋矿产资源研究开发协会和国家海洋技术中心的支持。在与展会同期召开的7个论坛上，40余位海内外专家共同探讨进一步推动中国、亚洲乃至全球在海洋资源开发利用、海洋生态环境保护、海洋石油天然气勘探、海洋工程及海洋监测等领域的学术研究和产业合作。

第三届模块化建造技术与管理会议

"第三届模块化建造技术与管理会议"于2015年11月12日至13日在青岛举办。该论坛汇集了模块化领先专家、船东、承包商和制造商等，共同对最新模块化技术展开探讨，内容涵盖LNG模块化技术、远洋运输问题、质量安全管理、性能优化、模块接口和界面扩展技术，最新模块化项目进展等模块制造中的新概念。

该论坛是为亚太地区能源行业的项目运营商、总承包商、设计公司、工程公司提供全球领先的模块化建造方式、设计理念与管理经验的交流平台，论坛主题包括《模块化建造如何严格遵循项目时间表的要求》《模块化结构建造在海工设备中的挑战与解决方法》《如何在模块化建造项目中选择最实用的质量控制方案》《最新的模块化安装技术与应用》《造船业模块化建造技术的发展》《取得LNG工厂模块建造与预制成功的关键因素》《LNG工厂模块化的安全设计标准》《如何克服模块化的约束--模块化运输及物流管理》《海洋工程模块化建造过程中如何有效采取防火措施》《北极LNG项目的最新进展》《低成本高品质的北极LNG项目模块设计和建造》《北极模块化建造的最新情况》《案例分析：模块化项目经验分享》。

论坛吸引了来自中石油天然气第一建设公司、苏州埃诺特种集装箱有限公司、三菱工业(中国)有限公司、哈里伯顿(中国)能源服务有限公司、Worley Parsons China、上海振华重工（集团）常州油漆有限公司、中远航运香港投资发展有限公司、中国石油集团工程设计有限制责任公司西南分公司、阿卡力思海事咨询(上海)有限公司、挪威OHT半潜船重型运输有限公司、青岛越洋工程咨询有限公司、江苏中核利柏特股份有限公司、Penglai Jutal Offshore Engineering 、Wood Group Mustang China、长江（扬中）电脱盐设备有限公司、太平洋造船集团、森松、PJOE、CECC、等多家单位的80家的近200名参会代表，在业界引起了巨大反响。

第二届中国（天津）国际海工产业创新与发展论坛

"第二届中国（天津）国际海工产业创新与发展论坛"于2015年11月21日至22日在天津梅江会展中心举行。本届论坛由天津市滨海新区科学技术委员会、天津临港经济区管理委员会、国际海洋工程师协会与北京大学海洋研究院共同主办，由中国区域科学协会、挪威商学院联合承办。来自国内外百名海工领域专家出席会议，围绕低油价下海工产业面临的机遇与挑战及新常态下海工产业创新与发展等主题做了精彩的演讲，为天津海工产业的发展提出了意见和建议。

本次论坛的举办不但为与会企业、机构及专家搭建了交流与合作平台，同时对推动天津乃至全国海工产业及海洋经济的发展具有重大意义。

第十八届中国国际海事会展

"第十八届中国国际海事会展"于2015年12月1日至4日在上海举办。本届会展共有34个国家和地区的2 000多家企业参展；其中德国、日本、韩国、新加坡、美国、英国和中国等17个国家和地区组团参展，航运强国希腊和巴拿马首次组团参加中国国际海事会展，釜山海事设备协会也组团登陆本届会展。同时，共有来自116个国家和地区的61 997名专业观众参观了本届会展，专业观众数量和分布均创新高。

本届会展高级海事论坛以"创新驱动发展 绿色引导未来"为主题，紧扣行业热点，引领发展方向，超过2 000名学术代表参加了论坛。本届论坛继续采用主论坛和技术论坛相结合的方式。主论坛紧密对接国家战略，40位权威嘉宾就"中国制造2025""中国自主建造首艘豪华邮轮""一带一路""互联网+"等话题发表精彩演讲。技术论坛共有5个专场，包括：喷水推进国际研讨会、海洋工程装备和船型开发与设计技术研讨会、海洋工程装备与船舶配套设备技术研讨会、中国船舶与海工防腐涂装技术论坛以及国际船舶压载水管理专题技术研讨会，数十位权威专家就行业趋势、前沿技术和科技创新开展专题交流研讨。

（编写：王 静 刘祯祺 审校：高 旗 吴显沪）

第十一章　2015-2016年全球海洋工程装备产业数据

2015-2016年油气钻采装备及海洋工程船舶成交情况

一、油气钻采装备成交情况

表18　钻井装备成交一览表（2015年6月16日-2016年6月15日）

装备类型		数 量	装备制造商		装备订购商	造 价
钻井装备	自升式钻井平台	2	中船黄埔文冲	中国	AOD	
	钻井平台	2	吉宝远东船厂	新加坡	Gulf Drilling International	
	钻井平台	5	Krasnye Barrikady	俄罗斯	伊朗造船海洋工业公司	总价值10亿美元
	半潜式钻井辅助平台	4	招商局重工（江苏）	中国	新加坡公司	12亿美元
生产装备	浮式生产储油船	2	三星重工	韩国	Golar LNG	
	浮式生产储油船	1	Gas Entec	韩国	PT Pelabuhan	
	浮式生产储油船	1	胜科海事	新加坡	Modec Offshore Production Systems	
	住宿船	1	武船集团	中国	VIGILIN公司	合同总额达6 080万美元
	浮式生产储油船	1	吉宝船厂	新加坡	Bumi Armada	
	浮式生产储油船	1	吉宝船厂	新加坡	Yinson Holdings	
	自升式作业平台	2	渤船重工	中国	华科五洲、中船重工国际	
	浮式生产储油船	1	吉宝远东巴西船厂	巴西	Modec海上生产系统公司	价值约1.358亿美元

（续表）

装备类型		数量	装备制造商		装备订购商	造价
其他钻采装备	多功能自升自航海洋服务平台（lift boat）	2	Triyards Holdings	新加坡		
	自航自升式作业平台	4	招商局重工（江苏）	中国	天津海恒船舶海洋	
	多功能自升自航海洋服务平台（lift boat）	3	黄埔文冲	中国	华晨集团	
	多功能自升自航海洋服务平台（lift boat）	6	厦船重工	中国	中盛国际海洋工程装备	
	自升式海洋平台	2	山海关船舶重工	中国	中国华晨（集团）	
	多功能自升自航海洋服务平台（lift boat）	1			Atlantic Navigation Holdings	
	多功能自升自航海洋服务平台（lift boat）	4	招商局工业集团	中国	TYM Group	
	移动式试采平台	1	中集来福士	中国	中海油能源发展	
	多功能自升自航海洋服务平台（lift boat）	2	招商局重工（江苏）	中国	TYM Group	

二、海洋工程船舶成交情况

表19　辅助船舶等装备部分订单（2015年6月16日–2016年6月15日）

装备类型	数量	装备制造商	装备订购商	造价
海底工程船	1	Havyard		8 970万美元
起重船	1	胜科海事	Heerema Marine Contractors	合同价值10亿美元
三用工作船	9	太平洋造船	ADNOC	
起重船	6	沪东中华	中国船舶、INTERMARINE	
三用工作船	6	武船集团		总金额逾10亿美元
起重船	4	黄埔文冲	INTERMARINE	
海工支援船	2	Coastal Contracts	匿名船东	

（续表）

装备类型	数 量	装备制造商	装备订购商	造 价
潜水支援船	2	Arpoador Engenharia	Oceanica Offshore	
风电安装船	1	厦船重工		
潜水工作船	1	招商局重工	Ultra Deep Group	
半潜船	1	大船集团	日本深田海事救捞建设株式会社	
多用途工作船	2	Zvezda	俄罗斯石油公司	
勘探船	2	上海船厂	中国地质调查局	投资总概算19.52亿元
平台供应船	2	Technics Offshore Engineering		每座约合5 030万美元
带缆船	1	Kleven船厂	ABB	
风电安装船	2	中船黄埔文冲	精铟海洋工程	
饱和潜水船	2	中船黄埔文冲	JUMEIRAH OFFSHORE PTE. LTD.	
潜水工作船	2	Vard控股	Topaz Energy and Marine	
风电安装船	1	Astilleros Gondan	Ostensjo Rederi	
可再生能源服务船	1	Hardinxveld	Delta Marine	
多用途支援船	1	Kooiman	HvS Dredging Support	
海洋工程船	1	VARD Holdings		
其它工作船	1	荷兰达门造船	Froy Vest	
油田支援船（FSV）	2		Oceanteam Shipping	
起重船	1	振华重工	交通运输部上海打捞局	
风电安装船	1	Cemre	ESVAGT	
检查、修理、维护（IMR）海工船	2	招商局重工	Austin Offshore	
潜水工作船	2	武船重工	Ultra Deep Group	
风电安装船	1	荷兰达门造船	Bibby Marine Services	

（续表）

装备类型	数 量	装备制造商	装备订购商	造 价
其它工作船	1	荷兰达门船厂	Briggs Marine & Environment Services	
三用工作船	4	三井造船	ALP Maritime Services	
海工支援船（OSV）	3	Coastal Contracts		
平台供应船	1	南通中远船务		
浮标作业船	2	武船重工	国家海洋局	
风电安装船	1	Astilleros Gondon	Ostensjo Rederi	
重大件运输船	15	VARD Holdings	Topaz Energy and Marine	总价值约为3亿美元
三用工作船	1	Cemre	Esvagt	

2015-2016年全球海洋油气钻井装备利用率数据

2015年6月至2016年6月，受原油市场持续不振的影响，全年海洋油气钻井装备利用率基本延续上一年度的下行趋势（见图8）。

从各类装备总数上看（见表20），钻井船方面，从本年度初的111座持续下降到年度末的104座；自升式钻井平台方面，从417座持续下降到398座（下降幅度4.5%）；半潜式钻井平台方面，从163座一路下降到129座（下降幅度高达21%）。

从利用率变化趋势上看，钻井船方面，2016年6月中旬-10月中旬，利用率基本都稳定在81%附近；此后在11月初下降到77%，并在此后维持了一个月的时间；而后2015年12月初开始，至2016年2月底震荡下降到74%的水平，并在此后维持了近两个月时间；其后经过大约一个月的时间，利用率再次下降到2016年5月25日的70%，并在此后维持到本年度结束。在全年钻井船总数下降6.3%的情况下，钻井船利用率仍比本年度初下降了13.6%。

自升式钻井平台方面，2015年6月-9月，利用率基本维持在75%附近的水平；并在其后9个月时间内，持续震荡下降，直至2016年6月跌至64%水平。在全年自升式钻井平台总数下降4.5%的情况下，自升式钻井平台利用率仍比年度初下降了15.8%。

半潜式钻井平台方面，2015年8月之前，利用率基本维持在80%水平；此后从2015年8月初开始，至2016年2月初的半年时间内，一路震荡下降到66%；并在此后的4月内基本维持这一水平（除了在2016年5月初前后有一次小范围触底过程）。在全年半潜式钻井平台总数下降20.8%的情况下，半潜式钻井平台利用率仍比年度初下降了20.0%。

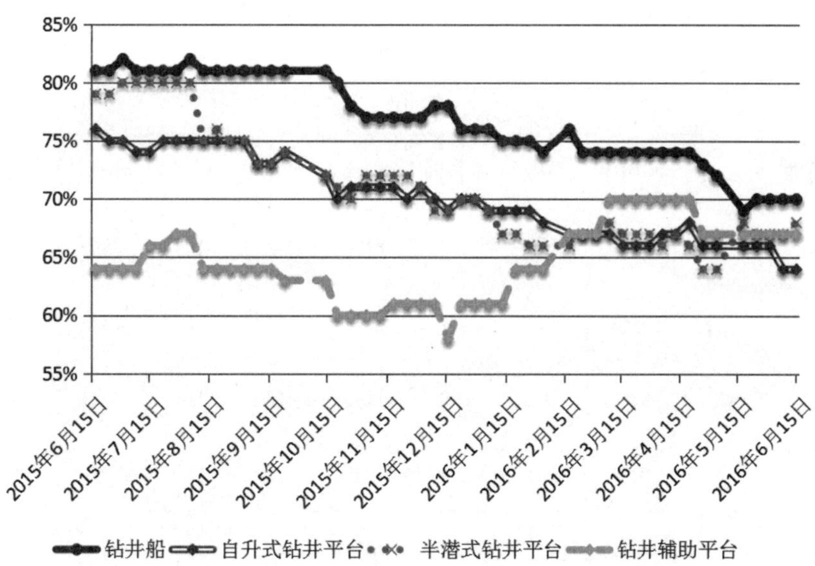

图 8　2015-2016 年全球海洋油气钻井装备利用率走势图

表20　2015-2016年全球海洋油气钻井装备利用情况表*

装备种类	钻井船			自升式平台			半潜式平台			辅助钻井平台		
日期	总数	有合同	利用率	总数	有合同	利用率	总数	有合同	利用率	总数	有合同	利用率
2015年6月24日	111	91	81%	414	314	75%	163	130	79%	31	20	64%
2015年7月1日	110	91	82%	414	312	75%	161	129	80%	31	20	64%
2015年7月8日	111	91	81%	416	308	74%	162	130	80%	31	20	64%
2015年7月15日	111	91	81%	417	310	74%	160	129	80%	30	20	66%
2015年7月22日	111	90	81%	405	307	75%	160	128	80%	30	20	66%
2015年7月29日	111	91	81%	406	308	75%	160	128	80%	31	21	67%
2015年8月5日	111	92	82%	406	308	75%	160	128	80%	31	21	67%
2015年8月12日	111	91	81%	406	308	75%	157	119	75%	31	20	64%
2015年8月19日	111	91	81%	405	304	75%	155	118	76%	31	20	64%
2015年8月26日	111	90	81%	405	306	75%	156	117	75%	31	20	64%
2015年9月2日	111	90	81%	405	305	75%	156	117	75%	31	20	64%

（续表）

装备种类	钻井船			自升式平台			半潜式平台			辅助钻井平台		
日期	总数	有合同	利用率	总数	有合同	利用率	总数	有合同	利用率	总数	有合同	利用率
2015年9月9日	111	90	81%	404	297	73%	156	115	73%	31	20	64%
2015年9月16日	111	90	81%	404	297	73%	156	115	73%	31	20	64%
2015年9月23日	111	90	81%	404	299	74%	156	116	74%	30	19	63%
2015年10月14日	111	90	81%	403	291	72%	156	113	72%	30	19	63%
2015年10月20日	111	89	80%	401	282	70%	156	111	71%	30	18	60%
2015年10月27日	111	87	78%	400	285	71%	156	110	70%	30	18	60%
2015年11月4日	109	85	77%	399	285	71%	151	109	72%	30	18	60%
2015年11月11日	109	85	77%	399	285	71%	151	109	72%	30	18	60%
2015年11月18日	109	85	77%	399	286	71%	151	110	72%	31	19	61%
2015年11月25日	109	85	77%	399	282	70%	151	109	72%	31	19	61%
2015年12月2日	109	85	77%	399	284	71%	152	109	71%	31	19	61%
2015年12月9日	109	86	78%	398	279	70%	152	106	69%	31	19	61%
2015年12月16日	109	86	78%	398	278	69%	152	106	69%	31	18	58%
2015年12月23日	109	83	76%	398	280	70%	153	108	70%	31	19	61%
2015年12月30日	109	83	76%	398	280	70%	153	108	70%	31	19	61%
2016年1月6日	109	83	76%	398	275	69%	153	106	69%	31	19	61%
2016年1月13日	108	82	75%	398	275	69%	153	103	67%	31	19	61%
2016年1月20日	108	82	75%	401	278	69%	153	103	67%	31	20	64%
2016年1月27日	108	81	75%	401	278	69%	153	102	66%	31	20	64%
2016年2月3日	108	80	74%	401	274	68%	153	101	66%	31	20	64%

（续表）

装备种类	钻井船			自升式平台			半潜式平台			辅助钻井平台		
日期	总数	有合同	利用率	总数	有合同	利用率	总数	有合同	利用率	总数	有合同	利用率
2016年2月17日	105	80	76%	399	270	67%	144	96	66%	31	21	67%
2016年2月24日	104	77	74%	399	269	67%	144	97	67%	31	21	67%
2016年3月2日	104	77	74%	399	269	67%	144	97	67%	31	21	67%
2016年3月9日	104	77	74%	399	269	67%	144	99	68%	31	22	70%
2016年3月16日	104	77	74%	399	267	66%	144	97	67%	31	22	70%
2016年3月23日	104	77	74%	399	267	66%	144	97	67%	31	22	70%
2016年3月30日	104	77	74%	399	267	66%	144	97	67%	31	22	70%
2016年4月6日	104	77	74%	399	268	67%	142	95	66%	31	22	70%
2016年4月13日	104	77	74%	399	268	67%	143	96	67%	31	22	70%
2016年4月20日	104	77	74%	397	271	68%	142	94	66%	31	22	70%
2016年4月27日	105	77	73%	396	265	66%	142	92	64%	31	21	67%
2016年5月4日	105	76	72%	396	265	66%	139	90	64%	31	21	67%
2016年5月18日	105	73	69%	398	264	66%	135	92	68%	31	21	67%
2016年5月25日	105	74	70%	398	263	66%	134	90	67%	31	21	67%
2016年6月1日	104	73	70%	398	264	66%	134	90	67%	31	21	67%
2016年6月8日	104	73	70%	398	258	64%	129	87	67%	31	21	67%
2016年6月15日	104	73	70%	398	258	64%	129	88	68%	31	21	67%

数据来源于: 澜玛资本

*表中统计数据不包含在建、退役、毁坏、非竞争性（国有石油公司拥有的平台或在非竞争性地区作业的平台）或被长期搁置的平台。

2015-2016年全球海洋工程船舶租赁市场分析

一、三用工作船租赁市场分析

2015年6月，16 000~20 000 BHP和20 000 BHP以上三用工作船平均日租金分别为19 461英镑/天和28 647英镑/天，经过这个阶段性的最大值后，三用工作船的日租金在接近半年的时间内持续下跌，16 000~20 000 BHP和20 000 BHP以上三用工作船平均日租金分别跌至5 363.2英镑/天和5 751.8英镑/天的低位；而在2015年12月，16 000~20 000 BHP和20 000 BHP以上三用工作船平均日租金分别骤升值34 341.50英镑/天和42 361.50英镑/天；其后5个月的时间，三用工作船平均日租金持续下跌至10 000英镑/天附近；随后在2016年6月又重新上升至17 175.00英镑/天和22 556.25英镑/天（见图9）。

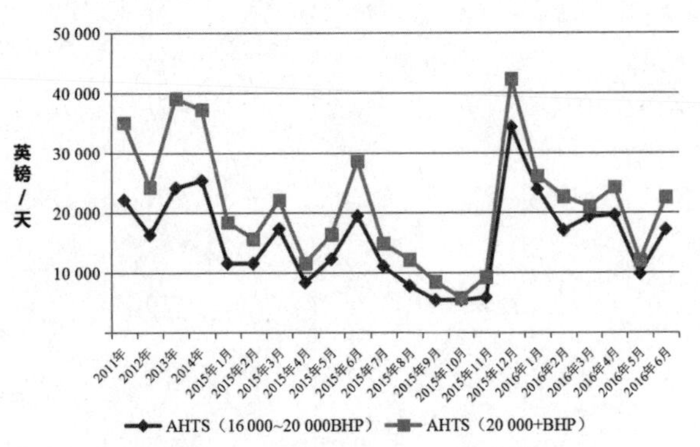

图9　三用工作船（AHTS）平均日租金走势图

（数据来源于：Clarkson）

二、平台供应船租赁市场分析

2015年6月，500~899m²和900m²以上平台供应船平均日租金在5 000英镑/天以内的低位徘徊；其后在2015年9月和12月附近分别经历两次上升过程，500~899m²和900m²以上平台供应船平均日租金高位分别在6 000英镑/天和8 000英镑/天水平；进入2016年的前四个月，两类平台供应船平均日租金基本稳定在4 000~6 000英镑/天附近；2016年5月开始至6月，平台供应船平均日租金有一个较快的上升过程，两类平台供应船平均日租金均已上升至10 000英镑/天水平（见图10）。

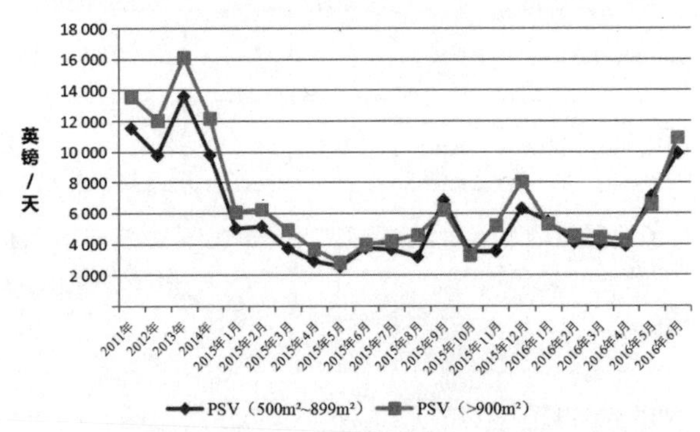

图10　平台供应船（PSV）平均日租金走势图

（数据来源于：Clarkson）

三、国际原油价格走势

2014年6月以来，由于石油供需关系不平衡、美国页岩油气革命等多方面原因，国际原油价格高台跳水，在超过半年的时间内持续下行，国际原油期货价格跌幅超过50%。塔皮斯原油现货方面，2014年6月中旬价格为112.8美元/桶，直至2015年1月中旬跌至此次下跌过程的最低点45.2美元/桶，其后经过两轮震荡反弹，最终在2015年

6月徘徊在60美元/桶附近。其后，在2015年6月开始和2015年11月底，分别开始了一段持续两个月的下降过程，原油现货价格最终在2016年1月下旬降至29.8美元/桶的低位，在此之后，经过持续5个月的缓慢上升，国际原油现货价格在2016年6月30日升至50.7美元/桶（见图11）。

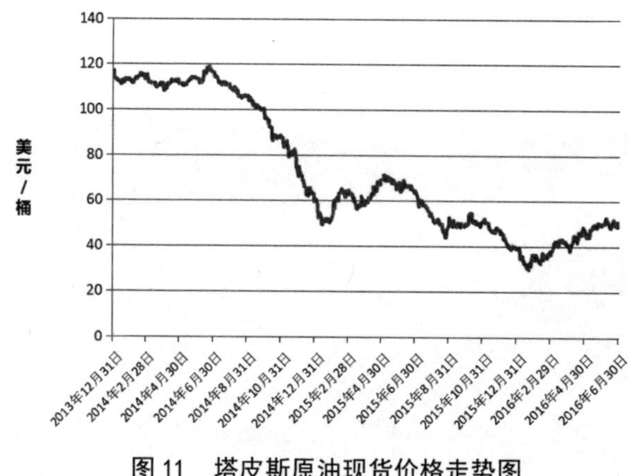

图 11 塔皮斯原油现货价格走势图

（编写：唐晓丹 周长江 审校：杨怀丽 高 旗）

第十二章　2015年中国海洋工程发展大事记

1月

2015年1月5日，中远船务成功交付半潜式海洋生活平台“高德1”号。该平台最多可为990人同时提供生活居住服务，是全球迄今为止可居住人数最多的半潜式海洋生活平台。“高德1”号全长91米，型宽67米，型深27.5米，平台总高近60米，设计吃水20米，配备6台主机、6台推进器，最大航速为12节，配备DP-3动力定位系统、AGS电力管理系统、FIFIII对外消防、直升飞机平台、75吨和300吨甲板吊等。在正常情况下，平台可供750名船员生活、娱乐、居住。“高德1”号采用荷兰GustoMSC-OCEAN 500船型设计，结构设计可满足英国北海，墨西哥湾和巴西海域等海况，该平台的详细设计、生产设计，以及所有设备采购建造、设备系统安装调试工作均由中远船务独立自主完成。

2015年1月6日，福建东南船厂建造的荷兰VROON公司首只应急救援船（ERRV）交付。荷兰VROON公司在福建东南船厂有4条ERRV船的订单，该船长60米，入级ABS。第二条船将于月底交付使用。荷兰VROON公司在福建东南船厂拥有超过20条船的订单，估计合同将直至2018年年初。

2015年1月8日，武船集团自主设计建造的“华虎”号多用途海洋平台工作船正式交付上海打捞局。该船主机功率为16 000千瓦，是我国自主设计的最大功率海洋平台工作船。该船满载排水量10 867吨，在12级大风、10级海浪的恶劣海况下，可正常运转。据了解，“华虎”号造价近5亿元，多项技术指标跻身全国乃至世界一流。该船拖力达296吨，在国内同类型船舶中拖力最大、单位能耗最省，可拖动重达几万吨的海洋石油钻井平台等大型海上浮体。全球一般海洋工程船遥控水下机器人的深度是1 000多米，该船最多可达3 000米。该船可提供远洋拖航、深水操锚、货物供应等服务，兼有消防、深海起吊、水下遥控机器人等功能。

2015年1月9日，在国家科学技术奖励大会上，由上海外高桥造船有限公司建造的“海洋石油981”号深水半潜式钻井平台研发与应用获2014年度国家科学技术进步特等奖。“海洋石油981”号由中国海洋石油有限公司投资建造，是中国首座自主设计、建造的第六代深水半潜式钻井平台。该项目由中国船舶工业集团公司第七〇八研究所完成设计任务，整合了全球一流的设计理念和一流的装备，是世界上首次按照南海恶劣海况设计的，能抵御200年一遇的台风。

2015年1月11日，由中远船务设计建造的世界首座半潜式圆筒型海洋生活平台“希望7”号出海试航。“希望7”号由南通中远船务设计建造，是南通中远船务在建的3座圆筒型系列生活平台的第一座，该平台独特的圆筒型设计理念具有技术先进性、安全稳定性和作业可靠性等方面的优势，可适应各种恶劣海域环境下的安全作业。为满足常年海上作业的需要，“希望7”号安装了先进的DP-3动力定位系统和达到星级酒店式的生活设施，能够在3 000米的深海站稳脚跟，可供490人生活起居，被誉为漂浮的“海上五星级酒店”。“希望7”号是正在建造的“希望”系列3座圆筒型生活平台中的第1座。

2015年1月15日，由青岛海西重机自主研发的两座海上钻井生活平台在青岛内锚地装船待航，将起航运往中东。单座海上钻井生活平台为方形主体，带有四个圆柱形桩腿，桩腿长90米，直径3.3米，每个桩腿由下端的桩靴支撑。平台总重约5 000吨，最大作业水深60米，平台上配置主推及艏侧推，可以实现平台在一定范围内的移动要求。平台船体设有生活区，带直升飞机平台，设1台190吨主吊机和1台20吨辅吊机，可以满足作为修井平台的功能需求。据了解，由青岛海西重机自主研发的海上钻井生活平台是国内首次生产拥有完全自主知识产权的升降平台，设备国产化率达到90%以上，主要用于海上油田服务，也可兼顾近海施工、海上风电安装、桥梁架设、水工作业等工程应用。

2015年1月19日，中集来福士为挪威North Sea Rigs As公司建造的北海半潜式钻井平台“维京龙”上下船体在烟台基地成功合拢。“维京龙”是中国建造的第一座可在北极海域作业的半潜式钻井平台。该平台工作水深500米，可升级到1 200米，最大钻井深度8 000米，配置DP-3动力定位和8点系泊系统，采用NOV钻井系统，钻井设备引入1.5个井架设计概念，可以在钻井同时完成3根钻杆或套管连接，引入平行自动排管技术，钻井作业效率提升15%。该平台基于挪威国家石油公司CAT-D要求采用GM4-D设计，由中集来福士和挪威Global Maritime共同完成基础设计，中集来福士拥有80%的自主知识产权。

2015年1月26日，广新海工正式中标中海油田服务股份有限公司4艘8 000HP破冰型三用工作船。该工作船总长72米，B2破冰型，系柱拖力90吨。

2015年1月27日，大连中远船务为中海油服建造的一艘9 000HP深水供应船（PSV）“海洋石油661”顺利下水。该船长85米，宽20米，设计吃水7.1米，甲板面积1 000平方米，最大载重量4 700吨，入级FF1消防，并配置DP-2动力定位系统，适航性与耐波性良好，是目前亚洲最先进的多功能深水供应船。该船是大连中远船务为中海油服建造的系列PSV的第二艘。

2015年1月27日，福建东南造船有限公司为马来西亚船东建造的一艘61米应急救助船（SK86）顺利交付。该船入级ABS，集消防、救生、物资运输等功能于一身，挂英国旗，是该公司61M应急救助船之一。

2015年1月27日，江苏正屿船舶重工有限公司交付给Vroon公司的VOS Faithful号离厂，该船是江苏正屿交付给Vroon公司的第3条50米 ERRV。该批船是在北海油田的应急搜救船首次采用亚洲设计公司设计，并由中国船厂制造。

2015年1月27日，招商局工业集团下属的招商局重工（深圳）有限公司建造的“UMW NAGA 7”自升式钻井平台在深圳招商局孖洲岛海工基地成功交付给马来西亚油服公司UMW Oil & Gas Corporation Berhad。这是自2014年10月以来，招商局重工交付给UMW的第二条CJ46型自升式钻井平台。该平台采用GustoMSC CJ46-X100-D型设计，适用于海上石油和天然气勘探、开采工程作业的钻井装置，适合于世界范围内15~91米水深以内各种海域环境条件下的钻井作业，最大钻井深度可达9 144米。

2015年1月30日，同方江新船厂建造的“中油应急103”船顺利下水。“中油应急103”是目前国内最大的集拖带、消防和溢油回收功能于一体的海上应急船，该船长约80米，自重达2 000余吨。

2015年1月31日，中集来福士建造的两艘半潜运输船离开烟台建造基地深水码头开始试航。该5万吨半潜船总长216米，型宽43.米，型深13.35米，设计吃水10米，货物甲板潜深13米，设计航速13.5节，入级美国船级社（ABS），入级符号为+AMS、+ACCU、+DPS-2、UWILD、CPS、TCM，配备了DP-2动力定位系统、无人机舱和全可移尾浮箱，可满足多种海工作业要求。

2015年1月，大连船舶重工集团装备制造有限公司为大连船舶重工集团有限公司制造的600吨龙门吊车正式竣工交付。大船集团在大型起重机械设备制造领域实现了零的突破。

2015年1月，洛阳船舶材料研究所钛合金油井管开发项目实现重大突破，与某配套单位签订首批供货合同两千余万元，并达成第二批供货合同意向，钛合金油井管批量供货在国内属首次。

2015年1月，上海船舶研究设计院完成基本设计和详细设计，招商局重工（深圳）有限公司为中海油田服务有限公司建造的“海洋石油707”号综合勘察船顺利下水。“海洋石油707”号是一艘电力推进，可航行于无限航区的综合勘察船，具备专业调查能力，主要包括海洋工程地质调查、海洋工程物探调查、海洋环境调查和水质调查，以及进行化学分析和腐蚀因子的评估，可完成水深地形测量等作业，并取得CLEAN环保附加标志，符合国际环保要求。

2015年1月，武船集团与新加坡船东签订的6艘8 000HP AHTS、10艘16 000HP三用工作船日前获中船重工集团公司批复，其中武船自主设计的8 000HP AHTS船型是首次打入国际主流市场。该8 000HP AHTS为无限航区三用工作船，全钢质焊接结构，B级冰区加强，直立型船首，总长约70米，型宽18米，型深7.5米，排水量约2 800吨，具有DP-2定位功能，配备对外消防系统，主要用于海上操锚、拖带及平台供应，主要性能参数达到国际先进水平。武船拥有该船型完全自主知识产权，其性能参数与国际同型船相比具有明显的优势。同时，武船集团还与该船东签订了10艘16 000HP三用工作船合同，这也是武船集团承接的最大海工船批量建造合同。

2015年1月，由武汉船用机械有限责任公司自主研制的国内首个四桩腿服务性平台“德赛二”号成功交付。这是公司海工产品从系统集成到平台总成进行结构转型的又一力作。“德赛二”号总重约5 000吨，最大作业水深60米，用于海上油田服务，也可提供海上修井和海洋工程施工服务。平台甲板面积1 600平方米，可满足150人生活需要。平台配套的升降单元、桩腿齿条、平台吊机、转叶式舵机、推进及动力定位系统等关键设备均为武汉船机公司自主研发配套。“德赛二”号是国内第一座拥有完全自主知识产权和设备国产化率最高的海工平台，平台设计总体功能强、配置高。

2月

2015年2月3日，广东新船重工南方造船事业部为中东船东建造的两艘31米全回转拖轮（HY-2216和HY-2217）在码头顺利交付。31米全回转拖轮船长31米，型宽11米，型深5.6米，系柱拖力68吨，设计吃水4.3米。

2015年2月9日，沪东中华造船承建的新型20 000吨重吊船举行签字交船仪式。该型船较之前建造的同类型船，结构上有较大变动，总长170.93米，两柱间长160.48米，型宽25.20米，型深13.85米，设计吃水8.1米，结构吃水9.5米。

2015年2月12日，由广船国际为全球最大半潜船运营商荷兰Dock Wise公司建造的72 000吨半潜船在南沙区龙穴造船基地命名交付。这艘船是世界第二大半潜船，也是目前国内建成的最大吨位的半潜船。该船船长216米，宽63米，高近50米，甲板长197米，装货甲板面积达到12 400平方米。

2015年2月16日，南通中远船务比预订时间提前4个月交付全球首座半潜式圆筒型海洋生活平台“希望7”号。

2015年2月，惠生海工总承包的海上浮式天然气生产存储装置即Caribbean FLNG项目日前正式获得中国科学技术部颁发的“国家重点新产品”称号。该项目为我国自主设计建造的世界首座海上安全环保型浮式天然气液化储存装置，是实现中国建造跨越式发展的里程碑项目。

2015年2月，青岛双瑞海洋环境工程有限公司成功中标泰国国家石油公司Zawtika Phase 1B工程导管架阳极项目，供应导管架阳极1 896套，重达900余吨，为进军国际海工阳极市场迈出了重要一步。

2015年2月，振华重工建造的世界最大12 000吨全回转自航式起重船的主臂架成功抬升，项目进入调试阶段。该项目由振华重工自主研发设计，其臂架固定时主钩最大起重能力为12 000吨，全回转状态下主钩起重量为7 000吨。该起重船船体长290米，宽58米，最大起重达到1.2万吨，相当于吊起两座钻井平台，项目于2011年启动。这是振华重工继建造“蓝鲸”号7 500吨起重船和韩国三星8 000吨起重船之后，再次刷新世界最大起重船纪录。该船具备自航、锚泊、动力定位以及360度全回转等功能，适用于无限航区航行，可在300米深海执行各种起重、勘探、打捞任务，可广泛运用于架桥、救助、水上施工等多个领域。

2015年2月，振华重工中标中海油服6艘6 500马力油田守护供应船项目。此次中标的船舶长68.84米、型宽14.8米、型深6.9米，设计吃水4.6米，最大航速为14.5节，最大载重量1 750吨，系柱拉力为80吨。该类船主要为海洋石油和天然气勘探开采平台、工程建筑设施等提供多种作业和服务，以及海洋平台物资供应、协助提油作业等。

3月

2015年3月13日，国内首艘4 500米载人潜水器专用母船及深海科考通用试验平台——“探索一”号改造工程，在中船澄西船舶（广州）有限公司正式启动。“探索一号”作为我国第一艘具备大深度综合科考与优良性能载人潜水器支撑母船，在改装与投入使用后，将身兼4 500米载人潜水器工作母船与深海科考船双职。“探索一”号原为一艘三用工作船，拟改造为4 500米载人潜水器母船及深海科考通用平台，将增设科考用固定实验室、科考船基本设备以及深海科学调查设备等，能同时搭载25名船员和35名科学家（含潜航员）。

2015年3月13日，熔盛重工在香港召开特别股东大会，表决通过了对公司更名的特别决议案，熔盛重工的名称更改为“中国华荣能源有限公司”。

2015年3月13日，由江苏省镇江船厂（集团）有限公司为美国潮水公司批量建造的全电力推进海洋石油平台供应船第五艘船在镇江船厂顺利下水。

2015年3月15日，振华重工建造的3 000吨浅水石油铺管起重船“海隆106”轮开启首航之旅。该船具备水下8至300米铺管能力，铺管管径为6至60英寸（含包敷层）。船舶在固定起重高度30米的状态下，预计最大起重能力为3 000吨，在全回转35米的状态下预计最大吊重为2 000吨。

2015年3月16日，振华重工“振海3”号JU2000E 400英尺自升式钻井平台在石油平台及海上风电项目经理部搭载场地举行了船体搭载仪式。

2015年3月17日，上海佳豪发布公告称，公司与中交二航局第三工程有限公司签订了自升式碎石桩海洋施工平台设计与建造总承包合同，合同金额为8 457万元。

2015年3月18日，芜湖新联造船有限公司一艘78米操锚拖带/浮油回收/供应船——78121船在联合工场顺利开工。

2015年3月18日，紫金山船厂江北厂新接承建的一艘双抓机自航起重船正式开工建造。该船总长108米，型宽22米，型深4.8米，设计吃水3米，满载设计航速为10.5节，航区为沿海，入级ZC。该船技术设计委托由扬州海翔船舶科技有限公司负责。

2015年3月20日，新联公司为马来西亚Nam Cheong公司建造的首艘64.8米三用工作船顺利驶入长江。该船采用Nam Cheong专利的NCA80E型设计，总长64.8米，系柱拉力80吨，使用柴电推进系统，入级美国船级社。

2015年3月21日，宏强重工建造的HQ108 2#46米操锚消防两用拖轮（AHT）圆满完成试航。

2015年3月23日，润邦海洋为新加坡船东ITG建造的2#PX121（H）83.4米 PSV于2#船台成功下水。PX121H最大吃水时的载重量为4 000吨，系挪威Ulstein设计的中高端、电力推进的中型PSV。该船型长83.4米，型宽18米，货舱甲板面积840平方米，能装载燃油、淡水、压载水、钻井水和水泥多种货物；其独特的X- Bow®船艏设计，可有效减少海浪抨击，保持航速稳定，并可显著降低噪声等级。

2015年3月25日，海油发展采油服务公司首制船“海洋石油230”顺利完成船舶航行试验。“海洋石油230”总长69.3米，型宽16米，由海油发展采油服务公司负责项目前期研究、建造和操作运营。该船不但兼具溢油应急回收、测试井液接收/返输、全天候雷达溢油监测、海上消防等多种功能，新增了溢油应急指挥、油品快速检测、散料供应等功能，可作为现场信息收集反馈和临时指挥中心，实时向陆地指挥中心传送现场图文，实现了溢油点快速定位，准确追溯溢油源。该船也是海油发展采油服务公司在建4艘环保船中的首艘试航船舶。

2015年3月25日，由中国石化集团公司投资，上海海洋石油局承建，福建马尾造船股份有限公司建造的“勘探312”轮正式命名并交付。该轮系中国石化首艘采用电力推进、跻身国际先进水平的平台多用途供应船。据悉，“勘探312”轮由挪威Havyard公司设计，船型为Havyard 832CD，是Havyard公司8 000马力级别主推的PSV（多用途供应船）。该轮配备DP-2（动力定位系统）和FIFI1系统（1级对外消防系统），是中国石化第一艘采用AFE电力推进系统的平台供应船，具备良好的操作性能，可满足中深海海工市场的作业需求，是一艘技术先进、节能环保、能满足多用途需求的新型海上平台供应船。

2015年3月26日，国内首艘深水环保船“海洋石油257”轮顺利通过了海试。“海洋石油257”总长79.8米，型宽16.4米，由海油发展采油服务公司负责项目前期研究、建造和操作运营，建成后将服役于东海海域。该船总长79.8米，型宽16.4米，采用了当前海工船最新标准和规范设计与建造。船艉首次采用双艉鳍结构，可有效减小阻力，提高推进效率，达到节能效果。增加DP-2级动力定位功能，可提高环保船应对深海风浪的能力；新开发的专用溢油回收设备更适应开阔水域和轻质油回收，溢油监测能力也大大增强，使之更加适合东海作业，从而提高东海海域综合溢油响应能力，是真正意义上适合深水作业的多功能环保船。

2015年3月31日，有“海上石油工厂”之称的“玛丽卡”号FPSO改装项目在澄西广州胜利完成交付，即将开赴巴西。该项目是目前世界上最先进的第三代FPSO，也是全球FPSO改装史上工程量最大、最复杂、难度系数最高的改装项目，再次刷新了由该公司创造的世界FPSO改装纪录。据了解，“玛丽卡”号是由一艘30万吨超大型双壳油船（VLCC）改装为集生产处理、储存外输及生活、动力供应于一体的FPSO，可与水下采油装置和穿梭油船组成一套完整的生产系统，是目前海洋工程船舶中的高技术、高附加值产品。该船具有抗风浪能力强、适应水深范围广、储/卸油能力强以及可转移、重复使用等优点，广泛适用于远离海岸的深海、浅海海域及边际油田的开发。作为当今世界最先进的第三代FPSO，“玛丽卡”号在前两代FPSO的基础上，进一步优化了原油加工处理程序，大幅提升了原油提炼和初加工能力，提高了输出油的质量，同时还优化了模块生产操作系统的配置，改善了施工作业人员的工作环境，提高了工作效率。据悉，改造完成的“玛丽卡”号，可日处理原油12万桶、天然气500万立方英尺，储存原油209万桶，设计使用寿命为25年。

2015年3月，大船集团船务公司为MODEC公司建造的MV27（FPSO）项目A2 包顺利装船交付船东，这是该项目交付的首个整体模块，交付状态实现“零扫尾”，得到船东的高度认可；2月28日，该项目A5–1包也实现了装船交付。

2015年3月，大连重工公司连续签订了“海水淡化系统设备及支撑结构”和“海上平台用液压插销升降装置”项目合同。前者是为以色列某公司承制的委内瑞拉电力公司海水淡化项目提供的，包含一套多效蒸馏法海水淡化系统设备和一套膜法海水淡化系统的支撑结构，项目由以色列某公司提供设计和配套件，由大连重工进行设计转化和制造。后者是为天津公司承制的，包含起升装置、液压、电控系统等，是一个完整的机电液系统集成设备，完全由大连重工自主设计和制造。

2015年3月，广船国际为中远航运（香港）建造的90 000吨半潜船在南沙厂区举行开工仪式。这艘半潜船建成后将刷新全国新造半潜船最大吨位纪录，同时也是全球带有DP–2系统的最大半潜船。据悉，除了吨位大之外，该船还具有下潜深度深、载货甲板面积大、自动化程度高等诸多特点，是目前海工航运市场非常抢手的船型之一。

2015年3月，江西江州联合造船有限责任公司从德国船东获得了2艘12 500DWT级多用途重吊船（MPP）订单。根据IHS消息，该船东是德国Auerbach Schifffahrt Gmbh公司，相关2艘船舶的船号分别为JZ1067号及JZ1068号，安排在2016年末交付。据了解，该12 500DWT级多用途重吊船的船长、型宽分别为76.5米、17.6米，是F–500系列船舶。

2015年3月，南通润邦海洋工程装备有限公司从荷兰Royal IHC（IHC）公司接获一份新订单，为卢森堡船东Normalux Maritime SA建造一艘4 000吨自航重吊起重船。这艘目前命名为“Rambiz 4 000”的起重船总长108米，型宽50.9米；配备两台2000吨吊车和直升机甲板，采用动力定位系统。该船的型深为8米，设计吃水4.9米。该船将主要服务于欧洲市场的海上重吊作业和风电场的安装、维护作业，入级英国劳氏船级社。

2015年3月，太平洋造船集团旗下浙江造船为上海打捞局华威公司建造一艘8 000匹马力SPA85三用工作船正式开工。SPA85是太平洋船厂自主研发的系列三用工作船，并已经为法国波邦公司（Bourbon）建造了十多艘，船型技术成熟。

2015年3月，一艘被誉为“海上叉车大力神”的5万吨半潜船成功通过ABS美国船级社的认证和船东船厂的验收。船上装载的船舶电力推进变频驱动系统由中国南车株洲所研制，系我国自主品牌在大吨位级海洋工程船舶上的首次应用，打破了国外公司对该领域的长期垄断。

2015年3月，振华重工与江南造船集团签订1台

1 600吨船厂龙门吊项目供货合同。该项目将采用振华重工拥有专利的双上小车方案，主梁采用单箱梁型式，主梁下高度达95米，整机重量与国内同类产品相比轻10%左右。项目将采用三大件发运、船厂坞口浮吊总装方案。

2015年3月，振华重工自主研发的国内首个30吨深海下主动波浪补偿甲板起重机成功申请3项国家专利，填补了国内在该领域的研发空白，打破了国外的技术垄断。该系统可广泛应用于水下600米以内的海上补给、海洋钻井、有缆海底机器人安装作业、深海探测等。振华重工研发的30吨深海下主动波浪补偿甲板起重机，采用主动波浪补偿系统，可对30吨重的负载在水下600米以内水深进行精准的位置控制，能够满足吊机对于恶劣海况下作业的高精度需求。

2015年3月，中海油所属海洋石油工程股份有限公司公布，其投资建设的两艘3 000米深水多功能工程船“海洋石油286”、“海洋石油291”正式入列“服役”，这标志着我国深海水下施工装备能力达到世界领先水平。

4月

2015年4月1日，上海海洋石油局勘探六号平台正式获得中国国籍证书，此举标志着这座在新加坡PPL船厂建造，拥有世界先进钻井设备的自升式钻井平台正式投入祖国怀抱，平台换旗工作圆满完成，完钻井深为4 445米，垂深为3 819.8米，水平段长达300余米，完钻井斜达93度，开启中国石化集团海上施工水平井的新里程。

2015年4月2日，由江苏扬子江海工建造的首座自升式钻井平台“YN100”顺利出坞下水。 2014年5月，扬子江海工首制Super 116E自升式钻井平台在太仓海工基地如期顺利上台，标志着扬子江海工太仓海工基地正式投产启用，也标志着Super 116E平台的建造进入了一个新的阶段。据悉，该自升式钻井平台为Qatar Investment Corporation投资建造，造价近2亿美元，是扬子江船业在2012年底接获的首座自升式钻井平台订单。该钻井平台在“LeTourneau Super 116E”设计的基础上进行优化和加强，详细设计工作由扬子江海工和Explorer 1 Limited合作完成。美国Cameron公司提供钻井设备，入级美国船级社。作业水深350英尺，最大钻深达3万英尺，定员120多人。

2015年4月3日，三福船舶为丹麦船东建造的第12艘12 000DWT 多用途船顺利下水。该船总长138.00米，垂线间长131.00米，型宽21.4米，型深11.00米，结构吃水8.05米，航速15节，入级DNV GL。

2015年4月8日，中集来福士龙口基地建造的第二座JU2000E自升式钻井平台完成下水。该平台采用滑道滑移下水方式，3月24日完成下水滑道铺设，4月4日平台整体从码头滑移至半潜式下水驳船，4月7日平台被拖至龙口港务局深水泊位，开始下潜漂浮作业，4月8日平台整体顺利达到自然漂浮状态。

2015年4月9日，我国首座北极海域半潜式钻井平台“维京龙”（“North Dragon”）完成钻井模块吊装。

2015年4月15日，国内首艘深水环保船“海洋石油257”在中船黄埔文冲船舶有限公司顺利交付。

2015年4月15日，中集来福士龙口基地建造的第四座JU2000E项目主船体吊装合拢顺利完成。此系列平台在充分汲取前3座JU2000E的经验基础上，分段建造、预舾装、吊装合拢等阶段进行了优化改良。

2015年4月15日，中国南车旗下子公司株洲南车时代电气股份有限公司斥资约1.3亿英镑（约合12亿人民币）在英国纽卡斯尔正式收购世界知名海工企业Specialist Machine Developments Limited（SMD）

100%的股权，收购完成后，中国南车打造陆海两栖产业集群的新格局凸显。

2015年4月15日，装载着BSP项目CPDP49导管架的振华12船驶离海油工程青岛制造场地码头，标志着海油工程与壳牌集团首个合作项目迎来“挂果期”。这是国内生产的海洋工程装备首次进入文莱海域，将极大地提升海油工程在该地区的品牌影响力，助推公司提升在该地区的市场占有率。BSP项目是海油工程承揽海外高标准海洋石油生产平台项目。项目位于文莱Champion 油田，距离岸边约40公里左右，水深约45米。项目分三个子项目，共计6个导管架和6个组块，总重约17 000吨。其中，CPDP49导管架重约900吨，于2014年5月开工，建造周期历时11个月。

2015年4月17日，南通中远船务设计建造的海洋生活平台“高德1”号正式在墨西哥湾投入运营。“高德1”号于1月10日运往墨西哥，4月11日准时抵达墨西哥。经过Cotemar公司和Pemex公司的细心检验，平台各项指标性能均符合运营服役的要求。

2015年4月20日，三福船舶为德国船东建造的3#–4#12 500DWT多用途船开工。

2015年4月22日，中远投资（新加坡）有限公司表示，公司的子公司中远船务工程集团有限公司旗下的大连中远船务与日本Mitsui（三井，MES）造船的子公司Mitsui海洋开发（MODEC）签署了有关1座浮式生产储卸油船（FPSO）的改装合同。大连中远船务此次与MODEC Offshore Production Systems（Singapore）Pte. Ltd.签署相关合同，合同总值约为9 500万美元（USD），安排在2016年第四季度交付。

2015年4月23日，荷兰VROON公司在福建东南船厂建造的第三条ERRV船缓缓离港，该船长度为60米，将开赴北海投入使用。该船是今年荷兰VROON公司在福建东南船厂成功接收的第二艘船，上一艘船于2015年2月交付。

2015年4月23日，由福建东南造船有限公司分厂建造的DN60M（ERRV）–3应急救助船正式交船。在一片鞭炮声中，DN60M（ERRV）–3顺利启航，离开码头驶往目的地。

2015年4月24日，中集来福士建造的自升式钻井平台MASTER DRILLER在烟台交付。MASTER DRILLER型长59.745米，型宽55.78米，型深7.62米，工作水深90米，钻井深度9 144米，额定工作人数110人，入级ABS船级社。该平台由美国Friede & Goldman公司提供基础设计，中集来福士自主完成全部详细设计和施工设计，并拥有自升式钻井平台桩腿设计和建造的自主知识产权。

2015年4月28日，江苏太平洋造船集团旗下浙江造船向俄罗斯海运公司——FEMCO集团成功交付1艘中型锚作拖带供应船（AHTS）SPA150。该船是SPA150的全球首制船，也是太平洋造船集团为FEMCO集团订制的同系列4艘船舶中率先交付的首艘。教母Semenova Svetlana女士将这艘新船命名为“OSSOY”。该型船船长72米，型宽17.2米，具备锚作、拖带、对外消防Fi–Fi 2及污油回收等功能，可装载液货及干货，拥有强度为10吨每平米、面积为515平米的货物甲板，满足动力定位DP–2要求，可胜任各种离岸海洋工程支持工作。系柱拖力150吨、装机马力12 000的SPA150，是太平洋造船集团完全自主设计的首型中型AHTS，由集团旗下设计公司SDA（上海斯迪安船舶设计公司）设计。

2015年4月28日，由浙江造船有限公司自主研发的首艘总排水量为5 300余吨的海工船下水。2013年2月，浙江造船与俄罗斯海运公司FEMCO集团签订了4艘海工船建造合同，且每艘船功能要求各不相同。浙江造船仅用16个月实现了首艘个性化海工船顺利下水。

2015年4月30日，“中海油服兴旺”号深水半潜式钻井平台驶离烟台中集来福士深水码头，这是继“海洋石油981”后，我国第二座国产平台入列中海油南海深海舰队。“中海油服兴旺”号是中集来福士向中海油服交付的第四座深水半潜式钻井平台。该平台最大工作水深1 500米，最大钻井深度7 600米，额定居住人员130人，可变甲板载荷为5 000吨，配备了世界最先进的钻井系统（NOV），设计环境温度为零下20度，入级挪威-德国船级社（DNV GL）和中国船级社（CCS）双船级，可在全球除冰区外所有海域作业。

2015年4月，由上海船厂为新加坡钻井船运营商Opus Offshore建造的钻井船项目的首制船“Tiger I”号钻井船在东海海域顺利完成首次航行试验。Tiger系列钻井船是中国首批自主研发、设计、建造的海洋工程项目之一，是中船集团公司首个总包海工项目。“Tiger I”号是由MARIC与上海船厂船舶有限公司联合设计，是国内首个拥有完全自主知识产权的深水钻井船项目。该型船总长170.3米，型宽32米，型深15.6米，设计吃水10.5米，配备自航系统，采用常规8点锚泊定位方式。不仅集成了Cameron、SWACO等全球知名公司的海洋工程配套设备，而且将应用由宏华集团总承包制造的国产钻井设备系统。

2015年4月，海油工程半潜式起重铺管船概念设计成果通过专家审查，该船建成后，将成为中国乃至亚洲最大的海洋工程船。半潜式起重铺管船是为了实现我国海洋石油工程深水装备的差异化、系列化发展，打破外国公司在半潜式起重铺管船领域的垄断，计划投资建造的一艘船舶。该船设计重量是“海洋石油981”的两倍多，超过“辽宁”号航空母舰的最大排水量。

2015年4月，海油工程及其技术合作伙伴法国承包商Technip获得了中海油2座张力腿平台的前端工程设计（FEED）研究合同。这2座平台将部署在南海流花油田，将成为中国首批张力腿平台。FEED工作涉及张力腿平台上部模块、船体、系泊及立管系统的设计和工程工作。Technip称，这项合同将由其在美国休斯敦的运作中心来执行，预计FEED工作能够在今年年底完成。中海油计划使用这2座张力腿平台来进行流花11-1油田和流花16-2油田的共同开发项目。

2015年4月，青岛武船与希腊船东签订的2艘水下机器人支持船（简称RSV）总包合同生效。该型船是具有深海设施安装和维修、海上施工、水下机器人作业、起重功能的海工施工船。船总长97.24米，宽22米，吃水7.2米时可达5 500载重吨，配备加强型DP-2动力定位系统，装备一台150吨起重机、一台25吨起重机，并配有两套水下机器人，作业水深达3 000米。

2015年4月，青岛武船重工有限公司从希腊船东Gregory Callimanopulos引领的Toisa公司获得了2艘5 500DWT级多用途海洋施工及无人潜艇支援船订单。根据Trade Winds消息，相关2艘DP-2规格ROV支援船为Toisa公司及管理其船队的英国Sealion Shipping公司量身定制，在Salt Ship Design公司的设计基础下建造。每艘新造船价约为6 000万美元，约可容纳100名工作人员。

2015年4月，新加坡海工船东Ultra Deep Solutions（UDS）在招商局重工（深圳）下单订造了1+2艘多用途潜水施工支援船，其中首艘将于2017年年中交付，备选订单中的2艘将分别于2017年末及2018年年中交付。招商局重工已经与挪威设计公司Marin Teknikk签署了新船的设计合同。新船将采用MT6023型设计，长111米，宽23米，定员120人，作业水深3 000米；配有两台起重机，一台150吨的海上起重机、作业水深3 000米，一台10吨起重机、水深

300米。UDS于2014年成立，专门从事多用途潜水施工支援船的设计、建造和运营业务。

2015年4月，由江苏长明造船有限公司为江苏华西村海洋工程服务有限公司建造的“华西1000”起重船顺利交付。该船总长91.04米，型宽30.00米，型深7米，满载排水量10 235.62吨，起重能力为1 000吨，属于非自航沿海起重船，该船由天津博泰船舶设计有限公司设计，于2012年3月16日在张家港市长明造船有限公司开工建造，由苏州市船舶检验局实施建造检验。该船由华西海工集中多方力量自主研发设计，采用一种新型臂架后移式浮式起重船，为满足海上起重机规范要求，最大限度的降低生产成本，采用了国内首创的新型臂架后移式设计。

2015年4月，由莱芜分公司生产的海洋工程用H900×300大规格H型钢，成功应用于国内某石油平台的模块建造。这标志着国内最大规格的海洋工程用H型钢已经正式“入海”，这也是国内H700×300规格以上热轧H型钢第一次成功应用于海洋工程项目。

2015年4月，挪威船东John Fredriksen旗下子公司Northern Offshore推迟了在大船海工建造的2座自升式钻井平台交付期。据了解，相关自升式钻井平台分别是“Energy Engager”号和“Energy Encounter”号，交付期均推迟9个月，现定于2016年12月和2017年6月交付。

2015年4月，由中国船舶工业集团公司第七〇八研究所设计、上海外高桥造船有限公司建造的我国第一座深水半潜式钻井平台“海洋石油981”号，顺利完成首次海外深水钻井作业，已于日前起航回国。

2015年4月，重庆清平机械有限责任公司批量交付56台90米自升式海洋平台提升齿轮箱，重庆清平机械有限责任公司与武汉船机共享对方核心能力的合作结出硕果，两家公司共同进军海洋工程领域战略迈出了坚实一步。该型提升齿轮箱，拥有完全自主知识产权，是海洋平台的核心部件，通过了ABS认证。

2015年4月，中航威海造船厂为国外用户建造的225英尺海工平台项目基本完工顺利下水。225英尺海工平台是海上油田使用的生活服务平台，具有自动升降和自身航行动力的平台。平台在海上可依靠三根桩腿从5米到45米的水深自动升降。这是该厂首次建造具有高技术含量跨造船行业并是国外海工工程。

2015年4月，中集来福士建造的第二艘5万吨半潜运输船驶离离烟台基地深水码头，开始试航。据悉，此次试航期间将进行推进器、DP、PMS、FMEA、通导系统、振动噪声、26.35米下潜实验等一系列的测试工作。该船总长216米，型宽43.米，型深13.35米，设计吃水10米，货物甲板潜深13米，设计航速13.5节，入级美国船级社（ABS），入级符号为+AMS、+ACCU、+DPS-2、UWILD、CPS、TCM，配备了DP-2动力定位系统、无人机舱和全可移尾浮箱，可满足多种海工作业要求。

5月

2015年5月4日，上海外高桥造船有限公司临港海工为新加坡太平洋光辉公司建造的第二艘平台供应船（PSV）顺利下水。

2015年5月5日，招商局重工（江苏）有限公司4座钻井平台顺利下水，其中海恒CJ50自升式石油钻井平台2台，JU2000E型自升式钻井平台2台。据了解，2013年3月30日，天津海恒船舶海洋工程服务有限公司和招商局工业集团签约建造两座CJ50-X120-G（400英尺）自升悬臂式钻井平台，CJ50-X120-G型钻井平台，是具有国际领先水平的海洋石油钻探开采装备，主要用于海上石油和天然气勘探、开采工程作业，作业水深可达400英尺，钻井深度达到10 668米，这个产品填补了国内空白，每座总造价约1.85亿美元。本次签约的两艘平台HAIHENG CJ50-1和HAIHENG CJ50-2交船期分别为27个月和30个月。JU2000E型自升式钻井平台，作业水深400英尺，最大钻井深度35 000英尺，满足北海作业要求，每座造价约为2.2亿美元。

2015年5月6日，广东中远船第二艘UT771WP型PSV顺利下水。UT771WP型系列PSV共8艘，用于支援钻井船、钻井平台，以及运送人员、设备，全长85.7米，宽18米，型深7.8米，甲板面积约840平方米，运力达4 400吨，满足DYNPOSAUTR动力定位能力的要求。

2015年5月8日，广州黄埔文冲船厂为中海油建造的国内第七艘环保船——“海洋石油230”号正式交付。据悉“海洋石油230”将服务于渤海海域。

2015年5月12日，上海外高桥造船有限公司为新加坡ESSM船东建造的CJ46系列首制自升式钻井平台项目顺利完成陆地升桩，为下水奠定了基础，该公司在自升式钻井平台建造领域成功实现了“水上、坞内、陆地”三种方式升桩的“大满贯”。

2015年5月12日，振华重工为交通运输部烟台打捞局建造的5 000吨打捞起重铺管船举行龙骨安放仪式。该船是中国救捞系统最大投资项目，也是烟台打捞局与振华公司的首个合作项目。该船同时入ABS/CCS双船级，全长199米，型宽47.6米，型深15.0米，具备DP-3动力定位系统，10点锚泊定位系统和铺管系统。

2015年5月14日，上船公司为中海油田服务股份有限公司建造的12 000马力深水三用工作船系列首制船顺利完成试航。该船为无限航区航行船舶，长74.1米，型宽18米，设计航速15.4节，入级中国船级社，采用4机双桨推进，配备艏侧推2套、艉侧推1套、CPP可调桨2套，航行满足DP-2动力系统和故障模式和失效影响分析（FMEA）要求，具备向钻井平台进行物资补给、平台守护、船舶消防服务、抛锚及拖航等功能。

2015年5月14日，国家科技部科技支撑计划项目“船用电力推进系统开发及应用研究”课题“船用电力推进系统开发及关键设备研制”通过专家组验收，专家组成员一致认为，中船重工武汉船用电力推进装置研究所在国内首次成功完成了10兆瓦等级大功率船用电力推进系统及关键设备的产品研制，在10兆瓦级及以上多项船用电力推进系统关键技术上实现突破，填补了我国大功率船用电力推进系统领域的空白。

2015年5月19日，由武汉船用电力推进装置研究所承担的国家科技部重大专项——海洋深水工程重大装备及配套工程技术子课题《船舶电力推进系统研制》顺利通过了课题牵头单位中海油田服务有限公司验收组的现场验收。标志着我国已经掌握了深水油田工程支持船电力推进系统及关键设备的设计、制造、试验技术，使得深水油田工程支持船电力推进系统进入了自主知识产权时代。

2015年5月15日，由中船黄埔文冲船舶为中海油建造的国内第二艘深水环保船“海洋石油258”顺利通过了海试。“海洋石油258”总长79.8米，型宽16.4米，由海油发展采油服务公司负责项目前期研究、建造和操作运营。“海洋石油258”系国内第二艘深水环保船，与以往建造的环保船相比，深水环保船针对深水恶劣的海况进行了多项技术改进设计。“海洋石油258”将服役于南海海域，届时，将与其姊妹船“海洋石油257”一道共同守护中国海油深水油气田开发，提升中国海油深水海域溢油应急能力。

2015年5月15日，江苏正屿船舶重工有限公司为印尼某著名船东建造的两条53.8米工作船开工。

2015年5月16日，由中船黄埔文冲船舶有限公司建造的全球首制R-550D型自升式钻井平台顺利出坞。据悉，R-550D型自升式钻井平台是中船黄埔文冲船舶、TSC集团控股有限公司、美国ZENTECH设计公司整合各自优势、强强联合，面向墨西哥、中南美洲及亚太地区海工市场，推出的战略性合作产品。该平台工作水深达400英尺（约122米），钻井深度达30 000英尺（约9 144米），多项性能指标达到国际领先或先进水平，是适合于恶劣海况的高端自升式钻井平台，主要用于海上钻井或井口作业，可从海底开发出石油，属于高投入、高技术、高附加值产品，具有较强的市场竞争力和良好的市场推广前景。该平台于2013年12月20日开工建造，计划于今年底完工交付，其中关键的主船体、升降装置、钻井装置、控制装置等均在国内生产制造，国产化率达到80%以上，而造价仅相当于国外同类规格平台的70%～80%。

2015年5月17日，广船国际发布公告称，公司简称将于5月25日起变更为“中船防务”，公司证券代码不变。

2015年5月21日，中集来福士建造的自升式钻井平台“中油海15”号正式交付。这是中集来福士龙口基地首座独立建造并交付的自升式钻井平台，将赴作业海域。“中油海15”型长59.745米，型宽55.78米，型深7.62米，工作水深90米，钻井深度9 144米，额定工作人数110人，入级ABS船级社。该平台由美国Friede & Goldman公司提供基础设计，中集来福士自主完成全部详细设计和施工设计，钻井包、甲板吊等主要设备实现了国产化，拥有平台桩腿设计和建造等23项技术专利。该平台配置了NOV-BLM升降系统，选用了NOV顶驱及铁钻工，提升了钻井包整体性能。

2015年5月23日，由江西同方江新造船为中海油田服务股份有限公司建造的“海洋石油770”号深水物探采集作业支持船顺利出坞下水。据了解，该船为双底、双壳、单甲板形式，属混合骨架式全焊接钢结构，设有两层艏楼和两层甲板室。该船总长64.96米，型宽16米，型深7.5米，设计航速不小于13节，自持力45天，续航力9 000海里，适应无限航区。建成交付后，将主要为我国最为领先的大型深水物探船——“海洋石油720”号提供补给和作业支持。

2015年5月23日，中集来福士设计建造的自升式天然气压缩平台Gas Plant在龙口基地滑移到下水驳船，5月28日在龙口港完成漂浮作业。Gas Plant平台由中集来福士自主设计，此项目已获得墨西哥国家石油公司（Pemex）8年租约。

2015年5月25日，我国首个国产4 500米潜深载人潜水器耐压壳在洛阳船舶材料研究所出厂。该球壳与“蛟龙”号所采用的耐压壳尺寸相当，据悉，“蛟龙”号所采用的钛合金耐压壳为俄罗斯制造。由于钛合金焊接工艺难度极高，俄罗斯在这方面居世界领先地位，此前只有俄罗斯曾制造钛合金耐压壳的核潜艇。“蛟龙”号迎来首个国产化的同类型小兄弟。

2015年5月25日，扬子江船业为中波轮船股份公司下属上海中波国际船舶管理有限公司建造的36 000载重吨重吊船（厂编3号）在新扬子造船举行下水仪式。该船是扬子江船业为船东公司建造的第三艘该型船。

2015年5月26日，记者从海油发展工程技术公司获悉，公司自主研发并获专利的耐高温井下安全阀，成功通过350℃高温试验。这种耐温等级的井下安全阀在国内外尚属首例，应用于海上稠油热采井和高温气井，将有效保障作业安全。

2015年5月27日，江苏正屿船舶重工为VROON公司建造的第四艘50米应急响应救援船顺利交付。

该船首次采用新加坡健全海事KCM的最新设计，并由中国船厂制造，该系列船的顺利交付标志着正屿船厂已经有能力承建海工高标准的特种船型。这类应急搜救船主要用于在北海石油钻井平台24小时不间断巡航，巡航过程由升降式全回转电驱动艏侧推作为主动力，油耗低，巡航周期28天，救援等级达到CLASS B，配备2台15人高速救助艇。整体设计、建造工艺、安全规范都是按照欧洲最高标准执行，是国内在海工辅助这一船型的首制船。

2015年5月29日，由扬子江海洋油气装备公司建造的一座海洋钻井平台，在太仓港区的长江边竖起。这是该公司建造的第一个用于近海作业的S1161自升式海洋钻井系统，总造价约10亿元人民币。据悉，该自升式钻井平台为Qatar Investment Corporation投资建造，造价近2亿美元，是扬子江船业在2012年底接获的首座自升式钻井平台订单。该钻井平台在"LeTourneau Super 116E"设计的基础上进行优化和加强，详细设计工作由扬子江海工和Explorer 1 Limited合作完成。作业水深350英尺，最大钻深达3万英尺，定员120多人。

2015年5月30日，广东中远船务为新加坡Chellsea集团建造的两艘UT771WP型PSV（N603/N604）举行命名仪式。Chellsea集团Anita Chellaram女士和挪威出口信贷担保局高级副总裁Solveig Froland女士分别将两船命名为"LAKSHMI DEVI"、"ANITA DEVI"。

2015年5月，广东中远船务与英国海工辅助船船东公司Sentinel Marine签订的一艘65米应急救援船（N698）建造合同日前正式生效。据了解，该项目总长65米，型宽16.6米，型深6.8米，载重量1450吨，航速13节，入级美国ABS船级社，配备DP-2动力定位、2台4 000BHP推进电机和甲板拖缆机，主要用于海上钻探设备及生产平台的应急响应与救助。

2015年5月，海油工程与巴西国油签订了合同，将帮助巴西国油完成两艘浮式生产储卸油船（FPSO）的建造工作，把更多工作转移到中国。该项目涉及两条30万吨级FPSO的部分设计、部分上部模块的建造、所有集成与调试、运输及交付等工作。据了解，这两艘FPSO的上部模块建造和安装合同最初颁发给了Integra财团，该财团由巴西两家承包商OSX和Mendes Junior组成。但由于OSX进入破产保护程序，这笔18亿美元合同不久便出现执行问题。之后，Mendes Junior也涉嫌卷入巴西腐败丑闻，该公司正设法应对信用紧缩和制裁威胁。据悉，海油工程通过与巴西国油直接谈判介入这项工作。

2015年5月，海油发展安全环保公司拥有的中国首艘深水环保船"海洋石油257"抵达上海，正式投入使用，负责东海海域的油田值守、溢油处置、消防、救生等服务作业，为海油东海的油气勘探开发保驾护航。

2015年5月，航通船业交付了两艘海工船，分别为65米抛锚供应船和65米多用途船。

2015年5月，中船重工消息，湖北海洋工程装备研究院有限公司股东会、董事会、监事会（"三会"）在武船集团顺利召开，研究院正式成立。湖北海洋工程装备研究院有限公司是由武昌船舶重工集团有限公司、武汉船用机械有限责任公司、中船重工第七一九研究所、中石化石油工程机械有限公司、谢克斯特（天津）海洋船舶工程有限公司联合组建的有限责任公司，各单位股比分别为41%、20%、15%、15%、9%。本次"三会"顺利完成了一届董事会组建，选举董事会成员11人，杨志钢任董事长，通过了《董事会议事规则》。

6月

2015年6月1日，由VLCC轮改装成的最大起重量为12 000吨的大型自航式起重工程船“振华30”轮（香港籍）安全、顺利落墩2#船坞。该船单钩起重能力世界第一，具有自航、锚泊和动力定位能力，主要用于海上大件、模块、导管架的起重吊运及吊装。“振华30”空船自重101 688吨、吃水8.1米这种超重、大吃水特殊船型，船舶进坞、定位、落墩风险极高，稍有不慎将会造成重大事故。为此金海船务研究制定了周密的船舶进坞方案，确保完成船舶安全进坞、精准定位、准确落墩。

2015年6月2日，中船黄埔文冲船舶有限公司为中国海油建造的深水环保船“海洋石油258”正式交付。

2015年6月3日，马尾造船为MAC公司承建的两艘60米平台供应船（MW622-3/4）在利亚事业部5万吨船坞成功下水。（MW622-3/4）60米平台供应船总长59.6米、型宽15.2米、型深6.2米、设计航速12节、载重约1 500吨，主要用于运输淡水、燃油、水泥等货物，具备对外消防和溢油回收等功能，是一艘多功能的海工产品。

2015年6月4号，江苏正屿船舶重工有限公司为印尼某知名船东建造的一艘45米 UTILITY/TUG VESSEL顺利交付，交予印尼方船东运营。此船航行于无限航区，该船船型采用双机、双浆、船艏设有侧推装置，1/2消防，配置中部拖缆机，系柱拉力32吨，可住宿48人（含14个船员）。

2015年6月4日，1座利比里亚籍和1座瓦努阿图籍的大型钻井平台停靠在舟山长宏国际船舶再生利用有限公司的码头边，等待进坞拆解。据了解，这2座钻井平台分别建造于1976年和1983年，重量分别达14 233吨、16 636吨，预计将在3个月内完成拆解报废处理。

2015年6月4日，由江苏省镇江船厂（集团）有限公司为美国潮水公司批量建造的第4艘直流电站电力推进PSV——“MONTY ORR TIDE”完工出厂，顺利启航。

2015年6月6日和8日，马尾造船为MAC承造的两艘新型87米平台供应船（MW619CD-1/2）分别成功下水。87米平台供应船（MW619CD-1/2）是马尾造船公司在2013年6月与MAC公司签订的新型海工船舶。该姐妹船总长87.25米，型宽18.80米，型深7.4米，航速不低于14.3节，载重吨约5 100吨，是现代较高端的一种海工产品。

2015年6月6日，武船为上海打捞局建造的大型溢油回收旗舰船“德澋”号顺利离厂。“德澋”号总长约90.9米，型宽20米，型深8.2米，排水量约4 000吨，采用全回转电力推进，配有DP-2动力定位系统。在兼备平台工作船功能的同时，该船配有大型内置式专业溢油回收装置，具备对应急现场进行大面积喷洒消油剂；对事故船舶和遇险船舶进行封舱、堵漏、排水、抽油等专业作业能力。“德澋”号离厂后，将前往南通基地开始航行试验工作。

2015年6月6日，在顺利完成设备调试和有效性试航后，同方江新造船有限公司建造的国内最大海上溢油回收船“中油应急103”船驶离舾装码头，正式交付使用。据了解，该船是目前国内最为先进的海上溢油回收和应急救助船，总长78.8米，型宽15米，型深5.6米，设计吃水4米，采用当前海工船最新标准和最新规范设计与建造。该船的交付使用，将有助于提升我国对海上溢油污染事故的现场应急处理能力。

2015年6月9日，广州打捞局承接的上海外高桥造船首制CJ46-X100-D型自升式钻井平台（H1368）陆地滑移及拖航下水工程取得圆满成功。H1368钻井平台总长65.25米，型宽62米，型深8~7.75米，自重高达9 600多吨，是外高桥造船首次运用平地总组技术建造的第一座自升式钻井平台。

2015年6月9日，中集来福士为挪威Beacon Pacific Group Ltd.公司建造的挪威北海半潜式钻井平台Beacon Pacific在烟台基地开工建造。Beacon Pacific采用GM4-D设计，该设计充分汲取已交付的四座GM系列挪威北海半潜式钻井平台设计建造经验，由中集来福士和挪威Global Maritime共同完成基础设计，中集来福士拥有80%自主知识产权。该平台最大工作水深500米，最大钻井深度8 000米，最低服务温度为零下20度，配置了DP-3动力定位系统和8点系泊系统，具备ICE-T、CLEAN和WINTERIZATION的入级符号，使之达到冰级、环保和严寒作业水平，可在海况恶劣的挪威北海和北极圈内的巴伦支海作业。该平台满足最新NORSOK标准和DNV GL最新版规范，并在两座在建的GM4-D平台基础上，进行了结构、系统设计、工作环境等三十项设计优化，明显提高平台性能，有效缩短建造总工时。

2015年6月10日，荷兰VROON公司在福建东南船厂建造的60米ERRV-4号船成功交付，随即将赶赴欧洲北海作业。该船长约60米，型宽15米，型深6.1米。是该系列船的第四条，也是最后一条。另外三条均已经顺利交付使用。

2015年6月11日，扬州大洋造船为法国船东建造的SPP35 #11海上平台供应船顺利命名。这是大洋造船为该船东建造的同系列船的第三艘，教母将这艘船命名为“BOURBON EXPLORER 511”。SPP35海工船是太平洋造船集团拥有完全自主知识产权的全新一代中型PSV，凭借节能环保、功能强大、安全性能高和操纵性能好等优势，入选美国海事权威杂志Marine LOG评选的“2013年世界经典船舶”，而且是其中唯一由中国船厂设计的船型，并且荣获国家科技部“国家重点新产品”称号。

2015年6月12日，中集来福士第10座Super M2自升式钻井平台龙骨铺设仪式在龙口基地举行。

2015年6月13日，由江苏省镇江船厂集团为美国潮水公司批量建造的第六艘全电力推进海洋石油平台供应船顺利下水。

2015年6月16日，润邦海洋建造的4 000吨自航重吊浮吊船YN736于公司车间开工。

2015年6月17日，江苏宏强船舶重工有限公司建造的HQ133/2# 70.5米海工支持船顺利下水，该船总长70.5米，型宽19.52米，型深4.88米，入级BV。该船是双机双桨，可调桨，带轴发，外消防的居住工作船，安装有两台2 000马力、1 600RPM的主机，航速为12.5节，设计吃水3.65米，同时可容纳180人。

2015年6月18日，国内第九艘环保船“海洋石油231”顺利通过了海试。“海洋石油231”总长69.3米，型宽16米，由海油发展采油服务公司负责项目前期研究、建造和操作运营。该船也是海油发展采油服务公司新建4艘环保船中最后一条完成交付的船舶。“海洋石油231”不但兼具溢油应急回收、测试井液接收/返输、全天候雷达溢油监测、海上消防等多种功能，新增了溢油应急指挥、油品快速检测、散料供应等功能，可作为现场信息收集反馈和临时指挥中心，实时向陆地指挥中心传送现场图文，实现了溢油点快速定位，准确追溯溢油源。同时，考虑渤海地区的冬季海冰工况，船体采取了B2级冰区加强结构，提高浮冰区航行能力，使其更加适合在渤海海域作业。其姊妹船“海洋石油230”已于2015年7月6日顺利航行至天津。两艘天津环保船均服役于渤海海域，届时，渤海海域环保船将达到4艘。

2015年6月19日，上海佳豪发布公告称，其全资子公司上海佳船机械设备进出口有限公司与美克斯海洋工程设备股份有限公司签署2座自航自升式多功能服务平台建造合同，总金额各为5 800万美元，共计1.16亿美元，将由上海佳豪旗下江苏大津重工有限公司建造。

2015年6月19日，广东中远船务向中海油田服务有限公司交付其设计建造的8 000HP深水三用工作船“海洋石油641”号，这是中远船务为中海油服建造的首艘工程辅助船。8 000HP深水三用工作船是中海油服5型14艘建造项目中的一型，共订造2艘，另外一艘同型船“海洋石油642“正处于后期调试之中。作为最新型的海工平台支持船，该船型适航性能和耐波性能更强，航速快，装载量大，运输能力强，能在恶劣海况条件下保持良好的操作性、灵活性和住舱舒适性。其交付入列，将成为中海油服船舶板块的主力船型之一，进一步提升中海油服深水作业综合能力。

2015年6月21日，中远船务集团所属南通中远船务设计建造的半潜式海洋生活平台“高德2”号举行命名仪式，教母Mrs. Cristina de Villarreal 将其命名为“ATLANTIS ”。“高德2”号采用荷兰GUSTOMSC公司提供的OCEAN 500船型，结构设计可满足英国北海，墨西哥湾和巴西海域等海况。该平台最多可为990人同时提供生活居住服务，是全球可居住人数最多的半潜式海洋生活平台，由南通中远船务独立自主完成该平台的详细设计、生产设计，以及所有设备采购建造、设备系统安装调试工作。该平台入DNV船级社，全长91米，型宽67米，型深27.5米，平台总高近60米，设计吃水20米，配备6台主机、6台推进器，最大航速为12节，配备DP–3动力定位系统、AGS电力管理系统、FIFI II对外消防、直升飞机平台、75吨和300吨甲板吊等。

2015年6月23日至27日，由七〇二所研究、设计，七二五所制造的4 500米载人潜水器Ti80载人舱球壳在七〇二所青岛深海装备结构实验室完成静水外压试验考核，表明我国深海潜水器载人舱球壳试验这一瓶颈技术得到突破，载人舱球壳设计、制造和试验能力跨入国际先进水平。

2015年6月25日，中集来福士为挪威福瑞斯泰公司设计建造的超深水半潜式钻井平台“福瑞斯泰阿尔法”号在烟台基地完成合拢。该平台采用福瑞斯泰D90基础设计，中集来福士完成详细设计和生产设计。配置液压驱动双钻塔系统，钻井大钩载荷1 134吨，甲板可变载荷10 000吨，配备最高等级动力定位系统（DP–3）和闭环动力定位系统，配有2个7闸板PSI防喷器，最大作业水深3 658米，最大钻井深度15240米，适用于全球深水作业。该平台入级DNV GL船级社。

2015年6月26日，大连中远船务为中海油服建造的9 000马力深水供应船（PSV）首制船顺利完成试航，试航结果达到技术要求，得到船东的好评。该船总长85.4米，型宽20米，型深8.6米，吃水7米，能在恶劣海况条件下安全运行，具有良好的试航性和耐波性。

2015年6月26日，福建马尾造船新厂区内一台700吨造船龙门吊柔性腿撑管安装完毕，标志着历时12天的整机提升顺利完成，这是润邦重机为马尾造船提供的首台“杰马”牌造船门式起重机。

2015年6月26日，扬州大洋造船为法国船东建造的GPA696#9海工船成功命名。GPA696系列海工船是高度复杂的OSV中的典型代表，采用国际领先设计，配备有高端设备和先进系统，可从容应对深海作业的严苛要求。

2015年6月28日，我国首个海洋工程装备研究院——湖北海洋工程装备研究院在武汉未来科技城开建，并举办首届湖北国际海工装备技术论坛。

2015年6月30日，黄埔文冲为中海油服建造的6 000HP深水供应船2#船“海洋石油616”在龙穴厂区交付。

2015年6月，大船集团消息，大船集团装备公司为新加坡MTOPS公司建造的MV27（FPSO）上部模块工作间提前1个月顺利交工。MV27工作间为EPC（设计、采购、建造）交钥匙工程。主要包括结构、电器、内装、管系、空调、设备六大专业。

2015年6月，TSC集团宣布与中船黄埔文冲船舶签订两份建造合同，内容关于制造、建设、安装、测试、试行及交付两个Zentech设计R-550D自升式钻井平台。TSC集团须向建造商支付一笔费用，金额视项目的最终技术范围而定。有关平台落成后，TSC集团作为钻井承包商可以直接承办钻井作业，同时有权出售给其他客户。

2015年6月，广东中远船务承接了第一艘应急响应救援船，这艘65米应急响应救援船全称“FOCAL 552”，是一艘油船援助/应急响应救助任务而装备的船舶，主要用于油轮移动/泊地援助、海洋石油钻井平台拖曳/推动、抛起锚作业、紧急救助、在岸基到海洋平台之间运送甲板货物和人员、从岸基到海洋平台之间运送淡水等耗材、溢油等规定种类的危险品回收、守护与对外消防。

2015年6月，南京高精船用设备有限公司为“海洋工程661”号改造的可调桨设备圆满完成航海试验。本项目为旧船改造，原船船舶动力系统为主机通过可逆转的齿轮箱驱动固定桨（FPP）系统，将原船固定桨（FPP）系统改造为可调桨。

2015年6月，泰州三福船舶工程有限公司为德国船东建造的5#6#12 500DWT 多用途船在钢加车间成功举行了开工仪式。该船总长147米，垂线间长140米，型深11.55米，设计吃水7.50米，航速15节，入挪威德国劳氏船级社（DNV GL）。

2015年6月，由中国长江三峡集团投资、中国电建集团所属华东院承担勘测设计任务的江苏响水近海风电场220千伏海上升压站在中海油工程青岛基地举行了开建仪式，标志着我国至亚洲地区首座220千伏海上升压站开工建设。该海上升压站为响水近海风电场配套的海上送出设施，位于风电场西侧，离岸距离12公里，水深8米。风电场共安装了37台4兆瓦和18台3兆瓦风电机组，总装机规模202兆瓦。

2015年6月，振华重工（集团）有限公司建造的“振海2”号400英尺自升式钻井平台目前进入系统调试阶段。“振海2”号项目是振华重工继“振海1”号300英尺自升式钻井平台顺利交船后，继续坚持自主创新道路向高端深水自升式钻井平台研发制造进军的又一重大手笔。“振海2”号采用的是中交子公司美国F&G的著名的JU2000E型自升式钻井设计。该平台基本设计出自美国F&G公司，详细设计、生产设计、平台制造调试全部由振华重工完成。相比“振海1”号300英尺自升式钻井平台，“振海2”号400英尺自升式钻井平台的工作水深、抗风暴能力、可变载荷、钻井能力和操作性能等各项指标更高。能够适应在全球范围内122米水深内的各种海域，最大钻井深度达到10 668米，零下20摄氏度仍能正常作业。平台总长70.4米，型宽76米，型深为9.45米，工作水深为122米。桩腿为带独立桩靴的桁架式型式，长度为167米；最大钻井深度35 000英尺。

2015年6月，中船集团和中远船务集团瓜分了国家海洋地质保障工程配套装备项目3型综合物探调查船订单，其中上海船厂建造其中两艘综合物探调查船，广东中远船务建造一艘综合物探调查船。三艘调查船均为国内自主设计和建造首制船，其投入使用后，对推进我国海洋地质调查计划，实施基础地质调查、海洋油气资源调查、海域天然气水合物调查、海岸带综合调查等重大工程项目，将提供强有力的支撑和保障。

2015年6月，中海油服物探研究院自主研发的“海途”拖缆综合导航系统，在南海某海域进行的二维地震采集作业中成功进行首次试生产。此举标志着中海油服已初步掌握拖缆勘探综合导航技术。

7月

2015年7月2日，广州航通船业有限公司建造的一艘65米抛锚供应船在沙堆厂区顺利下水，这是航通船业使用纵向滑道完成下水的第一艘船舶。该船总长65米，型宽16.8米，型深7米，航行于无限航区，主要用于海上石油平台的供应、拖带、锚锭作业、消防、安全救助等，具有DP-2动力定位功能，入级美国船级社。该船为航通在建的同系列船的第三艘。

2015年7月2日，中远船务为马士基海洋服务公司建造的两艘深水海工作业辅助船（SSV）在大连中远船务开工。该深水海工作业辅助船是中远船务集团与马士基集团合作的首个海工项目，也是马士基集团首次在中国订造的海洋工程项目，该系列船总长137米，垂线间长128.05米，型宽27米，型深11米，为动力定位III级电力推进船，配备动态补偿深水吊车、水下机器人和直升机平台等，可满足3 000米水深海底铺揽、井口安装维护等作业要求。

2015年7月3日，芜湖新联造船有限公司建造的64.8米柴电推进操锚拖带供应系列首制船竣工签字仪式在码头顺利举行。该64.8米电力推进操锚拖带供应工作船总长64.8米，宽16米，深5.8米，使用柴-电动力推进，带全回转舵桨装置，是新一代集近海抛锚、拖曳、对外消防及平台供应功能于一体的海洋平台支持船舶，II级动力定位，兼具溢油回收功能。该船服务于无限航区，入级ABS。

2015年7月3日，武船集团在海工特种船市场斩获批量大单，签订6艘大型三用工作船，4艘大型OCV，2艘中型OCV，合同总金额逾10亿美元。此次签订的大型三用工作船是为海上工程和石油平台服务的操锚拖带供应船，无限航区，带无人机舱ACCU，配有DP-2动力定位系统。该船总长78米，型宽18米，型深7.5米，设计吃水6.4米，载重量约2 500吨，甲板货物面积约600平方米，100%推进功率下设计航速15节。大、中型OCV是具有深海设施安装和维修、海上施工、轻型修井作业、水下机器人作业、起重和供应功能的特种船，配备动力定位系统，最大作业水深可达3 000米。同日，武船集团针对大中型OCV，分别与Huisman、GE、Rolls-Royce等设备供应商，签订了1 000吨世界顶级深海补偿吊机、电力系统包、动力系统包等主要设备合同。

2015年7月6日，黄埔文冲建造的“南海救118”救助船在其长洲厂区下水。2013年4月9日，黄埔文冲与交通运输部救助打捞局签订4艘海洋救助船订单。据了解，该批次救助船是今后我国“神舟”卫星发射海上定位和回收的主要力量，为此，该型船对克令吊进行了升级，并增加了其他相关搜索、定位、通信设备。此外，该型船取消了内置溢油回收设备，增加了泥浆系统，可以为海上油气开采作业提供支持。

2015年7月8日，中波公司在上海船厂建造的32 000吨多用途首制吊船“S1224”轮在顺利下水。中波公司与上海船厂在2013年9月签订32 000吨重吊船（2+1+1）建造合同。合同建造新船最大起吊能力将达到700吨，于2015年底陆续交付使用。

2015年7月10日，由南通市蛟龙重工总装的3 250吨“海上五星级宾馆”——半潜式海洋生活平台“Floatel Triumph”在江苏南通起运，发往新加坡进行吊装合拢。“Floatel Triumph”长70.6米，宽40.9米，高33.9米，甲板面积2 887平方米，近7个标准篮球场大小，它有6层甲板，含飞机平台，配备301个房间，可容纳500人居住。

2015年7月10日，广州文冲船厂建造的国内第九艘环保船“海洋石油231”正式交付。

2015年7月10日，招商局工业集团有限公司和天津海恒船舶海洋工程服务有限公司签订了4座自航自升式作业平台（Amerin 320-100）建造合同。该项目将在招商局工业集团海门基地招商局重工（江苏）有限公司建造，预计在2015年9月份开工，并在2017年9月前全部交付。此次签约的平台是由SINGAPORE AMERIN PTE LTD公司提供基本设计，船体为长方形，带有四个三角形桁架桩腿，桩腿配有电液驱动升降系统。平台艉部装有2个推进装置，艏部装有1个伸缩桨。生活区位于平台艉部，设有宿舍，办公室，餐厅和医院等。铝合金直升机平台位于平台艉部。此平台定员为100人，长度160英尺，宽度104英尺，型深17英尺，是一艘功能齐全的自升自航式多功能服务平台，可在全球南北纬32度内的水域使用。CJ46-X100-D型钻井平台主要用于海上石油和天然气勘探、开採工程作业，作业水深可达375英尺。

2015年7月11日，大连中远船务为巴西国油公司建造的FPSO压缩机模块项目开工。大连中远船务2015年5月与巴西国家石油公司签署了2个FPSO压缩机模块的总承包（EPC）合同，即为每个FPSO建造4个不同功能的压缩机模块，共计8个。

2015年7月13日，正在中美洲尼加拉瓜海域作业的东方勘探一号船队使用进行技术改进后的枪深，作业效率大幅提升。这项由东方物探自主设计改造的气枪阵列，由原来沉放深度只有7. 44米到目前的12米，这看似短短的4. 56米，却使他们攀上了一个领域的新高度。

2015年7月18日，南通中远船务为墨西哥一家石油公司设计建造的半潜式海洋生活服务平台“高德4”号安全下水，顺利完成靠泊作业。“高德4”号是世界上容量最大同时也是最先进的海工平台。全长95米，型宽67米，型深35.7米，高近60米，平台设计吃水在8.6米至20米之间进行调节。“高德4”号平时可供750名船员生活居住，还预留240人的生活模块安装位置，最多可容纳990人居住；配备了6台世界先进的动力定位系统和锚泊辅助定位系统。

2015年7月20日，外高桥海工为新加坡光辉公司建造的4艘PSV系列船舶中的第三艘H1350船顺利下水。

2015年7月21日，粤新海工向印度尼西亚船东成功交付一艘65米锚拖供应船。该项目采用Focal Marine & Offshore基础设计，满足SPS Code 2008 和MLC 2006相关规定，拖轮型长65米，型宽16米，型深6.2米，设计吃水约5米，入级美国船级社。该船舶可装载燃油570立方米，淡水300立方米，钻井水550立方米，泥浆370立方米，干散货170立方米，泡沫灭火剂10立方米，分散剂10立方米，污油10立方米。两台Niigata主机输出马力为6 000匹，配合两台Berg可变螺距螺旋桨和三台CAT 450千瓦的发电机，该船设计航速为13节，设计拖力为80吨，更具备了1级外消防系统及清理油污等环保功能。同时，采用Kongsberg 动力定位系统，具备2级动力定位性能，使其能出色完成各种离岸海洋工程支援工作。

2015年7月22日，大连中远船务为中海油服建造的首制9 000马力深水供应三用工作船（N601）命名并签字交付。中海油服事业部总经理陈林亭将该船命名为“海洋石油660”轮。该船设计总长85.4米，型宽20米，型深8.6米，吃水7米，最大运力4 700吨，生产设计由大连中远船务自主完成。该船除具有为海上作业平台提供淡水、燃油、散料、泥浆和甲醇等物资供应功能外，还可实现伤员救助、对外消防等功能。

2015年7月22日，为TOTAL项目建造的MOHO

NORD(MHN)项目2台套模块在太平洋海工(SOE)码头顺利交付发运。标志了SOE在海工油气装备建造方面迈上了一个新台阶。2014年2月20日，SOE与法国道达尔石油公司(TOTAL)在刚果(布)MHN油气开发项目的总承包商——韩国现代重工有限公司(HHI)签订的2台套模块项目协议。

2015年7月22日，由镇江船厂为国外船东建造的又一艘具有国际先进水平的电力推进海洋石油平台供应船顺利交付。

2015年7月23日，外高桥造船为新加坡ESSM海洋工程投资有限公司建造的首制CJ46型自升式钻井平台H1368顺利完成了该平台拖航至临港海工公司及定位站桩的重大节点。

2015年7月24日，由海油工程承揽的垦利10-4WHPA导管架完成海上安装作业。该导管架的完工也标志着渤海湾导管架打桩深度又创下了124米全新的记录。垦利10-4 WHPA导管架为渤海石油管理局改革后的第一个短平快项目中的首个海上安装单体，结构形式为4腿，包括20个井口，吊重为870吨。

2015年7月25日，在两艘拖轮配合下，单钩起重能力达到12 000吨的世界第一起重船“振华30”轮，缓缓驶出金海重工2#船坞并停靠公司码头。“振华30”轮具有自航、锚泊和动力定位能力，集高技术、高难度、高附加值于一身，主要用于深海大件、模块、导管架起重吊运及吊装，是世界第一起重船。

2015年7月28日，宏强重工建造的HQ088/1#12550吨多用途重吊船顺利上船台。该船总长147米、型宽22.8米、型深11.55米，入级DNV GL船级社。

2015年7月28日，由江苏省镇江船厂(集团)有限公司为美国潮水公司批量建造的第五艘直流电站电力推进PSV——“PATERSON TIDE”完工交付，顺利启航。

2015年7月31日，南通市通州区人民法院发出公告，宣告南通明德重工有限公司破产。

2015年7月31日，烟台打捞局船厂承建的新加坡82 00HP操锚拖轮1号船——“LANPAN32”轮正式交付。该船为双螺旋桨、多用途拖轮，拖轮主要用于海上拖带、起抛锚及海洋石油平台服务，入BV级，适用于无限航区；该船总长53.8米、型宽13.8米、型深6米、设计吃水5米、设计航速13节，系柱拖力120吨，具备动力定位功能。

2015年7月31日，老扬子16 000吨(110米)海工驳在老扬子(中舟厂区)利用气囊顺利下水。

2015年7月，北船重工为挪威OHT公司改装的“海燕”轮正式交船，该项目是将一艘旧穿梭油轮改装成崭新的半潜式重吊运输船。“海燕”轮由穿梭油轮改装成半潜式重吊运输船项目，在北海尚属首例，其工程和工程难度相当于建一艘新船。

2015年7月，太平洋造船集团成功中标阿布扎比国家石油公司(ADNOC)及其子公司 ESNAAD 九艘三用工作船(AHTS)的新造船项目。本次中标船型为采用全电力推进系统的全新一代三用工作船SPA80A，系柱拖力 80 吨，由太平洋造船集团旗下海洋工程支持船(OSV)设计团队——上海斯迪安船舶设计有限公司(SDA)自主设计。SPA80A是基于SPA80升级的全新一代三用工作船，专为 ADNOC度身定制，严格按照同类船型最高标准进行设计，在波斯湾浅水、高盐、高温，高湿的环境及恶劣海况下能可靠、高效地工作。

2015年7月，据中船重工消息，武汉船用机械有限责任公司出口阿联酋的三座海工辅助平台在青岛海西开工建造，这是该公司首次直接面向船东出口的项目，其设计性能和技术水平同领域领先。此次开工的三座平台为多功能电动自升式海工辅助平台，主要用于海上油气生产开发支持，该型号平台为四桩腿三角桁架结构，具有80米水深作业功能和自航功能，采用电动齿轮齿条升降以及电力推进和DP-2系统控制，平台甲板面积1 400平方米，可变载荷达2 000吨，能够满足250人生活需要。平台设计总体功能强、配置高，在目前辅助平台领域处于领先地位。该类型平台为国内首次自主研发，其升降系统、起重系统、推进系统以及锚泊定位系统等全部由该公司配套，其中升降系统、推进及动力定位系统等关键核心部套均为国内首创，190吨、300吨海工平台起重机和3 500千瓦全回转舵桨装置等打破国外垄断，填补国内空白。

2015年7月，南通中远船务已经和KSDrilling达成一座在建自升式钻井平台延期交付的协议。这座自升式钻井平台原计划在2014年第一季度交付，现在已经延迟至2016年4月30日交付。

2015年7月，扬子江海工为 EXPLORER 1 建造的SUPER 116E自升式钻井平台在太仓基地成功完成了桩腿的合拢工作。

2015年7月，由武汉船机公司承担的系列海洋工程装备研发及产业化专项项目顺利通过国家发改委验收。该系列项目包括《30万吨深水浮式生产储卸装置（FPSO）原油装卸系统技术研发及产业化》、《1 200米水深半潜式海洋钻井支持平台深水锚泊定位系统技术研发及产业化》及《3 000米水深多功能水下作业支持船锚绞车等甲板机械系统技术研发及产业化》项目。

2015年7月，由于海工市场低迷、新船难以获得租约，Teekay旗下子公司Logitel Offshore决定推迟在南通中远船务订造的2座半潜式圆筒形生活平台（FAU）交付期。这2座FAU分别是南通中远船务为Logitel Offshore建造的第二和第三座FAU。其中，第二座FAU交付期将推迟最多12个月，到2016年10月交付，Logitel Offshore可以选择提前接收这座FAU。另外，第三座FAU的建造工作将暂停120天。

2015年7月，浙江欧华造船股份有限公司为太古轮船公司建造的MPV22系列667船顺利试航归来。

2015年7月，中船集团消息，九江中船消防自动化有限公司中标中国石油化工股份有限公司胜利油田分公司海上石油平台火警系统项目。据了解，该项目为中石化胜利油田分公司的平台改造项目，共40座平台，火警系统项目合同金额总计将超过800万元。中船消防自动化公司此次中标的是第一批招标的4座海上石油平台，其余36座平台火警项目也将按用户节点由中船消防自动化公司陆续承接。

8月

2015年8月1日，由振华重工为Lovanda Offshore LTD.公司设计建造的“振海5”号400英尺钻井平台顺利实现主船体成型。该平台总长70.4米，型宽76米，型深为9.45米，工作水深为122米。能够适应在全球范围内122米水深内的各种海域，最大钻井深度达到10 668米，零下20摄氏度仍能正常作业。

2015年8月2日，江苏正屿船舶重工有限公司为印度船东建造并服务于ONGC的一条60米三用工作船成功交付。此60米MPOSV三用工作船航行于无限航区，并配备相应装置和设备以完成平台起抛锚工作、长程/短程拖曳、运输甲板货物和人员、一级对外消防、提油作业、紧急救援和消除海上浮油、饱和潜水作业等任务。

2015年8月3日，广州航通船业有限公司一艘64.8米抛锚供应船在分公司顺利下水。据悉，该船全长64.8米，型宽16米，型深6.8米，艏部配置两个电力驱动侧推，艉部配置两个电力推进全回转舵桨机，在无限航区航行，入级美国船级社；具备岸上和海洋平台之间的一般材料、设备和人员的运输，起抛锚及拖带作业、离岸支援、外消防、溢油回收、DP-2动力定位等功能。

2015年8月3日，振华重工为希腊船东Toisa建造的多功能饱和潜水支持船（DSV/OCV）开工仪式在长兴分公司举行。该饱和潜水支持船由挪威Sawicon公司提供基础设计，总船长145.9米，型宽27米，最大吃水7.65米。装备全球最先进的24人全自动化双钟饱和潜水系统，可同时搭载24名潜水员分批次进行最大水下深度300米的饱和潜水作业，并完全满足挪威科技标准协会制定的NORSOK U100潜水系统标准。该船在舷侧还同时配备了两套工作级水下机器人及收放系统和一套空气潜水系统。其安全性和舒适性均为目前全球的最高水平。该船满足DNV GL船级社最新的DYNPOS AUTRO（DP-3）船级符号和DYNPOS ER船级符号，动力定位能力ERN达到相关领域的最高标准。

2015年8月5日，广东中远船务为中海油服建造的首制8 000HP深水三用工作船“海洋石油641”成功起航，将奔赴渤海湾进行作业。

2015年8月5日，在南通启东海工船舶工业园建设的“丹纳”圆筒型浮式生产储油船完成船体施工，进入内部装修阶段。“丹纳”圆筒型浮式生产储油船是中国船企承建的首个FPSO（海上浮式生产储油船）总包项目，直径78米，型深32米，拥有40万桶原油的储存能力，主要功能对油田海底原油进行过滤、油气分离处理、油层水回注、石油储存和卸油等，设计日处理原油44 000桶，日处理油气40亿立方英尺，同时按照5星级标准装修，可供700人生活。

2015年8月6日，同方江新造船有限公司为中海油服（COSL）建造的物探采集作业支持船——“海洋石油771”号高端海工船，在其江边船坞码头顺利出坞下水。该船是由中海油服（COSL）提出要求，OSD-IMT提供基本设计，在IMT的物探支持船成熟设计的基础上，进一步改进完成的柴电混推（Hybrid）船型。该船为清洁设计，无人机舱，动力定位DP-1，50吨系柱拉力，抗风能力12级，海水压载舱满足PSPC标准规范要求，自持力45天，续航力9 000海里，适应于无限航区。同方江新承造的该型物探作业支持船共有2艘，即“海洋石油770”和“海洋石油771”号，将主要为我国最为领先的大型深水物探船——“海洋石油720”和“海洋石油721”船提供补给和作业支持。

2015年8月6日，中船黄埔文冲船舶有限公司于龙穴厂区交付了6 000马力深水供应船“海洋石油617”号。这是黄埔文冲为中海油田服务股份有限公司建造的该系列3号船。

2015年8月10日，“海洋石油201”船首次完成30米浅水区DP铺管作业，创造我国铺管船DP模式下最浅水深铺管纪录。

2015年8月11日，澄西广州与SBM公司合作的第三个VLCC改装FPSO项目“萨卡里玛”号，在中船龙穴修船基地顺利完工交付。“萨卡里玛”FPSO改装项目是将一艘超大型油船（VLCC）改装为集生产处理、储存和卸载一体的30万吨级海上浮式生产储油船（FPSO），其业主为巴西国家石油公司，由SBM公司负责采油作业运营管理。“萨卡里玛”号总长346.5米，型宽58米，型深31米，设计吃水22.7米，甲板面积相当于3个足球场。据悉，其作业油田离岸250公里，作业水深2 120米，可日处理原油15万桶、天然气600万立方尺，储存原油160万桶。

2015年8月11日，从渤海石油管理局发展规划部获悉，由渤海石油管理局牵头立项的移动试采平台正在紧锣密鼓的建造阶段，该专业设施一旦建成投用，渤海油田“勘探开发生产一体化”将再添利器。渤海石油管理局从渤海油田中长期发展规划出发，联合专业公司自主研发，建造移动试采平台项目，这是国内首创。该移动试采平台是一种以试采作业为主的可移动平台。根据需求，该类平台上配置了井口测试、测井液处理、储存、外输、热采支持，以及修井和弃井等多种设备。与常规的海上钻井平台以及海上采油平台相比，该类型的移动试采平台建造成本低、投用灵活、功能集成度高。该项目的成功实施，将从管理、技术、装备等多方面为实现渤海油田勘探开发生产一体化提供支撑。

2015年8月11日，武船为上海打捞局建造的大型溢油回收旗舰船“德澋”号正式交付。“德澋”号是目前国内排水量最大的溢油回收船，总长约90.9米，型宽20米，型深8.2米，排水量约4 000吨，全回转电力推进。该船配有大型内置式专业溢油回收装备和一级对外消防系统，适用无限航区开阔海域，在四级海况下能迅速布放围油栏，对溢出浮油进行有效围控和应急回收、清除作业；可对应急现场大面积喷洒消油剂，快速恢复环境，对事故船舶舱内留残存油或化学品快速泵出和转移，对遇险船舶有封舱、堵漏、排水、抽油等专业作业能力，同时具有平台供应、油田守护救助等日常营运作业功能。

2015年8月14日，大船集团海工公司大坞内建造的DSJ400-1自升式钻井平台，JU2000E-19自升式钻井平台和A5000-1半潜式钻井平台顺利实现同时漂浮出坞，为下一阶段平台按期交付打下坚实基础。DSJ400-1平台是大船海工为印尼Sunbelt Group Ltd.自主研发设计的400英尺系列自升式钻井平台的首制产品，大船集团拥有完全自主知识产权。JU2000E-19平台是大船海工为中石油海洋工程公司建造的JU2000E型平台，是该公司主打产品，拥有极其丰富的建造经验，该型平台目前已成功交付13座，在建8座。A5000-1平台是海工公司为中海油服建造的半潜式钻井平台，是大船集团历史上承接的首个新建第六代深水半潜式钻井平台。

2015年8月15日，振华重工为广东旭日海运公司建造的一艘平台交通船。该项目共有3艘平台交通船，此次下水的是1号船。该船长64.8米、双机双桨推进规格，采用浮吊吊装下水方式。

2015年8月17日，福建省马尾造船股份有限公司为MAC公司建造的(MW626-1/2)86米多用途平台供应船在利亚3.5万吨船坞成功下水。该供应船为马尾造船首制海工系列船型，相对于以往的多用途船，增加了100吨吊车、直升飞机平台以及运用了滑动式轨道吊等附加装置，(MW626-1/2)86米多用途平台供应船能够满足深海深度开发的多种需要，是高技术含量、高附加值、环保的现代高端海工产品。

2015年8月17日，蓬莱19-9 WHPJ导管架总装拉开序幕。该导管架计划于12月8日完成陆地建造。此次吊装的ROW2片重约360吨，用时23天将其预制完成。蓬莱19-9 WHPJ导管架采用立式建造，共有8根导管，三层水平片，垂直高度为38.1米，设计吊重约2 500吨。

2015年8月17日，扬子江为上海中波船舶管理有限公司建造的厂编4号36 000吨重吊船在新扬子船台顺利举行了铺龙骨仪式。

2015年8月18日，满载220kV光电复合海底电缆的敷设船在东方电缆海缆专用码头起运，这是东方电缆为福建莆田南日岛海上400兆瓦F风电项目提供的我国首根国产220kV 1 600mm^{2}交联聚乙烯绝缘光电复合海底电缆。

2015年8月19日，由中航船舶代理、中航威海为埃及Mediterranean Offshore Service公司建造的225英尺自升式海工生活平台出坞。该平台配备500平米甲板，桩腿最大水深45米，是中航威海建造的第一艘海工类船舶。

2015年8月20日，镇江船厂为国外船东建造的又一艘具有国际先进水平的85米维护工作船签字交付。

2015年8月21日，山海关造船重工有限责任公司与中国华晨（集团）公司签订了两座自升式生活平台的建造合同。该平台为方形主体，带有4根圆柱形桩腿，总长84.5米（含直升机甲板），型长64.8米，型宽40.8米，型深6米，设计吃水3.2米。该平台将按照美国船级社（ABS）规范设计建造，悬挂巴拿马旗，建造完成后将可以满足260人的餐饮和住宿需求。该平台将在中东作业，主要用于修井作业和人员居住。

2015年8月24日，中国海洋石油总公司宣布，由“海洋石油981”深水钻井平台承钻的我国首口深水高温高压探井已于我国南海顺利完钻。第一口深水高温高压井的顺利完钻，表明我国在攻克南海油气开发面临的系列难题上取得重大技术突破，对于推动我国南海油气资源开发意义重大。

2015年8月26日，广船国际为ZPMC-REDBOX建造，并将服务于全球最大油气田Yamal LNG项目的极地重载甲板运输船1号船开始进行穿艉轴作业。据了解，这型船建成后的冰区等级达到俄罗斯规范中的最高冰区等级Arc 7，满足DNV Polar 3级和极地冰级符号“PC-3”的相关要求，可常年在极地冰区航行。安装在极地冰区航行的船舶艉轴在公司造船史上尚属首次，全球范围内也极为少有。

2015年8月27日，承载着壳牌BSP项目CPDP49平台的“海洋石油226”号驳船缓缓驶离海油工程青岛公司码头，开赴南太平洋文莱海域。青岛公司已先后向壳牌、雪佛龙等国际能源巨头成功交付了PYRENEES、镍矿、GORGON、ICHTHYS、NYHAMNA、BSP等6个海外订单240余个钢结构单体，有力推动了海洋工程高端装备的国际产能合作。

2015年8月28日，中集来福士为马来西亚沿海工程公司（Coastal Contracts）自主设计建造的自升式气体压缩平台AGOSTO-12在龙口基地命名，将开赴墨西哥海域作业。该平台采用中集来福士的TAISUN200B设计，总长75米，型宽50米，最大作业水深55米，气隙19米，入泥深度15米，设计波高16.5米，采用四条圆筒式桩腿支撑，单腿提升能力3 200吨，风暴支持能力6 000吨，可在墨西哥湾夏季3级飓风（57.6米/秒）恶劣海况下工作，入级美国船级社。该平台由中集来福士根据客户需求自主设计，为满足作业水深大、海况恶劣、提升能力强等技术要求，设计了世界上直径最大的圆柱型桩腿，桩腿长112米，直径4.5米，集成了由武汉船机设计生产国内最大的液压插销式升降系统，并采用小桩靴、深入泥设计，提高强度且易于拔桩，插桩实现对角桩腿互换无压载水预压，较单腿压载水预压节省75%的预压时间。为满足日处理伴生气量2亿立方英尺的要求，设计了相当于9个篮球场的甲板面积，立体布置了2 700吨的气体处理模块，解决了模块与平台错综复杂的管电连接难题，集成各方完成多界面的系统联调。平台采用绿色环保双燃料主机，可利用工作中回收的油田伴生气作为燃料，有效降低硫化物等的排放，大大减小环境污染，降低运营成本。设备国产化率达到60%。

2015年8月，中船黄埔文冲船舶有限公司与华晨汽车集团控股有限公司签订了3座SE-300LB自升式海工居住平台建造合同，其中1号平台合同已生效。据介绍，SE-300LB平台是用于海上油田服务的自升式平台，最大作业水深60米，具备自航能力。该型平台总长79.9米，船体型长64.8米，型宽40.4米，型深6米，吃水3.2米。该型平台设有生活区，能够满足150人就餐、住宿等需求，设1台主吊机（190吨）和1台辅吊机（20吨），可以满足作为修井平台的功能要求。

2015年8月，Ultra Deep Group （UDS）与招商局重工签署了一艘多用途潜水支援船（DSCV）建造合同。新船为一艘长142米的DP-3级多用途潜水支援船，由MT设计。配有Flash Tekk的24人双铃饱和潜水系统和400 VLT加固月池区，并携带两个24人SPHL，同时还拥有两个250HP工作级ROV，ROV作业水深3 000米。此外，该船配有400吨的起重机，单降深度达5 200米，双降深度为3 200米。同时，该船还有1 500平方米的露天甲板空间，每平方米的甲板强度10吨，可承载项目所需的任何机械设备。

2015年8月，大船船务为 MODEC 公司建造的MV27（FPSO）项目主合同中最后一个整包模块建造工程按期交付。同时大船船务也获得了船东大量的追加工程，追加合同金额相当于原合同金额的三分之二。

2015年8月，广东中远船务为荷兰 VROON B.V 设计建造的第二艘PX121平台供应船“VOS PARADISE”轮签字交付。该船全长83.4米，宽18米，型深8米，设计吃水6.7米，航速14.5节，甲板面积达830平方米，载重达4 200吨，同时配备DP–2动力定位系统。

2015年8月，由中船集团旗下上海船舶研究设计院研发设计、烟台中集来福士海洋工程有限公司建造的两艘5万吨半潜船，已成功交付船东，其中一艘落户香港信群海工有限公司。这两艘姊妹船长216.71米，型宽43米，型深13.35米，设计吃水10米，货物甲板潜深13米，设计航速13.5节，入级美国船级社（ABS），配备DP–2动力定位系统、无人机舱和可移动尾浮箱，可满足大型海上石油钻井平台、大型舰艇、龙门吊、预制模组构件等超长、超重、超大型设备的运输要求，还能进行浮托安装等海上安装作业。

2015年8月，厦船重工成功签下海上风电一体化作业移动平台1+1艘建造合同。这是福建省首次也是首艘风电安装海工船。该船总长108.5米、垂线间长99米、型宽40.8米、型深7.8米，设计吃水4.6米，服务航速6.0节，入CCS船级，作业水深达50米，可携带5兆瓦风机3套或7兆瓦风机2套，是集大型风车构件运输、起重和安装功能于一体的海洋专业工程特种船舶。

2015年8月，山东海洋投资有限公司旗下企业山东海洋工程装备有限公司（“山东海工”）完成对上市钻井公司 Northern Offshore Ltd.（“NOF”）100%股权收购。

2015年8月，武汉船用机械有限责任公司成功研制1 000m^3/h级液压潜液泵系统，并顺利通过工信部验收。该项目为该公司首次设计制造，也是国内首次自主研发。潜液泵系统是将液货舱内的液货向外输送的设备，主要应用在FPSO、成品油船、化学品船等液货船上。

9月

2015年9月2日，南通中远船务设计建造的半潜式海洋生活平台“高德2”号成功交付墨西哥Cotemar公司。该系列平台第一座“高德1”号于2015年1月5日成功交付，由墨西哥Cotemar船东公司在墨西哥湾油田服役，受到船东公司的好评。“高德2”号交付后也将前往墨西哥湾油田服役。

2015年9月3日，振华海服集团下属龙源振华公司成功完成中广核150兆瓦海上风电项目首台风机的安装。

2015年9月4日，上海船厂为中海油服建造的一艘12 000HP深水三用工作船在崇明基地码头启程试航。该船是上船承建中海油服4艘系列船中的4号船，总长74.1米，型深7.5米，型宽18米，设计吃水6.4米，设计航速16节，载重吨为2 500吨。

2015年9月7日，上海船厂为中波公司建造的第四艘32 000吨多用途重吊船（S1227）铺底仪式在公司崇明基地港池内举行。

2015年9月9日，上海船厂在崇明基地港池内举行OPUS TIGER 4 钻井船（S6033轮）铺底暨祈福仪式，该船是Tiger系列钻井船的第四艘船。

2015年9月10日，由振华重工为中交三航局1 000吨自升式风电安装船研制的液压式升降系统在石油平台及海上风电项目部成功完成实验，这标志着国内最先进、额定载荷最大的液压式升降系统研制成功。该套液压式升降系统完全由振华重工自主研发、设计，适用于各类自升式钻井平台、风电安装船等工程船舶。液压式升降系统是自升式船舶的核心装备，振华重工自主研发的液压式升降系统，升降能力和压载能力为国内最大，同步性能高，技术指标达到了国际先进水平。

2015年9月11日，由上海船厂建造的“海洋石油673”号顺利完成海试并返厂靠岸。该船是上海船厂为中海油服公司建造的12 000HP深水三用工作船系列船的最后一艘。

2015年9月11日，海油工程YAMAL项目组首列12个模块全部进入总装阶段。

2015年9月11日，由中国石化投资建造，福建马尾造船股份有限公司承建的8 000马力多用途供应船顺利实现主船体大贯通。

2015年9月14日，大连中远船务为MODEC公司建造的MV29项目模块正式开工。MV29轮是大连中远船务与MODEC合作的第9艘FPSO改装项目。双方于2015年6月签订MV29FPSO模块建造合同，包括管廊模块、MSS、Laydown模块等共14个上部模块。

2015年9月15日，大连中远船务为中海油服建造的第二艘9 000马力深水供应三用工作船（N602）“海洋石油661”轮命名并签字交付。

2015年9月15日，由广船国际为ZPMC-REDBOX建造，并将服务于全球最大油气田Yamal LNG项目的两艘2.5万吨级极地重载甲板运输船中的第一艘顺利出坞。这型船主要用于运输大型海工模块，船总长206.3米，垂线间长193.8米，型宽43米，型深13.5米，设计吃水7.5米，结构吃水8米，设计载重量为24 500吨，达到DNV GL Polar 3级和极地冰级符号“PC-3”的相关要求。冰区等级达到俄罗斯规范中的最高冰区等级Arc 7，可常年在极地冰区航行，能在1.5米冰厚的海况下保持2节的航速。这艘船将主要服务于俄罗斯北冰洋沿岸利比利亚半岛和亚玛半岛的大型天然气田项目，用来运输Yamal LNG项目中所需的LNG大型设备模块。

2015年9月16日，江苏蛟龙重工集团为荷兰海上安装服务公司波斯卡立斯建造的“嘉燕7”号多功能海洋工程船成功下水。“嘉燕7”号全长137.00米、型宽36.00 米、型深8.50 米，总造价3 500万美元。在同类船舶中属于形体大，功能最齐全的一种。主要用于海上工程安装、油气田综合服务领域，集打桩、铺管、深潜、安装、维修等多种功能于一体。

2015年9月16日，厦船重工与中盛国际海洋工程装备有限公司签订6座海洋服务平台（Lift boat）合约，这也是全球首单可在80米水深下作业的海洋服务平台合约。同日，中国进出口银行厦门分行16日与厦门船舶重工股份有限公司签署战略合作协议，向后者提供50亿元的授信支持。据厦船重工董事长艾国栋介绍，该订单的6艘海工船是目前全球最深水位的海洋服务平台，将由厦船重工和天津德赛机电设备有限公司及挪威船级社共同开发设计。

2015年9月16日，上海船厂崇明基地，中波公司订造的第二艘32 000载重吨重吊船举行了命名下水仪式。新船船母多萝塔·佩琪女士命名新船为中波“诺沃维耶斯基”轮。

2015年9月18日，服务于我国3 000米深水钻井平台“海洋石油981”的深水三用工作船“海洋石油691”在武船集团南通造船基地举行交付仪式。该船由罗尔斯·罗伊斯设计公司与武船集团联合设计，造价超过8亿元，具有对外进行消防、浮油回收功能，支持水下3 000米作业水下机器人功能，代表了我国乃至世界海洋工程装备制造的最高水平。该船系世界最先进、亚洲拖力最大、功能最齐全的深水三用工作船。“海洋石油691”是由中海油田服务股份有限公司定制，该船长93.4米，宽22米，深9.5米，实测航速18.46节，是我国新一代集深海抛锚、拖曳定位、平台供应功能于一体的最高端船舶，可提供拖带、操锚、供应等服务，具有消防、浮油回收及支持ROV水下机器人功能。该船还增装了100吨主动升沉补偿（AHC）深海吊机、直升机平台、250吨A字架和压载水处理等先进装置，总体指标达到海工船最高标准。

2015年9月18日，外高桥海工第二座 CJ50型自升式钻井平台H1419项目正式开工建造。这是为山东海洋工程装备有限公司的境外公司蓝色海洋钻井有限公司（BOD）设计建造的两型第四座开工的平台。

2015年9月18日，中国船舶工业集团公司旗下中船黄埔文冲船舶有限公司和广东精铟海洋工程股份有限公司在中船集团北京总部签订1+1座自升式风电安装平台（KOE-1）建造合同，并宣布联合打造国内风电安装维护装备重要基地。此次签约的自升式风电安装平台由中船集团第七〇八研究所负责完成基本设计和详细设计，总长85.8米，型宽40米，型深7米，结构吃水4.8米，作业水深5~45米，桩腿高80米，自持力为30天，定员80人，配备1台800吨主吊机和2台15吨辅吊机。

2015年9月21日，中海油发布消息称，中海油下属的海油发展与美钻能源科技（上海）有限公司共同出资成立海油发展美钻深水系统有限公司，公司主要发展国家海洋深水油气勘探钻采核心系统装备。

2015年9月23日，大连中远船务为马士基供应服务公司建造的第三艘和第四艘深水海工作业辅助船（SSV）开工。该项目为EPC总包合同，大连中远船务全面负责项目设计、船体建造、设备采购、安装、调试等工作。船舶总长137米，型宽27米，型深11米，为动力定位III级电力推进船，配备6台主发电机，艏艉部各三台侧推，艉部两台常规推进器。

2015年9月24日，黄埔文冲和新加坡JUMEIRAH OFFSHORE PTE. LTD.（卓美亚海工公司）签订了1+1艘ST-246饱和潜水船建造合同。据悉，ST-246饱和潜水船是一型具有顶尖作业能力的海洋工程辅助船，建成后，其作业能力将排在全球饱和潜水支持船的前10位。该船的概念设计和部分基本设计由挪威海仕迪船舶设计咨询有限公司（SKIPSTEKNISK）完成，基本设计和详细设计由上海佳豪船舶工程设计股份有限公司完成，生产设计由黄埔文冲完成。这两艘ST-246饱和潜水支持船总长均为124米，型宽24米，型深10.2米，设计吃水6.5米，甲板面积为900平方米，航速约14.5节，自持力45天，定员120人。该船拥有4台3 490千瓦主柴油发电机组、2台艉部全回转推进器、2台艏部伸缩式推进器和2台艏部管道式侧推，并配备具有主动波浪补偿功能（AHC）的电动液压式主吊机（起重能力为250吨，作业水深为3 000米）、DP-3动力定位系统、固定式24人双钟300米水深饱和潜水系统以及空气潜水作业系统等水下作业利器。

2015年9月26日，在江苏省如东县洋口港离岸约25公里的黄海海域，振华重工完成亚洲第一座海上升压站整体安装。该项目由振华重工负责钢结构生产设计与制造、海工设备选型与采购、整体设备安装与调试、海上整体运输与安装。升压站上部组块总吨位约1 300吨，采用三层布置，海上升压站屋顶设天线、激光雷达、避雷针及直升机悬停平台等。

2015年9月28日，江苏港华船业建造的300吨起重铺管船顺利下水。新船总长105米，型宽26米，型深6.5米，带八点锚泊及DP-2动力定位系统。艉部设300吨全回转吊机及30吨全回转吊机各一台。该船主要用于海底管线的铺设、海上起重、海上钢结构安装、海上打桩及为海洋能源开采平台提供服务。船舱室布置满足212人在船上工作、生活要求。工作区域将主要在中国、东南亚、中东及非洲近海区域。

2015年9月29日，海油工程旗下大型起重船——“蓝疆”船在新加坡西锚地完成清关工作后，在德远轮的协助下向缅甸正式拖航。“蓝疆”自9月14日完成BSP项目CPID组块安装工作以后航行至新加坡西锚地进行ZAWTIKA项目的准备工作。“蓝疆”抵缅后，将在水深127~153米的马达班湾（Martaban）安达曼（Andaman）海域进行4条海管共计61.5千米的海管铺设工作。

2015年9月29日，振华重工副总裁、海服集团总经理陈斌代表振华重工与台湾海洋能源风力发电有限公司董事长蔡朝阳在香港签署了福摩萨海上风电项目第一期合约。福摩萨项目是台湾海域首个海上风电开发项目。风场总规模129.6兆瓦。

2015年9月30日，三福船舶为国外船东建造的四艘12 000DWT多用途船在钢加车间成功举行了开工仪式。船舶总长138米，两垂线间长131米，型宽21.4米，型深11米，设计吃水7.5米，航速大约15节，入DNV GL船级。

2015年9月， SDARI自主设计，招商局重工（深圳）有限公司为中海油田服务有限公司建造的“海洋石油707”综合勘察船完成试航。

2015年9月，润邦重机获得了由厦门船舶重工股份有限公司提供的海洋风电安装平台整体解决方案1+1建造合同。1+1建造合同各包含一台1 000吨绕桩式海洋起重机、一台200吨基座式海洋辅助起重机，以及一套4 000吨级液压插销式升降系统。该系列海洋风电装备将应用于厦船重工即将建造的海洋风电作业平台，其中一套计划于2017年3月份交付给厦船重工；另一套将根据厦船重工第二艘风电作业平台建造计划而确定。

2015年9月，武汉船用机械有限责任公司研制的软管绞车顺利通过国家发展与改革委员会验收。该项目为武汉船机公司首次设计制造，同时也是国内首次自主研发，打破了国外厂家的长期垄断，填补了国内空白。

2015年9月，中国南海某海域，水深330米，海油工程深圳公司承接的“东海边际气田水下生产系统关键技术研究项目‘水下管汇与水下控制系统’”专项科研海试在“海洋石油291”船的支持下取得成功，此举填补了我国近海边际气田开发水下生产系统应用的空白。

10月

2015年10月8日，黄埔文冲为TSC集团全资子公司AOD建造的R-550D型自升式平台2号平台开工。黄埔文冲在R-550D系列1号平台基础上，对2号平台的安全和效率指标进行了优化，2号平台拥有更大的悬臂梁和高性能零排放钻井系统以及更大的桩靴，并且与大多数现有的靴印坑兼容，在减重等方面也作了相应的技术优化。此外，该平台还配有更高性能的升降齿条，具有更高的升降相位差的调整能力（RPD），适合在钻井井位更高标准的波浪条件下作业，并配有更高速预载荷系统及钻探能力。2号平台由黄埔文冲与TSC集团于2015年5月合作成立的广州星际海洋工程设计有限公司进行详细设计。

2015年10月8日，振华重工为中国交建三航局建造的1 000吨自升式风电安装船"三航风华"号在常熟锚地顺利完成下水。据了解，该船舶是振华重工迄今为止承接的最大起重能力的风电安装设备，集大型设备吊装、风电设备打桩、安装于一体，可在水深40米以内的泥砂质海域作业。采用4条圆柱形桩腿，单腿最大提升力3 500吨，最大支撑力7 000吨，配备1 000吨及360吨绕桩式全回转起重机各1台，起重能力属国内一流、抬升系统先进、功能全面，是专业的海上风电施工平台。

2015年10月10日，江苏新扬子造船有限公司举行了为中波船管建造的36 000DWT重吊船"东海"轮成功下水。

2015年10月11日，广州黄船海洋工程有限公司实施了2015年第四次出坞作业，中海油田服务股份有限公司的"海洋石油701"深水综合勘察船（H3075），和汇众（天津）融资租赁有限公司的"汇众301"铺管起重船（H3044）两型2艘高端海工船出坞。"海洋石油701"于2014年3月签订建造合同，2015年5月进坞搭载，是一型先进的全电推进深水综合勘察船。

2015年10月11日，外高桥海工为新加坡光辉公司所承建的四艘PSV系列船中的第四艘——H1351船拉开了下坞序幕。至此，外高桥海工为新加坡光辉公司所承建的四艘PSV系列船舶实现三艘下水、一艘坞内合拢。

2015年10月13日，南通中远船务自动化承接的9台"海龙"系列潜水泵软管绞车系统的首批3台绞车顺利完工交付。本次交付的潜水泵软管绞车系统是南通中远船务自动化具有自主知识产权的产品。该软管绞车系统是一种新型海水输送系统，软管绞车系统长4.425米，宽2.675米，高3.6米，软管长46米，平台工作气隙25米，防护等级为IP56，流量250立方米/小时，潜水泵选用的是欧洲一线品牌KSB。该设备能满足在各种复杂的海洋环境使用，可以广泛用于各类自升式海工平台、钻井平台及工程辅助船上，提供机器冷却水、消防水、压载水等各种水源，该系统已通过ABS认证，并取得ABS产品认可证书。

2015年10月13日，振华重工发公告称，9日收到英国Petrofac（JSD6000）公司的合同终止通知函。这份《铺管船建造及销售合同》签订于 2014 年1月17日，合同内容为一艘5 000吨深水起重铺管船的建造，合同金额为为2亿美元，原本预计将于2016年交付。

2015年10月14日，黄埔文冲公司在龙穴厂区召开ST-246饱和潜水支持船（H3080）项目启动会。ST-246饱和潜水支持船是一型具有顶尖作业能力的海洋工程辅助船，黄埔文冲公司于9月25日与新加坡JUMEIRAH OFFSHORE PTE. LTD.（卓美亚海工）签订建造合同。建成后，其作业能力将排在全球饱和潜水支持船的前10位。该船的概念设计、部分基本设计由挪威海仕迪船舶设计咨询有限公司（Skipsteknisk）完成，基本设计和详细设计由上海佳豪船舶工程设计股份有限公司（Bestway）完成，生产设计由公司完成。其总长124.00米，型宽24.00米，型深10.20米，设计吃水6.50米，航速约14.5节，甲板面积900平方，自持力45天，定员120人。配备4台3 490 kW主柴油发电机组，2台艉部全回转推进器，2台艏部伸缩式推进器，2台艏部管道式侧推，并配备有带主动波浪补偿功能（AHC）的电动液压式主吊机（起重能力250吨，作业水深3 000米）、DP-3动力定位系统、固定式24人双钟300米水深饱和潜水系统、空气潜水作业系统等水下作业利器。

2015年10月14日，上海打捞局新建造大型应急溢油回收船"德澋"轮正式起航，投入到海洋石油开发服务作业。

10月16日，黄埔文冲公司在龙穴厂区召开SE-

300LB自升式海工平台（H6003）项目启动会。中船黄埔文冲船舶有限公司（HPWS）与中国华晨（集团）有限公司于2015年2月13日签订3座SE-300LB自升式服务平台建造合同（H6003/H6004/H6005）。其中1#平台（H6003）建造合同已于2015年8月5日生效。该平台由深圳惠尔凯博海洋工程有限公司完成基本设计和详细设计，由黄埔文冲技术中心设计三部完成生产设计任务。SE-300LB平台是用于海上油田服务的自升式平台，具备自航能力。该平台设有生活区，能够提供150人的就餐、住宿等，可以满足作为修井平台的功能要求。SE-300LB自升式海工平台为方形主体，总长84.5米，型长64.8米，型宽40.8米，型深6.0米，带有四个圆柱型桩腿，每个桩腿由下端的桩靴支撑。桩腿（不包含桩靴）全长约90米。满载吃水3米，作业水深60米，甲板面积1 500立方米，可变载荷2 000吨，悬挂巴拿马旗，入级美国船级社（ABS）。主吊机最大起重能力190吨，最大工作半径40米，主要用于油气生产开发支持、油田维护、平台维护、海上风电安装、住人服务等。

2015年10月16日，“维京龙”半潜式钻井平台完成试航，回到中集来福士烟台基地深水码头。

2015年10月16日，江苏宏强重工建造的HQ133/70.5米海工支持船圆满完成各项试航任务。该船总长70.5米，型宽19.52米，型深4.88米，入级BV。

2015年10月16日，中国海油与中国长江三峡集团公司、中国电力建设集团有限公司三方携手，在江苏省响水县近海完成了亚洲地区最大的海上升压站——江苏响水近海风电场220千伏海上升压站安装，填补了我国海上风电升压站的行业空白。江苏响水近海风电场220千伏海上升压站是亚洲地区首座220千伏海上升压站，也是迄今亚洲规模最大的海上升压站，由中国长江三峡集团投资，中国电建集团所属华东院承担勘测设计任务，海油工程完成建造、装船运输及海上安装。

2015年10月21日，TSC集团控股有限公司（“TSC”）全资子公司Alliance Offshore Drilling（“AOD”）建造的R-550D AOD1在黄埔文冲成功站桩。这是由美国ZENTECH设计公司、船东AOD、核心设备总包供应商TSC和中船黄埔文冲船厂多方通力合作之下的第一条适用在400英尺深水的自升式钻井平台。R-550D AOD1是中国船厂迄今为止建造的上百条自升式钻井平台中第一条也是唯一一条核心装备本地国产化率超过90%的自升式钻井平台。TSC为这座“海上雄狮”提供整体解决方案包括钻井包、电控系统、升降系统、排管系统、吊机及泥浆系统等高端设备包。

2015年10月21日，惠生海洋工程有限公司（“惠生海工”）宣布在南通制造基地举行了EXMAR FSRU项目（浮式存储再气化装置）的入坞仪式。该驳船装载的LNG再气化装置由惠生海洋工程以总承包合同模式为EXMAR公司承建，是由中国海工企业第一次以EPCIC方式总承包的FSRU项目。该艘FSRU是一艘非自航式驳船，将具备两条线的再气化装置，产量分别为400百万标准立方英尺和200百万标准立方英尺。同时该驳船还配备两个SPB储罐，单个储罐LNG的存储能力为13 160立方米。此外，驳船上还有一个可容纳28人的生活模块。

2015年10月21日，振华重工为中海油服建造的6艘6 500马力油田守护供应船在长兴分公司顺利开工。该船型为海洋石油和天燃气勘探开采平台、工程建筑设施等提供多种作业和服务的多功能守护船，无限航区；船长68.84米，船宽14.8米，型深6.9米，船上配员18名船员及12名工作人员，并可搭载100名获救人员；最大航速可达13.7节，系柱拖力80吨，甲板载货能力为600吨，可实现海上平台物资供应，协助平台移位及就位，对外消防，为海上平台提供守护、救生、值班，协助提油作业，并能对储油办及提油轮进行拖带、顶推和捞取油管作业，并具有海面浮油回收和海面消防油污作业等多功能作业。

2015年10月22日，第四届中国船电技术峰会现场，中船重工武汉船用电力推进装置研究所与山东海诺利华海洋工程有限公司就“采用自主品牌电力推进核心设备的200吨海洋工程起重船动力系统总包”项目举行签约仪式，至此我国在海洋工程船舶电力推进系统的实船应用领域打破了国外垄断，开启了“批量接单”模式。本次签约的200吨海洋工程起重船是国内首次采用自主品牌电力推进核心设备的专业从事海底管道挖掘、清理作业以及海工钢结构运输的多用途船舶。

2015年10月22日，同方江新造船有限公司为中石化建造的巡井交通船——“海蛟7”号在该公司江边码头顺利下水。这是同方江新首次为中国石化系统成功建造的海洋工程船舶。该巡井交通船总长42.4米，型宽8米，型深3.5米，设计吃水2.25米。该型船为钢质单层连续甲板，艏部设长艏楼，艉部为开敞式载货甲板，双机、双桨、双轴、双舵推进系统，设计航速为16节，定员54人，续航力300海里，自持力7天。该巡井交通船配有GPS全球定位仪、船舶自动识别系统（AIS）、VHF无线电通讯、驾驶室及机舱集控台、液压电动操舵仪等系统。“海蛟7”号巡井交通船建成后，将主要用于我国沿海中石化海上油田开发载人交通和海上油区巡线，如无人平台出海巡检和住人平台驻守保障等。据悉，该巡井交通船计划于2015年第四季度末完工交付。

2015年10月22日，中航威海为埃及船东建造的225英尺自升自航式生活平台顺利完成试航返回船厂。试航期间，相继完成了轴系扭振测量试验、消防试验、报警点试验、磁罗经校正、主机负荷等试验项目。

2015年10月25日，宏华集团间接附属公司四川宏华国际科贸有限公司（简称“宏华国际”）与委内瑞拉国家石油公司 PDVSA 签订了三份总价值约3.4亿美元（约合21.6亿元人民币）的油田服务总包协议。根据协议，宏华将于委内瑞拉马拉开波湖地区为PDVSA提供螺杆泵升级项目、电潜泵升级项目以及铺管项目的工程总包服务。这三个项目均为老油田改造增产项目，以提升、恢复相应油井产量。

2015年10月28日，广州航通船业建造的一艘85米水下支持维护船顺利完成试航。该船全长85米，型宽22米，型深6.3米，住员200人，入级美国船级社，航行于无限航区。该船配备双舵桨机、周期性无人驾驶机舱、DP-2动力定位系统及四点定位绞车，具备直升机运输、百吨等级吊重能力、对外消防、平台货品物资供应、水下潜水服务、百人级安全救助以及船舶主动防横倾能力，具备后期升级为饱和潜水服务的能力。

2015年10月，中石化最先进的海洋钻井平台“勘探六”号顺利靠泊，将在招商局重工（江苏）有限公司接受为期25天的特检大修。该平台于2010年由新加坡胜科集团建成交付，经过四年多的运行，2015年迎来首次大修。

2015年10月，“海洋工程装备—自升式钻井平台综合标准化示范项目”在上海外高桥造船有限公司顺利结题验收。这是我国首个海洋工程装备综合标准化示范项目，首次建立了自升式钻井平台标准体系，实现了我国海洋工程装备顶层标准体系建设的新突破。

2015年10月，全国最大的高端船舶涂料生产基地在青岛高新区全面投产，该基地由中远佐敦船舶涂料（青岛）有限公司投建，设计年产高端涂料5 000万升。据悉，中远佐敦公司由中远国际控股有限公司和国际涂料领域领先的制造商挪威佐敦集团共同投资组建，双方各持有50%股份，经过10年的发展，目前已成为中国船舶涂料行业的最大供应商，产品市场占有率达30%以上。

2015年10月，由烟台打捞局船厂承建的新加坡8 200HP操锚拖轮2号船——“LANPAN33”轮正式交付。该船交付后起航奔赴韩国光阳港。

11月

2015年11月1日，江苏正屿船舶重工有限公司交付给欧洲著名船东Vroon公司的“VOS Fantastic”号起航驶往阿伯丁，该船是江苏正屿交付给Vroon公司的第5条50米 ERRV。该批船是服务于北海油田的应急搜救船首次采用亚洲设计，中国船厂制造。以往此类船型一般是采用欧洲设计，欧洲制造，该系列船的顺利交付标志着江苏正屿船厂已经有能力承建海工高标准的特种船型。这类应急搜救船主要用于在北海石油钻井平台24小时不间断巡航，巡航过程由升降式全回转电驱动艏侧推作为主动力，油耗低，巡航周期28天，救援等级达到CLASS A，配备2台DC，1台FRC。

2015年11月2日，广东中远船务为英国船东Sentinel Marine设计建造的一艘油轮协助应急响应与救援船建造项目（N698）开工。这是广东中远船务建造的第一艘应急救援船，也是与英国sentinel marine公司在建造业务上的第一次合作。该项目总长65米，型宽16.6米，型深6.8米，载重量1 450吨，航速13.5节，入级美国ABS船级社，配备DP-2动力定位、2台4 000BHP主机和100吨甲板拖缆机，主要用于海上钻探设备及生产平台的应急响应与救助。

2015年11月4日，招商局重工（江苏）有限公司一举签下总价12亿美元的4座半潜式钻井辅助平台建造合同。据了解，这四座平台是一家新加坡公司订造。据了解，这4座半潜式钻井辅助平台的详细设计和生产设计以及施工都将由招商局重工完成。按照目前市场行情，这样的平台一般单价只有2亿美金，这次签下的平台，单价达到3亿美金，总计12亿美元，此前，招商局重工主要设计建造自升式平台，这次的半潜式平台是招商局重工第一次接到此类订单。

2015年11月5日，广船国际建造的极地重载甲板运输船2号船顺利出坞。

2015年11月5日，上海船厂为中波轮船建造的首艘32 000吨重吊船“太平洋”号（编号S1224轮）从崇明基地造船码头出发，顺利出海试航。据了解，上海船厂共承接了中波轮船4艘32 000吨重吊船建造订单，此船为首制船，其他3艘也已开始建造。

2015年11月6日，由海油工程青岛公司承揽的蓬莱19-9WHPJ导管架项目飞溅区的涂装工作全部完成并通过业主检验认可。该项目导管架飞溅区的涂层系统采用的涂料为“JOTACOTEUHB超强环氧厚浆漆”，此种类型的防腐蚀涂层系统是青岛公司首次采用，同时也填补了国内海洋工程建造领域使用此种涂层系统的空白。

2015年11月8日，上海船厂船舶有限公司为中海油服建造的二维物探船“海洋石油760”号出海试航。“海洋石油760”号为全钢质双壳体物探船，总长84.6米，型宽18.4米，型深7.6米，最大航速15节，于2015年1月28日铺底进入搭载阶段，6月10日下水，计划于2015年年底前交付使用。该船拥有长艏楼、球鼻艏，具备B3级冰区加强功能，配备艏侧推，艉部设有直升机起降平台。该船采用柴油机电力推进系统，配备双导管可调螺距桨，可航行于无限航区，能够在5级海况和3节海流下采集地震数据，具备高端二维上下缆上下源作业能力。

2015年11月11日，大船海工为Atlantica公司建造的BT3500-2号半潜式钻井支持平台命名仪式成功举行。BT3500-2号（Atlantica Delta）半潜式钻井支持平台是大船海工为Atlantica公司建造的第2座同类型平台，该平台长83.20米，宽61.10米，吃水深度16.65米，甲板可变载荷3 300吨，最大作业水深1 500米，入级ABS船级社，该平台将于近期交付，交付后作业于Total公司投资的位于非洲刚果的Moho Nord海上油田。

2015年11月11日，中集来福士为挪威North Sea Rigs As公司设计建造的Beacon Atlantic北海深水半潜式钻井平台DES模块在烟台基地1#码头总装完成。该模块从设计到总装完成历时18个月。中集来福士首次自建完成DES钻井模块，打破了行业技术垄断和建造壁垒。

2015年11月13日，由外高桥海工为新加坡光辉公司建造的第四艘PSV（H1351船）顺利下水。

2015年11月16日，中集来福士设计建造的第二座GM4-D半潜式钻井平台“大西洋灯塔”上船体完成下水，此次下水的上船体总长106.75米，宽73.7米，高22.7米，重14 992吨。11月15日，“大西洋灯塔”半潜式钻井平台的钻井模块完成下水，这是由中集来福士自主设计建造的钻井模块，钻台材料国产化率从零提升至70%，设计周期缩短2个月，钻台设计建造成本大幅下降75%。

2015年11月19日，渤船与天津德赛机电设备有限公司签订的德赛五号、七号自升助航式作业平台顺利实现下水。“德赛五、七”号90米自升助航式作业平台可用于海洋工程钻井、修井、测井、潜水作业吊装、生活楼与管汇吊装等其他油田辅助服务工程和海上设施安装及维修。

2015年11月23日，外高桥造船为中国船舶（香港）航运租赁有限公司建造的第一座JU2000E型自升式钻井平台H1348项目按期出坞。

2015年11月26日，中集来福士为挪威North Sea Rigs Holdings公司建造的“维京龙”深水半潜式钻井平台在烟台完工命名。这是我国建造的首座适合北极海域作业的深水半潜式钻井平台，拥有80%的自主知识产权，实现了“交钥匙”总包建造。“维京龙”汲取了中集来福士交付的四座GM4000D北海半潜式钻井平台经验，共实现11项重大技术突破和114项优化改进。

2015年11月26日，扬子江海工首个自升式钻井平台SUPER 116E，顺利完成钻台、悬臂梁的称重、滑移两个重大节点。

2015年11月28日，大连中远船务为FORESIGHT（英国）公司建造的LeTourneau Super 116E MODU项目（N527）顺利完成升桩试验及附带施工。

2015年11月28日，黄埔文冲为中国交通运输部广州打捞局建造的50 000吨级半潜打捞工程船“华洋龙”交付使用。据悉，这是中国最大载重吨位的半潜打捞工程船。“华洋龙”号是一艘具有DP-2全球定位能力，采用电力驱动的自航半潜打捞工程船。由中船集团第七〇八所自主研发设计，总长228.12米，型宽43.00米，型深13.50米，载重52 500吨。其电力推进系统配置3台4 500kW吊舱式永磁主推进电机；配有4台5 760kW主柴油发电机，总容量达23 040kW，AC6 600V中压；船艏部配2台2 750kW管隧式侧推。该船可在无限航区航行及作业，主要用于大型船舶的应急抢险打捞、破损船舶的装载与调遣、8万吨级运输船整体打捞。兼顾海洋石油和天然气勘探、开采中所需的大型海上装备（如大型钢结构件、各类平台、导管架、平台组块等）、大型船舶、舰艇的装载与运输，以及大型上部模块的浮托法安装等。

2015年11月28日，江苏宏强船舶重工有限公司为德国知名船东Krey Schiffahrts GmbH公司建造的HQ088/12550 DWT多用途重吊船顺利下水。该船总长144.70米，型宽22.80米，型深11.30米，设计吃水

7.50米，入DNV GL级。该船采用目前国际最新设计的节能环保低油耗的低速机，配备两台250吨重载克令吊，并配备压载水处理系统。该船型由上海船舶设计研究院设计，在设计过程中大量吸收了船东公司对未来船舶的先进设计理念的要求，具有国际设计先进，节能环保，自动化集成度高，符合无限航区，并满足国际及船级社的最新规范要求，可以运输各种干散货、又长又宽的大型货物、重型货物、集装箱以及危险品货物等。

2015年11月29日，国家标准委在北京举办国际标准化组织船舶与海洋技术委员会（ISO/TC8）主席交接仪式。中国船舶重工集团公司第七一四研究所研究员李彦庆从上任主席查理·皮尔斯手中接过象征主席权力的“船长哨子”，正式就任ISO船舶与海洋技术委员会主席，任期6年。这是我国专家首次当选并就任该委员会主席。

2015年11月30日，华润大东首个VLCC（超大型油轮）改装为FSU（“海上储油罐”）工程——“翁巴”轮按期完工离厂。华润大东本次承接的“翁巴”轮FSU改装项目合同于2015年7月23日签订，主要工程包括：所有货油舱、污油舱2米以下区域以及内底板冲砂油漆；所有货油舱、污油舱内部加装蒸汽加温管系；所有压载舱冲砂特涂；首尾主甲板以及中间主甲板加装锚泊设备和导向设备；主甲板货油管系改装，加设主蒸汽管系；主甲板冲砂和外板100%冲砂油漆等。

2015年11月30日，外高桥海工为新加坡ESSM海洋工程投资有限公司建造的CJ46型自升式钻井平台H1368项目在临港码头圆满完成X–Y型悬臂梁滑移功能调试，实现了“外高桥造船”CJ46型自升式钻井平台X–Y新型悬臂梁滑移系统调试“零”的突破。

2015年11月，北船重工为中石化胜利石油工程有限公司建造的“胜利作业新一号平台”和为日照钢铁建造的25万吨11号船同时顺利出坞，并靠泊码头。

2015年11月，广东中远船务为CHELLSEA公司设计建造的UT771WP型PSV（N605）顺利下水。该船用于支援钻井船、钻井平台，以及运送人员、设备，全长85.7米，宽18米，型深7.8米，甲板面积约840平方米，运力达4 400吨，满足DP动力定位能力的要求。

2015年11月，广东中远船务为船东Energy Drilling建造的新型钻井辅助船举行命名仪式。来自租赁方泰国国家石油公司缅甸分公司的教母Khun Jurairat Laprabang将其命名为EDrill–2。该船是目前市场上最先进的新型辅助钻井驳船之一，具备6 000英尺（约1 828米）钻井水深和20 000英尺（约6 000米）井深的钻探能力。该船吊重能力高达400吨，仅需四次就能将整个钻井包搭载到钻油平台上，极大提高钻探作业效率。

2015年11月，海上钻井承包商Paragon Offshore在第三季度业绩报告中称，其全资子公司已与上海外高桥造船达成协议，推迟高规格自升式钻井平台“Prospector 7”号的交付期。Paragon Offshore表示，其子公司预计将于2015年12月31日前完成“Prospector 7”号的技术验收，该钻井平台将在技术验收完成的12个月后正式交付。按照协议内容，在正式交付前Paragon Offshore不需要向外高桥造船支付任何款项。

2015年11月，海油工程“蓝疆”号在缅甸的马达班湾，采用“弓弦”技术绑扎起始缆入水，顺利完成ZAWTI–KA项目IP4海管的入水铺设，由我国自主研发的“弓弦”技术打破国外垄断，正式应用于海上工程建设。

2015年11月，挪威钻井船东Sevan Drilling与中远船务达成协议，将继续推迟圆筒形超深水半潜式钻井平台“Sevan Developer”号（“希望4”号）的交付期，并降低造价。Sevan Drilling已经执行第一个备选的延期交付时间，将“Sevan Developer”号交付期推迟至2016年4月15日。同时，中远船务将向Sevan Drilling退还2 630万美元的合同造价及利息，相当于合同造价的5%；这意味着“Sevan Developer”号还有4.471亿美元的尾款将在交付时支付，相当于造价的85%。这座半潜式钻井平台原定造价约为5.26亿美元，尾款价格可能还将有进一步的调整，双方将继续就此进行谈判。

2015年11月，厦船重工为中盛国际海洋工程装备有限公司建造的两艘350英尺自升式平台船开工，这是全球首艘可以在最大作业水深80米下作业的同类型平台。350英尺自升式平台系列船是厦船重工首次承造的新型自升式平台产品。该种船型是用于海上油田服务的多功能自升式平台，是目前最新的大能力多功能服务平台，该船体型长63.6米，型宽40米，型深6.2米，总长87.4米，可以实现平台在一定距离内的移动要求，船上设有生活区，能够提供200人的就餐、住宿等，并且，船上设1台主吊机和1台辅吊机，可以满足作为修井平台的功能要求。

2015年11月，由振华重工为中海油服建造的15 000HP三用工作拖轮（AHTS）2号船在长兴分公司顺利完成码头舾装和系泊实验，进行海上测试。

12月

2015年12月3日，海油工程塘沽建造场地，ZAWTIKA项目WP7组块称重作业完成，该组块重约1 203吨。

2015年12月3日，振华重工成功中标交通运输部上海打捞局4 500吨抢险打捞起重船项目。根据合同，振华重工将承担整船（包括起重机部分）的设计和制造。该船具有动力定位和锚泊定位功能，总长198.8米，型宽46.6米，型深14.2米，载重吃水8.5米，定员399人，可在无限航区航行。此外，该船预留S-lay铺管线，同时可以拓展J型铺管、R型铺管、深水安装等功能。该船建成后将成为世界上最先进的起重船之一，主要承担海况复杂、工况特殊、大深度的抢险救助打捞、以及海上油气开采服务。

2015年12月3日，中船黄埔文冲船舶有限公司顺利完成大型海洋工程起居驳船“九舜荣耀”号改造工程。“九舜荣耀”号可以同时容纳300人居住，每间房可住4人，包含单独洗浴室。该船没有推进系统，机舱间的发电设备、消防系统和系泊系统是其核心设备，下水后并未投入使用。此次改造工程包括新增工作间、打砂间和休息室3个房间，另外新增一台起吊能力为200吨的克令吊。

2015年12月4日，中海油服15 000HP深水三用工作船“海洋石油684”在振华重工长兴分公司码头成功交付。“海洋石油684”号是振华重工为中海油服建造的2艘系列船的首制船。该船是一艘具备拖带、起抛锚、DP-2能力、对外消防、救生、守护功能的深水三用工作船，最大系柱拉力190吨，配备DP-2，代表了国际三用工作船建造的最高水平。该船技术难度大，工艺复杂，试航及各类试验证明，该船各项技术指标均超合同标准圆满完成。

2015年12月6日，青岛武船顺利承接一艘400人居住工作驳项目总包合同，合同总额达6 080万美元，建造周期25个月，预计于2018年交付。该船是一艘单甲板、双层底的海工居住及施工船，总长115.5米，型宽34米，型深9.1米，设计吃水5.7米，载员400人，露天甲板面积约2 000平方米，设计吃水时载重吨为6 500吨。具有海工作业人员居住及转移，海工装备（管线和井架等）的储存和处理，燃油和淡水的供应，巡检，1级对外消防等功能，预留潜水作业及水下机器人作业功能。

2015年12月7日，振华重工为中海油服建造的第二艘15 000HP深水三用工作船“海洋石油685”顺利完成海试。“海洋石油685”是振华重工为中海油服建造的15 000HP三用工作船的2号船。该船是一艘具备拖带、起抛锚、DP-2能力、对外消防、救生、守护功能的深水三用工作船，最大系柱拉力190吨，配备DP-2，代表了国际三用工作船建造的最高水平。

2015年12月8日，在上海船厂崇明基地，中波轮船股份公司（简称“中波公司”）新一轮造船计划32 000吨首制新船举行了简单隆重的命名首航仪式。新船被命名为中波“太平洋”轮。此次订造的4艘“太平洋”型船舶为32 000吨重吊船，与同类船舶相比其特点是单船最大700吨的起重能力和52米长的大舱，可以轻松实现对超长、超高、超重件的吊装海运任务，如40米左右的风车叶片设备可以实现装舱运输，不用再挤舱盖板的“硬座”了。

2015年12月9日，海油工程巴油FPSO项目在海油工程青岛场地正式开工建造。巴油FPSO项目不仅是海油工程首个直接承揽的南美及巴西国油项目，也是公司首次直接与国际油公司签署的境外FPSO总包合同。巴油FPSO项目服役于巴西桑托斯盐下油田，业主是巴西国家石油公司控股的Tupi BV财团。海油工程承揽的是其中两艘FPSO上8个主要上部模块的设计、建造以及两艘船全部36个上部模块与船体的集成联调工作。项目模块总重约2.5万吨，计划2017年9月完工交付。

2015年12月9日，大连中远船务为马士基供应服务公司建造的四艘SSV（深水海工作业辅助船）同时上船台。该项目为EPC合同，公司全面负责项目设计、船体建造、设备采购、安装、调试等工作。船舶总长137米，型宽27米，型深11米，为动力定位III级电力推进船，配备6台主发电机，艏艉部各三台侧推，艉部两台常规推进器。

2015年12月9日，中船黄埔文冲船舶有限公司龙穴厂区实施了2015年第五次出坞作业，中远航运股份有限公司的50 000吨半潜船（H3082）顺利出坞。“祥和口”50 000吨半潜船于2015年8月21日进坞，是一型具有DP-2 动力定位能力的自航半潜船。由上海船舶研究设计院设计。总长216.70 米，型宽43.00米，设计吃水9.68米，下潜吃水26米，续航力18 000海里，载重量47 900吨，航速14节。该船配双桨双舵、双艏侧推和双艉侧推，可在无限航区航行及作业，可从艉端平移装卸重货，可用于大型海上装备（如大型钢结构件、各类平台、导管架、平台组块等）、大型船舶、舰艇的装载与运输。此次出坞的“祥和口”为黄埔文冲已向中远航运股份有限公司交付的“祥云口”、“祥瑞口”的“兄弟船”。

2015年12月11日，大船集团海工公司为Atlantica Tender Drilling公司建造的BT3500-2号半潜式钻井支持平台“Atlantica Delta”号顺利交付船东。这是大船集团海工公司为该公司建造的第二座同类型平台，交付后将前往刚果Moho-Nord油田执行道达尔公司的租约。

2015年12月12日，三福船舶为丹麦船东建造的23#12 000多用途船MPV（船体号SF120101）顺利离开1#码头试航。23#12 000MPV船总长138米，型宽21.4米，型深11米，吃水4.5米，水面以上高度28米，总吨9 810，净吨4 225，主机功率5 460千瓦，航速15节，入DNV GL船级社。

2015年12月13日，大船集团海工公司建造的AJ46-2平台在二区码头成功实现站桩，标志着该平台下水工事顺利完成。AJ46-2平台是大船集团海工公司在悬臂梁场地，采用半潜驳船下水方式建造的第三座自升式生活平台。该平台型长65.25米，型宽62米，型深（中线区域-边缘）8.00~7.75米，设计吃水4.5米，桩腿总长147.4米，最大作业水深106.7米

（350英尺），定员360人（可扩展至450人），最低作业温度为-10℃，设计寿命25年。

2015年12月15日，大连中远船务为英国福赛公司（Foresight Limited）建造自升式平台（N582）铺底。该平台总长74.09米，型宽62.8米，型深7.92米，工作水深约106.6米，是大连中远船务开工建造的第6条Super116E型自升式钻井平台。

2015年12月15日，广船国际为ZPMC-REDBOX建造，并将服务于全球最大油气田俄罗斯Yamal LNG项目的全球首艘极地重载甲板运输船命名仪式在龙穴造船基地举行，命名嘉宾并将其命名为“Audax”。该船是一艘约28 500载重吨，双浆双柴油的机推进的运输船主要用于运输大型海工模板。本船具有“低油耗、绿色环保、高性能”等特性，且技术含量高、建造难度大。该船交付后将服务于俄罗斯北冰洋沿岸利比里亚半岛和亚玛半岛的大型天然气田项目，是目前唯一可以在北冰洋冬春冰冻季节能运输LNG大型设备模板至Yamal LNG项目基地塞贝塔港的船舶。

2015年12月中旬，江苏太平洋造船集团股份有限公司在其下属浙江造船基地，向船东墨西哥航运公司Naviera Petrolera Integral S.A. de C.V.（简称“NPI”）成功交付3艘平台供应船（PSV）SPP17A。这三艘SPP17A签约于2014年7月，是太平洋造船集团自主设计的SP品牌系列海洋工程支持船（OSV）。SPP17A小型平台供应船由太平洋造船集团旗下上海斯迪安船舶设计有限公司（SDA）设计，总长61.8米，型宽14.0米，型深5.8米，载重1 700吨，设计吃水4.3米，可容纳24人居住。SPP17A采用全电力推进系统，艉部配有两套全回转桨舵，进一步优化了球鼻艏和船体线型，载货量得以提升的同时具有更佳的燃油经济性，在参数指标、操船便利度、船员舒适度等方面均表现卓越。

2015年12月16日，南通中远川崎船舶工程有限公司为中远航运股份有限公司建造的两艘3.6万吨级多用途重吊船命名交付。这两艘分别被命名为“天福”、“天禄”的新船是南通中远川崎为中远航运股份有限公司建造的四艘同型船中的两艘，也是继两年前交付四艘2.8万吨多用途重吊船“安”、“康”、“泰”、“昌”后，再一次与中远航运股份有限公司合作的项目。

2015年12月16日，上海船厂船舶有限公司为中海油田服务股份有限公司建造的深水二维物探船“海洋石油760”号命名交付。

2015年12月18日，中国船舶与海洋工程产业知识产权联盟（简称为“中船联”）在北京正式成立。据了解，中船联是由江苏科技大学联合国内多所高校、研究机构、船舶行业企事业单位、知识产权服务机构等50多家单位共同发起。

2015年12月22日，南通中远重工有限公司为麦基嘉制造的海工吊SP2580-1顺利装船发运。

2015年12月23日，三福船舶为德国船东建造的2#12500MPV多用途船（船体号：SF130202）在2#船台成功举行了上船台仪式。本船总长138米，两垂线间长131米，型宽21.4米，型深11米，设计吃水7.5米，航速约15节，入DNV GL（挪威德国劳氏）船级社。

2015年12月24日，上海宏航船舶技术有限公司与宏华海洋油气装备公司签订一艘76.8米自升式海上风电安装平台的基本设计与详细设计合同。该平台为圆柱型四桩腿非自航式平台，作业水深最大可达55米，艉部设有1台最大起重能力650吨，吊高110米的全回转主起重机用于安装作业。采用锚泊定位系统，并且预留安装DP动力定位空间。满足甲板载运3套4兆瓦风机组件近海调遣与远海拖航的要求。该风电安装平台由上海宏航船舶技术有限公司历时3年开发的最大尺寸自升平台，具有完全自主知识产权。为深海风电安装量身订做。

2015年12月28日，宏华海洋成功举办M1201-PSV船命名仪式。该PSV船被命名为“AKACHI”。M1201-PSV是宏华海洋第一艘海洋平台供应船，已于12月初完成试航。

2015年12月29日，振华重工为中海油服建造的15 000HP深水三用工作船“海洋石油685”在长兴分公司举行交船仪式。“海洋石油685”是振华重工为中海油服建造的首艘三用工作船后的续订项目，是当前国际市场最先进的三用工作船。

2015年12月29日，振华重工为与中海油服在年初签订的6条6 500HP油田守护船举行了铺龙骨仪式。该系列船长68.84米，型宽14.8米，型深6.9米，设计吃水4.6米，最大航速为14.5节，最大载重量1 750吨，系柱拉力为80吨。主要为海洋石油和天然气勘探开采平台、工程建筑设施等提供多种作业和服务，以及海洋平台物资供应、协助提油作业等。

2015年12月30日，中国船舶工业集团公司与无锡市政府在无锡（太湖）国际科技园区举行中国船舶海洋探测技术产业园奠基开工仪式。中国船舶海洋探测技术产业园以中船电子科技有限公司为平台，由中船电科所属海鹰企业集团有限责任公司、中国船舶工业系统工程研究院水下系统研究所、水声对抗国防重点实验室“三位一体”整体规划统一建设，构建海洋装备发展的“五大中心”，即科技创新研发中心、系统集成中心、国际合作交流中心、产品生产及装配中心、产品试验验证中心，努力打造国家级海洋探测技术产业园。

2015年12月下旬，外高桥造船成了H1368平台全程升降试验、H1319平台码头钻井联调/耐久试验、H1320平台技术交付等三个节点。12月19日，由外高桥造船为新加坡ESSM海洋工程投资有限公司建造的首制CJ46型自升式钻井平台H1368圆满完成全程升降试验。12月22日，外高桥造船为挪威POD船东建造的第四座JU2000E型自升式钻井平台H1319顺利完成了最后一项大型试验——码头钻井联调/耐久试验。12月24日，外高桥造船为POD船东建造的第三座JU2000E自升式钻井平台H1320项目技术接收宣告正式完成。

2015年12月，黄埔文冲为华晨集团建造的SE-300LB自升式海工平台H6003开工。

2015年12月，素有“钻井航母”美誉的中石化“勘探六”号海洋平台，在海门招商局重工完成所有修理任务，以全新面貌重新启航。“勘探六”号建成于2010年，系中石化最先进钻井平台。该平台可载员120人，最大作业水深115米，最大钻井深度9 144米，作业最大可变载荷3 401吨。该平台曾为我国海洋石油勘探和开发立下赫赫战功。

2015年12月，新加坡海工船东UltraDeep Group（UDS）正式确认与武船重工签署1+1艘多用途潜水支援船（DSCV）建造合同。其中，第一艘新船将命名为“AndyWarhol”号，定于2018年年中交付。备选订单船舶将在2016年4月之前确认生效，交付期定于2018年年底。2015年8月，UDS曾签署了相关DSCV的建造意向书。这2艘DSCV的设计工作将由挪威Marin Teknikk完成，采用新开发的MT6023型设计，配备DP-2动态定位系统和18人潜水系统，作业水深为800米。Marin Teknikk已与武船重工签署了设计合同。这艘DSCV长103米，宽23米，可以容纳120人以及18位潜水员，配有2台升沉补偿水下起重机。MarinTeknikk称，该船设计具有成本效益、适用性广泛，重视保障船员和潜水员的安全，在当前低油价市场环境下具有竞争力。

2015年12月，由振华重工承建的希腊Toisa多功能饱和潜水支持船铺龙骨仪式在长兴分公司举行。该饱和潜水支持船总船长145.9米，型宽27米，最大吃水7.65米。装备全球最先进的24人全自动化双钟饱和潜水系统，可同时搭载24名潜水员分批次进行最大水下深度300米的饱和潜水作业，并完全满足挪威科技标准协会制定的NORSOK U100潜水系统标准，建成后将成为全球最先进的饱和潜水支持船。

2015年12月，招商局重工接获了来自新加坡海工船东AustinOffshore的2艘9 500载重吨检查、修理、维护（IMR）海工船订单。据了解，该船长120米，每艘船可容纳140人能够配备3台ROV和1台250吨主动升沉补偿起重机，采用IMT9120型设计，将由荷兰Offshore Ship Designers（OSD）的英国子公司OSD-IMT负责设计。

2015年12月，舟山市发改委正式批复册子岛年产200万吨构建及年产200台海上风机总装（一期）项目。该项目位于定海岑港街道册子岛北部区域，预计总投资3.18亿元，由舟山恒泓海洋工程装备制造有限公司投资建设，项目建设工期20个月。

（编写：唐晓丹 栗超群　　审校：杨怀丽　刘祯祺）